Adam Nevill est né en 1969 à Birmingham. Grande révélation du thriller surnaturel anglais, il a remporté le British Fantasy Award à deux reprises : en 2012 pour *Le Rituel* et en 2013 pour *Le Temple des Derniers Jours*.

Du même auteur :

Appartement 16
Le Rituel
Le Temple des Derniers Jours
Personne ne sort d'ici vivant

Adam Nevill

Appartement 16

Traduit de l'anglais (Grande-Bretagne)
par François Truchaud

Bragelonne Terreur

Collection dirigée par Stéphane Marsan et Alain Névant

Titre original : *Apartment 16*

Originellement publié par Pan Books,
une maison d'édition de Pan Macmillan,
une division du groupe Macmillan Publishers Limited.

ISBN : 979-10-281-0858-8

Bragelonne
60-62, rue d'Hauteville – 75010 Paris

E-mail : info@bragelonne.fr
Site Internet : www.bragelonne.fr

Pour Ramsey Campbell,
Peter Crowther et John Jarrold.

« J'aimerais que mes tableaux donnent l'impression qu'un être humain est passé entre eux, tel un colimaçon, laissant une trace de la présence humaine et le souvenir des événements passés comme le colimaçon laisse sa bave. »

Francis Bacon, 1909-1992

Prologue

Quand il entendit le bruit, Seth s'arrêta et regarda fixement la porte d'entrée de l'appartement seize, comme s'il essayait de voir à travers le placage de teck, brillant d'un chatoiement doré. Il avait entendu les sons dès qu'il avait atteint le palier du neuvième étage. Ils étaient identiques à ceux qu'il avait perçus les trois nuits précédentes, au cours de la ronde qu'il effectuait dans l'immeuble à 2 heures du matin.

Un tressaillement le sortit de sa torpeur et il s'écarta vivement de la porte. Dressée sur le mur d'en face, l'ombre de son corps efflanqué tendit les bras, comme pour chercher un soutien. Il sursauta.

— Putain.

Il n'avait jamais aimé cette partie de Barrington House, mais il n'aurait su dire avec certitude pour quelle raison. Peut-être faisait-il trop sombre. Peut-être les lumières étaient-elles défectueuses. Le portier en chef affirmait qu'elles étaient tout à fait normales, mais elles projetaient souvent des silhouettes dans l'escalier sur le passage de Seth. Comme si quelqu'un descendait, précédé de son ombre ; des membres anguleux semblaient voltiger, pour apparaître au tournant de l'escalier. Seth était parfois persuadé qu'il avait également entendu le bruissement d'un vêtement et le « pumpf, pumpf, pumpf » de pas décidés qui approchaient. Pourtant, personne ne se manifestait jamais, et il ne voyait jamais personne là-haut quand il passait le coin d'un couloir.

Mais le bruit qu'il entendait dans l'appartement seize était infiniment plus alarmant que n'importe quelle ombre.

Car, durant les premières heures après minuit, dans ce quartier chic de Londres, peu de chose rivalise avec le silence de la nuit. À l'extérieur de Barrington House, les rues situées derrière Knightsbridge sont généralement paisibles. De temps à autre, une voiture fait le tour de Lowndes Square. Parfois, à l'intérieur, le veilleur de nuit prend soudain conscience du bourdonnement des ampoules dans les parties communes, comme si des insectes pressaient leurs faces noires contre les parois de verre. Mais de 1 heure à 5 heures du matin, les résidents dorment. On ne perçoit donc habituellement qu'un bruit de fond.

Et le numéro seize était inoccupé. Le portier en chef lui avait dit un jour qu'il n'avait pas été habité depuis plus de cinquante ans. Pourtant, pour la quatrième nuit consécutive, l'attention de Seth avait été attirée par cet appartement. Des coups sourds résonnaient derrière la porte, contre la porte. Ce qu'il avait d'abord trouvé normal dans un immeuble ancien, vieux d'une centaine d'années. Peut-être s'agissait-il d'une canalisation mal fixée, quelque chose de ce genre. Mais cette nuit-là, le bruit était insistant, il n'avait jamais été si fort. Il était… déterminé et avait augmenté d'un cran. Il semblait lui être adressé et retentir pile au moment où il montait, habituellement insouciant, vers l'étage suivant, à l'heure où la température du corps baisse de manière drastique et où la plupart des gens meurent. Une heure à laquelle lui, le veilleur de nuit, était payé pour effectuer sa ronde à chacun des neuf étages et sur chacun des vieux paliers. Et jamais encore le bruit n'avait été si soudain, ni si fort : un fracas de meubles sur un sol de marbre, comme si une chaise ou un guéridon dans le vestibule de l'appartement avait été poussé violemment. Peut-être que l'objet s'était renversé, voire brisé. Quelle que soit l'heure, ce n'était pas quelque chose que l'on aurait dû entendre dans un lieu aussi respectable que Barrington House.

Il observait toujours la porte avec nervosité, comme s'il s'attendait à la voir s'ouvrir, le regard rivé sur le numéro 16 en cuivre, poli et si brillant qu'il ressemblait à de l'or blanc. Il n'osait même pas cligner des yeux, de peur que le battant pivote sur ses gonds pendant ce temps et révèle la source de ce brouhaha. Une vision qu'il ne serait peut-être pas capable de supporter. Il se demanda si ses jambes auraient la force de le porter sur huit étages s'il devait s'enfuir. Peut-être, si quelque chose le poursuivait.

Il chassa cette pensée. Un soupçon de honte vint tempérer sa frayeur soudaine. Il avait trente et un ans, n'était pas un enfant. Il mesurait un mètre quatre-vingt-cinq, et était agent de sécurité. Non qu'il ait envisagé de représenter autre chose qu'une présence rassurante quand il avait pris ce boulot. Mais il ne pouvait pas passer outre à ses responsabilités.

Redoublant d'attention, les battements de son cœur résonnant dans sa tête, Seth se pencha vers la porte et approcha son oreille gauche à deux centimètres du rabat pour le courrier. Silence.

Il tendit les doigts vers la boîte aux lettres. S'il se mettait à genoux et poussait le rabat en cuivre vers l'intérieur, la lumière qui émanerait du palier serait suffisante pour éclairer une partie du vestibule de l'autre côté.

Et si jamais quelqu'un soutenait son regard ?

Il suspendit son geste et écarta la main.

D'après le règlement que lui avait inculqué le portier en chef quand il avait commencé ce travail de nuit six mois auparavant, personne n'était autorisé à entrer au seize. Une règle aussi stricte n'avait rien d'inhabituel pour les immeubles avec portiers à Knightsbridge. Même en gagnant gros à la loterie, un appartement de Barrington House restait hors de portée. Les logements avec trois chambres à coucher ne se vendaient jamais moins de un million de livres, et les charges s'élevaient à 11 000 livres par an. Beaucoup de résidents remplissaient leur habitation de meubles d'époque ; certains protégeaient leur intimité comme des criminels de guerre et déchiquetaient leur paperasse avant que les portiers viennent chercher les sacs poubelle. Les mêmes restrictions s'appliquaient à cinq autres appartements inoccupés dans l'immeuble. Mais au cours de ses rondes, Seth n'avait jamais entendu de bruit à l'intérieur d'aucun d'entre eux.

Quelqu'un avait peut-être eu la permission de séjourner dans le logement et l'un des portiers de jour avait oublié de consigner l'information dans le registre de la réception. Peu probable, car les deux employés, Piotr et Jorge, l'avaient considéré d'un air incrédule quand il avait déjà signalé le vacarme au cours du changement d'équipe. Il ne restait donc qu'une seule explication à une heure si tardive : un intrus s'était introduit par effraction en passant par la fenêtre.

Mais un cambrioleur aurait été obligé d'escalader le mur de l'immeuble à l'aide d'une échelle. Seth avait inspecté la façade du bâtiment dix minutes auparavant, et il n'y avait rien vu de tel. Il pouvait toujours réveiller Stephen, le portier en chef, et lui demander d'ouvrir la porte. Mais il se ravisa à l'idée de le déranger si tard ; sa femme était infirme. Il lui consacrait la plupart de son temps en dehors de ses heures de service et était épuisé en fin de journée.

Posant un genou à terre, Seth poussa le rabat de l'ouverture destinée au courrier et risqua un coup d'œil dans l'obscurité. Un souffle d'air froid lui fouetta le visage, apportant une odeur familière : une senteur de camphre boisé qui lui rappelait la gigantesque penderie de sa grand-mère, dont il avait fait sa cabane secrète dans son enfance, ainsi qu'un arôme assez semblable à celui des salles de lecture des bibliothèques d'université ou des musées construits à l'ère victorienne. Une réminiscence d'anciens résidents et de meubles d'époque suggérant que les lieux étaient inoccupés.

La lumière ténue qui tombait derrière sa tête et ses épaules éclairait une petite portion du vestibule à l'intérieur de l'appartement. Il aperçut les contours flous d'un guéridon contre un mur, l'encadrement d'une porte indistincte à droite, et quelques mètres carrés de sol aux carreaux de marbre noirs et blancs. Le reste était plongé dans l'ombre ou dans une obscurité complète.

Il plissa les yeux à cause du courant d'air désagréable sur son visage et essaya d'en voir davantage… sans y parvenir. Mais ce qu'il entendit fit naître des picotements sur son cuir chevelu.

Scrutant l'obscurité, il perçut ce qui ressemblait au son de quelque chose de lourd traîné tout au fond du couloir ; comme si un poids important, enveloppé dans des draps, ou posé sur un grand tapis, était déplacé par à-coups, pour être éloigné de la minuscule tache de lumière qu'il avait projetée depuis la porte d'entrée. Les bruits s'éloignèrent vers les confins de l'appartement, diminuèrent, puis cessèrent.

Seth se demanda s'il devait appeler et défier ainsi l'obscurité, mais il n'eut pas la force d'ouvrir la bouche. De fait, il avait désormais l'impression d'être observé. Et cette vulnérabilité, cette soudaine sensation de subir un examen attentif, lui donnaient envie de relâcher le rabat, de se redresser et de s'enfuir.

Il hésitait, incapable de penser clairement. Il était fatigué, épuisé jusqu'à la moelle, gauche et désorienté, voire paranoïaque. Il avait trente et un ans, mais ses horaires de travail lui donnaient l'impression d'en avoir quatre-vingt-un. Il s'agissait là de signes évidents du manque de sommeil, fréquents chez ceux qui travaillaient la nuit. Pourtant il n'avait jamais eu d'hallucinations de toute sa vie. Il y avait quelqu'un dans l'appartement seize.

— Nom de Dieu !

Une porte s'ouvrit. À l'intérieur. Là-bas, dans la partie sombre qu'il ne pouvait voir. Elle devait se trouver à peu près au milieu du couloir. Elle s'ouvrit avec un déclic et pivota lentement en grinçant, pour venir cogner contre le mur.

Il se figea et cessa même de cligner des yeux. Il regarda avec attention, s'attendant à ce que quelque chose sorte de l'obscurité.

Seul le silence lui répondit.

Un silence de courte durée, car Seth commença à entendre quelque chose. C'était très faible, mais cela se rapprochait, comme si cela se propageait vers son visage.

Cela venait du fond de l'appartement. Une espèce de son impétueux, assez semblable à ce qu'on entendait en collant de gros coquillages contre son oreille. Cela évoquait des vents lointains. Il avait la curieuse impression que le couloir s'étirait à l'infini. Tout là-bas. Où il ne voyait foutrement rien.

La brise se renforça. Seth resta accroupi et observa attentivement. La brise apportait quelque chose avec elle. En elle. Comme une voix lointaine, mais suffisamment aiguë pour qu'il la perçoive. Une voix qui semblait se déplacer en cercle à des kilomètres. Non, il y en avait plus d'une : il entendait plusieurs voix. Mais les cris étaient si ténus qu'il ne pouvait distinguer aucun mot.

Il s'écarta de la porte, cherchant une explication. Une fenêtre était-elle ouverte quelque part dans l'appartement ? Pouvait-il s'agir du murmure d'une radio, ou d'une télévision dont on avait baissé le son ? Impossible : l'appartement était inoccupé.

Le vent souffla plus près, et les voix se firent plus fortes. Elles dominaient le mouvement qu'il percevait dans l'air. Et même si elles n'étaient pas distinctes, leur ton clair l'emplit d'une grande inquiétude, puis d'horreur.

Il s'agissait des cris d'une personne terrifiée. Quelqu'un qui hurlait. Une femme ? Non, pas une femme. À présent que cela se rapprochait, on aurait dit l'appel d'un animal. Et il pensa à un babouin qu'il avait vu un jour au zoo, vociférant, les babines écarlates retroussées sur des gencives noires et de grandes dents jaunes.

Le cri fut balayé, remplacé par un chœur de gémissements, impuissants dans leur désespoir mais rivalisant dans le vent froid. Un timbre hystérique, paniqué, déferla, domina les autres qui faiblirent soudain, comme repoussés par une marée rapide. Seth parvint presque à entendre ce que la nouvelle voix disait.

Il laissa le rabat se refermer et le silence retomba.

Il se redressa puis s'écarta, s'efforçant de recouvrer ses esprits. Désorienté par les battements de son pouls, il essuya son front moite avec la manche de son pull et remarqua que sa bouche était sèche, comme s'il avait inhalé de la poussière.

Il ne voulait qu'une chose : quitter l'immeuble, rentrer chez lui et s'allonger, atténuer cette sensation étrange et tarir ce flot d'impressions qui accompagnaient le manque de sommeil. Il s'agissait uniquement de cela, à tous les coups.

Dévalant deux à deux les marches de l'escalier recouvert de moquette, il s'enfuit par l'aile ouest pour atteindre la réception au rez-de-chaussée. Il passa rapidement devant son bureau et sortit du bâtiment. Une fois dehors, il se tint sur le trottoir et leva les yeux, comptant les balcons en pierre blancs, jusqu'à ce que son regard atteigne le huitième étage.

Toutes les fenêtres étaient closes. Pas même entrebâillées, mais fermées hermétiquement. En outre, l'intérieur de l'appartement seize était isolé par d'épais rideaux, tirés jour et nuit.

Pourtant il sentit ses cheveux se dresser sur sa tête, parce qu'il entendait toujours, au-dessus de lui, ou imaginait peut-être, bien que très faiblement, le vent lointain, et la clameur non identifiable, comme s'il l'avait emportée avec lui jusque-là.

Chapitre premier

Dès l'atterrissage, Apryl se rendit à l'adresse du bien dont elle avait hérité. C'était facile à trouver, direct depuis Heathrow sur la Picadilly Line bleu marine jusqu'à la station appelée Knightsbridge.

Emportée par la foule jusqu'au sommet des marches en béton, elle émergea sur le trottoir. Elle était restée dans le métro si longtemps que la lumière crue lui piqua les yeux. Mais, si le plan était exact, elle se trouvait bel et bien sur Knightsbridge Road. Elle suivit le mouvement.

Bousculée, puis poussée sur le côté par un coude pointu, elle sentit immédiatement qu'elle serait incapable de s'adapter au rythme de la ville inconnue. Elle avait l'impression d'être toute petite et pas à sa place. Ce qui la rendait à la fois humble et furieuse.

Elle traîna des pieds sur le trottoir étroit, puis trouva refuge dans le renfoncement de la porte d'un magasin. Les genoux raides, le corps moite sous son blouson de cuir et sa chemise en coton, elle s'accorda quelques secondes de répit et observa le flot, la course et les remous de la circulation humaine devant elle. En arrière-plan, Hyde Park s'estompait dans une brume lointaine.

Il lui était difficile de concentrer son attention sur un immeuble, un visage en particulier, ou bien sur la vitrine d'une boutique. Londres était en perpétuel mouvement devant et autour de chaque élément statique. Des milliers de gens allaient et venaient sur les trottoirs, d'autres traversaient rapidement la chaussée chaque fois que les bus rouges, les fourgonnettes blanches, les camions de livraison et les voitures ralentissaient ne serait-ce qu'une seconde. Elle aurait voulu tout regarder en même temps, tout savoir, afin de déterminer quelle était sa place au sein de ce chaos apparent. Mais l'énergie pure qui émanait de la rue semblait gripper les rouages abrités derrière son front, la faisant plisser les paupières, presque loucher, comme si son esprit avait déjà renoncé pour s'abandonner au sommeil.

Consultant le guide, elle suivit des yeux le trajet simple et direct qui la mènerait jusqu'à Barrington House et qu'elle avait dû regarder cent fois depuis son départ de New York huit heures auparavant. Elle n'avait qu'à emprunter Sloane Street, puis tourner à gauche dans Lowndes Square. Un taxi n'aurait pas pu la déposer beaucoup plus près que le métro. L'immeuble de sa grand-tante se trouvait quelque part sur la place. Ensuite, il suffisait de suivre les numéros jusqu'à la porte. C'était une bonne chose et elle se sentit soulagée ; il aurait été frustrant d'essayer de se repérer dans ces rues inconnues en essayant de lire les panneaux.

Mais elle avait besoin de se reposer. La perspective de visiter Londres et de voir ce que grand-tante Lillian leur avait légué, à elle et à sa mère, avait perturbé son sommeil toute la semaine et elle n'avait pas réussi à faire ne serait-ce qu'une microsieste pendant le vol. Mais à quel moment un esprit pouvait-il se délasser dans cette ville ?

Le court trajet depuis la station de métro jusqu'à Lowndes Square confirma ses soupçons : grand-tante Lillian n'avait pas vécu dans la misère. Le fait même que ce quartier soit si proche de Buckingham Palace, de Belgravia avec toutes ces ambassades, et de *Harrods*, le magasin dont elle avait entendu parler à New York, lui donnait à penser que sa grand-tante n'avait pas passé les soixante dernières années de sa vie dans un taudis. Néanmoins cela ne l'avait guère préparée à son premier aperçu de Knightsbridge : les imposants immeubles blancs avec leurs longues fenêtres et leurs grilles noires ; la pléthore de voitures de luxe rutilantes garées le long des trottoirs ; les jeunes anglaises minces et blondes à l'élocution saccadée, se balançant sur des talons hauts et portant en bandoulière des sacs à main griffés qui lui donnaient l'impression que son propre baluchon était rempli de merde. Avec son blouson de moto, son jean à revers, ses Converse et ses cheveux noirs coiffés à la Bettie Page, elle baissa la tête, submergée par la honte et la gêne des parias.

Heureusement pour elle, il y avait peu de passants à Lowndes Square : elle vit deux femmes arabes descendant d'une Mercedes gris métallisé, et une jeune fille russe blonde et svelte qui parlait avec colère, un téléphone portable plaqué contre l'oreille. Et après la bousculade de Knightsbridge, l'élégance de la place était apaisante. Les immeubles d'habitation et les hôtels formaient un rectangle gracieux autour du long jardin ovale en son centre, où l'on apercevait des arbustes et des parterres à travers des grilles. L'harmonie des façades rendait l'atmosphère plus douce et atténuait la rumeur de la ville.

— J'y crois pas !

Sa mère et elle possédaient un appartement ici ? Du moins jusqu'à ce qu'elles le vendent pour un bon paquet de fric. Une pensée qui lui pesa immédiatement. Elle avait envie d'habiter le quartier. Sa grand-tante y était restée plus de soixante ans et Apryl comprenait pourquoi. L'endroit était classique, sans défaut, et semblait chargé d'histoire. Elle imaginait les visages courtois mais indifférents de maîtres d'hôtel derrière chaque porte d'entrée. Des aristocrates devaient vivre ici. Et des diplomates. Et des milliardaires. Des gens différents d'elle et de sa mère.

— Merde, maman, tu ne vas pas le croire, dit-elle à mi-voix.

Elle n'avait vu qu'une seule photo de grand-tante Lillian, quand celle-ci était encore une petite fille. Habillée d'une curieuse robe blanche, la grand-mère d'Apryl, Marilyn, tenait la main de sa grande sœur, Lillian, à la tenue assortie. Tout près l'une de l'autre, arborant des sourires boudeurs, elles se trouvaient dans le jardin de leur maison du New Jersey. Lillian et Marilyn étaient très proches à cette époque, comme elles ne le seraient plus jamais par la suite. Lillian était venue à Londres pendant la guerre pour travailler en tant que secrétaire pour l'armée américaine. Elle y avait fait la connaissance d'un Anglais, un pilote de chasse, et l'avait épousé. Elle n'était jamais revenue aux États-Unis.

Lillian et mamie Marilyn avaient certainement dû échanger des lettres ou des cartes postales, parce que Lillian avait su pour la naissance d'Apryl et lui avait envoyé des cartes d'anniversaire quand elle était petite. Ces dernières s'accompagnaient de magnifiques billets de banque anglais, des livres sterling, dont le papier très coloré s'ornait de rois, de ducs, de batailles, et de Dieu sait quoi d'autre. En les levant devant la lumière, on voyait des filigranes qu'elle trouvait magiques. Apryl avait voulu les garder et avait toujours refusé de les changer contre des dollars, lesquels lui faisaient l'effet en comparaison de billets pour jeux de société. Ils lui avaient toujours donné envie de se rendre en Angleterre. Et voilà qu'elle y venait, pour la première fois.

Lillian n'avait plus donné de ses nouvelles depuis longtemps. Elle avait cessé d'envoyer des cartes de Noël avant qu'Apryl ait eu dix ans. Mais la mère de la petite fille était trop occupée à l'élever seule pour s'en soucier. Puis, quand mamie Marilyn était morte, sa mère avait écrit à Lillian, à l'adresse de Barrington House, mais n'avait jamais obtenu de réponse. Elles avaient supposé qu'elle était morte, elle aussi, là-bas en Angleterre, où elle avait mené une vie dont elles ignoraient tout… et le lien ténu avec cette branche de la famille avait finalement été rompu pour toujours.

Jusqu'à ce que, deux mois auparavant, un notaire adresse une lettre informant les derniers proches parents encore en vie de leur héritage à la suite du « triste décès de Lillian Archer ». Apryl et sa mère avaient été stupéfaites. Une disparition, survenue huit semaines plus tôt, à la suite de laquelle elles héritaient d'un appartement à Londres. Knightsbridge, Londres, pas moins. Juste là où elle se trouvait à présent, devant Barrington House : le grand immeuble blanc qui se dressait solennellement sur la place. Un bâtiment majestueux, élevé, dont le classicisme était tempéré par de délicates ornementations Art déco autour des fenêtres. Elle ne pouvait que se sentir intimidée devant l'entrée imposante, avec ses hautes portes vitrées aux montants de cuivre, ses bacs de fleurs et ses colonnes en marbre de chaque côté du perron.

— J'y crois pas !

Au-delà de son reflet dans le verre immaculé de la porte d'entrée, elle distinguait un long vestibule moquetté et le grand comptoir de la réception tout au fond. Derrière, elle aperçut deux hommes à la coupe de cheveux impeccable, qui portaient un gilet argenté.

— Oh, merde ! s'écria-t-elle en riant, se sentant ridicule, comme si la vie ordinaire s'était brusquement transformée en un fantasme cinématographique.

Elle vérifia l'adresse sur les documents envoyés par le notaire : une lettre, avec un contrat de propriété et des actes notariés qui lui permettraient d'obtenir les clés. Pour ceci. Aucun doute, c'était bien là l'endroit. Leur endroit.

Chapitre 2

Il était là de nouveau et observait Seth depuis l'autre côté de la rue. Cette fois il se tenait près du trottoir entre deux voitures garées et n'était pas affalé dans le renfoncement de la porte d'une boutique ; il ne risquait pas non plus un coup d'œil depuis l'entrée d'une rue latérale comme il l'avait fait les trois fois précédentes.

Plus près à présent, attirant son attention, la petite forme semblait plus sûre d'elle-même. Imperturbable malgré la pluie oblique, elle se contentait de regarder. De le regarder.

Il ou elle.

Seth pensait qu'il s'agissait d'un jeune garçon, sans en être certain. Même si le visiteur avait relevé la tête à l'intérieur de la capuche crasseuse, Seth ne distinguait toujours pas son visage. Juste un enfant qui traînait dans la rue au lieu d'être à l'école, là où tout gamin ayant des parents attentifs devrait se trouver à cette heure de la journée. Et exactement en face du pub *L'Homme vert*, à l'étage duquel Seth louait une chambre.

Peut-être qu'il attendait tout simplement son père ou sa mère à l'intérieur du bar. Mais c'était lui qu'il regardait, comme s'il l'avait attendu. Et il s'était tenu dans la même portion d'Essex Road au cours des trois derniers après-midi pendant lesquels Seth avait été de repos.

Un enfant si particulier : emmitouflé de la tête aux pieds dans sa parka kaki délavée. Ou bien était-elle grise ? Difficile de distinguer la couleur du tissu contre l'arrière-plan foncé, ou dans l'air humide argenté sous l'enseigne rouge du restaurant de poulet frit. Mais c'était l'un de ces vieux manteaux Snorkel. Il n'en avait pas vu depuis des années et ne savait même pas que l'on en faisait encore.

Un pantalon foncé, également. Pas un jean informe ou un bas de survêtement comme la plupart des gosses en portaient, mais un vrai pantalon. Un pantalon d'écolier. Mal ajusté et trop long au niveau des jambes, comme si la famille était pauvre et qu'un frère aîné l'avait donné à son propriétaire actuel. À cela s'ajoutaient des chaussures noires à gros talons. Il n'en avait jamais vu de ce genre non plus, pas depuis l'école primaire, au début des années 70.

Habituellement, quand il marchait dans Londres, il faisait tout son possible pour ne pas tenir compte des passants, et évitait soigneusement le regard des adolescents dans cette partie de la rue. Beaucoup avaient bu, et Seth savait à quoi pouvait conduire un simple coup d'œil. Ils étaient nombreux à traîner dans ce secteur. Ils avaient acquis trop tôt les privilèges que confère l'âge adulte, et jouaient leur version de la maturité depuis suffisamment longtemps pour avoir éradiqué toute véritable fraîcheur. Mais celui-ci était différent. Il se distinguait par sa vulnérabilité, sa solitude. Il lui rappelait sa propre jeunesse et éprouvait de la pitié pour lui. Chaque souvenir de son enfance était douloureux, marqué par la terreur que lui inspiraient les brutes, et dont il sentait encore le goût, comme de l'ozone, accompagné aussi par le violent chagrin qui persistait vingt ans après le divorce de ses parents.

Mais ce qui surprenait le plus Seth, c'était la curieuse et soudaine sensation qui précédait l'apparition de l'étrange observateur. Il dégageait une telle force par sa seule présence que Seth éprouvait chaque fois un léger choc, une stupéfaction temporaire, comme quand on l'interpellait brusquement ou comme si, de manière inattendue, quelqu'un avait posé la main sur son coude au milieu d'une foule. Rien de vraiment intimidant, mais suffisant pour le faire sursauter. Pour le tirer de sa torpeur. Mais avant que l'impression de se rappeler quelque chose d'important devienne souvenir, elle disparaissait. Tout comme l'enfant. Il ne restait jamais longtemps, juste assez pour lui faire savoir qu'on l'observait.

Mais cet après-midi-là, la silhouette emmitouflée s'attardait près du trottoir.

Plissant les yeux et faisant face au personnage, Seth attendit que le visiteur encapuchonné se détourne, mal à l'aise. En vain. Pas même un tressaillement. L'individu au manteau resta impassible et continua à le regarder, sous l'ovale de Nylon sale bordé de fourrure. Il semblait être resté dans la même position depuis si longtemps qu'il pourrait faire partie du mobilier urbain, une sculpture indifférente aux passants. Et personne d'autre n'avait l'air de remarquer l'enfant.

Bientôt la situation commença à devenir embarrassante. Il allait devoir lui adresser la parole. Alors que Seth essayait de penser à quelque chose qu'il pourrait crier au gamin, la porte du pub s'ouvrit derrière lui.

Il entendit une série de sons inquiétants à l'intérieur du bar. Quelqu'un hurla : « Enculé ! », une chaise grinça violemment sur un plancher, des boules de billard s'entrechoquèrent, il y eut des éclats de rire rauques, et une chanson d'amour assourdie s'éleva du juke-box comme si elle essayait de calmer les autres bruits. Seth fit volte-face vers l'entrée orange vif. Mais personne n'entra ni ne sortit, et le vacarme dura seulement le temps nécessaire à la porte pour pivoter et se refermer toute seule ; le boucan faiblit jusqu'à ce que les entrailles chaudes et bruyantes du pub soient de nouveau complètement isolées du trottoir.

Quand Seth se retourna, le garçon avait disparu. S'avançant sur la chaussée, il scruta la rue mouillée dans les deux sens. Pas de signe de l'enfant au manteau.

L'Homme vert était le dernier bâtiment victorien survivant au coin d'un passage minable. Le caractère de sa maçonnerie de brique et de ses contre-boutants était désormais souillé par les immondices de la rue. Rescapées du Blitz et donnant l'impression de ne pas avoir été nettoyées depuis des décennies, les vitres obscures du pub ne laissaient pas entrevoir grand-chose depuis l'extérieur, à part de nombreuses affiches collées sur le verre à l'intérieur dont une publicité pour la Guinness qu'il se rappelait avoir vue quand il était adolescent. La pinte avait désormais pris une couleur vert citron, semblable à de la réglisse sucée. D'autres publicités pour des animations à venir, comme *Quiz Night* et *Sky Football: Big Screen TV*, étaient lumineuses et colorées uniquement aux endroits où les fenêtres avaient été mouchetées par la pluie.

Il habitait là depuis assez longtemps pour avoir appris à connaître les habitués et la culture de *L'Homme vert*. Certains des boursicoteurs étaient des *traders* à la retraite, mais qui continuaient à faire des affaires dans le bar, parlant avec des accents de l'East End si prononcés qu'il doutait de leur authenticité. On y trouvait aussi des victimes du monde du travail dans une situation aussi précaire que la sienne, qui buvaient leurs allocations depuis l'ouverture jusqu'à la fermeture, ou jouaient au tire-pognon. D'autres individus se tenaient dans la pénombre, semblables à des sentinelles qu'on ne relevait jamais. Cette sous-culture semblait ne pas avoir d'équivalent et rien dans l'expérience de Seth ne lui permettait d'établir une comparaison ; ses membres présentaient des formes nouvelles de dysfonctionnements causés par une tragédie personnelle, la maladie mentale, ou la boisson. Combien de temps encore avant que lui-même se laisse complètement aller ? Certains jours, il se demandait s'il n'avait pas déjà craqué.

Las de s'être réveillé tard ce matin-là après seulement quelques heures de sommeil, il se débarrassa d'un haussement d'épaules du malaise communiqué par l'enfant au regard fixe et se dirigea vers l'entrée. Il devait payer son loyer : 70 livres posées sur le comptoir chaque semaine. Évitant une crotte de chien, il entra dans le bar.

Sa vision commença à se brouiller, comme s'il était ballotté sur les épaules de quelqu'un. Il avait toujours le sentiment de ne retenir que des impressions fugaces de l'endroit : des yeux jaunes, les bords couverts de mousse des chopes de pinte, des paquets de cigarettes Lambert et Butler, la face malveillante d'un renard empaillé, une rangée de bouteilles de champagne sous d'authentiques toiles d'araignées, un plafond de nicotine, une table de billard, un petit chien à poils raides devant un sac ouvert contenant de la mitraille, une chemise Arsenal, et une femme qui avait été jolie autrefois, aux yeux toujours séduisants mais surtout sournois. Plusieurs visages se tournèrent pour le jauger, puis se détournèrent.

Seth fit un signe de tête à Quin, qui officiait au comptoir ce jour-là. Le crâne de l'homme donnait l'impression d'avoir été jadis fendu par une hache. La blessure s'étendait depuis son crâne chauve et blanc jusqu'à son front rose et le tissu cicatriciel luisait toujours de sueur. Quin hocha la tête sans sourire. Il se pencha sur le bar pour recevoir l'argent de Seth.

— Il y a un gosse, dit ce dernier.

Quin jeta un coup d'œil de côté et ses lunettes remontèrent sur son nez.

— Quoi ?

La musique était très forte et quelqu'un dont les joues étaient semblables à du *corned-beef* criait depuis l'autre côté du comptoir.

— Il y a ce gosse dehors. Il observe le pub. Tu l'as vu ?

— Hein ?

— Un gosse. Il reste sur le trottoir d'en face et regarde le pub. Je me demandais si tu l'avais déjà vu.

Quin considéra Seth comme si ce qu'il venait de dire confirmait quelque chose que lui-même suspectait depuis longtemps. *Il est devenu un peu barge dans sa tête, celui-là. Dans sa piaule tout seul tout le temps. Pas de petite amie. Pas de visites.* Haussant les épaules, Quin se tourna pour fourrer le loyer de Seth dans le tiroir-caisse.

Se sentant stupide, ce dernier commença à se diriger vers la porte, mais quelqu'un se mit en travers de son chemin.

— Salut, mon gars.

C'était Archie. Originaire de Dundee, il n'était pas retourné auprès de sa femme et de ses cinq gosses depuis plus de vingt ans. Il était l'homme à tout faire, logé, nourri, et le responsable de la bonne tenue des chambres au-dessus de l'établissement. L'ironie de cette fonction n'échappait pas à Seth, car Archie était le principal artisan du désordre et du délabrement des lieux.

Courtaud et décharné, Archie semblait planer plutôt que marcher. Malgré son âge, il avait toujours une incroyable crinière de cheveux gris, coupés en forme de casque saxon. Taillé à coups de serpe et agrémenté de favoris, son visage semblait paternel, comme s'il était capable de compassion. Archie appelait toujours Seth « mon gars », uniquement parce qu'il était incapable de se souvenir de son prénom.

— T'as une sèche sur toi ? demanda Archie.

Seth hocha la tête.

— Bien sûr.

Seth lui tendit un paquet froissé d'Old Holborn avec une dernière touffe de tabac dans le fond.

Archie afficha un large sourire.

— Ah, t'es un vrai pote, mon gars.

Il avait une dent, une incisive, en bas à droite, que Seth ne pouvait jamais s'empêcher de regarder. Quand ce n'était pas le chicot, c'était le ruban-cache qui maintenait les verres épais à l'intérieur de la monture en plastique de ses lunettes qu'il observait.

— Suis fauché. Serai pas payé avant mardi, dit Archie en grimaçant à l'adresse de sa victime.

— Écoute, Archie. Est-ce que tu as vu ce gosse qui traîne devant le bar ? Il porte un manteau à capuche.

Maintenant qu'il avait le tabac, Archie se désintéressait de la conversation. Il était ivre lui aussi et devait se concentrer pour rouler la cigarette. Seth sortit du bar et revint sous le porche. Il enfonça sa clé dans la serrure avant de gravir l'escalier sombre qui menait aux chambres au-dessus du bar.

Les plinthes étaient peintes en rouge le long de la première volée de marches, couleur de sang frais. Sur les murs, un papier peint blanc, décoré d'un imprimé de grappes de raisin, était devenu jaunâtre et se décollait par endroits. De larges bandes avaient été arrachées, laissant apparaître le plâtre en dessous.

Une fois sur le palier sombre du premier étage, Seth se repéra grâce à la lumière de la cuisine commune. Il sentit l'odeur des torchons à vaisselle humides dans la machine à laver. On avait fait frire du bacon récemment sur la vieille cuisinière à gaz et la graisse avait refroidi. Les relents se mêlaient désormais à ceux, âcres, d'ordures mûres, ce qui signifiait qu'Archie n'avait pas descendu les poubelles. Il y avait des souris, mais pas de rats, pour le moment.

En face de la cuisine se trouvait la salle de bains. Du verre dépoli avait été posé sur la moitié supérieure de la porte, mais n'était pas assez opaque pour préserver l'intimité. Seth alluma et jeta un coup d'œil à l'intérieur pour vérifier si le bloc-douche au-dessus de la baignoire avait été réparé. Ce n'était pas le cas.

— Enfoiré, dit-il.

Puis il se demanda quand il cesserait de vérifier l'avancement des travaux. Trente et un ans, deux diplômes des beaux-arts, et il en était réduit à se laver dans un évier.

Il gravit la seconde volée de marches sordide jusqu'à sa chambre. Les balustres de la rampe étaient peints de la même couleur de meurtre que les plinthes du reste du bâtiment, mais le motif et la teinte de la moquette avaient changé trois fois le temps qu'il arrive au deuxième étage. Il partageait ce palier avec deux autres hommes à qui il n'avait jamais parlé. Là, l'absence de lumière à la fois naturelle et électrique plongeait Seth dans l'oubli.

— Merde ! s'écria-t-il en se cognant le genou contre quelque chose de pointu.

Tendant le bras, Seth fit glisser sa main le long du mur jusqu'à trouver un interrupteur dans un boîtier en plastique fendu, sur lequel un poing avait appuyé un jour avec une trop grande force. Toutes les lumières étaient réglées sur une minuterie. Il pressa le gros bouton circulaire, allumant l'ampoule sans abat-jour suspendue au plafond.

Le couloir qui reliait les trois chambres semblait d'autant plus sombre et étriqué à cause des meubles entassés contre les murs. Le parcours qu'il effectuait chaque jour était périlleux. Marchant rapidement pour atteindre sa chambre avant que les lumières s'éteignent, il se fraya un passage parmi les ossements brisés d'un canapé-lit mis au rebut. Le temps qu'il arrive à sa porte, le couloir était de nouveau plongé dans l'obscurité. Seth appuya sur l'interrupteur le plus proche pour avoir cinq secondes de visibilité supplémentaires pendant qu'il se démenait avec ses clés. Alors qu'il franchissait le seuil, les ténèbres retombèrent et engloutirent tout derrière lui.

Quand Seth était arrivé à *L'Homme vert*, douze mois auparavant, Archie lui avait montré la chambre, et ne s'était pas attardé... car préparer les lieux pour le nouveau locataire relevait de sa responsabilité. Les deux fenêtres étaient dépourvues de voilage et seule celle de gauche avait des rideaux. Ces derniers étaient de la même couleur que les motifs des robes dans les exemplaires de *Woman's Weekly* qui survivent pendant des décennies dans les salles d'attente des médecins. La fenêtre à guillotine sur la droite était coincée de guingois dans le cadre.

—Aha! s'était exclamé Seth, avec horreur et incrédulité.

Mais Archie s'était contenté de cligner des yeux.

Face aux fenêtres, le matelas du lit double se distinguait par des rayures style Auschwitz et des taches suspectes. Deux penderies mal montées et un petit meuble à tiroirs à côté du lit constituaient l'unique mobilier. Les traces de mugs et de maquillage qui maculaient la commode lui conféraient une touche féminine un brin rassurante.

À côté de la table de nuit se trouvait l'unique radiateur, peint en jaune et moucheté de gouttelettes foncées. Du sang séché. Il n'avait jamais réussi à faire disparaître les taches et avait un jour demandé de quoi il s'agissait à Archie qui occupait la chambre avant lui. À cette question, Archie avait haussé les sourcils et déclaré :

— Lassy. Une fille adorable. Avait des problèmes avec son petit ami. Ils s'engueulaient toute la nuit. (Archie avait soudain semblé prendre plaisir à son rôle de conteur.) Avant elle il y avait un type très bizarre. Discret et tout. Mais quand la police est venue, elle l'a surpris dans la piaule avec sa belle-fille. Et l'amie de celle-ci.

La pièce empestait comme une vieille carpette qu'on a laissée dans un garage pendant des années. Mais au moins il n'y avait pas d'humidité.

Seth n'avait guère fait d'aménagements depuis. Il s'était contenté d'apporter ses affaires et d'enlever les morceaux de verre qui jonchaient le tapis. Le délabrement des lieux rendait toute tentative d'amélioration futile. Ses piles de vieux magazines et de journaux du dimanche donnaient désormais l'impression que la chambre était encombrée et vide à la fois. Le désespoir l'avait conduit ici ; le désespoir le maintenait ici.

Durant sa première nuit, il se souvenait d'avoir ressenti un mélange d'apitoiement sur son sort, d'un sentiment d'abandon, et d'une terreur subtile qui l'aurait fait suffoquer s'il l'avait laissée grandir. Mais il ne pouvait rien s'offrir d'autre après être arrivé à Londres avec vingt tableaux dont personne n'avait voulu. Il s'était dit que les grandes fenêtres orientées au sud feraient de cette pièce un excellent atelier. À l'ancienne.

Seth referma la porte de sa chambre et tourna la clé. Les autres locataires étaient souvent ivres et titubaient dans le couloir obscur ; il était incapable de se détendre tant que la serrure n'était pas verrouillée. Il laissa tomber son sac sur le lit et brancha la bouilloire. Puis il la débrancha et ouvrit le frigo, se souvenant qu'il restait une canette de bière du pack de quatre qu'il avait acheté la veille.

Il s'assit au bord du matelas et regarda les cartons toujours empilés dans un coin. Tout son matériel de peinture se trouvait dans ces boîtes sur lesquelles de la poussière s'accumulait. Les toiles étaient dans des sacs plastique, empilées dans la penderie. Il n'avait rien fait, pas même un croquis, depuis plus de six mois et se demandait s'il n'avait pas finalement renoncé à tout ça, ou s'il s'y remettrait un jour.

Sans prendre la peine de chercher un verre, Seth but à même la canette. Il songea à se confectionner un sandwich, mais maintenant qu'il était assis, il se sentait trop fatigué pour bouger encore. Portant toujours son manteau, il s'allongea sur le dessus-de-lit et sirota la bière glacée. Il était temps qu'il se secoue. Demain il ferait une tentative. Déciderait de ce qu'il allait faire.

Il consulta sa montre : 16 heures. Il devait aller travailler à 17 h 30. Estimant qu'un petit somme lui ferait du bien, il posa la canette par terre, se tourna sur le côté, ferma ses yeux qui le cuisaient… et rêva d'un endroit où il n'avait pas été enfermé depuis l'âge de onze ans.

La grille de la chambre était constituée de barreaux en fer, enduits d'une couche épaisse de peinture noire. En guise de fenêtres, il y avait deux arches, une de chaque côté de la grille. Elles étaient également fermées par des barreaux verticaux. Il n'y avait qu'une entrée.

Le mur du fond, les deux côtés et le plafond qui complétaient la construction rectangulaire étaient en pierre blanche. Des carreaux de marbre lisse rendaient le sol dur et froid sous les pieds nus de Seth. Ici, il avançait toujours à petits pas ; la plante de ses pieds lui donnait l'impression d'être devenue bleue et de le rester.

La chambre, qui ne mesurait guère plus de quatre ou cinq mètres carrés, ne comportait pas de décorations. Elle était également dépourvue de meubles. Il n'y avait rien pour s'asseoir. Le froid lui faisait mal au dos, mais le sol était trop glacé pour qu'il y pose ses fesses nues.

Une lampe était suspendue au plafond au bout d'une chaîne en cuivre. L'ampoule électrique était logée à l'intérieur d'un abat-jour en verre carré, semblable aux lanternes qui équipaient autrefois les voitures tirées par des chevaux. Elle dispensait une lumière jaune vif, jour et nuit. Il ne pouvait s'empêcher d'essayer de s'y réchauffer les mains. Mais chaque fois qu'il les levait et touchait le verre, il était froid.

En regardant à travers la grille, il apercevait un bois ; humide, touffu et sauvage. Un ciel gris pesait sur les frondaisons vert foncé. Trois larges marches descendaient de la chambre vers la longue pelouse qui décrivait un grand cercle autour de la façade de la construction devant la rangée d'arbres. Un vent froid soufflait à travers les barreaux.

Son monde avait été réduit à quelques couleurs.

Il se trouvait là parce qu'il s'y était laissé conduire et enfermer. C'était tout ce qu'il savait. À part cela, il se souvenait vaguement que sa famille lui avait rendu visite longtemps auparavant. Sa maman et son papa étaient venus ensemble ; son père lui avait semblé déçu et sa mère inquiète, même si elle avait essayé de ne pas le montrer. Une autre fois, sa sœur et son mari s'étaient présentés. Ils étaient restés au pied des marches et son beau-frère avait fait des blagues pour lui remonter le moral. Seth avait souri jusqu'à en avoir mal. Sa sœur avait très peu parlé et avait l'air d'avoir peur de lui, comme si elle ne reconnaissait plus son frère.

Il leur avait déclaré qu'il allait très bien, mais était incapable de dire à quiconque ce qu'il éprouvait réellement à propos de son emprisonnement dans l'étrange chambre de pierre ; il ne pouvait lui-même se l'expliquer. Après le départ de ses visiteurs, une boule s'était formée dans sa gorge.

Déconcerté, la mémoire défaillante, il ne savait absolument pas depuis combien de temps il se trouvait là, ni pour quelle raison précise on l'avait enfermé, mais il avait la certitude qu'il y resterait à jamais ; toujours transi, toujours affamé, jamais autorisé à s'asseoir, seulement à se déplacer, à petits pas, en se rongeant les sangs.

Chapitre 3

Elle aurait aussi bien pu embarquer à bord d'un paquebot de luxe, un *Titanic* ou un *Lusitania*. À l'intérieur, Barrington House ressemblait à un décor de cinéma conçu pour un film se passant en haute mer entre les deux guerres, photographié en cuivre et sépia.

Stupéfaite, elle suivit le grand portier en chef, Stephen, à travers la réception et vers l'aile ouest, le long de couloirs tapissés de papier peint rose, illuminés d'un marron doré par des lampes aux abat-jour en verre ornés de motifs, qui respiraient la tradition. Ce n'était pas tout à fait comme dans une église, mais presque ; bois et métal poli, fleurs fraîchement cueillies, et la fragrance de choses précieuses, conservées, confinées, comme dans un vieux musée privé jamais ouvert au public.

Stephen parlait tandis qu'il marchait devant elle.

— Nous avons quarante appartements répartis entre les deux ensembles. Le jardin privatif au milieu confère de la luminosité à l'arrière des logements. Au début, c'est un peu déconcertant. Pourtant, si vous vous représentez un « L » géant, avec les rues à l'extérieur, on se repère très vite. On trouve vingt emplacements de parking sous l'immeuble, mais j'ai bien peur que l'appartement de votre tante n'en dispose pas.

— Ne vous inquiétez pas, je n'ai pas de voiture. Et prendre le métro est une nouveauté pour moi.

Le portier sourit.

— C'est bien possible, m'dame. C'est bien possible.

— Apryl. Appelez-moi Apryl. Sinon j'ai l'impression d'avoir cent quatre-vingt-dix ans.

— Et vous pourriez peut-être vivre aussi longtemps. Votre tante était âgée de quatre-vingt-quatre ans quand elle est décédée.

— Ma grand-tante. C'était la sœur de ma grand-mère.

— Un bel âge néanmoins. (Il marqua un temps et la regarda par-dessus son épaule.) Même si je suis sincèrement désolé pour cette perte... Apryl.

— Merci. Mais je ne l'ai pas connue. C'est quand même triste. Elle était la dernière de cette génération dans ma famille. Nous ne savions pas qu'elle était toujours en vie. Ni à quoi cet endroit ressemblait... Enfin, à ça... Je veux dire, c'est spectaculaire. Je veux dire... Nous ne sommes pas riches. Nous n'aurions même pas les moyens de payer les charges – cela représente à peu près ce que je gagne en un an à New York. Alors je ne resterai pas ici très longtemps.

À vue de nez, quand elles auraient vendu l'appartement, ni elle ni sa mère n'auraient besoin de travailler pendant un bon bout de temps, voire jamais plus. Elles seraient riches. Ce seul mot semblait incongru, voire stupide, les concernant. Mais personne d'autre ne pouvait prétendre à l'héritage. Lillian n'avait pas eu d'enfant, et la mère d'Apryl était fille unique, tout comme elle. La fin d'une lignée. Et si elle ne se remuait pas un peu du haut de ses vingt-huit ans, la famille Beckford disparaîtrait avec elle. La dernière vieille fille.

— Tout ça ressemble à un conte de fées. Ma mère va tomber à la renverse quand je lui parlerai de cet endroit.

Enfin, de vous, les portiers, et de tout le reste. Je crois que je pourrais m'y habituer.

Stephen hocha la tête, affichant un sourire courtois quoique crispé. Il semblait fatigué, mais également préoccupé par quelque chose, même si ce n'était pas par les tatouages qui apparaissaient furtivement sous les manches de la chemise d'Apryl. Réfléchis dans le miroir de l'ascenseur, ils ressemblaient aux pages ouvertes d'une bande dessinée.

— Ainsi, vous n'avez pas connu votre tante Lillian ? demanda-t-il avec précaution, comme s'il n'était pas certain de devoir lui révéler quelque chose d'embarrassant.

— En effet. Ma mère se souvient plus ou moins d'elle, mais pas très bien. Et Lillian n'était pas non plus très proche de ma mamie Marilyn. Elles sont parties chacune de leur côté pendant la guerre. J'aurais adoré avoir une sœur. Nous pensions que Lillian était morte des années auparavant. Enfin, ma grand-mère est morte il y a quinze ans. Et ma mère était trop occupée à m'élever pour se renseigner au sujet de Lillian. Je lui donnais du fil à retordre.

Elle s'égarait, elle le savait, mais était trop excitée pour s'en soucier.

Stephen se mordit la lèvre inférieure, puis soupira.

— Votre tante n'allait pas très bien, Apryl, je le crains. C'était une femme adorable. Très gentille. Et je suis sincère. Nous l'aimions tous beaucoup ici. Mais elle était très âgée et sa santé mentale n'était pas très bonne depuis longtemps. Mon prédécesseur disait déjà la même chose et ça fait dix ans que je travaille ici. Il y a quelque temps, nous avions pris des dispositions pour qu'on lui apporte ses repas. Et une aide-soignante venait la voir toutes les semaines. La gérance encaissait ses chèques et réglait les factures pour elle.

— Je l'ignorais. Vous devez penser que nous sommes sans cœur.

— Je n'avais pas l'intention d'insinuer quoi que ce soit. Cela se produit tout le temps dans ce secteur de la ville. Les gens s'éloignent de leurs familles. Coupent les ponts. L'argent le permet. Mais la santé mentale de Lillian s'était détériorée. Cela s'était beaucoup aggravé durant les dernières années avant qu'elle meure. En fait, elle n'aurait pas dû rester ici. Mais c'était son chez-elle et nous nous efforcions tous – les portiers et les femmes de ménage – de faire de notre mieux pour qu'elle puisse continuer à vivre là.

— C'était très gentil de votre part.

— Oh, ce n'était pas grand-chose en fait. Juste du lait, du pain, et quelques bricoles dont elle avait besoin, que nous allions acheter pour elle. Nous nous efforcions toujours de rendre service. Mais nous craignions tous qu'elle fasse une chute ou… (il marqua un temps pour s'éclaircir la voix)… qu'elle perde la raison.

— Elle n'avait pas d'amis ?

— Pas que je sache. Pas une seule visite depuis que je suis ici. Vous comprenez… (après un silence, il se frotta la bouche) elle était très excentrique. C'est la manière la plus polie d'exprimer cela, et je ne veux pas me montrer irrespectueux.

Il semblait vraiment mal à l'aise. Il avait même baissé la voix. « Folle », voilà ce qu'il voulait dire.

Mais Apryl souhaitait tout savoir sur la grand-tante qui leur avait laissé, à sa mère et elle, un bien immobilier incroyable à Londres. Une fois l'appartement vendu, elle veillerait à ce que ceux qui avaient permis à la vieille dame de connaître une fin de vie agréable soient récompensés d'une manière ou d'une autre. Sa mère ne s'y opposerait pas. Elle se sentirait fautive, elle aussi. Comme Apryl en ce moment même. Bien que ni l'une ni l'autre ne le soient. Il n'y avait eu aucune négligence délibérée de leur part. Lillian était une parente éloignée qui vivait au bout du monde.

— Vous vous souvenez de son mari ? Reginald ? demanda Apryl. Je crois qu'il était pilote de chasse pendant la guerre.

Stephen détourna les yeux et regarda au-dessus et autour de la tête d'Apryl, comme s'il examinait les ampoules de l'ascenseur, dont la lumière était chiche, et qui projetaient une ombre sale sur les panneaux en acajou et les garnitures en cuivre.

— Mmm, non. Il est mort avant que je travaille ici. Je pense que sa disparition l'avait énormément affectée.

— Pourquoi dites-vous cela ?

Mais la cabine s'arrêta à ce moment-là avec un chuintement asthmatique suivi d'un son mat. Les portes coulissèrent et Stephen parut impatient de les franchir.

Elle le suivit sur le palier. Il était recouvert d'une moquette vert foncé, et les murs décorés dans le même ton discret que les couloirs communs au rez-de-chaussée. Le radiateur en face de l'ascenseur ressemblait à une tombe victorienne dans son coffrage orné. Un grand miroir dans un cadre doré luisait au-dessus et un escalier s'enroulait autour de la colonne de l'ascenseur. Elle vit des gravures dans des cadres élégants sur les murs. À chaque extrémité du palier se trouvait une porte d'entrée en bois, avec des numéros en cuivre.

— Et voilà, nous sommes arrivés. Le numéro trente-neuf. Tout en haut. Malheureusement, le chauffage central est insuffisant ici, et j'avais installé des radiateurs portatifs dans la chambre à coucher de Lillian et dans la cuisine, les deux seules pièces qu'elle utilisait, autant que je m'en souvienne. Il faudra que je les reprenne.

— Bien sûr.

Apryl observa la nuque de Stephen, dont les cheveux étaient argentés et la coupe impeccable, tandis qu'il agitait le trousseau pour libérer la bonne clé. Elle distinguait des épaules massives sous le gilet d'un gris brillant. Tout en lui évoquait l'ancien militaire et son autorité devait être appréciée des résidents. Sa grand-tante avait dû se sentir en sécurité avec cet homme à proximité.

— J'ai bien peur que ce soit la pagaille à l'intérieur. Elle refusait d'avoir une domestique et interdisait à quiconque de déplacer le moindre objet. Cela m'étonnerait qu'elle ait jeté quoi que ce soit en soixante ans. Bon, voici les clés. Nous avons un autre trousseau dans le coffre-fort en bas – une mesure de sécurité standard en cas d'urgence. Il faut que je file maintenant. Des techniciens viennent vérifier les paraboles satellites sur le toit. Mais appelez la réception si vous avez besoin de quelque chose. Piotr est de service jusqu'à 17 h 30, ensuite Seth, le portier de nuit, le remplacera. Je suis disponible durant la plus grande partie de la journée. Vous pouvez appeler la réception avec le téléphone de la cuisine. Vous soulevez juste le combiné et vous obtenez la connexion.

Stephen la regarda dans les yeux. Il devinait probablement qu'elle n'avait pas envie de se retrouver seule dans l'appartement.

— J'ai bien peur qu'un énorme travail vous attende, Apryl. Cela m'étonnerait qu'on ait fait le ménage depuis des années. Et c'est le seul logement dont la salle de bains d'origine est toujours intacte. Si vous avez l'intention de vendre, cela nécessitera de gros travaux. Peut-être une rénovation complète pour obtenir un bon prix.

Stephen la laissa devant la porte ouverte et descendit l'escalier au trot.

Les rideaux devaient être tirés à l'intérieur, car même si Stephen avait franchi le seuil et allumé dans l'entrée, on ne voyait pas grand-chose à part un vestibule encombré et sans charme, d'un autre âge.

À la simple idée d'entrer, elle se sentait vulnérable et coupable, comme si elle pénétrait sans autorisation dans une propriété privée. Et les scories de l'ancienneté répugnaient à rester dans les limites de ces murs. Même depuis le palier l'appartement dégageait une odeur de vieux. De très vieux. Comme la chambre de sa grand-mère à Jersey, qui n'avait pas changé non plus depuis les années 40. Mais cette atmosphère était mille fois plus dense. Comme si les fenêtres n'avaient jamais été ouvertes et que tout à l'intérieur était ancien, flétri et poussiéreux. Un passé préservé et peu disposé à quitter les lieux. Comme le reste de l'immeuble, si elle était honnête avec elle-même, maintenant que l'excitation des premiers instants s'était estompée : des cages d'escalier sombres et des couloirs mal éclairés. On avait l'impression d'avoir remonté le temps. Peut-être que les résidents aimaient qu'il en soit ainsi. Une ambiance traditionnelle ou quelque chose de ce genre.

Elle passa la tête et ressentit l'envie stupide d'appeler sa tante par son nom. Parce que, étrangement, l'appartement ne donnait pas l'impression d'être inoccupé.

Le portier en chef avait dit la vérité. Lillian avait vécu en recluse. Le vestibule était obstrué par des piles de journaux, de magazines et de sacs plastique luisants et pleins à craquer. Apryl risqua un coup d'œil à l'intérieur de celui qui se trouvait le plus près du portemanteau. Il était rempli de prospectus, des intrusions colorées du monde moderne qui n'avaient aucune chance ici, mais étaient néanmoins conservées pour quelque raison, emprisonnées.

La moquette crissait sous les semelles de ses Converse. Sous la lumière chiche du vestibule, dont les abat-jour en verre laissaient entrevoir une multitude de papillons de nuit morts, elle vit que la moquette était usée jusqu'à la trame. Le motif compliqué de rouge et de vert avait été réduit à l'état de paille compressée en son milieu. Usé par les pieds de sa grand-tante.

Les meubles qui longeaient le couloir étaient manifestement d'époque. Des pieds en bois foncés et luisants apparaissaient entre des ballots de journaux jaunissants. Les coussins brodés des fauteuils étaient en partie dissimulés par des annuaires téléphoniques fanés. Ailleurs, du bois sculpté, des incrustations de nacre, et du verre dépoli aux décorations compliquées dépassaient entre les sacs de détritus, comme humiliés par leur environnement. Apryl n'était pas historienne, néanmoins elle savait qu'on avait cessé de fabriquer des vitrines, des pendules et des fauteuils de ce genre dans les années 40. Et sans les monceaux d'ordures et les murs tachés, l'appartement aurait sans doute eu un aspect raffiné. Mais peut-être pas.

Le papier peint, en soie autrefois crème, parcouru à la verticale par des bandes d'argent, était désormais jaune et souillé par des nuages marron où l'humidité avait séché près des lambris sales et au-dessus des plinthes. Sous ses doigts, les murs semblaient pelucheux comme la fourrure usée d'un animal empaillé.

Dans la cuisine le linoléum jaune était craquelé et il y avait une étagère chargée d'accessoires en émail démodés. Des placards en bois foncé étaient fixés aux murs jadis peints couleur bouton-d'or mais à présent ternis comme de l'ivoire. Les plaques de la cuisinière étaient desséchées et poussiéreuses, le profond évier complètement sec. Seule la surface de la table de cuisine montrait des signes d'usure. Il y avait des lignes faites par un couteau sur la planche à découper et des miettes dans la boîte à pain. Une chaise solitaire, sur laquelle était posé un coussin à motifs écossais, était poussée sous la table.

Les pauvres vestiges de la vie quotidienne de sa grand-tante la rendirent brusquement triste, jusqu'aux orteils. Mais ce fut la vue de la théière en argent sur le plateau décoré d'oiseaux des îles Britanniques, à côté du restant d'un paquet de petits gâteaux au citron posé sur la table, qui lui serra la gorge d'émotion. Elle crut qu'elle allait pleurer.

Il y avait une seule tasse en porcelaine à côté de la théière, une passoire, un bol de sucre et une boîte à thé. Le bord doré de la tasse était ébréché ; il s'agissait probablement de la dernière d'un service. Peut-être un cadeau reçu quand sa tante et Reginald s'étaient mariés. Apryl effleura l'anse, mais ne put se résoudre à lever l'objet fragile. C'était la tasse de Lillian ; elle buvait son thé dedans. Ici, toute seule, dans la cuisine, à cette petite table près de la boîte à pain en plastique au couvercle à bascule, entourée de reliques de presque un siècle. Apryl refoula une larme. Elle comprenait pourquoi des gens riches s'isolaient dans des villages pour retraités en Floride et se déplaçaient dans des voiturettes de golf, vêtus de chemisettes à manches courtes. À quoi bon être différent si c'était pour finir de cette façon ?

Elle s'essuya les yeux.

— Tu aurais pu venir vivre avec nous.

Dans les placards elle trouva un assortiment hétéroclite de vaisselle de table : trois services de porcelaine, incomplets et désormais mélangés en un méli-mélo incongru de motifs ainsi que de vieilles casseroles et des poêles. Elle doutait que les casseroles aient été utilisées depuis des années, excepté celle au fond de laquelle avait séché une croûte de lait. À part les trois boîtes de potage et quelques paquets de biscuits, il n'y avait rien à manger. Dans le réfrigérateur elle vit une bouteille en plastique contenant du lait grumeleux. L'alimentation de sa grand-tante consistait uniquement en thé, petits gâteaux et potage, et elle avait tenu jusqu'à quatre-vingt-quatre ans.

Stephen avait dit qu'on n'avait touché à rien depuis la mort de Lillian. Et comment était-elle morte ? Était-ce ici ?

Apryl fit glisser le baluchon de son épaule et l'appuya contre la table de cuisine. Elle ne parvenait pas à se défaire de l'impression d'être une intruse dans la demeure d'une inconnue. Elle appréhendait déjà la perspective de passer une nuit ici. Trouverait-elle des draps propres ? Sa tante était-elle morte dans son lit ? Elle eut brusquement envie d'appeler Stephen pour lui demander de monter, et de ne pas le laisser repartir tant qu'il ne lui aurait pas tout raconté.

Au prix d'un immense effort de volonté elle finit par se calmer. Elle était fatiguée, surexcitée, à bout ; il lui aurait été impossible d'imaginer tout ceci. Elle devait juste se rappeler qu'il s'agissait d'une magnifique occasion. Quelque chose de totalement radical, qui dépassait tout ce qu'elle avait jamais connu.

Mais quand elle ouvrit la porte du séjour, sa détermination s'évanouit de nouveau. Elle ne parvint à faire que deux pas dans la pièce. Pourquoi Stephen ne lui avait-il pas parlé des fleurs ? Uniquement des fleurs mortes. La pilc penchée de tiges marron et de pétales ratatinés s'élevait depuis la moquette jusqu'à l'appui de la grande fenêtre donnant sur Lowndes Square. Elles lui rappelaient les couronnes déposées sur de vieilles tombes, qui se flétrissaient, tombaient puis se décoloraient. Voir un si grand nombre de tiges émaciées et de feuilles ternies dans la lumière ténue brunâtre fit naître un frisson qui picota sa colonne vertébrale puis pétilla à la base de son crâne. Cela avait dû durer des années. Cet amoncellement de bouquets. Et uniquement des roses, à en juger par les quelques pétales du dessus, qui restaient aussi foncés que du vin. Derrière les fleurs, les rideaux gris aux embrasses dorées étaient hermétiquement fermés.

Elle alluma le plafonnier pour mieux examiner les fleurs et observer les gravures sur les murs, mais la pièce était toujours sombre, et elle comprit que ce serait plus facile une fois les rideaux ouverts. Pourtant, quand elle se pencha au-dessus des bouquets et voulut les écarter, elle découvrit que les tentures avaient été cousues. Elle s'éloigna vivement de la fenêtre et observa avec stupeur les coutures minutieuses de fil rouge qui joignaient les tentures par le milieu, d'une façon permanente.

— C'est quoi, ce bordel ?

Seule et folle, grand-tante Lillian avait cousu hermétiquement ses rideaux avec du fil, puis avait déposé devant eux ces hommages floraux qui recouvraient la moitié de la pièce. Elle se retourna pour jeter un regard à la ronde. Aucun meuble ici. Le sol était couvert d'une couche de poussière, mais les coins où les murs rencontraient le plafond ne présentaient pas de toiles d'araignées, et on pouvait voir les photographies présentes sur tous les murs. Des clichés en noir et blanc accrochés dans des cadres anciens, allant de la hauteur de sa taille jusqu'au plafond. Et toutes représentant le même couple. Toutes sans exception.

Pour la première fois de sa vie, elle voyait son grand-oncle Reginald. Il était très beau, avec une petite moustache, comme Douglas Fairbanks Junior, et ses cheveux plaqués de chaque côté d'une raie. Ses yeux étaient bruns et intelligents… et souriants. Le seul fait de le regarder la fit sourire. Reginald était toujours habillé d'un costume-cravate ou portait un pantalon aux reflets argentés avec une chemise au col ouvert. Sur une photo, un petit terrier était couché à ses pieds, tandis que lui-même était assis dans un fauteuil en rotin. Il tenait souvent une pipe dans sa main gauche qui semblait vigoureuse. Le mari de Lillian : un homme à côté duquel elle se tenait toujours avec fierté, tout près de lui, soit lui tenant le coude, soit debout derrière lui, une main posée sur son épaule. Comme s'il lui était impossible de le lâcher. Comme si elle l'aimait tellement qu'être séparée de lui la rendrait folle.

Et Lillian avait été une très belle femme. Elle ressemblait à une vedette de cinéma des années 40, avec ses grands yeux bruns et l'ossature prononcée que l'on voit rarement de nos jours, toujours élégamment vêtue de robes d'intérieur ou de robes de cocktail lui arrivant au genou, ou de robes de bal virevoltant autour des pointes blanches de ses escarpins brillants. Mais c'était leur façon de se regarder qui émouvait le plus Apryl. Il était impossible de simuler un tel sentiment. Cet endroit triste, marron et souillé, où Lillian avait erré et rêvé, qu'elle avait hanté pendant soixante ans, revêtait brusquement une plus grande signification. Deux êtres avaient vécu ici jadis, qui n'auraient jamais dû être séparés. Et l'appartement était plongé dans le deuil parce que la veuve avait le cœur brisé… peut-être rendue folle par un chagrin qui avait perduré. Des cœurs pouvaient-ils encore être brisés à ce point ?

Apryl savait que Reginald était mort à la fin des années 40. Après avoir été pilote de chasse dans la RAF pendant la guerre et avoir survécu à des dangers qu'elle ne pouvait même pas commencer à imaginer, cet homme très beau, heureux, marié à une splendide jeune femme, était mort subitement. Apryl ignorait les détails, mais sa mamie avait dit à sa mère qu'il était mort après la guerre. C'était tout ce qu'elles savaient. Une histoire plutôt vague transmise d'une vieille femme solitaire à une autre, puis à elle. Mais des images fugaces de la vie de Lillian étaient accrochées autour d'elle sur les murs, et étaient conservées dans les cartons du couloir, et dans ce qu'Apryl trouverait peut-être dans les trois chambres et la salle à manger. Et Stephen n'avait-il pas parlé d'une cave au sous-sol de l'immeuble ?

Elle avait prévu d'arranger une vente rapide de l'appartement et de se débarrasser des biens de Lillian en deux semaines. Mais elle avait changé d'avis. Elle voulait rester ici pour en apprendre davantage sur sa grand-tante et son grand-oncle. Elle voulait examiner, réfléchir, rassembler et conserver. Tout cela n'avait rien d'un capharnaüm. Tout cela avait représenté quelque chose pour Lillian. Tout ce qui se trouvait ici.

Elle dénicherait sûrement des lettres. Peut-être un journal intime. Elle allait être obligée de tamiser et de trier comme un archéologue, tout en traitant avec des agents immobiliers et en réglant les questions juridiques. Travailler vite et peut-être visiter un peu Londres, également. Mais Lillian restait la priorité. Si cela signifiait dépenser le reste de ses économies et laisser tomber son travail à New York, alors qu'il en soit ainsi. Elle saurait absolument tout ce qu'il y avait à savoir sur sa grand-tante.

Chapitre 4

Quand Seth sortit du vestiaire du personnel, revêtu de son uniforme, une tasse de thé à la main, il espérait que Piotr serait déjà descendu au garage où sa bagnole pourrie était garée. Mais Piotr avait simplement enfilé son anorak rouge par-dessus sa chemise en polyester tachée de sueur, et l'attendait. Arborant un large sourire, il leva le registre de service.

— Ah, Seth voit de nouveau les fantômes ! Nous rions tous beaucoup quand nous lisons le cahier. Peut-être il boit le whisky pendant la nuit et il voit des choses, hein ?

Il roula des yeux et leva une main comme s'il buvait dans un verre.

— Je n'ai pas dit que j'avais vu quelque chose. J'ai signalé des bruits. Un vacarme. Il y avait quelqu'un au seize. Je l'ai entendu.

Mais Piotr n'écoutait pas.

— Tu dois polir les cuivres la nuit. Je dis à Stephen, mais il écoute pas. Comme ça, tu fais travail et tu as pas le temps de voir les fantômes.

La porte se referma sur le bruissement de l'anorak et un visage hilare.

Seth ne ferait plus jamais de rapport, même s'il entendait encore quelque chose. Bordel de merde. Il avait fait son boulot ; si quelque chose était volé, il les aurait prévenus.

Il se laissa tomber dans le fauteuil et pensa de nouveau au rêve qu'il avait fait cet après-midi-là. Il l'avait laissé nostalgique, et mal à l'aise. Quand Seth était gosse, il avait souvent visité cette chambre dans ses cauchemars. Il essayait de crier, mais se retrouvait étrangement muet, tandis qu'on le poussait à l'intérieur de la pièce contre son gré. Maintes et maintes fois, il avait trouvé cette étrange chambre de pierre dans ses songes. Il s'agissait d'un véritable mausolée qu'il avait vu avec sa mamie un jour qu'ils traversaient un coin mal entretenu du cimetière où son grand-père était enterré. Toutes les fleurs étaient mortes et les noms des gens étaient effacés sur les plaques et les dalles. Cela le terrifiait. Il était incapable d'accepter l'idée que sa maman et son papa mourraient et l'abandonneraient un jour, pour finir dans l'un de ces caveaux de pierre ou à l'intérieur du mausolée ; et qu'il mourrait, lui aussi. Sa mamie lui disait, avec un sourire : « Pas avant très longtemps, Seth. » Mais le mausolée de marbre froid avec sa petite lumière à l'intérieur, et la grille verrouillée et les fenêtres munies de barreaux, le hantait. Il imaginait qu'on le mettait là. Qu'il était mort là. Qu'il se trouvait du mauvais côté de la petite grille, réclamant sa maman et son papa qui ne pouvaient pas le voir. Qu'il les observait en train de s'éloigner entre les pierres tombales. Il les voyait toujours très nettement, ils démarraient l'Allegro blanche avant de partir et de le laisser derrière la grille, en pleurs, hystérique.

Il se secoua. Même aujourd'hui, il n'aimait pas se souvenir de cela. Quand il était gosse, la peur de la chambre lui comprimait la poitrine au point qu'il ne pouvait pas respirer.

Il devrait appeler sa mère. Son père. Sa sœur. Le rêve lui donnait envie de le faire. Il ne se rappelait pas la dernière fois où il avait parlé à l'un d'eux. Il avait tout laissé filer.

Seth soupira et examina le registre du service de nuit pour se contraindre à penser à autre chose. Seulement vingt des quarante appartements étaient occupés. La situation était la même que durant ses quatre gardes de la semaine passée.

La plupart des suites en terrasse étaient soit des résidences de vacances pour des gens absurdement riches, soit des appartements loués par des sociétés pour leurs employés travaillant en ville. Même si certains des logements étaient occupés par des locataires permanents exaspérants, il était rarement dérangé la nuit. Mais il remarqua un changement concernant l'appartement trente-neuf de l'aile est. Quelqu'un avait emménagé. La vieille dame, Lillian, était morte ; dans un taxi, ou un truc comme ça, deux mois auparavant. Stephen lui avait appris la nouvelle le lendemain, mais il n'avait jamais vu cette femme durant ses gardes. Elle ne sortait pas la nuit. La nouvelle occupante était inscrite sous le nom d'Apryl Beckford. Il se demanda comment elle était.

Quand il eut fini de boire son thé, il se dirigea vers le jardin d'agrément aménagé à l'intersection des deux ailes. Il se roula une mince cigarette qu'il fuma tout en écoutant le murmure du jet d'eau. Le souvenir du rêve s'estompa et il commença à ressentir une espèce de soulagement d'être de nouveau au travail. Il y avait très peu de corvées : uniquement une ronde à effectuer de temps à autre et un invité à faire signer sur le registre. C'était moins déprimant que la vie à *L'Homme vert*, plus agréable aussi. Un jour, alors qu'il n'avait pas encore commencé à travailler à Barrington House, l'immeuble avait même fait l'objet d'un reportage dans le magazine *Hello !*, parce qu'un footballeur y habitait. Un boulot à l'ancienne, idéal pour un artiste, avait-il espéré alors, mais il avait cessé de dessiner dès qu'il s'était assis dans le fauteuil en cuir de la réception. Il suspectait désormais qu'il avait choisi ce travail de nuit pour oublier et être oublié ; pour se soustraire à la vie de tous les jours de la manière la plus confortable possible. Et cette idée ne le préoccupait plus.

Une fois que le mégot de sa cigarette eut atterri dans la fontaine, il regagna son siège et se mit à bâiller. Encore une nuit agitée. Des adolescents faisaient le tour de Lowndes Square à bord de voitures luxueuses. Il consulta sa montre. Il lui restait deux heures à tirer avant de pouvoir partir dans la matinée et sombrer dans un profond sommeil, un sommeil comateux de préférence.

Parcourant les programmes de télévision dans l'*Evening Standard*, il fut brusquement surpris par le bourdonnement du téléphone intérieur. Il vit une lumière rouge sur le tableau en cuivre à côté de l'étiquette de l'appartement quarante.

— Bordel, qu'est-ce que vous voulez ? chuchota-t-il pour lui-même.

C'était M. Glock, le play-boy suisse entre deux âges, et l'homme le plus grossier que Seth ait jamais rencontré. Il décrocha pour faire cesser les trilles assourdissants du haut-parleur.

— Ici Seth.

— Il me faut un taxi pour Heathrow. Occupez-vous-en tout de suite.

M. Glock raccrocha.

Aucun autre locataire ne renforçait à ce point l'opinion négative que Seth éprouvait de longue date envers les riches, cette espèce à part, si déplaisante. Quand il avait commencé à travailler dans l'immeuble, les habitants et leur fortune absurde l'avaient intimidé, comme si leur seule présence braquait des projecteurs sur sa cravate tachée, les éraflures de ses chaussures et les lacunes de son *curriculum vitae*. Cela l'avait rendu ridiculement peu sûr de lui en leur présence. Mais après six mois passés à sortir leurs ordures puantes et à être témoin d'innombrables démonstrations de suffisance devant son bureau, auxquelles il fallait ajouter leurs accents affectés et leur vulgarité, sa crainte s'était réduite peu à peu à une pointe de ressentiment. Il n'éprouvait que peu de respect pour eux. Particulièrement pour Glock. Travailler ici prouvait à Seth que l'argent préférait la pire sorte de personnes.

Il prit l'ascenseur jusqu'au quatrième étage, où les bagages de Glock devaient attendre. Pendant la montée il s'épongea le visage avec une serviette en papier. La texture de la matière irrita la peau chaude et délicate de son front et de ses joues. Se souvenant d'un Asiatique qui avait éternué sur lui au cinéma, il se demanda s'il n'avait pas attrapé une maladie tropicale au contact de cet étranger. Il se frotta le cou, sentant le début d'un chatouillement dans sa gorge. Puis il se rappela cet air froid et désagréable qu'il avait respiré alors qu'il regardait par la boîte aux lettres de l'appartement seize, et fit la grimace. Il avait toujours l'impression de sentir le goût de la poussière.

Une fois qu'il se fut occupé de Glock et de ses bagages, Seth se roula une cigarette et observa le taxi qui démarrait puis s'éloignait de la place. Il se dit que c'était la dernière fois qu'il se levait de son fauteuil pour la durée de son service. Il se sentait patraque. Le chatouillement au fond de sa gorge s'était mué en une irritation aiguë. Sous son blazer, sa chemise était collée à son dos.

Mais son répit derrière le comptoir fut de courte durée. Ce fut au tour de Mme Shafer d'exiger son attention, la femme d'un certain âge d'un courtier américain infirme. Ils habitaient l'appartement douze.

Debout derrière la porte d'entrée de l'immeuble, elle appuya sur la sonnette. Le bourdonnement incessant qui résonnait derrière le bureau de Seth transmettait la pleine force de son agacement. Elle semblait encore plus grotesque que d'habitude, avec ses cheveux accumulés dans un arrangement désordonné de foulards, d'où des mèches pendaient autour de son visage au teint terreux. Un putain d'Halloween dans un bandana. Il frissonna de dégoût. Comment une femme pouvait-elle se laisser aller de cette façon ? Particulièrement une femme qui avait autant d'argent.

Seth lui ouvrit la porte en utilisant le commutateur derrière le comptoir. Alors qu'elle entrait dans la réception en se dandinant sur ses grosses jambes, un froncement de sourcils sévère lui plissa le front.

— Que se passe-t-il ? (Il y eut une longue pause.) Nous avons des ennuis avec ceci !

Elle désigna la porte. Seth tressaillit. Même s'il était habitué à son hystérie et à son humeur imprévisible, elle ne manquait jamais de l'effrayer. Elle était folle. Seul le portier en chef, avec ses manières polies et sa voix douce, semblait à même de gérer ses sautes d'humeur.

Elle s'avança à petits pas hésitants vers le comptoir.

— Ne vous dérangez surtout pas ! glapit-elle.

Elle agita l'une de ses mains jusqu'à ressembler à un dinosaure au corps massif, penché en avant, et dont les bras courts de fœtus griffaient dans le vide. Mme Shafer s'attendait à ce que les portiers se précipitent vers la porte et la maintiennent ouverte pour elle comme si elle était une personne de sang royal. Ensuite il était d'usage de l'accompagner depuis l'ascenseur jusqu'à la porte de son appartement. C'était une procédure instaurée par Piotr dans sa quête immuable de pourboires, mais Seth refusait de participer à cette mascarade. Cela lui rappelait amèrement sa formation gaspillée – quatre années aux beaux-arts, avec une maîtrise à la clé – tout cela pour être réduit à apaiser une harpie richissime et démente qui terrorisait son mari minuscule et impotent sous les yeux du personnel.

M. Shafer quittait rarement l'appartement. Les rares fois où on le voyait, il était toujours accompagné de son épouse qui poussait des cris stridents. Il ressemblait à une marionnette aux membres en bois desséchés tout juste suspendue au-dessus du sol, comme si la plupart de ses fils avaient été coupés. La femme tirait le vieil homme autour de ses robes énormes et le réprimandait constamment, tandis qu'il employait toute sa concentration et son énergie à garder l'équilibre comme il faisait un pas après l'autre. Les deux Shafer empestaient la sueur rance.

Seth se leva de son fauteuil.

— Bonsoir, dit-il, si doucement qu'il s'entendit à peine.

Elle agita de nouveau les bras avec exaspération et son visage s'empourpra.

— Faites venir Stephen ! Appelez Stephen immédiatement !

Elle ne cessa de crier que lorsque les portes de l'ascenseur s'ouvrirent dans son dos. Le bruit la troubla un instant, puis elle entra à l'intérieur d'un pas traînant. Un dernier marmonnement de sa part se changea en un hurlement strident dont Seth ne comprit pas la signification. Il n'avait pas l'intention de déranger Stephen ; le temps qu'elle arrive à son appartement, elle aurait oublié cette altercation.

Mais il n'aurait pas la paix cette nuit-là. Tous les emmerdeurs de l'immeuble semblaient s'être ligués pour le faire travailler. À 21 heures, Mme Pzalis avait téléphoné trois fois depuis l'appartement vingt-deux pour se plaindre de la mauvaise réception de sa télévision. De même que Mme Benedetti de l'appartement cinq. Il consigna ce fait sur le registre, mais vit que les techniciens des paraboles satellites avaient vérifié les installations sur le toit à deux reprises depuis son dernier service. À 22 h 30, Mme Singh du dix-neuf se plaignit d'une odeur de fumée dans l'aile ouest, et avant qu'il puisse aller vérifier, Mme Roth du dix-huit appela pour lui dire la même chose. Les alarmes d'incendie et les détecteurs de fumée n'émettaient pas le moindre piaulement, mais il était obligé d'aller vérifier.

Si Singh et Roth sentaient de la fumée dans leurs appartements, alors l'odeur venait de l'étage du seize. Une partie de l'immeuble qu'il avait prévu d'éviter lors de chacune des trois rondes qu'il serait obligé de faire durant son service.

— Et merde.

Il prit l'ascenseur jusqu'au neuvième étage.

Dès l'instant où il sortit de la cabine et se tint sur le palier, il la sentit également : une fragrance de viande brûlée, de vêtements roussis et de quelque chose ressemblant à du soufre. Mais il n'y avait pas de fumée, les portes étaient froides, et le local à poubelles, vide. C'était une odeur morte, des miasmes tout à fait désagréables semblables aux résidus qui persistent dans un endroit où il y a eu un incendie. Elle était plus forte près de la porte du dix-huit. L'appartement de la vieille Mme Roth.

Il jeta un coup d'œil alentour et se souvint qu'il n'avait jamais aimé les derniers étages de l'immeuble. Aucun d'entre eux, à vrai dire. Même durant les soirées plus claires en été, quand le soleil couchant atteignait les parties communes, il les trouvait sombres. Le vieux bois foncé, les cuivres mats et l'épaisse moquette verte semblaient absorber tout éclairage, particulièrement dans l'escalier. Cela lui rappelait ces pièces qui restent toujours dans l'ombre dans certaines maisons anciennes. Mais malgré l'absence de circulation humaine dans l'escalier et les couloirs, l'endroit semblait vibrer d'une énergie qui donnait l'impression que quelque chose de grouillant et d'affairé flottait dans l'air, comme si le souvenir d'une activité antérieure tournoyait ici, incapable de s'échapper.

Il descendit au huitième étage dans une hébétude fébrile et essoufflée. Il décida de traverser rapidement le palier et de ne pas s'arrêter, sans tenir compte de ce qu'il sentait ou entendait cogner ou gratter à l'intérieur de l'appartement seize. Mais ce fut impossible.

Comme il dévalait l'escalier deux marches à la fois et s'élançait vers le palier, Seth faillit entrer en collision avec quelqu'un. Un individu vêtu de blanc et voûté. Il se tenait à moins de un mètre de la porte de l'appartement seize.

— Nom de Dieu, gémit-il hors d'haleine, et il sentit tous ses cheveux se hérisser sur sa tête.

Le personnage se retourna pour le regarder. Durant une seconde Seth ne reconnut pas le visage fripé et le casque de fins cheveux argentés. Puis cela lui revint. Le choc s'estompa et un soulagement immédiat déferla en lui. C'était Mme Roth. Mais en chemise de nuit, seule, et manifestement bouleversée.

— Il est revenu, dit-elle, au bord des larmes.

Ses bras minces comme des aiguilles et ses mains affligées d'arthrite tremblaient. À travers la légère étoffe de la chemise de nuit, il aperçut les os anguleux de ses épaules et de son bassin qui saillaient. Des jambes grotesquement décharnées, aux veines noueuses, dépassaient du bord de son vêtement. Ses pieds griffus étaient nus.

— Il est revenu me chercher.

Elle était âgée de quatre-vingt-douze ans. Il se demanda comment elle avait réussi à descendre sur ces jambes-là.

Mme Roth était confinée dans son lit la plupart du temps, on la sortait pour le déjeuner seulement deux fois par semaine, avec l'aide de deux cannes et de son infirmière philippine, Imee.

Seth, figé, la regardait avec stupeur. Il essaya de déglutir mais c'était trop douloureux.

Elle pointa une main déformée vers la porte de l'appartement seize.

— Ouvrez la porte. Je veux voir par moi-même.

Il secoua la tête.

— Je ne peux pas, Mme Roth. Laissez-moi vous raccompagner et vous mettre au lit.

Elle agita avec colère l'amas d'os et de peau mince qui lui tenait lieu de main.

— Je ne veux pas me coucher !

Elle ne faisait pas une crise de somnambulisme. Et, malgré son âge, Mme Roth n'avait jamais donné l'impression d'être sujette ne serait-ce qu'à la plus infime confusion mentale. En fait, il semblait qu'elle avait toujours été désagréable. Elle dérangeait rarement Seth la nuit, mais ses remontrances envers le personnel de jour étaient légendaires. Elle terrifiait même le portier en chef.

— Je vous en prie, m'dame. Vous ne devriez pas être ici.

Il se rendit compte de son erreur au moment où il prononçait ces mots. Le visage de Mme Roth s'empourpra de fureur. Elle s'en prit à lui, pointa un doigt, recourbé comme un crochet, sur son visage, si bien que seule l'articulation de la deuxième phalange était dirigée vers ses yeux.

— Comment osez-vous ?

Le halo habituellement parfait de sa chevelure blanche fut dérangé. Quelques mèches éparses pendaient autour de ses oreilles. À travers ce qui restait en place, il apercevait son cuir chevelu pâle et les tavelures qui le décoloraient.

Son cou était maigre et la chair pendait de ses clavicules comme du cuir flasque. Elle lui rappelait un oiseau. Un oiseau déplumé au bec prononcé et aux yeux féroces.

— Il est revenu, je vous dis ! Je l'ai entendu. Je l'ai entendu rire.

Normalement, un homme dans sa situation, confronté à une femme de quatre-vingt-douze ans en chemise de nuit et qui divaguait, aurait eu un rire gêné ou nerveux. Mais quelque chose dans le visage déterminé et les yeux chassieux et hagards de la vieille femme mit Seth mal à l'aise. Surtout à cause de ce que lui-même avait perçu de l'autre côté de cette porte.

Seth se lança. Il se tint près de Mme Roth, en hochant la tête avec compassion.

— Je sais. J'ai entendu des bruits à l'intérieur, il y a quelque temps. Mais qu'est-ce que c'est ?

— Quoi ? Parlez… Ne soyez pas ridicule. Que racontez-vous ?

Il désigna la porte de la tête.

— Dans cet appartement. La nuit. J'ai fait des rapports. Sur les bruits. Les coups sourds. Dans le vestibule. Des meubles que l'on renversait. Des choses de ce genre.

Le visage anguleux de Mme Roth blêmit, son teint pâle devint maladif. Le tremblement de ses frêles membres de singe s'accentua. Il crut qu'elle allait tomber, et s'avança pour saisir son coude. Elle s'agrippa à lui pour se soutenir et baissa la tête.

— Non, chuchota-t-elle.

Puis de nouveau :

— Non.

Mais pour elle-même.

Elle leva les yeux vers lui, tel un enfant en proie à une frayeur nocturne.

— Reconduisez-moi à mon appartement. Je veux Imee. Allez chercher Imee. Où est Imee ? Je veux Imee.

Tendu et gêné devant son indignité, il la conduisit lentement vers la porte de l'ascenseur qu'il appela du rez-de-chaussée en appuyant sur le bouton fiché dans la plaque en cuivre poli. Tandis qu'il attendait, il se rendit compte que sa chemise était de nouveau trempée de sueur.

Les câbles gémissants semblèrent mettre une éternité à hisser la cabine massive mais élégante depuis le rez-de-chaussée. Et pendant tout ce temps, malgré son malaise, il s'efforça de rassurer Mme Roth avec des commentaires sur Imee et son lit, jusqu'à ce qu'elle lui dise : « Taisez-vous, taisez-vous donc », en agitant une main vers son visage.

Quand il ouvrit la porte extérieure de l'ascenseur et la guida à l'intérieur de la cabine, elle ferma les yeux et parut plus décrépite et voûtée que jamais, comme si elle était contrainte de se souvenir de quelque chose de particulièrement douloureux. Quelque chose qui la brisait. Brisait le peu d'ardeur qui subsistait dans ce vieux corps frêle.

Au neuvième étage, la porte de son appartement était toujours ouverte, et Seth sonna pour appeler Imee, qui sortit en hâte de sa petite chambre au bout du long couloir. Serrant sa robe de chambre, comme pour protéger sa pudeur des yeux du portier, elle lui arracha Mme Roth des mains, et lui jeta un regard furieux, maussade, avant de refermer la porte d'entrée sur ses explications chuchotées. Mme Roth avait commencé à renifler et à pleurer dès qu'elle avait vu Imee.

— Garce, grommela Seth devant la porte fermée.

Puis il prit l'ascenseur jusqu'au vestiaire du personnel au sous-sol, où il se demanda, avec un certain malaise, à qui Mme Roth avait fait allusion devant la porte de l'appartement seize.

Chapitre 5

— Maman, elle ne jetait rien. Absolument rien. Je ne plaisante pas. Si tu voyais les vêtements dans sa chambre. Il doit y avoir une centaine de robes, d'ensembles, de manteaux, et j'en passe. On se croirait revenu aux années 40. Tout est toujours là. Comme dans un musée de la Mode ou un truc de ce genre. Nous avons hérité d'un putain de musée. La collection Lillian. Et certaines des robes sont si belles.

Apryl marchait de long en large dans la chambre de sa grand-tante, son téléphone portable pressé contre l'oreille.

Mais elle savait que sa mère serait incapable de comprendre ce qu'elle avait trouvé chez sa grand-tante, à moins de le voir elle-même. Ce qu'elle ne ferait jamais, à cause de sa terreur pathologique de l'avion. Et Apryl se sentait incapable de décrire ses découvertes d'une manière adéquate, ou de communiquer à sa mère l'atmosphère de l'appartement : la splendeur fanée, le sentiment de perte omniprésent, les défenses chaotiques qu'une vieille femme avait érigées contre le monde extérieur, sa vie intérieure perturbée toujours évidente en ces pièces inoccupées dans lesquelles elle avait installé des autels, instauré des rituels et des habitudes longtemps maintenus, mais à présent complètement déroutants.

Deux des pièces, les chambres à coucher les plus petites, au fond du couloir encombré sur le côté droit, étaient obstruées par des détritus. Dans chacune d'entre elles, elle avait trouvé un lit pour une personne avec un vieil édredon enrobé d'une fourrure de poussière. Autour des lits étaient entassés des cartons et de vieilles valises remplis de bric-à-brac. Ce qu'elle allait faire de tout ça restait un mystère. Dresser un inventaire complet prendrait des semaines, voire des mois.

Au moins, dans la chambre de Lillian, il n'y avait pas de désordre autour des deux penderies gigantesques. Il y avait également un lit immense et une magnifique commode-bureau avec trois tiroirs verrouillés, dont Apryl ne réussit pas à trouver les clés, mais elle subodorait que les papiers personnels de Lillian étaient rangés ailleurs. Et elle n'avait jamais vu une telle quantité de flacons de parfum : ils étaient disposés en troupeau sur le dessus de la commode. Les sociétés de cosmétiques ne fabriquaient plus de verres de ce genre, ni de pots en porcelaine pour les crèmes de beauté et les produits de maquillage ; dans la plupart des récipients, le contenu durci et craquelé était semblable au sol desséché de planètes lointaines.

— Maman, j'aimerais rapporter les vêtements. Je pense qu'ils me vont tous. C'est dingue, non ? J'ai essayé deux manteaux de fourrure et trois chapeaux et on les aurait crus confectionnés pour moi.

— Ma chérie, où vas-tu les mettre ? Dans ton appartement minuscule ? Je n'ai pas de place ici, tu le sais très bien. Et pense à ce que cela va te coûter, trésor. Nous n'avons pas l'argent pour ce genre de chose, et maintenant tu parles de laisser tomber aussi ton travail… Je suis très inquiète.

— Tu n'as pas à t'en faire, maman, on ne sera pas à court d'argent de sitôt.

—*Nous le serons si tu te conduis de cette façon. Tu dois être réaliste, ma chérie. Vendre l'appartement pourrait prendre beaucoup de temps.*

—Je peux payer le transport par bateau avec mes économies. Mais il faut que les affaires de Lillian te parviennent avant et que tu les mettes à la cave.

—*Chérie, ça va coûter une fortune. Tu ne peux pas les envoyer ici : il faut que tu les vendes en Angleterre.*

—Non. Je ferai attention. Je peux rester ici jusqu'à ce que l'appartement soit vendu, et trier tout ce bazar. Le mobilier devra partir en premier. Je n'y connais rien en meubles d'époque, je demanderai l'avis d'un expert pour estimer leur valeur. Mais les trucs vraiment personnels, je veux que nous les gardions. Maman, c'est si beau. Juste les vêtements, les photos et quelques autres petites choses.

—*Oh chérie, je ne sais vraiment pas. Tu devais rester là-bas deux semaines afin de vider l'appartement et de le vendre, et maintenant tu tiens des propos insensés.*

—Maman, maman, c'est notre histoire. Nous ne pouvons pas la jeter comme ça. Enfin, les photos de Lillian et Reginald, c'est à fendre le cœur. Ils étaient si beaux. Comme des stars de cinéma. Tu ne le croiras pas quand tu les verras, cette beauté distinguée faisait partie de notre famille ! Une femme avec autant de goût, de classe et de style. Elle est déjà mon idole. Tu sais combien j'aime ce look.

Mais sa mère semblait fatiguée ; elle n'aurait pas dû la perturber de cette façon. Ajoutée au stress de savoir sa fille unique à l'étranger, l'intrusion de quoi que ce soit de nouveau ou d'inconnu dans son bungalow immaculé du New Jersey serait la cause d'une grande angoisse. Apryl aurait dû lui apprendre tout ceci lentement, mais elle était incapable de contenir son excitation.

Les années 40 et 50 étaient depuis longtemps une source d'inspiration pour son propre style rétro, à New York, où elle vendait des vêtements alternatifs et *vintage* à St Mark's Place. Elle l'avait fait pour un salaire de misère durant les cinq dernières années. Le temps avait filé et elle n'avait guère accumulé d'expérience ou de quoi améliorer son niveau de vie. Mais cette caverne d'Ali Baba pouvait rapporter des milliers de dollars sur eBay. Non qu'elle ait l'intention de tout vendre : elle projetait de porter la majeure partie de ces ensembles dans les clubs rétro du centre-ville et au Village quand elle serait rentrée. C'était son héritage ; sa tante mettait ces vêtements *au temps jadis*.

Les toilettes étaient confectionnées d'une manière si exquise ; elle avait trouvé six robes de bal immaculées en soie et en taffetas, deux douzaines d'ensembles en cachemire et en laine, et deux fois plus de robes cintrées noires et crème, pliées dans des cartons, que sa grand-tante avait dû porter dans les années 60 avec, peut-être, une simple rangée de perles. Et la vue des parures lui avait fait pousser un hurlement de joie : trois coffrets bourrés de broches colorées, de colliers et de boucles d'oreilles, entassés pêle-mêle.

La lingerie *vintage* qu'on avait cessé de faire au début des années 70, et certains des corsets et des gaines de sa grand-tante dataient au moins des années 40. Elle avait longtemps rêvé de faire des trouvailles de ce genre dans des boutiques de vêtements d'occasion et des vide-greniers, et n'avait jamais cessé de chiner au cours de fermetures d'usines ou de ventes de charité, à la recherche d'accessoires *vintage* pour sa propre garde-robe, ou pour les vendre dans sa boutique. Il y avait suffisamment de vêtements dans la chambre de sa grand-tante pour monter une affaire ou remplir une salle des ventes. Elle avait trouvé au moins trente pochettes de bas en Nylon véritable encore scellées dans le tiroir du haut de la commode, avec des noms comme *Mink* et *Cocktail Kitty*. Certains des plus anciens étaient toujours enfermés dans des étuis en papier de soie au fond de boîtes en carton plates, les marques des fabricants gravées royalement sur les couvercles.

Lillian avait été incapable de jeter un seul de ses habits. Tandis que les décennies passaient et que les styles changeaient, elle semblait avoir tout conservé et emmagasiné, puis avait cessé d'acheter de nouvelles tenues au début des années 60. Elle ne possédait aucun vêtement moderne. Elle avait dû porter des toilettes classiques d'autrefois jusqu'à sa mort. Un point commun extraordinaire : en effet, Apryl revêtait rarement quelque chose qui ne donnait pas l'impression d'avoir été confectionné dans les années 50.

Seule la collection de chaussures était décevante. À part une paire d'escarpins en velours avec des talons cubains et deux paires de sandales argentées, Lillian les avait toutes usées. Les talons étaient élimés jusqu'au bois, les brides en cuir fendues ou marquées de profondes éraflures, toutes irrécupérables. C'était comme si sa grand-tante avait énormément marché, mais ne s'était jamais souciée d'acheter de nouveaux souliers.

— Maman, écoute, ne t'inquiète pas, tout va très bien se passer. Tout ira bien. Je suis juste très fatiguée. Je suis debout depuis 5 h 30. Tout ça est tellement excitant, et triste, et je ne sais quoi encore. Je n'arrive toujours pas à me mettre dans la tête que grand-tante Lillian habitait ici. Knightsbridge ressemble à Park Avenue. Avec l'argent qu'elle avait à la banque et la vente de cet appartement, nous allons être riches, maman. Tu m'entends ? Riches.

— *Ma foi, nous n'en savons rien, ma chérie. Tu as dit qu'il devait être rénové.*

— Maman, c'est un logement haut de gamme. Ces endroits s'arrachent tout de suite. Même dans cet état. C'est un appartement en terrasse, maman. (Elle entendit la sonnette de l'entrée tinter comme un petit marteau devenu fou à l'intérieur d'une cloche en fer.) Maman, quelqu'un sonne. Il faut que je file, et de toute façon mon portable n'a presque plus de batterie.

— *Ton portable ? Pourquoi m'appelles-tu depuis ton portable ? Cela va te coûter les yeux de la tête.*

— Je t'aime, maman. Il faut que je file. Je t'appellerai dès que j'en saurai plus.

Apryl envoya un baiser dans le téléphone puis courut de la cuisine jusqu'à la porte d'entrée pour faire entrer le portier en chef.

— Je suppose que je veux absolument savoir comment elle était. Particulièrement à la fin. Enfin, elle a laissé tout ceci. Ici…

« À débrouiller », voulait-elle dire. Lillian l'empêchait désormais de jeter des affaires et de vendre l'appartement. C'était comme si la femme décédée imposait qu'on s'implique dans son existence insensée.

Apryl soupira.

— Je promets de ne pas vous retenir longtemps : je suis vannée moi-même. Je suis si épuisée que je commence à avoir des hallucinations. Alors ce n'est peut-être pas le meilleur moment pour poser des questions, mais… certaines choses me foutent la trouille.

Elle fut incapable de dissimuler son émotion. Elle toussa et avala une gorgée de son thé noir ; habituellement elle buvait du café, mais Lillian n'en avait pas.

Stephen n'était plus de service et avait ôté sa cravate, mais même s'il était plus de 22 heures, il portait toujours la chemise en coton blanche et le pantalon gris de son uniforme, ce qui signifiait qu'il n'avait guère de vie en dehors des fonctions qu'il exerçait dans l'immeuble. Apryl était installée à la table dans la cuisine – la seule pièce suffisamment pratique pour recevoir quelqu'un – et lui était appuyé contre le plan de travail. Il hocha la tête puis leva le mug de thé qu'elle lui avait préparé.

—Ce doit être dur à vivre. Je pensais que ce serait peut-être plus facile à gérer pour vous parce que vous n'aviez pas connu Lillian. C'est sûrement aussi éprouvant d'un certain point de vue. Vous voulez la connaître avant de vendre cet appartement.

—En gros, c'est cela. Et je vois déjà des choses ici qui me font penser à moi-même. Si cela a un sens.

Stephen sourit, d'une manière qui laissait présager des aveux.

—Tout à fait. J'ai immédiatement remarqué une ressemblance. Dans vos yeux. Mais c'est toute l'ironie de la chose. Souvent les résidents finissent par être plus proches de nous autres les portiers qu'ils le sont de leurs propres familles.

—Et je suppose que personne ne pense jamais à vous.

—Oh, cela ne nous dérange pas. On nous paie pour faire un boulot. Mais quand on travaille chez quelqu'un pendant longtemps, on ne peut pas s'empêcher de faire partie de sa vie. Comme un membre de la famille.

—Vous aimiez bien Lillian, n'est-ce pas ?

—Oui. Tout comme les portiers de jour. Mais je ne pense pas que l'équipe de nuit l'ait jamais vue. Pas une seule fois.

—Pour quelle raison ?

Il haussa les épaules.

— Elle veillait toujours à rentrer et à ne plus bouger de son appartement bien avant qu'il fasse nuit. (Il se rendit compte qu'Apryl était déconcertée et s'efforça de fournir plus de détails.) C'est ce qui se passe quand on assure un service de douze heures ici. On n'espionne jamais, mais on ne peut s'empêcher de remarquer des choses. Et on nous paie pour être attentifs.

Il la préparait à quelque chose. Elle voyait bien qu'il s'efforçait d'être irréprochable, professionnel, qu'il refusait de parler à tort et à travers. Peut-être craignait-il d'enfreindre la déontologie du personnel, mais elle était fatiguée et voulait seulement qu'il en vienne au fait. Si Lillian ne recevait pas de visite, alors les employés de Barrington House constituaient sa seule source d'informations. Apparemment, Lillian n'avait pu compter que sur les portiers à la fin de sa vie. Et penser qu'ils étaient les seuls à se souvenir d'elle rendit Apryl morose.

Elle adressa à Stephen un sourire las.

— S'il vous plaît, Stephen. Vous pouvez parler franchement. J'ai juste besoin de quelque chose qui m'aide à continuer avant d'aller me coucher. La curiosité me tue.

Il hocha la tête. Regarda ses pieds. Se passa la langue sur les dents.

— Comme je vous l'ai déjà dit, elle était très excentrique.

— Mais de quelle façon, exactement ? Enfin, elle parlait toute seule à voix haute et…

— Oui. Oui, elle le faisait. La moitié du temps elle vivait dans son propre monde. Dans sa tête. Et elle ne semblait jamais particulièrement heureuse quand elle était là.

Apryl sentit sa bouche s'affaisser.

— Mais la plupart du temps, elle était parfaitement lucide, d'une amabilité constante. Elle avait de merveilleuses manières, votre tante. Une distinction réelle. Même si nous ne la voyions guère que lorsqu'elle sortait. Tous les jours à la même heure. À 11 heures, réglée comme une horloge. Mais…

— Poursuivez.

Stephen eut un sourire embarrassé.

— Ce n'est pas souvent qu'on voit une femme porter un chapeau de nos jours. Avec une voilette. Mais Lillian ne sortait jamais sans chapeau. Ni sans gants. Et toujours vêtue de noir. Comme si elle portait un deuil. Tout le monde la connaissait dans le quartier : une vraie célébrité locale. Chacun prenait soin d'elle. Les résidents, les commerçants et les chauffeurs de taxi la raccompagnaient quand ils la trouvaient errant dans la rue, hébétée.

— Que voulez-vous dire par « hébétée » ?

Stephen haussa les épaules.

— Au moment où elle sortait, elle était tout à fait normale, votre tante. Mais ensuite, elle était toute perturbée et on devait la raccompagner ici. La plupart du temps, elle se ressaisissait dès qu'elle arrivait à proximité de l'immeuble. Et parfois, si j'en avais la possibilité, je demandais à l'un des portiers de la suivre quand elle quittait le bâtiment. Ou bien je m'en chargeais moi-même. Elle n'allait jamais très loin, mais ne semblait jamais prendre le même chemin deux fois de suite. Elle se dirigeait toujours vers un endroit différent.

— Cela semble épouvantable.

Stephen haussa les épaules, l'air impuissant.

— Mais que pouvions-nous faire ? Nous ne sommes pas des gardes-malades.

— Je me demande ce qui lui passait par la tête.

— Avant de sortir, elle disait toujours : « À bientôt, Stephen. Si je ne vous revois pas, prenez bien soin de vous, mon cher. » Et elle emportait toujours le même sac avec elle. Une petite valise et son parapluie noir, comme si elle partait en voyage. Mais tous les jours, elle rentrait deux heures après. Nous redoutions par-dessus tout qu'elle se perde. Certains des chauffeurs de taxi s'arrêtaient quand ils l'apercevaient et disaient : « Montez, Lilly, je vais vous déposer chez vous. » Si elle était bien disposée, elle s'installait à l'arrière et déclarait : « Je ne peux pas aller plus loin aujourd'hui. Pas aujourd'hui. Mais je ferai une autre tentative demain. » La même chose chaque fois, immanquablement. Ils le disaient tous. Et ils la reconduisaient ici. En un sens, je trouvais réconfortant que les gens fassent encore preuve de solidarité, au moins ceux qui travaillaient dans le quartier. Ils connaissaient tous votre tante.

— Et pour les fleurs ? Il doit y en avoir un millier dans cette pièce.

Stephen haussa les épaules.

— Elle ne m'a jamais dit à quoi elles étaient destinées, ni pourquoi elle les amassait. Mais elle en a toujours rapporté ici, depuis aussi longtemps que je me souvienne. Toujours des roses. On l'a surprise à deux reprises alors qu'elle les cueillait dans le jardin privatif de Chesterfield House à Mayfair. Heureusement, je connaissais le portier en chef, et elle n'a pas eu d'ennuis. Mais cela pouvait devenir embarrassant. Elle les récupérait même dans des poubelles, ou sortait de chez le fleuriste en oubliant de payer.

— Et comment est-elle morte ? On indique : « crise cardiaque » sur le certificat de décès.

Stephen s'essuya la bouche. Il avait du mal à croiser son regard. Il essaya à deux reprises, en vain.

— Je vous en prie, Stephen. Dites-le-moi.

— Elle est morte à l'arrière d'un taxi, Apryl. Elle avait eu une grande frayeur. Au cours de l'une de ses promenades. Un chauffeur l'a aperçue. Absolument affligée. Elle avait marché jusqu'à Marble Arch. Le plus loin qu'elle soit jamais allée, à ma connaissance, et cela représente une sacrée distance pour une femme de son âge. Mais ce jour-là, elle était différente. Vous comprenez, d'habitude, quand quelqu'un la trouvait, elle parlait toute seule et frappait dans le vide avec son parapluie ou sa canne. Rien d'inhabituel. Nous l'avions tous vue comme ça. Très impliquée dans une dispute avec quelqu'un qui n'existait pas. Et généralement cette agitation survenait juste avant qu'elle fasse demi-tour et rentre chez elle. Ou, comme je l'ai déjà dit, quand quelqu'un l'apercevait et la reconduisait ici. Mais le matin où elle est morte, le chauffeur de taxi a dit qu'elle semblait souffrante. Absolument exténuée. Elle était appuyée contre les grilles du parc. Très pâle et sur le point de s'évanouir. Elle avait épuisé toutes ses forces à se mettre en colère à propos de quelque chose. Alors il s'est arrêté et l'a aidée à monter dans la voiture. Mais elle n'est pas sortie de sa transe comme elle le faisait habituellement. Elle semblait… en état de choc. Elle n'était plus consciente de l'endroit où elle se trouvait, et ne savait pas où elle allait. Le chauffeur a mis le pied au plancher et a téléphoné à la réception pour nous prévenir d'appeler une ambulance. Mais elle est morte durant le trajet qui la ramenait ici. Selon moi, il s'agissait d'une attaque fulgurante. C'est ce que j'ai pensé. Mais le plus étrange… eh bien, elle est sortie de sa transe juste avant de mourir. Quand le taxi est arrivé sur la place. Le chauffeur l'a vue dans le rétroviseur. Bouleversée. Tout à fait bouleversée à la fin. Enfin, effrayée, pourrait-on dire. Par quelque chose. Comme si quelqu'un était assis à côté d'elle.

Apryl considéra le fond de sa tasse. Après un long silence gêné, elle parla.

— Elle aurait été mieux dans une clinique, non ?

— Oui, probablement. Mais elle avait une aide-soignante, et en sa présence, Lillian allait très bien. Elle était excentrique, mais normale, lucide et capable de prendre soin d'elle-même. C'était une femme très solide pour son âge. C'est seulement quand elle sortait – seulement quand elle quittait l'immeuble – qu'elle... euh, qu'elle se conduisait bizarrement.

Lillian pouvait avoir été atteinte de n'importe quoi : Alzheimer, démence sénile. Si seulement sa mère et elle avaient su...

— Pauvre tantine Lillian, dit-elle.

Mais Stephen n'eut pas l'air de l'entendre. Il était perdu dans ses propres pensées.

— Mais le plus étrange ce jour-là, déclara-t-il brusquement, c'était le contenu de son sac. (Le portier en chef considéra ses chaussures d'un air perplexe.) Elle avait un billet d'avion. Pour New York. Ainsi qu'un passeport périmé depuis plus de cinquante ans. Apparemment, elle avait vraiment l'intention de nous quitter définitivement cette fois-là.

Une fois Stephen parti, Apryl mangea des pâtes au pesto qu'elle avait achetées dans une petite boutique sur Motcomb Street, puis se fit couler un bain. Il n'y avait pas de cabine de douche, ni même un pommeau à fixer sur le robinet en acier encrassé. Alors elle s'assit sur le petit tabouret muni d'un coussin placé à côté de la baignoire et observa l'épaisse cascade éclabousser l'émail usé en émettant un son caverneux. Cela provoquait une série de cognements et de sifflements gazeux derrière les murs décolorés et tachés de la salle de bains. En attendant que la baignoire se remplisse, elle sortit de son sac les quelques vêtements qu'elle avait apportés et posa sa trousse de toilette sur la coiffeuse, dans la chambre de Lillian.

Elle se surprit à chercher quelque chose à faire pour se distraire et oublier la perspective de dormir seule dans l'appartement, ou ce que sa grand-tante faisait la nuit. Les deux chambres du fond n'avaient pas été utilisées depuis longtemps et servaient uniquement d'espace de rangement, aussi, il était peu probable que Lillian s'y soit rendue autrement que pour entreposer des affaires. Le séjour n'était jamais utilisé, à part pour entreposer les fleurs fraîchement cueillies qui venaient recouvrir celles, mortes, de l'autel près de la fenêtre. Cette pièce était sacrée pour sa tante. Et les meubles de la salle à manger étaient couverts d'une épaisse couche de poussière. Il n'y avait pas de télévision, ni même une radio en état de fonctionner dans l'appartement. Un peu plus tôt, Apryl avait trouvé un vieux poste de radio dans un boîtier en Bakélite, enveloppé dans un journal et enfoui dans un carton rempli de chopes en étain. Mais à part cela et quelques livres posés dans la chambre, dont aucun n'avait été publié récemment, elle ne trouva rien qui ait pu occuper sa grand-tante durant tant de nuits solitaires passées dans son appartement. Pas étonnant qu'elle ait parlé toute seule. Apryl était là depuis une journée et elle était sur le point de faire la même chose.

Après son bain, pendant lequel elle s'assoupit, ses paupières s'étant fermées à trois reprises – jusqu'à ce que l'eau soit devenue froide –, elle se rendit dans la chambre et ferma la porte. Les draps sous le vieil édredon ouaté semblaient propres, mais elle ne put se résoudre à s'y glisser.

Elle trouva des couvertures au-dessus d'une penderie et se confectionna un nid provisoire sur les draps.

Quand elle éteignit la veilleuse, l'obscurité profonde de la pièce lui coupa le souffle, et la fit hésiter avant de s'allonger. Mais elle se força à réprimer sa stupidité. Portant des sous-vêtements propres et son tee-shirt Social Distortion, elle se recroquevilla en position fœtale face à la porte, comme elle le faisait toujours quand elle dormait dans un endroit qu'elle ne connaissait pas.

Elle écouta ensuite le ronronnement des voitures qui passaient de temps à autre sous la fenêtre de sa chambre, en contrebas dans Lowndes Square. Elle projeta ses pensées somnolentes vers l'extérieur, vers Londres, plutôt que de les laisser revenir à l'appartement, explorer les pièces étranges et encombrées sur lesquelles une obscurité et un silence pesant étaient tombés.

Relevant les jambes et les ramenant vers son estomac, elle joignit ses mains qu'elle glissa entre ses cuisses chaudes, comme elle le faisait toujours depuis son enfance. Et fut immédiatement consciente qu'elle sombrait dans un profond sommeil, lequel durerait des heures, toute la nuit. Elle s'endormit, et ne pensa plus à rien. Son esprit était enfin tranquille. Même si la chambre, au-delà de ses paupières closes, ne l'était pas.

Elle ne tint pas compte du bruissement ni du discret frottement de pieds sur le sol ; ils se déplaçaient rapidement depuis la porte vers le pied du lit. Il ne s'agissait que de son colocataire, Tony. Il entra sur la pointe des pieds, comme à son habitude, marchant hâtivement, pour venir reprendre quelque chose qu'il avait laissé dans sa chambre un peu plus tôt. Elle était trop fatiguée pour ouvrir les yeux et savait qu'il serait parti bientôt. Parti.

Alors que voulait-il à présent, debout au pied du lit et penché sur elle ? Elle perçut une présence qui semblait peser sur ses pieds et comme le creux d'un genou dans le matelas.

Elle se réveilla en sursaut, paniquée, une sueur glacée perlant à son front. Complètement désorientée, elle écarquilla les yeux dans l'obscurité totale. Se redressa. Elle demanda : « Qu'est-ce que tu veux ? » Ce qui ne lui valut aucune réponse et la laissa interdite pendant quelques secondes, incapable de comprendre où elle se trouvait et pour quelle raison elle était là.

Puis sa mémoire lui fournit quelques détails vitaux. Il n'y avait pas de Tony ici, pas de colocataire. Elle était à Londres. Dans le nouvel appartement. Celui de Lillian. Alors qui… ?

Elle heurta la table de chevet en cherchant la lampe. La trouva. Chercha l'interrupteur à tâtons. Poussa un râle. Se redressa maladroitement sur les genoux, son corps lui donnant l'impression d'être douloureusement vulnérable, exposé à la personne qui se tenait si près d'elle dans l'obscurité. Elle trouva le vieux boîtier en céramique avec l'interrupteur démodé et l'actionna. Le lourd socle de la lampe tangua sur la table de nuit. Puis, soudain, la chambre brunâtre fut inondée d'une lumière pâle.

Il n'y avait personne. Elle était seule.

Soulagée, elle se détendit. Elle prit une grande inspiration comme si elle avait monté un escalier quatre à quatre. C'était les rideaux qui s'agitaient au gré d'un courant d'air, ou les vieilles lattes du plancher qui jouaient. Comme elles le font dans certaines maisons anciennes que l'on ne connaît pas.

Elle mit son visage dans ses mains. Remise de son choc, elle rougit en pensant à sa stupidité.

Pourtant, elle était bouleversée par l'expérience qu'elle venait de vivre : cette aliénation si profonde, et cette terreur face à une intrusion la perturbèrent assez pour qu'elle essaie de dormir d'un sommeil plus léger, adossée contre les oreillers, avec la lampe de chevet allumée. Et elle ne l'éteignit pas de la nuit. Elle n'avait pas fait cela depuis la première et unique fois où elle avait regardé *L'Exorciste*.

Chapitre 6

Un peu après minuit, les résidents cessèrent d'importuner Seth, et l'odeur de soufre et de fumée ancienne aux étages supérieurs de l'aile ouest s'était dissipée durant sa troisième ronde tandis qu'il en traquait l'origine dans le local des poubelles. Mais l'inertie qui l'avait empêché de se concentrer sur l'*Evening Standard* s'accrut dès qu'il fut de retour derrière son bureau. Bientôt sa tête s'inclinait sur sa poitrine toutes les trois ou quatre minutes. Chose étrange ; car d'habitude il ne s'assoupissait jamais avant 2 heures du matin. Ce devait être le virus que son corps cultivait activement et qui deviendrait davantage qu'un peu de température et une irritation au fond de la gorge.

Il décida de faire un petit somme. Ensuite il se réveillerait frais et dispos et serait à même de garder les yeux ouverts, au moins pendant plusieurs heures.

Il sombra dans un profond sommeil qui lui sembla durer quelques secondes, avant qu'un bruissement rapide à proximité et une ombre sur ses paupières closes le réveillent.

Seth se redressa, sur le qui-vive.

La réception était déserte.

Il frissonna, puis se détendit dans son fauteuil.

Et s'assoupit de nouveau.

Mais se réveilla un moment plus tard. Parce que, cette fois, il avait la certitude qu'un visage était pressé contre le verre de la porte d'entrée en face de son bureau. Mais lorsqu'il ouvrit vivement les yeux et bascula en avant dans son siège, en se raclant bruyamment la gorge, la seule chose qu'il vit fut son propre reflet qui le scrutait : un visage mince, sérieux, aux yeux foncés.

Troublé, il se rendit au sous-sol pour fumer deux cigarettes et boire un café. Mais malgré tous ses efforts pour rester éveillé, quelques instants après qu'il eut regagné son fauteuil derrière le comptoir de la réception, son menton commença à s'incliner. Et il glissa doucement vers un profond sommeil bienvenu.

Jusqu'à ce que, une fois encore, il entende le bruissement d'un vêtement tout près de son oreille. Et une voix. Quelqu'un dit : « Seth. » Puis répéta : « Seth. »

Son cœur battant la chamade, il se redressa vivement et jeta un regard à la ronde. Puis il se leva, marmonnant déjà une excuse comme s'il s'attendait à trouver un résident en robe de chambre penché sur le bureau. Mais il n'y avait personne. Il avait tout imaginé. Comment était-ce possible ? La bouche était tout contre son oreille ; il était même certain d'avoir senti l'haleine froide de la personne qui avait parlé.

L'éclat des lumières électriques de la réception lui blessait les yeux.

Toujours troublé, il regagna son fauteuil et alluma la télévision, se passa les mains sur le visage et se secoua. Mais il avait l'impression d'être incapable de résister au sommeil. Ou au rêve qui l'accompagnait.

Un petit personnage apparut au coin du bois. Vêtu d'un manteau gris dont la capuche était rabattue sur son visage, il observa Seth tandis que celui-ci se tenait dans la chambre de pierre, agrippant les barreaux froids de la grille. Se dandinant d'un pied sur l'autre, Seth déglutit et souhaita secrètement que l'inconnu ne disparaisse pas ou ne parte pas.

S'efforçant de sourire, il s'aperçut qu'il n'avait aucun contrôle sur les muscles de son visage ; il devait donner l'impression d'être sur le point de pleurer. Il cessa d'essayer de sourire et fit un petit signe. Gêné de voir que l'individu encapuchonné ne bougeait même pas, il laissa sa main retomber le long de son corps et se demanda s'il ne devait pas se blottir dans un coin et ne plus importuner quiconque. Il était là pour ça après tout.

L'étranger approcha, s'éloignant des arbres. Il progressa lentement à travers les herbes hautes, évitant de grosses touffes d'orties foncées et humides, jusqu'à atteindre le bord de l'escalier. Les urnes posées sur les marches contenaient des tiges marron desséchées. Le personnage leva la tête vers lui. Seth n'aperçut aucun visage sous la capuche.

— Comment qu'tu t'appelles ? demanda le garçon.

— Seth.

— Pourquoi t'es là-dedans ?

Seth regarda ses pieds. Il marqua un temps pour déglutir, puis releva la tête et haussa les épaules.

— Sais pas.

— Je sais pourquoi. Tu as eu très peur et tu es devenu cinglé. Comme moi. Tu vas rester là-dedans pendant des siècles. Et ensuite dans un endroit pire encore.

Seth commença à sentir quelque chose de froid s'agiter dans son estomac. Il avait la chair de poule et sa vision se troublait. Il avait du mal à respirer.

— Ça te fout la trouille, pas vrai ? demanda le garçon.

Des larmes brûlèrent le visage de Seth et il agrippa les barreaux avec une telle force qu'il eut des fourmis dans les mains. Il ne desserra pas sa prise, même s'il savait que cela lui laisserait des meurtrissures.

— Il est trop tard, dit-il, d'une voix ténue qui se brisa.

— Pas du tout, déclara le garçon d'un ton de défi. Je peux te faire sortir.

— Mais nous aurons des ennuis, rétorqua Seth.

Et il se haït d'avoir dit cela.

— On s'en branle ! Et de toute façon personne ne pense à toi. Plus maintenant. On t'a oublié.

Seth essaya de répondre « non », mais il savait que l'enfant disait la vérité.

— Tu as envie de sortir ? demanda le garçon en fouillant dans une poche profonde.

Seth acquiesça en retenant ses larmes. Son interlocuteur sortit une grosse clé en fer de la poche de son manteau. Mais Seth ne regardait pas vraiment l'objet ; il ne parvenait pas à quitter des yeux la main du garçon. Elle était pourpre et jaune, et le seul fait de la regarder lui donnait la nausée. Sa peau avait fondu puis durci de nouveau. Plusieurs moignons étaient collés.

Des doigts crochus se refermèrent autour du gros anneau de la clé en forme de papillon et la tournèrent dans la serrure de la grille. Le mécanisme émit un grognement avant que la porte grillagée pivote sur ses gonds.

Trop effrayé pour bouger ses pieds nus sur le sol de marbre de la chambre, Seth resta à l'intérieur un moment, frissonnant. Le garçon redescendit au bas des marches et leva la tête vers Seth. Il remit ses mains dans les poches de son manteau Snorkel et reprit sa posture habituelle : détendu mais dans l'attente.

Le ciel au-dessus du bois s'assombrit. Soit la nuit tombait, soit les nuages stagnaient plus près de la cime des arbres.

Le garçon se mit à regarder par-dessus son épaule et à observer le bosquet. Seth comprit instinctivement qu'il devait prendre une décision très vite. Allait-il rester ou partir ? C'était comme si une autre grille, bien plus grande, avait été ouverte sur le monde à l'extérieur de la chambre, et s'il n'était pas assez rapide, elle allait peut-être se refermer et l'abandonner là. S'ils restaient ensemble au même endroit pendant trop longtemps, ils allaient attirer l'attention. Il avait le sentiment qu'on les observait depuis les arbres.

Seth franchit la grille et se risqua jusqu'à l'herbe sur ses jambes faibles, peu habituées à l'exercice physique. Il se représentait ses membres comme de maigres bâtonnets de légumes qui se seraient amollis dans le bac d'un réfrigérateur.

Il marcha dans l'herbe et fut émerveillé par la sensation, par le souffle du vent contre sa peau nue, et par l'excitation qu'il ressentit en apercevant un sentier qui conduisait vers les frondaisons denses du taillis.

Le garçon se dirigea vers les arbres. Seth le suivit avec anxiété.

Arrivé à l'orée du bois, il jeta un dernier regard par-dessus son épaule, vers la chambre et sa petite lumière jaune. Plus loin sur le chemin, l'enfant encouragea Seth à le suivre, se contentant d'attendre et de l'observer fixement. Ils finirent par marcher côte à côte sur le sentier qui s'enfonçait dans le bosquet humide.

— Où allons-nous ? demanda Seth.

— Loin d'ici.

Seth déglutit et éprouva un sentiment de panique.

— Si tu retournes là-bas, nous ne serons plus capables de te faire sortir de nouveau. Et tu y resteras. C'est ce qui arrive chaque fois. Il y a un tas de gens pris au piège. J'les vois tout le temps. Ils savent pas comment s'échapper.

— Qu'est-ce que tu veux dire ?

— Seule une petite partie de toi est encore vivante, Seth. Le reste est ici, pour toujours. Et quand on meurt, on revient vers cet endroit. Pour très longtemps. (De sa tête encapuchonnée, il indiqua la direction de la cage de marbre.) C'est ce qui se passe. Alors tu te retrouves dans l'obscurité, et tu vois que dalle. Ou bien tu te souviens de beaucoup de choses. Et c'est comme si t'étais en pleine mer la nuit. Tu as froid, tu te noies, et personne ne vient à ton secours.

Nerveux, Seth se mit à faire de petits pas d'avant en arrière.

— Je suis ton copain, Seth, déclara le garçon d'un ton plus décidé, plus adulte. Tu as de la veine que nous soyons venus. Tu peux nous faire confiance.

— Je sais. Je sais. Merci. Vraiment, merci.

Seth se sentait mieux et reconnaissant, mais gauche également. Il avait envie de poser tant de questions, mais craignait d'importuner son nouvel ami qui l'avait libéré.

— Qui… enfin, que veux-tu dire par « nous » et « ils » ?

Comme s'il n'avait pas entendu, le garçon poursuivit sa route, s'éloignant de la chambre. Des branches en surplomb et des taillis humides cinglaient le Nylon de son manteau. Seth le suivait toujours. Ils marchèrent bientôt plus rapidement et s'éloignèrent tant de la chambre qu'il se demanda s'il serait capable de la retrouver. Ses pieds étaient trempés de rosée et ses tibias couverts de piqûres d'orties.

— N'aie pas peur, Seth. C'est bizarre au début. Tout a l'air étrange. Mais au bout d'un moment, ça va. J'avais seulement dix ans quand je me suis retrouvé coincé.

J'étais bloqué dans une canalisation en béton près d'un terrain de jeux.

— Vraiment, une canalisation ?

— Ensuite j'ai été cramé par des pétards, allumés par mes copains.

Le garçon ralentit l'allure. Il sortit les mains de ses poches et Seth entrevit des jointures déformées et de la chair pourpre, avant que les longues manches retombent pour couvrir le bout de ses doigts.

— Maintenant que t'es sorti, tu vas voir les choses comme elles sont vraiment, Seth. Quand des gens comme toi et moi sont sortis de là où on les avait mis, ils comprennent tout. Alors ils font ce qu'ils sont censés faire.

— Vraiment ?

— Ouais. Et tu vas peindre ce que tu vois. Ils te montreront comment. Tu vas être brillant, mec. Le plus doué. Ils me l'ont dit. Et puis tu feras aussi des choses pour nous, tu sais, là.

— Oui ! dit Seth, soudain surexcité, même si ce qu'il allait faire n'était pas très clair pour lui.

— Ça va peut-être faire peur au début. Mais t'auras jamais envie de revenir en arrière. Moi, j'ai jamais voulu une fois qu'on m'a sorti de cette canalisation.

Seth hocha la tête, savourant le sentiment de liberté qu'il éprouvait en dehors de la chambre. Oui, il y avait une véritable différence à présent ; une liberté réelle qu'il était incapable de définir tout à fait. Elle était encore imprécise mais la sensation le faisait frissonner de plaisir. C'était une chose qu'il avait attendue presque toute sa vie puis qu'il avait oubliée. Il ne se rappelait pas la dernière fois qu'il avait éprouvé un tel enthousiasme.

Bientôt, le bois commença à se clairsemer autour d'eux. L'air se rafraîchit et le ciel s'éclaircit, devenant d'un gris noyé d'eau.

— C'est mon coin, annonça le garçon. Je voulais te montrer où je me suis retrouvé coincé. La plupart des gens reviennent à l'endroit où ils sont morts, comme j'te l'ai dit. Et ne peuvent plus sortir. Jusqu'à ce que ces lieux deviennent tout sombres. Et t'as pas envie d'être dans les ténèbres, mec. Que non. Je le vois. C'est la fin de tout. Mais nous allons te montrer comment te déplacer parmi tous les autres là-bas, mec. Ils sont foutus. Ça ne veut pas dire que tu dois l'être, tu sais.

Ils sortirent du bois et atteignirent un vaste terrain vague. De l'herbe éparse, rabougrie, poussait dans la boue qui tirait sur ses pieds nus et le faisait glisser. Au loin, sur leur gauche, Seth aperçut plusieurs cabanes aux toits couverts de plastique, et dont les fenêtres en polythène étaient lacérées. Entre les masures il vit des jardins ouvriers envahis par les herbes folles. En face d'eux, il distingua un terrain de jeux.

Ils avancèrent dans cette direction. Tous les trois ou quatre pas, ils passaient près d'une crotte de chien séchée et de bouteilles brisées. Le garçon se mit à sautiller tout en chantonnant. Il semblait ravi de la tournure des événements.

Sur le terrain de jeux il y avait un toboggan et quatre balançoires à chaînons avec des sièges en plastique suspendus à un portique en fer, et un manège fait de plaques de métal rouillé avec des barreaux en bois sur le dessus. Il avait été solidement fixé dans un carré de béton. La peinture brillante était désormais écaillée, laissant apparaître le métal rouillé, et avait été vernie par de nombreuses petites mains grasses. Des éclats de verre et du plomb parsemaient le bac à sable géant. Une tête de poupée en plastique écrasée se morfondait dans une mare. Seth aperçut un trou sombre à travers ses cheveux bouclés blonds. La blessure semblait réelle. Elle avait également perdu un œil. La violence de la scène le fit frissonner. À côté du baigneur, il y avait plusieurs pages d'une revue porno. Y jetant un coup d'œil, Seth vit une femme aux jambes écartées, un doigt enfoui entre ses grosses lèvres rouge vif.

— C'est merdique ici, hein, dit le garçon.

Seth acquiesça et le suivit hors du terrain de jeux. Ils arrivèrent devant deux énormes tours qui s'élevaient si haut vers les nuages qu'il loucha. Il n'y avait pas de lumières et les immeubles semblaient à l'abandon. Les façades étaient couvertes de graffitis, et les allées qui entouraient les bâtiments, jonchées de détritus.

Seth regarda autour de ses pieds : il vit des sachets froissés, des canettes et des boîtes de conserve aux étiquettes délavées, un pneu, un objet provenant d'un moteur de voiture, un téléviseur fracassé et des collants détrempés par la pluie puis séchés si souvent qu'il eut du mal à identifier cette chose fripée aux longs tentacules. Des vestiges de gribouillages d'enfant, dessinés avec des craies de couleur – rose, jaune et bleu – maculaient certaines des dalles des allées que la pluie n'avait pas réussi à nettoyer. Pourtant, il avait certainement plu récemment, car le béton était mouillé et il y avait encore des flaques sur les pavés. Seth supposa que l'endroit était toujours humide. Il frissonna, serrant les bras autour de ses côtes. Même en été ce devait être horrible. Plus ils s'approchaient des immeubles, plus l'odeur d'urine et d'eau de Javel s'intensifiait.

Une fois qu'ils furent entre les tours géantes, une rafale de vent s'engouffra et Seth se recroquevilla pour lutter contre le froid. Quand il leva les yeux, les bâtiments lui donnèrent l'impression de s'incliner, comme s'ils allaient s'effondrer sur lui. Il s'appuya contre un mur crépi.

Ils arrivèrent ensuite devant un petit ruisseau saumâtre qui divisait le paysage morne, plat et sans fin, et l'étendue d'herbe rabougrie recouverte d'excréments et de tessons.

La boue des berges et le lit du cours d'eau étaient orange vif et dégageaient une odeur semblable à celle des placards où l'on range les bouteilles en plastique sous les éviers de cuisine. Un filet d'eau léthargique s'écoulait entre un pot de peinture rouillé et une poussette cassée. Un tissu rouge vif en lambeaux pendait de l'armature en plastique blanc. Plus loin, Seth aperçut une grosse canalisation d'égout grise. À l'intérieur, le béton était taché d'orange. Il baissa les yeux vers le garçon, qui hocha la tête en silence. Quel endroit pour mourir...

Ils traversèrent le ruisseau. La vue ne changeait jamais, aussi loin que le regard pouvait porter : des jardins ouvriers à l'abandon, des terrains de jeux déserts, des immondices, et des tours parsemaient la plaine stagnante... à l'infini.

—Il y a aussi des toilettes, dit le garçon, sans tourner la tête pour regarder Seth. Je te les montrerai jamais. Et dans certains appartements j'ai trouvé des gens.

—Ils sont pris au piège, eux aussi ?

L'enfant acquiesça.

Seth frissonna.

—Tu ne peux pas les faire sortir ?

Son interlocuteur haussa les épaules.

—Nan ! répondit-il, ils sont foutus. J'ai trouvé un gosse, un mongolien, avec un sac plastique sur la tête, qu'il était incapable de retirer. Il comprenait que dalle à ce que je lui disais. Et il y avait une vieille dame qui respirait les vapeurs d'une chaudière. Elle était allongée sur le lino, l'air malade. J'ai aussi vu un homme qui ne m'a pas plu.

Il était assis dans un fauteuil près d'un radiateur à gaz et il m'a demandé de regarder sa quéquette.

— On peut s'en aller ? J'ai froid, dit Seth.

— Ouais. Voulais juste te montrer mon ancien endroit.

— Merci.

— La plupart des gens peuvent voir ces lieux uniquement dans les rêves qu'ils oublient le matin en se réveillant. Et quand ils meurent, il est trop tard. Ils reviennent et attendent les ténèbres.

Ils repartirent dans la direction d'où ils étaient venus, vers le bois.

— Qui t'a fait sortir d'ici ? fut la dernière question de Seth comme ils quittaient les terrains vagues.

— Un homme, répondit le garçon. Un artiste. Comme toi. Et certaines personnes que tu connais lui ont fait des choses pas cool.

— Qui ?

— Il va t'aider. C'est ton pote. Tu le rencontreras bientôt, Seth. Mais tu dois d'abord faire plein de choses pour nous.

Seth se redressa en sursaut. Il lui fallut un moment pour comprendre où il était. Comme il regardait autour de lui, il vit des choses familières : le comptoir semi-circulaire près duquel il était assis avec le téléphone intérieur et le tableau en métal pour les alarmes d'intrusion et d'incendie connectées à chaque appartement, une radio portable, les murs jaunes de la spacieuse salle de réception, les plantes artificielles, une pile ordonnée de *Tatlers* et de *London Magazines* sur une table basse en rotin, et les moniteurs de la sécurité sur le comptoir devant lui. Inquiet, il s'attendait à ce qu'on lui crie dessus, ou du moins à ce que quelqu'un se tienne devant le comptoir en secouant la tête parce qu'il s'était endormi pendant son service.

Il n'y avait personne. Les deux ascenseurs étaient silencieux derrière leurs portes métalliques coulissantes. Au pied de chaque escalier, les issues de secours étaient fermées et les portes d'entrée verrouillées. Personne n'était entré, personne ne l'avait surpris en train de dormir.

Regardant la pendule, il constata qu'il était bientôt 4 heures du matin. Il s'était assoupi pendant plus de trois heures. Des courbatures attestaient le temps qu'il avait passé dans la même mauvaise position. Il soupira et arrangea sa cravate. Tournant la tête lentement, il entendit un craquement dans sa nuque avant que ses muscles se réchauffent et s'assouplissent. Puis il tendit les jambes. Ses genoux s'étaient raidis à force de pendre par-dessus le bord du fauteuil incliné.

C'était la première fois qu'il dormait si profondément durant son service. Ne pas se réveiller pendant des heures était nouveau, impensable. Et ce songe encore une fois. Il s'en rappelait des bribes ; s'en souvenait suffisamment pour savoir qu'il avait encore rêvé de cet endroit. La chambre de pierre, le mausolée, à l'orée du bois. Mais avec des différences. Le garçon à la capuche et à la main brûlée était absent du premier rêve.

C'était ce gosse qui avait surveillé le pub ; l'inconscient de Seth avait assimilé le personnage. Il se souvint avec une netteté remarquable de ce que cela faisait d'être un enfant. Tout cela lui était revenu pendant qu'il rêvait. Et il avait pleuré de frustration au cours de son sommeil. Les traces de sel sur ses joues craquèrent quand il bâilla. Il avait presque envie de se rendormir pour retrouver l'euphorie de l'évasion, le réconfort de la présence d'un nouveau compagnon, la perspective de l'aventure.

Mais il commençait à frissonner et avait du mal à déglutir. Sa gorge lui donnait l'impression d'être écorchée. Son visage était brûlant de fièvre. Il avait envie de s'allonger par terre et de mourir. Il scruta les moniteurs par acquit de conscience. Parcourant des yeux la rangée d'écrans aux images en noir et blanc, il ne vit personne dans la rue, ni dans les ruelles qui s'étendaient derrière le jardin privatif, ni dans le garage au sous-sol.

Puis il se figea, et regarda sur sa gauche. Renifla. Se leva. Sentit en hâte la manche de sa veste, et ses deux mains. Elles puaient – un relent de soufre, peut-être de poudre, et celui de l'épaisse fumée grasse qui sort des cheminées de cuisine. Il empestait, tout comme son bureau et la réception.

Chapitre 7

Dans la faible lueur matinale qui filtrait entre les rideaux écartés, Apryl constata qu'il n'y avait pas de miroirs dans les chambres. Elle se rendit donc dans la salle de bains et vérifia les tablettes de la fenêtre derrière les stores ainsi que le petit placard contenant des serpillières et une bouteille de désinfectant – mais toujours pas de glace. Elle fouilla les deux pièces du fond pendant cinq autres minutes sans trouver un seul miroir.

Elle revint dans la chambre principale et explora minutieusement les coffrets de produits de beauté à la recherche d'un face-à-main. Rien. Mais elle remarqua un espace vide au fond de la coiffeuse, entre deux montants en bois, où, elle en était certaine, une glace ovale avait dû être fixée autrefois.

Intriguée, elle revint dans la salle de bains et trouva quatre petits trous dans le mur au-dessus du lavabo. Des trous dans lesquels des chevilles marron étaient toujours enfoncées. Des trous pour des vis qui avaient autrefois maintenu en place une armoire à pharmacie. Une petite armoire qui, très vraisemblablement, comportait des portes munies de miroirs.

Sur le mur derrière la baignoire, elle remarqua deux autres trous. Ceux-ci étaient plus larges, prévus pour des vis plus longues qui s'enfonçaient plus profondément, afin de soutenir un miroir plus grand. Il avait également été enlevé. Et pourtant la salle de bains n'avait pas été réaménagée ni peinte récemment : on n'avait pas retiré le miroir et l'armoire à pharmacie pour moderniser la pièce ou la rendre plus lumineuse avec une nouvelle couche de peinture ou des carreaux brillants. Les murs jaune pâle, maculés de taches d'humidité séchée, étaient les mêmes depuis bien longtemps.

Revenue dans le couloir, elle regarda plus attentivement les parois. Elle ne les avait inspectées que de manière superficielle la veille parce qu'elles la rendaient mal à l'aise. Les taches et le papier peint usé et décollé par endroits la perturbaient. Lillian avait-elle été à ce point souffrante, inapte, pendant si longtemps ? Apryl avait du mal à accepter cela. En effet, sa mamie Marilyn avait été si méticuleuse et si ordonnée, d'une façon névrotique, et Lillian semblait si élégante et si magnifiquement apprêtée sur les photographies.

Pourtant le mystère des miroirs disparus s'insinua désagréablement dans son esprit quand elle remarqua l'absence totale de tout élément décoratif sur les murs de l'appartement : pas une seule gravure ou ornement dans le couloir, ou dans la cuisine, ou les trois chambres. Elle ne l'avait pas remarqué la veille. Et à présent, plus elle examinait attentivement le papier peint vieillissant dans le couloir encombré et dans les chambres en désordre, plus elle remarquait des traces supplémentaires de vis et de fixations métalliques ayant jadis soutenu des tableaux, des miroirs et des décorations que sa grand-tante avait décrochés à un certain moment et fait disparaître de l'appartement. Et elle était certaine, lorsqu'elle avait fouillé les boîtes et les cartons dans les deux chambres servant de débarras, de ne pas avoir vu d'aquarelles, de marines, de trophées de chasse, d'huiles, ni quoi que ce soit d'autre, que Lillian et Reginald auraient autrefois utilisé pour orner les murs de leur logement.

Tout avait été retiré, pas simplement décroché, mais expulsé. Stephen avait bien précisé que Lillian accumulait tout, qu'elle n'avait jamais rien jeté depuis qu'il occupait les fonctions de portier en chef. Ce qui ne laissait que la cave au sous-sol de l'immeuble comme seul entrepôt possible pour les tableaux et les miroirs. Apryl se rembrunit et tripota la petite clé en fer noire attachée au même anneau que celles de l'appartement.

— Et la Mme Lillian jette le rien, déclara Piotr.

Il transpirait abondamment. Son uniforme semblait atrocement étriqué et son visage était rose et moite. Elle pensa à une saucisse de hot dog, avec sa viande rougeâtre qui éclatait à travers la membrane de peau. Et il parlait continuellement avec une gaieté forcée dépourvue d'humour ou d'esprit. Elle avait mal pour lui en le voyant sourire et il l'exaspérait avec toutes ses questions, dont la plupart concernaient l'argent, qu'il posait sans jamais s'interrompre pour attendre une réponse.

— Et peut-être la Mme Lillian garde l'or ici, non ? Peut-être l'une des caisses est remplie de l'argent, hein ? Alors vous n'avez pas besoin des billets de la loterie, non ?

Et ils se rendirent au sous-sol. Vers ce que le personnel appelait les « cages ». Sous le monde pour milliardaires fait de moquettes foncées et de portes en teck, de rideaux épais et de sols de marbre, ils pénétrèrent dans un autre univers qui coexistait avec le luxe et le silence du dessus.

Là, les murs étaient en ciment peint et le sol rugueux, taché d'huile et de dépôts noirâtres ; des fils électriques et des câbles enrobés de caoutchouc pendaient en boucles du plafond. Des employés africains chargés de l'entretien se déplaçaient lentement avec des seaux et des bouteilles de détergent, leur peau noire comme du charbon se parant d'un éclat pourpre sous les lumières. Des portes en acier mettaient en garde contre les dangers de la haute tension ; une énorme chaudière sifflait et brûlait sans émettre de flammes, tout en faisant vibrer le béton sous les minces semelles des Converse d'Apryl. Ils atteignirent bientôt les « cages ». Un labyrinthe de box grillagés de noir et remplis de bicyclettes, de caisses et d'objets aux contours imprécis, dissimulés par des housses. Un box pour chaque appartement. Elle espérait que Piotr la laisserait seule, une fois le local ouvert.

— Ah, le vôtre.

Encore des cartons, et de longues housses drapées sur des caisses d'emballage. Il y avait juste assez de place pour se tenir à l'intérieur du box, une fois la porte métallique ouverte.

— Merci, Piotr. Je vais me débrouiller toute seule maintenant.

— Mais vous avez peut-être besoin de l'aide pour porter les cartons, non ?

— Tout ira bien. Je vous assure. Je ferai un saut à la réception si j'ai besoin d'un coup de main. Mais je vous remercie.

Elle fut obligée de répéter cela trois fois tandis qu'il restait là, trop près, transpirant, souriant, ses petits yeux voletant derrière elle vers le contenu du box. Quand il finit par s'éloigner en se dandinant et en essuyant la sueur sur son front, elle se demanda où était passé le frisson de la découverte. Le seul fait de regarder cet amoncellement l'épuisait. C'était comme un déménagement, mais en cent fois pire. Parce que, même si ces objets lui appartenaient légalement, elle n'avait pas l'impression qu'ils étaient vraiment à elle ; il y en avait une telle quantité, et la jeune femme ne savait pas quoi en faire, ni si quelque chose là-dedans avait de la valeur. Sa part insouciante lui suggérait de tout jeter et d'aller visiter Londres.

En commençant par le seuil, elle entreprit de retirer les housses et se retrouva bientôt au milieu de piles de vieux rideaux et de draps sentant le moisi, de skis d'antan et de raquettes de tennis entassés dans des cartons, d'articles de pêche, de couvertures écossaises, d'un panier de pique-nique en osier, de deux vieux services à thé, de coupes en argent ternies et de six paires de bottes en caoutchouc. En dessous et derrière tout ça, elle trouva les miroirs disparus. Huit en tout, de dimensions et de formes diverses, empaquetés dans du papier marron, soigneusement attachés avec de la ficelle, et précautionneusement entreposés.

À l'intérieur de caisses en bois plates aux charnières si vieilles et corrodées qu'elles étaient en grande partie tombées en poussière, elle découvrit les tableaux qui avaient autrefois décoré l'appartement de Lillian et Reginald. Des marines et des dessins représentant des personnages de l'Antiquité grecque, des lithographies et des plaques d'escadrille de la RAF. Puis, elle tomba sur la plus grande des peintures. Comme celle-ci se trouvait tout au fond, Apryl l'atteignit en dernier, en début d'après-midi, alors que son estomac s'était mis à crier famine. Elle oublia immédiatement son malaise dès l'instant où elle ôta la housse qui recouvrait le tableau et fut confrontée à une image de grand-tante Lillian et de grand-oncle Reginald, représentés dans toute la splendeur de leur jeunesse par une main habile. C'était la première fois qu'elle les voyait ensemble en couleur. Pendant quelques secondes, Apryl regarda sans cligner des yeux.

Il s'agissait de portraits en pied. Le beau visage de Lillian affichait un air impérieux, comme si elle n'était pas du tout impressionnée par l'endroit sordide imposé désormais à son image éternelle. Ses cheveux blond platine étaient coiffés en arrière sous un diadème étincelant, et son front était lisse comme de la porcelaine. Un nez parfait, les arcs fins de ses sourcils épilés, et des lèvres rouges et charnues ajoutaient à sa beauté frappante. Des gants en satin blanc luisant remontaient jusqu'aux coudes, un collier scintillait autour d'un cou de princesse, et une longue robe blanche épousait des lignes et des rondeurs merveilleuses. Mais c'était les yeux arctiques qui stupéfiaient le plus Apryl. Les regarder faisait mal ; pourtant, impossible de ne pas le faire. Ces prunelles emplies de curiosité et d'intelligence, de passion, également ; mais par-dessus tout, de vulnérabilité, d'une profonde vulnérabilité…

Elle imaginait une tragédie imminente aux deux personnages, sachant que ces qualités chez Lillian allaient décliner vers une lente folie après la mort de son époux bien-aimé. Comme si le peintre avait reçu cette commande juste à temps pour capturer les derniers moments de l'intelligence et de la beauté extraordinaires de Lillian, avant que ses qualités deviennent quelque chose d'entièrement différent, jusqu'à ce qu'elle-même connaisse finalement une mort hébétée et terrifiée à l'arrière d'un taxi londonien.

Apryl avait peine à croire qu'il y ait jamais eu un homme plus beau et plus distingué en uniforme, au côté d'une telle beauté de la haute société. Le soupçon de joliesse dans ses yeux et les longs cils bruns étaient compensés par une mâchoire virile et des pommettes saillantes. Sur son nez, qui avait été cassé et redressé, une légère bosse formait une imperfection qui, sans déparer sa beauté, semblait résulter d'un duel. Des fils argentés striaient ses tempes, mais la plupart de ses cheveux étaient aussi noirs que de l'huile fraîche.

Le couple se tenait par la main, doigts entrelacés. Les yeux d'Apryl furent attirés par ce soudain éclair d'intimité un brin incongrue pour une pose aussi conventionnelle, mais pas inappropriée. Un signe de dévotion qu'ils étaient incapables de contenir même au moment de leur immortalisation.

La gorge d'Apryl se serra.

— Désolée, chuchota-t-elle.

Désolée de fouiller dans leurs biens personnels. D'avoir l'intention de vendre ces objets qu'ils avaient rassemblés tous les deux et chéris autrefois. Elle avait l'impression d'être une intruse, une vulgaire gamine aux mains poussiéreuses et aux joues maculées.

Leur demeure et les meubles, la plupart des objets de valeur et du bric-à-brac, provenant tous d'une époque et d'un monde révolus, devraient être vendus au plus offrant. Mais pas ce tableau, ni l'élégant miroir de la coiffeuse, ni les vêtements de sa grand-tante qu'elle essaierait devant la glace. Ils iraient aux États-Unis, pour que les pauvres de la famille puissent s'émerveiller devant ces personnes autrefois fières et belles avec lesquelles ils partageaient le même sang.

Dehors, la nuit était tombée très tôt, vers 16 heures, dans un dense océan sombre, et la pluie crépitait désormais contre les fenêtres de l'appartement. À l'intérieur, les radiateurs et les tuyaux luisaient, trop chauds au toucher, chassant le froid dans les coins et près des fenêtres de la chambre de Lillian. Apryl avait réchauffé ses os avec un autre bain brûlant et un plat à emporter libanais épicé. À la perspective de mettre des vêtements de Lillian, elle s'était sentie aussi excitée qu'une petite fille qui a eu la permission de jouer avec le maquillage de sa mère. Le moment était venu. Fatiguée après une journée passée au sous-sol à estimer les souvenirs pour en sauver certains et en écarter d'autres, elle allait occuper sa soirée avec les modes du passé. Et dans ce lieu solennel elle se sentait comme un petit fantôme lumineux, revenu se préparer pour des soirées et des jours disparus depuis longtemps.

Quand la pendule sonna dix coups, elle avait déjà essayé des tailleurs foncés, des robes sans manches, et d'autres chatoyantes. Elle avait passé par-dessus des manteaux de fourrure et complété ses toilettes avec des chapeaux dont les voilettes brumeuses rendaient instantanément ses yeux mystérieux comme aucune ombre à paupières ne pourrait jamais le faire. Les robes lui allaient incroyablement bien : ajustées, mais pas d'une façon gênante, mettant en valeur ses hanches étroites et son petit buste athlétique.

Elle couvrit le lit de tweed, de laine, de cachemire, de soie, de satin, et de cintres en bois qui s'entrechoquaient. Puis elle releva ses cheveux du mieux qu'elle put pour former le rouleau de la Victoire des années 40, avec des épingles piochées dans l'un des pots en porcelaine. Puis elle enduisit de crème et poudra son joli visage et son nez retroussé avec ses propres produits de beauté, et fut incapable de résister à l'envie de mettre du parfum de Lillian en appliquant un bouchon de cristal sur son cou et chacun de ses poignets pâles.

Portant des chaussures à talons cubains ou des sandales argentées étincelantes, en fonction des tenues – un tailleur cintré avec une veste ample, une robe de bal traînant sur le sol avec un châle transparent – elle marcha à grands pas, se pavana, virevolta et s'assit en prenant des poses affectées devant le miroir ovale qu'elle avait récupéré dans le box, tandis qu'en arrière-plan, la chambre d'une vieille femme formait une brume marron autour de sa silhouette réfléchie.

Contre la courbe musculeuse de ses mollets, les bas en Nylon de sa tante luisaient dans la lumière ténue, diaphanes comme des toiles d'araignées, mais lisses comme du verre, faisant paraître ses jambes plus aérodynamiques que les imitations qu'elle achetait à New York ne pourraient jamais le faire. Avec des ongles rouges comme des caillots de sang, des pommettes fardées et des yeux de poupée parés des faux cils qu'elle avait trouvés dans un tiroir contenant également de longs gants d'opéra, elle tournoyait et exécutait un swing à trois pas. Elle était transformée ; sa grand-tante était soudain vivante autour d'elle, et en elle.

Transportée par ses beaux atours, elle ne tint aucun compte de l'heure et oublia les cartons à porter, les rendez-vous avec les antiquaires, et les complications des prochains jours. Elle vida son esprit, se laissant bercer par l'atmosphère du lieu et les images du passé qui emplissaient si subitement son imagination et illuminaient son âme. Sur le tableau que Stephen avait accroché au-dessus de la coiffeuse encombrée, sa grand-tante et son grand-oncle la regardaient en silence.

Tant d'excitation… puis elle se figea brusquement, comme dans un film muet. Dans le miroir elle vit son visage tout à coup empreint de saisissement lorsqu'elle aperçut le mouvement derrière son reflet.

Un mouvement rapide, une ruée en avant depuis l'obscurité. Une silhouette intangible dont on ne percevait rien si ce n'était la minceur… et ce qui ressemblait à quelque chose de rougeâtre à l'endroit où l'on aurait attendu un visage.

Elle se retourna et se déroba comme un chat qui s'attend à recevoir un coup.

Et quand elle regarda encore vers le miroir, elle ne vit rien dans la lumière austère, à part les penderies de chaque côté du lit défait ; et elle-même, pétrifiée et seule.

Elle reprit son souffle et recouvra son équilibre. Tandis qu'elle se tenait bien droite, elle sentit des cristaux de glace frissonner puis fondre sur sa peau chaude. Elle déglutit avec difficulté pour défaire le nœud qui s'était formé dans sa gorge.

Il n'y avait rien. La faible lueur des abat-jour tachés lui avait fait imaginer quelque chose dans le miroir, quelque chose qui n'existait pas. Elle traversa néanmoins la chambre en chancelant et sortit en toute hâte, courut dans le couloir jusqu'à la porte d'entrée, où elle s'arrêta, le souffle court.

Quelqu'un s'était-il caché pendant tout ce temps, accroupi sur des membres graciles, avec une chose rouge solidement attachée sur un visage que seul un cauchemar pourrait chérir ?

Chapitre 8

Trois autres passagers du bus étaient conscients qu'il parlait tout seul. Ils feignaient de ne pas être troublés par ses marmonnements. Soudain gêné quand il se rendit compte que sa voix intérieure était devenue audible, Seth cessa de chuchoter et regarda par la vitre, observant la rue pour détourner son esprit de ses divagations.

Que lui arrivait-il ? Difficile à dire. Difficile de se rappeler comment il était avant. L'activité normale de l'humanité avait commencé à lui paraître étrange. Différente. Il se demanda s'il était plus lucide désormais, ou s'il perdait simplement la boule.

Tout le devant de son visage le cuisait et sa peau était tendue. Chaque mouvement de ses articulations créait un crissement douloureux de la glène. Chacun de ses muscles lui donnait l'impression d'avoir été attaqué par un acide jaune qui réagissait violemment à tout effort. Un mal de tête lancinant le contraignait à plisser les yeux ou à les fermer complètement à proximité d'une lumière vive. Et plus il s'éloignait de sa chambre, plus il se sentait mal.

Dans la rue, les mendiants étaient assis, leurs jambes glissées sous des couvertures blanches crasseuses posées sur le trottoir froid, mais eux au moins pouvaient encore être sauvés, ils pouvaient bénéficier d'une seconde chance. Alors que lui était promis à une mort inéluctable, à une désintégration à la fois physique et mentale. Il avait cette impression qu'une longue succession de déceptions, d'habitudes, de choix malheureux et de périodes d'introspection l'avait conduit à ça.

Il était désormais incapable de stopper la course de ses pensées. Elles se déchaînaient, changeaient de direction et réapparaissaient sans crier gare, tel un feu de broussailles. Comme si les derniers vestiges de son moi antérieur ne survivaient que pour être les témoins impuissants de la transformation.

Furieux contre lui-même, il s'efforça de comprendre pourquoi il avait quitté *L'Homme vert*. La fièvre l'avait empêché de trouver plus de quelques heures de repos agité entre ses nuits de travail à Barrington House. Et chaque fois qu'il se réveillait dans la journée, il avait constaté que son corps malade, en sueur, avait changé le lit en un marécage froid, tandis que la lumière du soleil filtrant à travers les minces rideaux de sa chambre lui brûlait les yeux et le faisait gémir puis crier, un oreiller pressé contre le visage. S'il repoussait les couvertures parce qu'il avait trop chaud, très vite il était frigorifié et contraint de remettre les draps moites sur son corps engourdi. Finalement, il s'était levé à 15 heures pour boire un verre d'eau et avaler des antalgiques. Puis, un vain sentiment de devoir, quelque triste parodie d'éthique protestante du travail, l'avaient incité à s'habiller et à quitter sa chambre pour aller travailler.

Mais c'était plus que cela. Il se sentait presque contraint de retourner travailler. Comme s'il devait régler une affaire importante liée à ses rêves étranges et à Mme Roth. Ou peut-être son jugement était-il désormais si détérioré qu'il était parfaitement incapable d'expliquer ses actes. C'était possible.

Une fois descendu du bus, il se rendit péniblement de Hyde Park Corner jusqu'à Lowndes Square. La sueur recouvrait son front et trempait de nouveau le dos de sa chemise et de son pull. Une telle quantité de liquide trouble suintait de ses pores que même la doublure de son pardessus en fut imbibée le temps qu'il se hisse en haut de l'escalier, derrière l'immeuble. Chaque pas lui faisait mal au crâne et lui meurtrissait le bas du dos ; sa respiration saccadée et douloureuse brûlait ses poumons, pourtant il continua à fumer jusqu'à avoir des nausées.

— Ah, dit-il, et il posa les mains sur ses oreilles brûlantes quand Piotr apparut.

— Aujourd'hui, tu crois pas ce qui s'est passé. Il va y avoir le gros ennui. Le Jorge est sorti avec sa voiture alors qu'il aurait dû être ici. Je ne peux pas être responsable de l'immeuble avec lui parti si longtemps…

Seth fonça vers l'escalier et s'enfuit vers le vestiaire du personnel, étreignant sa tête et la fragile cargaison qui enflait à l'intérieur. Méningite. Les tissus de son cerveau étaient peut-être enflammés et pressaient contre les parois internes de son crâne. La voix de Piotr le poursuivit jusqu'au pied des marches.

— Et il est payé pour cette course. Alors qu'il est dit dans notre contrat que nous ne pouvons pas gagner l'argent à l'extérieur de l'immeuble. Ce n'est pas juste. Pourquoi lui est autorisé…

Il allait peut-être mourir cette nuit-là dans le fauteuil derrière le comptoir semi-circulaire. Les rêves annonçaient peut-être un coma. Oui, il avait forcé son esprit jusqu'au point de non-retour ; il s'était lentement effiloché jusqu'à ce qu'il ait compris que son existence ne servait à rien. Si bien que la nature intervenait pour débarrasser l'espèce d'un fardeau. Il eut un petit rire puis renifla.

Une fois dans le vestiaire du personnel, Seth ôta son pantalon et ses chaussettes puis se lava à l'eau froide dans le lavabo. Utilisant des serviettes en papier, il se sécha ensuite sous les aisselles, autour du cou et au bas du dos. Le temps qu'il mette son uniforme – pantalon en polyester gris, chemise synthétique blanche, pull, cravate et blazer bleu marine – son corps était de nouveau couvert de sueur.

Il éteignit les lumières et s'allongea sur le petit divan à côté de la fontaine à eau. Sirotant une boisson chaude au citron pleine de paracétamol, il attendit le moment de prendre son service.

Au cours des heures qui suivirent, sa maladie ne lui permit pas de faire quoi que ce soit, à part d'exister en elle. Il se balançait d'avant en arrière dans son fauteuil, serrant son visage brûlant dans ses mains. Les lumières vives de la réception lui brûlaient les yeux et les radiateurs qui gargouillaient menaçaient de dessécher son corps. Emmitouflé dans son pardessus, il perdait conscience, puis revenait à lui.

Mais, juste après minuit, Seth perçut une présence dans les parties communes du bâtiment. Comme enfermé avec lui pour la nuit, quelqu'un était là-bas, passant rapidement d'étage en étage, montant et descendant l'escalier sans but et utilisant les ascenseurs. Comme un enfant agité qui s'ennuie pourrait le faire après s'être introduit dans un immeuble privé.

Une demi-heure plus tard, il s'extirpa de son siège pour rechercher la source du bruit le plus récent à proximité de son bureau : un bruissement de vêtement et le frottement de petits pieds rapides. La plupart des sons qu'il avait entendus quand il était à moitié endormi semblaient trop éloignés pour constituer un sujet d'inquiétude pressant, et provenaient des étages. Mais là il avait l'impression que quelque chose avait traversé rapidement la réception, était passé devant son bureau. Puis un craquement suivi d'un claquement sourd de la porte coupe-feu menant à l'escalier de l'aile ouest avaient mis un terme à cette agitation.

Seth se dirigea vers l'escalier et tendit l'oreille. Il entendit des pas rapides et légers qui s'éloignaient vers l'étage supérieur, puis s'arrêtaient. Il monta pour voir de quoi il s'agissait.

Les logements au premier et au deuxième étage de l'aile ouest étaient inoccupés. Un appartement était à vendre, et les locataires des autres étaient en voyage à l'étranger. Aussi, personne n'aurait dû se trouver là. Pourtant il semblait qu'il y avait bien quelqu'un.

Il y avait sûrement des explications à ces bruits : le vent s'engouffrant dans les conduits d'aération ; une domestique ou une infirmière travaillant dans les étages supérieurs – il avait entendu parler de deux d'entre elles – sortie pour fumer une cigarette ou passer un appel sur son téléphone portable ; ou peut-être un résident qui s'était aperçu qu'il avait oublié son portefeuille en descendant et était remonté à son appartement.

Plus haut, au pied de la volée de marches suivante, une ampoule clignotait au plafond. Mais sinon tout semblait tout à fait normal pour cette heure de la nuit. Était-ce bien le cas pourtant ? Il sentit de nouveau cette odeur, faible, mais incontestablement présente, et qui s'intensifia au fur et à mesure de ses recherches. S'avançant dans le corridor tout en reniflant, il détecta une légère senteur de soufre – comme si quelqu'un avait craqué une allumette quelques instants auparavant – ainsi qu'un soupçon de fumée, de celle qui imprégnait les vêtements lorsqu'on se tenait près d'un feu de jardin. Et il décela autre chose : une odeur de cuisine. Oui, une sorte de fumet de viande grillée, comme de la graisse de rôti. La même odeur qu'il avait sentie devant l'appartement seize la nuit précédente.

— Bordel de merde.

Tout en montant, Seth s'arrêtait devant chaque porte et reniflait les rabats des boîtes aux lettres pour déterminer si quelqu'un se trouvait à l'intérieur des appartements et faisait cuire de la viande. Mais les émanations étaient plus prononcées au milieu de chacun des paliers et quasi inexistantes à proximité des portes des logements. Comme si quelqu'un avait laissé une odeur dans son sillage en traversant l'immeuble.

Au-dessus de lui, la cage d'escalier était de nouveau silencieuse. N'ayant pas la force de monter plus haut, il redescendit au rez-de-chaussée et s'assit derrière son bureau. Incapable de garder les yeux ouverts à cause de la pression douloureuse qu'il ressentait derrière le visage, il les ferma… et sombra dans un profond sommeil.

Un regard jeté à l'horloge lui apprit qu'il était un peu plus de 1 h 30 quand l'agitation recommença. Cette fois c'était plus insistant. Toujours installé derrière son bureau, il entendit l'ascenseur de l'aile ouest cliqueter, gémir, se mettre en marche, puis monter le long de la colonne sombre vers les étages.

Quelqu'un l'avait appelé. Seth jeta un coup d'œil au tableau métallique situé sous le rebord du comptoir. Une lumière rouge se déplaça derrière les chiffres et indiqua que l'ascenseur s'était arrêté au huitième étage de l'aile ouest. L'appartement dix-sept était inoccupé pour quatre mois, car M. et Mme Howard-Broderick étaient partis à New York où ils avaient une résidence. L'appartement seize, il le savait parfaitement, était vide depuis un demi-siècle.

Il regardait toujours le tableau éclairé, observant l'ascenseur qui descendait, étage après étage, depuis le huitième jusqu'au rez-de-chaussée : la réception, exactement là où il se trouvait.

L'appareil ralentit dans un sifflement hydraulique, puis s'arrêta avec un bruit sourd. La porte resta fermée.

Avec précaution, Seth quitta son comptoir et traversa le hall. Il risqua un coup d'œil par la petite vitre de la cabine et ne vit que le miroir sur la paroi du fond. Inquiet à l'idée que les portes intérieures puissent coulisser brusquement alors qu'il observait le petit panneau vitré, il s'écarta et appuya sur le bouton pour ouvrir la porte.

Il n'y avait personne. Il vit seulement son propre visage pâle qui soutenait son regard depuis l'intérieur recouvert de miroirs. Il renifla et tressaillit. Une fois encore il sentit une émanation de fumée et de graisse brûlée, irritante, plus forte même que celle de l'escalier.

Il repoussa la porte extérieure et ferma les yeux. Ce bref effort l'avait épuisé. Il était trop malade pour se préoccuper d'une mauvaise odeur et d'un ascenseur défectueux. Le virus frappait avec force et il avait l'impression que ces mouvements infimes l'avaient quasiment tué. Il était à peine capable de se tenir debout, et s'agrippa à la rampe quand il descendit en chancelant vers le vestiaire du personnel pour boire à grands traits l'eau glacée de la fontaine.

Néanmoins le soulagement se faisait attendre. Après avoir regagné le bureau et s'être affalé dans le fauteuil en cuir, il eut l'impression que le tapage nocturne ne faisait que commencer.

À 2 heures du matin, pour la seconde fois cette nuit-là, l'ascenseur de l'aile ouest s'arrêta avec un tintement métallique au rez-de-chaussée. Mais il n'était pas vide cette fois.

Pris de vertige et battant des paupières, Seth se leva et appuya les coudes sur le comptoir. Sujet à une migraine qui traversait sa tête par vagues, il plissa les yeux et aperçut quelque chose qui se traînait hors de la cabine sur un nombre de jambes qu'il était incapable de compter. Ce fut seulement quand cela s'approcha du comptoir à pas précipités qu'il identifia le visage ratatiné de Mme Shafer.

Enveloppée dans un ample kimono en soie, la masse de son corps foulait la moquette avec une rapidité surprenante. La tête, semblable à un sac, reposait sur le plateau stable de son dos, rapetissant ses épaules. Maladroitement épinglés sous un canevas de foulards, ses cheveux étaient mouillés. Des mèches luisaient sur son front et ses tempes où quelques épingles s'étaient détachées.

— Combien de fois devons-nous demander avant que le travail soit fait correctement ? (Elle criait presque.) Ils sont montés sur le toit à maintes reprises, et nous n'avons toujours pas d'image. Ces hommes n'ont donc reçu aucune formation ?

Elle avait déjà fait cette réclamation. Derrière elle, sur la moquette, une trace d'humidité suintait depuis son abdomen. Cela empestait comme de la viande avariée dans un sac en caoutchouc.

— Mon mari, dit-elle à Seth, qui avait plaqué une main sur sa bouche pour atténuer la puanteur, est un homme très important. Il doit voir les informations de la Bourse. Il ne reste pas assis sur son derrière toute la nuit.

Elle agita un petit bras pour appuyer ses dires. Il y avait une toute petite main au bout du membre maigrichon.

— Je veux voir Stephen, *immédiatement* !

Seth s'écarta du rebord de son bureau.

Secouant sur son cou huileux le sac que formait sa tête, elle glapit ensuite : « Mais qui êtes-vous ? » Elle s'adressait au garçon à la capuche qui observait Seth depuis les portes de la réception.

— J't'avais prévenu, non ? Que t'allais voir les choses comme elles sont réellement, dit-il à Seth, sans tenir compte de Mme Shafer qui repartait précipitamment, tout en réclamant le portier en chef, puis entassait son énorme corps dans la cabine.

Quand Seth regarda vers la porte d'entrée, le garçon avait disparu. Le hall était de nouveau désert et silencieux, excepté le bourdonnement des appliques murales. L'odeur de viande brûlée flottait toujours.

Seth quitta son bureau. Il examina la moquette, à la recherche de taches laissées par Mme Shafer. Il n'en vit pas. Il crut qu'il allait pleurer. Quand il se rassit, le comptoir et les écrans de contrôle semblaient plus grands, se dressant au-dessus de lui. Ils se rapprochèrent et l'acculèrent dans un coin. Puis la porte d'entrée de l'immeuble se retira dans le lointain, comme s'il la regardait par le mauvais bout d'un télescope.

Seth ferma les yeux et se couvrit la tête avec son manteau jusqu'à ce que son souffle dépose des gouttes de condensation sur son visage. Après avoir ôté ses chaussures il s'assit sur le sol derrière le comptoir et se pelotonna sous le vêtement.

— Nous avons besoin d'aide, dit une voix âgée. S'il vous plaît, venez avec moi.

C'était M. Shafer qui réveillait Seth. Mais ce dernier ne l'avait encore jamais vu sous cette apparence.

Nu, M. Shafer vacillait à côté du comptoir sur ses longs pieds décharnés. Tous ses orteils étaient jaunes et craquelés.

Ses membres étaient desséchés et ses côtes poussaient contre la peau mince et bleuâtre de son torse. Il avait le nez crochu, n'était pas rasé, et sa tête grise semblait trop grosse pour que son cou maigrelet puisse la soutenir. Seth regarda les parties génitales rabougries et le sac ratatiné sous le bassin creux puis détourna les yeux. L'homme était si émacié qu'il semblait impossible qu'il soit toujours vivant.

— Vous pouvez monter, s'il vous plaît ? demanda poliment M. Shafer, sur un ton qui lui servait habituellement d'antidote aux cris stridents de sa femme.

Obéissant instinctivement, Seth se leva et contourna le comptoir pour se dresser devant le vieil homme racorni. M. Shafer tint le coude de Seth avec ses longs doigts. Il n'y avait aucune force dans son toucher.

M. Shafer donnait l'impression de marcher sur une corde raide, très lentement. Seth le conduisit vers l'ascenseur tout en observant l'énorme bosse qui déformait le dos et les épaules du vieil homme. Sous la peau tendue, un vaste réseau de cartilages et de veines noires avait formé un monticule. Bien qu'elle le dégoûte, Seth éprouvait le besoin de la palper pour vérifier si elle était dure.

— Qu'y a-t-il ? demanda-t-il.

Il se sentit immédiatement stupide d'avoir posé une telle question, alors que M. Shafer était descendu à la réception nu et que sa femme était un arachnide grotesque. Mais M. Shafer se contenta de marmonner que c'était « le bon moment ».

Dès qu'ils entrèrent dans l'appartement des Shafer, au sixième étage, Seth se couvrit la bouche et le nez avec la manche de son blazer. Mais en vain. Des dizaines de sacs poubelle étaient entassés contre les murs du long couloir qui s'étendait sur toute la longueur de l'appartement rectangulaire.

Chacun d'entre eux était muni d'un autocollant jaune qui indiquait : « Déchets médicaux ».

Chaque porte des pièces donnant sur le couloir était ouverte. Les ténèbres régnaient, presque palpables, dans toutes les chambres, comme si la mauvaise odeur était visible. Toutes étaient remplies de sacs plastique, de piles de journaux et de magazines, d'assiettes encroûtées de nourriture desséchée, de vêtements froissés ; le couple semblait n'avoir jamais rien jeté au cours de sa longue et pitoyable occupation des lieux. La moquette était humide et couverte de taches blanchâtres sous les pieds de Seth.

Il ne vit l'infirmière nulle part.

— Où est votre femme ? chuchota-t-il, tendu.

M. Shafer leva l'os de poulet de son avant-bras et le pointa dans la direction du séjour, au fond du couloir.

— Votre infirmière ? répéta-t-il, en s'efforçant de garder le contrôle de sa voix. Vous avez bien une infirmière.

— Elle était inutile, dit M. Shafer, et il cligna ses yeux laiteux. Votre aide suffira.

— Que puis-je faire ? C'est encore la télévision ?

M. Shafer l'interrompit d'un hochement de sa tête grisonnante.

— Tout va bien se passer.

Sa voix s'était muée en quelque chose que Seth trouva très déplaisant ; son ton était doucereux et son sourire sournois. Plus inquiétant : tandis qu'ils s'approchaient du séjour enténébré, le vieux Shafer commença à pousser des soupirs à l'intonation sexuelle, et sa claudication s'accéléra à tel point que sa tête se mit à dodeliner près de l'épaule de Seth. De ses doigts décharnés, il raffermit sa prise sur son coude.

Une fois sur le seuil du séjour, Seth crut qu'il allait vomir. Il avait aperçu Mme Shafer dans le coin opposé de la salle. Elle était à genoux, tête baissée, leur tournant le dos. Toujours vêtue de son kimono crasseux, elle tourna le visage vers eux comme ils entraient, puis leva ses énormes fesses. Ce léger mouvement sembla déplacer une nouvelle bouffée de putréfaction à travers la pièce et jusqu'au fond de la gorge de Seth.

M. Shafer lâcha le bras de Seth et commença à se mouvoir d'un air excité en trébuchant sur la moquette du séjour. Gauche, il ressemblait au squelette d'un enfant effectuant ses premiers pas impies dans une crypte ; un enfant avec une jambe plus courte que l'autre.

Mme Shafer observait Seth attentivement ; ses petits yeux rouges et féroces exprimaient sa désapprobation, mais également l'attente.

— Êtes-vous capable d'aider ce cher homme avec ses médicaments ?

M. Shafer se dirigea sur ses jambes d'oiseau vers un carton dont le côté présentait des caractères chinois et un gros tampon taché d'encre indiquant qu'il avait été contrôlé par la douane. De ses doigts décharnés, il en sortit un tuyau de caoutchouc et une vieille seringue de verre munie de gros anneaux en métal pour accueillir les doigts de l'utilisateur. Il les laissa choir sur le sol malpropre, puis fouilla dans un second carton. Il déversa des ustensiles en plastique et ces derniers s'éparpillèrent autour de ses pieds noueux. Il saisit un bocal, sembla sur le point de basculer sous le poids de l'objet et fut à deux doigts de tomber, le visage en avant.

— Allons, aidez-le ! gronda Mme Shafer.

Seth sortit de sa transe horrifiée et vint au secours de M. Shafer. Il prit le bocal des mains du vieil homme. Le récipient était poussiéreux et rempli d'un fluide jaunâtre. Seth aperçut une forme molle de la couleur d'un rein, conservée dans le sérum et pressée contre la paroi. Quand la chose bougea et ouvrit un petit œil noir, il lâcha le bocal.

— Faites attention ! cria Mme Shafer.

Son mari tomba à genoux et se démena près des pieds de Seth, cherchant à saisir le récipient. Un garrot en caoutchouc était déjà serré autour d'une de ses cuisses flétries.

— Les médicaments sont plus onéreux que vous pourriez l'imaginer, et il ne nous en reste pas beaucoup ! Êtes-vous stupide ? Ne pouvez-vous donc rien faire correctement ? demanda vivement Mme Shafer, dont la voix tremblait d'hystérie. Nous payons vos gages. Ce n'est pas trop vous demander.

M. Shafer s'assit par terre, le bocal entre les jambes, et donna des coups secs sur le couvercle métallique avec l'extrémité de la seringue. Il fut pris d'un spasme et sa tête se mit à ballotter, et son visage était plissé en une espèce de sourire, à moins qu'il soit au bord des larmes.

À l'intérieur du pot, la petite créature se mit à bouger et se livra à une série de mouvements qui semblaient défensifs. Mais cela ne fit qu'exciter davantage M. Shafer qui donna des coups sur le couvercle avec une vigueur accrue. Un filament de salive pendait de son menton et oscillait comme un pendule à cause de l'énergie qu'il déployait. Quand il finit par perforer le couvercle métallique à force de s'y être maladroitement attaqué, quelque chose siffla depuis l'intérieur du bocal. Il s'agissait peut-être de l'air qui s'échappait, mais Seth trouva que cela ressemblait à un cri très faible.

— Vous êtes désespérant, dit Mme Shafer, exaspérée.

Quand M. Shafer enfonça finalement l'aiguille de la seringue profondément dans le bocal, Seth s'écarta et posa la main sur sa bouche. Un fluide jaune gicla du couvercle et coula sur le côté du verre. Seth aurait voulu croire qu'il venait d'entendre une soudaine exclamation rauque du vieil homme, mais il savait qu'il s'agissait en fait d'un grognement de douleur qu'avait émis la créature à l'intérieur du bocal.

Quel que soit le fluide aspiré dans la seringue, M. Shafer se l'injecta aussitôt dans l'aine. Seth détourna les yeux.

— C'est bon, chéri ? lança Mme Shafer à son mari. Ça marche ?

Puis elle ajouta à l'intention de Seth :

— Nous commandons des garçons. Ils ont l'habitude de nous arnaquer et ils envoient des filles. Mais ceux-ci sont incontestablement des garçons.

— Je pense que c'est mieux, marmonna M. Shafer, qui eut immédiatement l'air perplexe et déconcerté.

Ce n'était pas la réponse que souhaitait Mme Shafer. Son visage s'empourpra et son grand corps commença à s'agiter sous le kimono.

— Je t'avais bien dit de ne pas prendre de sous-marques. (Puis elle tourna son visage indigné vers Seth comme pour obtenir son soutien dans une dispute.) Il ne m'écoute jamais. Il dépense une fortune pour cette camelote. Tout doit être expédié de Chine. La Roumanie était plus près, et avec leur marchandise, au moins, nous obtenions des résultats !

M. Shafer avait l'air abattu et plus fatigué que jamais.

— Je n'ai pas aimé la dernière société. Je te l'avais dit. C'était des escrocs.

— Ce sont tous des escrocs ! cria-t-elle. Et qu'est-ce que je vais devenir maintenant ? Tu savais depuis des mois que c'était mon tour.

M. Shafer releva la tête et adressa un large sourire à Seth.

— Il peut s'en charger.

Ces paroles semblèrent calmer sa femme.

— Allons, ne restez pas planté là, dit-elle à Seth.

— Quoi ? demanda-t-il.

— Encore un idiot. Vous n'êtes pas très malin, hein ? dit M. Shafer en secouant la tête.

— On pourrait mettre un singe derrière ce comptoir en bas, ajouta sa femme.

Tous deux éclatèrent de rire, savourant leur premier moment de complicité depuis très longtemps, apparemment.

M. Shafer se releva et mit une pièce de monnaie dans la main de Seth.

— Tenez. Cela vous aidera peut-être.

Seth ouvrit les doigts. Il y avait une pièce de 10 pence dans sa paume.

— Et voilà, dit Mme Shafer. C'est suffisant. Comment ai-je deviné ? Nous avons déjà payé pour ce service. Vous n'avez pas le droit d'espérer un pourboire.

Seth tenta de s'éloigner de M. Shafer.

— Qu'est-ce que vous faites ?

Les doigts du vieil homme s'affairaient soudain, telles des aiguilles à tricoter, sur la boucle de la ceinture de Seth.

— Je vous en prie. Non. Je ne veux pas faire ça.

— Ce n'est pas trop vous demander. Vous croyez que Stephen serait ravi d'apprendre cela ? demanda Mme Shafer depuis le coin de la pièce.

Seth écarta les doigts insistants de M. Shafer de son entrejambe. Son attention attirée par ce que Mme Shafer était en train de faire, il recula d'un pas.

— Oh mon Dieu, non.

Dans le coin, elle avait poussé son abdomen plus haut en l'air et écarté lentement le kimono de son derrière en une parodie de séduction. À l'instant où Seth fut capable de regarder, il vit, découverte, une fente humide aux lèvres grises et aux parois internes rosâtres, ouverte au milieu de son postérieur poilu.

— Eh bien ? lui cria-t-elle.

— Fais gaffe, Seth ! lança une voix derrière lui.

Le garçon à la capuche se tenait sur le seuil du séjour.

— Qui est-ce ? glapit Mme Shafer, en abaissant son kimono, cachant miséricordieusement l'œil charnu.

— Qu'est-ce que cela signifie ? demanda M. Shafer à Seth.

Son regard était devenu malveillant et sa bouche se distendit en une suture mesquine.

— Mais qu'est-ce que je peux faire ? demanda Seth au garçon.

Sa voix le trahissait et sa mâchoire se mit à trembler.

— Tu les butes. Ils le méritent.

— Appelle Stephen ! glapit Mme Shafer à l'attention de son mari.

— C'est bien mon intention, répondit celui-ci.

Et il se dirigea en titubant vers un téléphone posé sur une pile de catalogues médicaux.

— Quoi ? demanda Seth au garçon. (Il ne s'était jamais senti si faible et désemparé.) Je ne peux pas faire ça.

— Tu le dois. Ils l'ont cherché il y a très longtemps. Ils le savent.

Seth grinça des dents et sentit la chaleur réconfortante de la colère remplacer sa panique et sa peur. Il sentit un grand pouvoir en fusion parcourir chacun de ses membres. Mme Shafer le perçut.

— Fais vite, chéri, dit-elle à son mari. Je pense qu'il est instable.

Le vieil homme gémit en soulevant le combiné. Il plissa les yeux en regardant le clavier et leva un doigt hésitant au-dessus des boutons. Seth le rejoignit et saisit le téléphone. Le vieillard tint bon.

— Comment osez-vous ? dit-il.

Puis :

— Lâchez ce téléphone, sinon vous allez le regretter.

Seth le repoussa.

Immédiatement, le vieil homme s'écroula sur la moquette crasseuse et se mit à geindre. L'appareil le suivit dans sa chute et tomba sur la difformité pétrifiée d'os et de peau parcheminée, heurtant violemment son crâne.

— C'est malin ! cria Mme Shafer.

Puis elle se mit à hurler. Le vacarme était affreux et assourdissant.

Seth regarda le garçon qui hocha la tête.

Saisissant la hampe en cuivre d'un lampadaire caché derrière les débris d'une dizaine de cartons, Seth tira et libéra l'ensemble du sol et du mur. Le fil électrique se rompit au niveau du socle et la fiche resta dans la prise de courant. Il se dirigea vers le coin du séjour où la masse informe de Mme Shafer tremblait. Elle cessa de crier pour lui demander :

— Vous avez perdu la raison ?

— Je l'espère.

Il abattit le lourd socle du luminaire sur son visage minuscule.

— Oh, dit-elle, hébétée, quand le noyer ancien et le métal eurent émis un son mat contre son crâne.

Puis elle se redressa dans une tentative pour recouvrer sa dignité. Elle écarta une mèche de cheveux ensanglantés de son front et fit la moue comme pour se mettre du rouge à lèvres.

Seth brandit la lampe avec plus de violence. Comme s'il maniait une pioche, tous les muscles et les tendons de son dos et de ses bras accompagnèrent le second coup.

— Et voilà, dit le garçon derrière lui (ses mots dominèrent en partie le craquement du crâne).

Seth éclata de rire pour éviter de tomber à genoux et de se mettre à sangloter. Mme Shafer cessa de parler, mais ses lèvres continuèrent à remuer. Il abattit le lampadaire encore et encore sur son visage, espérant que le grand corps cesserait de trembler sous le kimono. Il ne semblait pas près de s'arrêter, alors il frappa l'abdomen avec le socle de la lampe. Après le second coup porté au ventre distendu, il entendit quelque chose se déchirer sous le vêtement. Le corps sembla s'amollir puis, finalement, se détendre.

— Ma femme ! Ma femme ! Ma femme ! s'écria M. Shafer d'une voix faible depuis le sol où il gisait, empêtré dans sa propre infirmité.

— Pas besoin de te sentir coupable, conseilla le garçon à Seth. Ils font tous pitié à la fin, mais ils l'ont cherché.

Seth acquiesça et s'avança sur la moquette pour achever M. Shafer. Sous ses pieds, quelque chose gargouilla, un fluide qui s'écoulait de sous le kimono de Mme Shafer.

— Ce n'est pas difficile une fois qu'on a commencé, dit Seth avec étonnement. On se met en colère et on devient bouillant.

— C'est exact.

— Mais ce qui me surprend le plus c'est qu'ils ne sont rien. À la fin, ils ne représentent absolument rien.

Son interlocuteur hocha la tête, surexcité.

Seth abattit le lampadaire au milieu du corps de M. Shafer. Ce fut comme si un pied de métal géant avait foulé des branchages secs sur le sol d'une forêt.

— Y a autre chose que tu dois voir cette nuit, Seth. On m'a dit de te le montrer, annonça le garçon.

— Non, s'il te plaît. Pas là-dedans.

Seth se tenait devant l'appartement seize. Le placage de teck brillait comme de l'or, et passant sous la porte massive, une lueur rougeâtre se répandait sur la moquette verte du palier. Venant de l'intérieur du logement, il percevait une détermination qui l'emplissait de panique. Le son lointain de quelque chose qu'il avait déjà entendu l'accompagnait, sans qu'il parvienne à le situer. Des voix aussi, qui tournoyaient, virevoltaient, et revenaient en arrière tel un enregistrement, faibles, comme des pleurs d'enfants dans une maison lointaine, que l'on discerne par un après-midi d'hiver, quand le soleil disparaît derrière des nuages sombres. Des voix désespérées ; qui se joignirent rapidement à un chœur bien plus important à l'intérieur de l'appartement et partout, au-dessus de lui.

Figé par la peur, il voulut s'écarter malgré tout, mais la porte se rapprocha.

— Tu dois le faire, dit le garçon. Il veut te montrer tous les autres, ceux, là-bas, qui ne peuvent pas sortir. Ils attendent tous. Il l'a ouvert juste pour toi, mec.

Se contorsionnant et poussant contre l'air épais qui enflait contre son dos et menaçait de le faire basculer en avant, Seth essaya de résister. Il savait instinctivement que s'il franchissait le seuil, un événement effroyable se produirait. Il serait obligé d'affronter quelque chose qui pouvait lui donner une crise cardiaque.

Ils se retrouvèrent dans un couloir rouge de l'autre côté de la porte qu'il n'avait pas vue s'ouvrir. Côte à côte. Lui et le garçon qui dégageait une odeur de chair brûlée, de poudre et de carton roussi. Un parfum qui emplissait ses narines, desséchait le fond de sa gorge, rendant sa respiration difficile. Le son tournoyant, produit par la foule qui jacassait, se rapprochait, comme la rumeur d'un stade. Il venait de loin dans le couloir rougeâtre, comme si, dans l'une de ces pièces, derrière l'une de ces portes massives, l'air formait un tourbillon violent dans lequel de nombreuses personnes avaient été entraînées, tournant encore et encore, tellement prises de vertige qu'elles ne pouvaient rien faire d'autre que crier.

S'il ouvrait la mauvaise porte, il savait qu'il tomberait très loin, si loin vers ce son, et très vite.

Le garçon passa derrière lui.

— Vas-y.

La présence encapuchonnée le poussa en avant. Les jambes de Seth étaient engourdies, ses pieds semblaient maintenus par des épingles et des aiguilles. Sa mâchoire se bloqua et il lutta pour respirer. Il avança néanmoins dans le couloir, sur les carreaux de marbre noirs et blancs ; sous les vieilles lampes diffusant une lumière sale dont le halo n'atteignait jamais le plafond. Et éclairait à peine les murs rougeâtres. Ces derniers étaient rouge sang autour des grands tableaux placés dans les cadres dorés. De lourds cadres en or, tels les chambranles de fenêtres au-delà desquelles l'existence aurait pris fin pour faire place au néant.

Le vide, qui absorbait son regard, le tirait hors de son corps, laissant le reste de son visage derrière lui, et vers l'obscurité des tableaux qui le glaçaient et le terrifiaient, comme s'il pouvait tomber vers eux.

Pourtant, s'il regardait assez longtemps les ténèbres contenues par l'un des cadres, il discernait des choses. Des formes ténues qui émergeaient tels des poissons pâles depuis des eaux stagnantes, sombres, et oubliées.

Il eut aussi l'impression de voir des mouvements ici et là : l'éclat soudain d'un os gris, la tache indistincte d'un visage observant par-dessus une épaule, des dents jaunes qui claquaient. Puis, plus rien. Peut-être était-ce simplement à cause de la faible lumière qui faussait la perception des volutes de peinture ?

Mais quand il passa devant le plus grand tableau rectangulaire, il vit sans l'ombre d'un doute les parois de briques humides d'un puits qui descendait depuis le cadre. Et, à l'intérieur, une silhouette blême se retourna puis détala, mais à reculons.

Peu à peu, comme il circulait entre d'autres tableaux aux arrière-plans sombres, d'autres silhouettes émergèrent et adoptèrent des contours plus définis. Les tableaux commencèrent à ressembler à des pièces lointaines non éclairées. Dans les peintures, il entrevoyait des choses voûtées et tordues. Les visages étaient cachés ou se détournaient de la lumière. D'autres lui donnaient l'impression de suggérer des créatures charnues, dont la peau marbrée ressemblait à des vêtements mis au rebut, privés de la rigidité conférée par des muscles et des os, mais qui bougeaient toujours. Bougeaient contre de fines aiguilles qui clouaient l'opacité écorchée aux murs tachés de rouille ou de pourriture.

Et puis lui aussi s'avança. Poussé en avant contre son gré, il passa rapidement devant les occupants des nombreuses pièces sombres contenues dans les cadres. Il aurait voulu regarder droit devant lui, ou par terre, n'importe quoi, sauf les murs terrifiants et ce qui les ornait, il luttait pour empêcher sa tête de tourner d'un côté et de l'autre. Mais il continuait à entrevoir des choses à la lisière de sa vision, ou devant lui dans d'autres tableaux, comme si ses yeux refusaient obstinément d'obéir à sa volonté. Il serrait les mâchoires pour se retenir de crier chaque fois qu'il entrevoyait les formes enchevêtrées, rongées jusqu'à l'os, déchiquetées, les lambeaux de chair arrachés comme du tissu, parfois, un visage blanchâtre et taché, surpris en train de hurler, qui flottait là. Jusqu'à ce que, de chaque côté du couloir, un effroyable rassemblement surgisse. Comme si les sujets des portraits avaient tous été convoqués pour se présenter devant un public.

Des visages indistincts, déformés par des traits d'animaux, sortirent des ténèbres. Des membres se balancèrent à un rythme croissant, à peine éclairés par la lumière chiche, comme si une révélation totale aurait représenté un choc trop violent, même en rêve. Mais les femmes essayaient toujours de lui montrer leurs dents sales. Et les hommes affichaient une souffrance si intense que leurs visages hurlants devenaient bleus et se désintégraient sur les bords.

Puis il se retrouva à l'intérieur d'une autre pièce située au milieu du couloir, là où le son tourbillonnant était le plus fort. Il fut obligé de se couvrir les yeux et de se recroqueviller, pour se faire tout petit. Un courant d'air froid s'abattit sur son corps frissonnant, charriant une centaine de voix, dont chacune racontait une histoire démente.

— *Contre le mur. Contre le mur. Fracasse-le contre le mur.*

— *Je ne peux pas. Je ne veux pas. Il a dit qu'il reviendrait. Attends ici. Je sais qu'il fait froid, mais attends ici, mon amour.*

— *Piétine-le. Brise-le.*

Seth risqua un coup d'œil entre ses doigts, terrifié, mais contraint de voir qui parlait, criait et hurlait autour de lui.

Des visages décolorés gémissaient en gardant leurs yeux clos. Ils apparaissaient puis s'estompaient sur les murs sombres.

— *Je l'ai craché. Ai craché mon cœur.*

Était-ce un singe ? La créature avec des poils autour de la bouche ?

— *Je pense qu'il vient. Pense qu'il descend. Ça va être l'enfer maintenant.*

Une vieille femme pouvait-elle avoir de telles dents ?

— *Excusez-moi. Je vous en prie. Excusez-moi. Je pense que je suis tombé.*

Il voyait trois créatures-bébés, avec de grosses têtes et des corps de poupée, suspendues contre des briques humides dans un égout.

— *Êtes-vous tous endormis ? Excusez-moi mais est-ce que vous dormez tous ? J'ai besoin du médecin. Mais la porte est verrouillée. Je suis désolé de vous réveiller, mais on a éteint toutes les lumières.*

Les murs et les plafonds étaient couverts de peinture. Elle était encore humide, rougeâtre mais sombre, comme du sang ou de la rouille moite.

Il se tourna pour voir un bec noir qui disait : « *Le sang. C'est dans le sang* », puis qui disparut et il observa des pattes de derrière qui lançaient une ruade vers les ombres liquides.

— *Oh ! Nom de Dieu.*

Il n'y avait pas d'angles aux endroits où les murs finissaient et où le plafond commençait. La pièce avait désormais fait place à un espace infini.

Sur sa gauche, près de sa tête, quatre femmes se retournèrent à quatre pattes. Toutes leurs articulations étaient situées aux mauvais endroits. Des dents et des cheveux poussaient en masses informes sur la chair grise et rose de leurs corps.

— *Ohé ? Il y a quelqu'un ? Où êtes-vous ? Je vous en prie, aidez-moi.*

Au-delà d'un cortège de choses décharnées et bleuâtres qui se traînaient en cercle dans les ténèbres, tournaient et tournaient aux confins de la pièce, près de l'endroit où le plafond aurait dû se trouver, il vit des jambes paralysées et des sabots inutiles. Et encore au-delà des dents qui claquaient comme les museaux de chevaux de bois, il y avait une obscurité intense. Elle bougeait. Bouillonnait.

Seth hurla et un personnage d'une maigreur atroce se précipita vers lui à quatre pattes, ses touffes de poils agitées par le vent glacial, puis il disparut soudain, ou bien fut tiré en arrière, pour permettre à quelque chose d'autre, à l'intérieur d'un sac de grosse toile, de s'avancer péniblement sur les coudes. Ses paupières étaient cousues et il sifflait, désespérant de l'atteindre, mais aveugle et incapable de le repérer.

— *Suis-je éveillé ? Je vous en prie. Pouvez-vous me dire si je suis éveillé ?*

Tout ici était suspendu dans un éther glacial. Une éternité d'huile vivante dans laquelle des créatures innombrables se noyaient et remontaient à la surface avant d'être de nouveau aspirées vers le bas. La pièce s'était transformée en un bouillon de liquide et de gaz où ces êtres étaient tous englués et à peine conscients les uns des autres. Certains rampaient sans rien voir et se cognaient contre d'autres, se défiaient ou s'invectivaient, fous de peur. D'autres étaient suspendus en silence, ou cloués solidement contre l'obscurité pour un instant, avant de s'estomper encore dans le vide. Le rugissement du vent était celui de dizaines de milliers de voix. Seth fut pris de vertiges quand il se rendit compte qu'il n'était qu'une tête d'épingle dans un bouillonnement infini.

Il se couvrit les yeux, se redressa et commença à se déplacer en chancelant. À chercher à tâtons la porte par laquelle il s'était glissé. Il n'y avait pas d'issue. Il fut obligé de risquer un coup d'œil entre ses doigts, mais il faisait si sombre désormais qu'il ne voyait même pas ses pieds. Et des choses le frôlaient dans l'air en mouvement. Quelque chose qui ressemblait à une langue se glissa entre ses phalanges. Un visage sec, couvert de poils, poussa contre son estomac. Est-ce qu'il parlait ou rongeait ? Des doigts fins touchèrent puis pressèrent son visage. Leur bout était froid, mais ils menaient leur examen avec insistance, comme s'ils étaient soudain surpris de le trouver ici, dans l'obscurité. Une main saisit sa cuisse et la serra. Une femme cria. Une peau couverte de croûtes frôla le dos d'une main. Un halètement horriblement sexuel se fit entendre derrière lui et il perçut le jaillissement fébrile de quelque chose d'humide et de brut dirigé vers lui dans la pénombre.

Seth se dirigea en trébuchant vers l'endroit où s'étaient trouvés les murs. Il avait à peine fait quelques pas que la température chuta brusquement. Il fut gelé. Grelottant avec une violence qui rendait sa respiration difficile, il comprit qu'il se trouvait au bord d'un précipice, malgré ses yeux clos. Le sol de la pièce s'était changé en une petite plate-forme errant dans une nuit insondable. Des ténèbres saturées de souffrance, de désarroi et de folie. Et, sur la plate-forme, autour de lui, cela grouillait comme si la salle était un radeau de sauvetage solitaire dans une mer noire glaciale.

Il tomba et se cramponna au sol, tandis que les êtres déformés et fragmentés qu'il avait pris par erreur pour des représentations grimpaient sur lui.

Ce fut la sonnerie du téléphone qui le tira du sommeil et il poussa un cri : un son étranglé qui se mua subitement en un sanglot angoissé, un bruit qu'il n'avait jamais fait auparavant. Et tandis que la vive lumière jaune de la réception brûlait ses yeux écarquillés, et que la rigidité du fauteuil en cuir pressait son dos, ses plaintes se muèrent en halètements.

Des larmes séchèrent sur son visage. Il toussa pour se débarrasser des glaires. Il agrippa les accoudoirs du siège jusqu'à ce que ses mains deviennent exsangues, cherchant toujours à éviter une chute dans l'abîme.

Seth regarda autour de lui, et l'acuité de la conscience calma sa terreur. Le monde familier des moniteurs de sécurité, des porte-documents et des téléphones intérieurs se reconstitua autour de lui et chassa de son esprit les vestiges de l'obscurité suffocante. Le cauchemar s'estompa, de même que, miséricordieusement, la pensée que tout ce qu'il venait de voir avait été réel.

Il était malade. Vraiment malade. C'était sûrement ça.

Quelqu'un l'appelait. Merde, depuis combien de temps le téléphone sonnait ? Quelle heure était-il ? Il se tourna dans son fauteuil et décrocha.

Il s'éclaircit la voix et parla rapidement, instinctivement.

— Seth à l'appareil.

Mauvaise réplique. Mais quelqu'un parla au milieu des crachotements et des parasites. Quelqu'un dit : « Là-dedans ». Ou bien était-ce « En bas » ? C'était une voix d'homme, mais qu'il ne connaissait pas. Il regarda le tableau du standard. Une lumière rouge clignotait pour indiquer l'appartement seize.

Se rappelant des fragments de son rêve, Seth lâcha le combiné.

Chapitre 9

Le miroir était tourné face au mur. Toute la nuit, il n'avait réfléchi que l'imposante peinture à l'huile poussiéreuse qui représentait sa grand-tante et son grand-oncle et non pas son image à elle, effrayée et tendue dans son lit.

Elle avait retourné la glace parce qu'elle lui faisait peur. Pourtant il ne s'agissait que d'un long miroir dans une chambre plongée dans l'ombre, au milieu d'un appartement ancien, au cœur d'une ville inconnue, où une jeune fille fatiguée et impressionnable était accablée par toutes les choses qu'elle avait vues, pensées et imaginées. Une jeune fille à l'esprit surmené qui avait imaginé une présence. Rien de plus.

La pâle lumière matinale rôdait autour du chambranle des fenêtres, diffusant une légère brume grisâtre à travers les rideaux de tulle. Elle n'avait pas tiré les tentures la veille au soir pour éviter de se sentir prise au piège, comme si les croisées, au-dessus de Lowndes Square, constituaient une issue en cas de fuite. Toutes les lampes étaient restées allumées également, ainsi que les plafonniers.

Déconcertée par la façon dont son esprit avait inventé des choses horribles pour la tourmenter, elle s'extirpa du lit et regarda le ciel, déjà sombre, et strié de bandes couleur mandarine. La nuit semblait sur le point de revendiquer de nouveau son droit sur la terre, à 9 heures du matin.

Fatiguée et tendue, comme si elle n'avait pas fermé l'œil, elle écarta les voilages pour laisser entrer davantage de lumière. Tandis qu'elle disposait le tissu diaphane, quelque chose heurta le sol à ses pieds puis rebondit. Une soucoupe bleue et blanche gisait retournée sur la moquette, et, à côté d'elle, une clé en fer aux anses en forme d'ailes de papillon, à peu près de la bonne dimension pour les tiroirs de la commode-bureau. Elle se dirigea rapidement vers le meuble massif disposé en face du lit.

La clé tourna dans la première serrure avec un petit bruit sourd qu'elle sentit entre ses doigts plus qu'elle l'entendit.

Il y avait une quantité incroyable de billets là-dedans. Tous destinés à des voyages en train ou en avion… et même pour des traversées en mer. Ils étaient disposés en piles, classées par années, et maintenues par des élastiques rouges dans le tiroir du haut. Mais pas un seul n'avait été poinçonné, tamponné ou déchiré le long de la bande perforée. Les déplacements avaient bel et bien été prévus, mais jamais mis en œuvre. Et la destination indiquée sur la plupart d'entre eux était les États-Unis. Déjà en 1949, Lillian avait eu l'intention de rentrer au pays.

Apryl pensa à ce que Stephen avait dit des derniers adieux de sa tante quand celle-ci était sortie de l'immeuble pour se livrer à ses pérégrinations matinales. Le jour de sa mort, elle avait également emporté une petite valise contenant un passeport périmé et un billet d'avion, en vue d'un voyage à l'étranger. Mais pour quelle raison Lillian avait-elle rompu tout contact avec sa sœur et sa famille, alors qu'il était si important pour elle de se rendre aux États-Unis ? Voilà qui ne tenait pas debout.

Elle avait entendu parler de rituels obsessionnels et des routines méticuleuses mais irrationnelles qui les accompagnaient, et cette découverte représentait une preuve supplémentaire du déclin de sa grand-tante. Elle avait commencé à mourir quatre décennies plus tôt quand, coiffée d'un chapeau d'antan avec voilette, elle avait quitté l'immeuble avec l'Amérique en tête, pour revenir bouleversée et désorientée une heure plus tard… avant de reprendre ses esprits puis de recommencer le même processus le lendemain. S'il ne s'était pas agi de sa propre tante et bienfaitrice, Apryl aurait probablement souri à cette idée ; mais elle se demanda comment on avait pu laisser une femme agir de cette façon pendant si longtemps à une époque si avancée.

Dans le tiroir du dessous, elle trouva des copies d'actes de naissance de Lillian et de son oncle, quelques vieux timbres non oblitérés, des médailles militaires de Reginald, l'alliance de celui-ci, et des mèches de cheveux dans un sachet en plastique… et enfin, un assortiment de papiers personnels qui ressemblaient à des relevés de placements, des documents d'assurances et des factures domestiques, soigneusement classés dans des enveloppes en papier toilé. Sa tante avait été aussi méticuleuse que toquée. Apryl se dit qu'elle devrait essayer de comprendre ce paradoxe plus tard.

À moins qu'il y ait un coffre-fort ou un coffre dans une banque quelque part, elle risquait de découvrir dans le tiroir du bas les derniers vestiges des biens de grand-tante Lillian. L'odeur qui s'en dégageait était celle, forte mais pas désagréablc, dc crayons taillés, de poussière et d'encre desséchée. Elle forma comme un nuage autour de son visage puis retomba rapidement dans le tiroir rempli de carnets. Tous dataient d'une époque où la reliure et la fabrication étaient considérées comme un métier manuel. Chaque volume était pourvu d'une couverture en tissu ou en cuir, poussiéreuse et mal entretenue, mais de bonne qualité… ce qui résumait à peu près la fin de vie de sa grand-tante.

Ouvrant le carnet rouge sur le dessus de la pile, Apryl découvrit des pages lignées manuscrites, mais sans aucune indication de dates. Elle tourna rapidement les feuillets raidis et comprit vite qu'une feuille distincte avait été utilisée pour chaque entrée, rédigée par une main mal assurée.

L'écriture était difficile à déchiffrer. Était-ce un « b » ? Et ce qui ressemblait à première vue à un « s » était en fait un « f ». Elle était aussi tellement penchée sur la droite que les traits plus longs menaçaient d'écraser les voyelles contre les lignes bleues du papier. Elle feuilleta le carnet jusqu'à la dernière entrée. Il était question de « faire une nouvelle tentative dans la matinée ». Et de « suivre Bayswater Road, que je n'ai pas vue depuis des années ».

Revenant à la première page, elle posa le doigt sur chaque mot et lut en bougeant les lèvres, comme un enfant qui apprend à lire, progressant lentement le long des pattes de mouche, et abandonnant des phrases et des paragraphes entiers quand l'enchevêtrement des lettres et des gribouillis la dépassait. Mais, de temps en temps, un mot ressortait, ou même un morceau de phrase, comme : « Plus loin qu'auparavant ici. Il y a des années. » Et : « Il y a des fissures à franchir où il ne suivra pas. Ou il n'attendra pas. » C'était apparemment ce qui avait été écrit, mais elle ne pouvait en être sûre et les petits muscles de ses yeux commençaient à fatiguer. La lumière dans la chambre était trop ténue.

Elle posa le premier carnet et en sortit cinq autres du tiroir. L'écriture qui les couvrait était semblable à celle du premier, mais des mois étaient indiqués au-dessus des entrées dans l'un d'entre eux... même s'ils étaient souvent suivis de points d'interrogation – « juin ? » –, comme si Lillian ignorait à quelle date elle écrivait.

Il y avait en tout vingt calepins et Apryl les aligna sur le bureau dans l'ordre exact où elle les avait retirés du tiroir, supposant que le classement de Lillian suivait une chronologie, les carnets les plus anciens se trouvant probablement au fond.

Elle avait vu juste. L'écriture était beaucoup plus nette dans le dernier bloc-notes. Elle était presque entièrement lisible et très agréable. Et il n'y avait pas de ratures, comme si sa tante avait mûrement réfléchi à sa prose.

Remettant à plus tard les appels qu'elle devait passer, Apryl revint sur le lit et s'enfonça dans les oreillers en plumes d'oie qui sentaient le renfermé. Commençant par le premier carnet, elle se mit à lire des pages au hasard :

« Highgate et le Heath sont vraiment perdus pour moi maintenant. Je dois l'accepter. J'étais allée là-bas pour me souvenir de toutes ces promenades que nous faisions ensemble. Mais elles devront vivre uniquement dans ma mémoire. Et je n'ai pas vu St Paul's depuis six mois au moins. Je ne peux pas m'approcher de la City. C'est trop difficile. Après l'épisode du métro, j'ai renoncé à voyager sous terre. L'oppression et l'anxiété peuvent être intenses en plein air, dans la rue, mais elles sont deux fois plus vives en sous-sol, dans ces tunnels étroits. Même mes après-midi à la Library et au British Museum dans Bloomsbury sont compromis.

Eux aussi ? Je me le demande constamment avec désespoir. Quand ces tourments cesseront-ils et que me restera-t-il finalement ? J'ai ressenti une oppression dans la poitrine et ma vue s'est troublée à deux reprises dans la salle de lecture, comme si une migraine épouvantable s'installait lentement. On a dû m'apporter un verre d'eau. La deuxième fois, un homme avec une haleine immonde a tenté d'abuser de moi.

Le docteur Hardy soutient que je suis en bonne santé. Mais comment pourrais-je l'être ? Le docteur Shelley prétend que je suis agoraphobe et insiste toujours pour que je lui raconte mes souvenirs d'enfance. Bientôt j'aurai épuisé toute la sagesse de Harley Street. Je n'ose pas leur parler des miroirs. Le reste doit aussi aller à la cave. »

La plupart des autres entrées du journal contenaient des phrases similaires. Des catalogues recensant les malaises et les curieuses sensations corporelles éprouvés dans différents lieux de Londres qu'Apryl était incapable de se représenter ou même de situer sur un plan. Sa tante avait apparemment souffert de telles crises d'angoisse chaque fois qu'elle s'éloignait trop de Barrington House.

Au fur et à mesure, les entrées devenaient de simples listes de directions que, supposait-elle, sa tante avait cherché à suivre afin de quitter, voire fuir, Londres. Les noms de gares abondaient : Euston, King's Cross, Liverpool Street, Paddington, Charing Cross, Victoria. Lillian avait essayé de se rendre dans chacune d'elles, mais avait fait une crise de nerfs associée à des symptômes physiques désagréables et paralysants à chaque tentative. Phénomène qu'elle commençait à appeler « la maladie ».

Ou peut-être voulait-elle tester une sorte de frontière qui, elle le percevait, lui avait été imposée pour restreindre sa liberté. Apryl avait l'impression que, parfois, ces errances obsessionnelles avaient pour but un genre de mission de reconnaissance ou d'exploration.

Certaines entrées concernaient d'autres personnes qui n'étaient jamais précisément décrites, parce que son défunt mari, à qui ces journaux étaient adressés, les connaissait :

« À l'est, je ne peux pas aller plus loin que Holborn. Vers l'ouest, ses frontières se réduisent. Aujourd'hui j'ai été contrainte d'appeler Marjory pour reporter le déjeuner. En allant dans cette direction, je ne peux pas dépasser le Duke of York's Headquarters. Bridge est inaccessible et Holland Park pourrait tout aussi bien se trouver en Chine, vu jusqu'où je peux m'aventurer ces derniers temps.

À chaque annulation les filles se posent des questions à mon sujet. Je l'entends dans leurs voix et elles sont nerveuses en ma présence, même si elles sont assez bonnes pour s'efforcer de dissimuler leur malaise quand il arrive qu'elles viennent dîner à Mayfair. Si je supprime d'autres rendez-vous ou refuse des invitations, je crains de n'avoir bientôt plus aucune amie. Et je suis convaincue que traverser la Tamise n'est pas une solution. J'ai essuyé un échec sur le pont de Westminster à deux reprises après être partie la tête haute : j'ai été victime d'un puissant vertige et assaillie par une immense fatigue qui m'ont fait perdre connaissance. Il a fallu qu'on m'aide à marcher jusqu'à un banc, comme une malheureuse femme aveugle.

C'est si difficile de faire bonne figure alors que je suis assise ici à t'écrire, lucide et vaillante, ce que j'avais toujours considéré comme acquis. Mais sur l'Embankment dans la direction de Grosvenor Road, je peux tout juste me traîner tel un chat pitoyable affligé d'une lésion interne, et admirer Wandsworth de loin comme si c'était le paradis. Un endroit que je n'avais jamais souhaité visiter quand tu étais encore vivant, mon chéri. Mais où j'irais avec joie les pieds nus et sans un sou au milieu des grues et du béton si cela signifiait que j'étais délivrée de lui… et de cette maladie qu'il m'a transmise. Et il en va de même pour tous les autres. Elles ne peuvent pas m'abuser. Béatrice n'est pas allée plus loin que le Claridge depuis un an maintenant. Et quand je lui ai dit que j'avais vomi sur mes chaussures dans Pimlico, elle a cessé de répondre à mes appels téléphoniques, comme si j'étais contagieuse. C'est une créature lâche, et un horrible tyran. Nous ne pouvons pas garder le personnel. Elle rejette la responsabilité de cet emprisonnement sur ceux qui ne sont pas à blâmer. Elle n'acceptera jamais l'idée qu'il soit à l'origine de cette situation affreuse. Les Shafer sont très gentils avec moi, mais ont commencé à se plaindre de problèmes de hanche, comme s'ils étaient déjà vieux et infirmes. Leurs têtes stupides sont profondément enterrées dans le sable, mon chéri. Aussi longtemps que quelques vieux amis continueront à venir les voir, ils se diront qu'ils ne sont pas obligés de quitter l'immeuble. Et ils refuseront toujours de me dire ce qui leur est arrivé le jour où ils ont tenté de s'enfuir de Londres en prenant un train à King's Cross. »

Chapitre 10

Affaibli, l'estomac vide et brûlant, Seth se réveilla dans sa chambre. Il avait survécu en pissant dans une grande casserole et en buvant l'eau tiède du robinet dans une vieille bouteille jusqu'à ce que le pire de la fièvre soit passé.

À travers les fins rideaux, la lueur des lampadaires se répandait. Le ciel était couvert et s'assombrissait déjà. Le réveil de voyage lui apprit qu'il était 16 heures. Cette nouvelle vie impliquait qu'il évite désormais la lumière du jour. Quand il vit finalement le soleil, il se demanda si celui-ci allait le revigorer ou le tuer.

À *L'Homme vert*, tout était silencieux ; les autres locataires devaient toujours être au travail, ou au bar, ou bien ils se promenaient. Ils rentreraient bientôt et commenceraient à faire frire du bacon et des œufs dans la cuisine. C'était tout ce qu'ils mangeaient : un petit déjeuner. À cette pensée, il sentit que son estomac dégonflait.

Emmitouflé dans la couette, Seth sortit du lit et fit le pas nécessaire pour atteindre le frigo. Il tourna la poignée et l'ouvrit afin de prendre la bouteille de lait en plastique. La lumière vanille qui provenait du réfrigérateur lui blessa les yeux. Il ne restait qu'un fond de liquide et il le renifla. Le lait avait dû commencer à tourner dans la matinée, pendant qu'il était dans les vapes. Sans lait il ne pouvait pas manger de céréales, et il n'y avait pas de pain. Il jeta un coup d'œil aux étagères et vit un petit morceau de fromage dur, des flacons d'épices aux couvercles de couleur, trois cubes de bouillon, de la sauce de soja et de la sauce Worcester, une gousse d'ail desséchée et une barquette à moitié vide de champignons rabougris. Aucun de ces aliments, mélangés ou pris séparément, ne pouvait constituer un repas. Sur la table pliante dressée au milieu de la chambre, deux petites pommes s'étaient ramollies et étaient devenues poussiéreuses. Les manger serait comme de mordre dans le rembourrage d'un coussin.

Pas moyen de l'éviter : il allait devoir sortir.

Se sentant faible, il se rassit au pied du lit et se roula une cigarette. Il tira trois bouffées qui lui tournèrent la tête.

Devait-il se laver dans l'évier en bas avant de se risquer dehors pour se rendre au supermarché ? Il renonça à cette idée. Cet endroit était sale ; il était fait pour les gens sales.

La bouilloire siffla. Il versa l'eau sur un sachet de thé et entassa quatre cuillerées de sucre dans le mug ; cela lui donnerait des forces pour le trajet jusqu'au *Sainsbury's*. Il but à petites gorgées tout en regardant par terre. Savourant la chaleur du mug dans ses mains en coupe, il pensa aux hallucinations de ces derniers temps, mais fut surpris de ne ressentir aucune inquiétude. La nature horrible des songes, leurs thèmes macabres et les situations terrifiantes qui se reproduisaient nuit après nuit, le retour du garçon à la capuche : tout cela, à l'évidence, aurait dû le conduire à s'interroger sur son état mental. Mais il considérait en fait qu'il s'agissait de phénomènes naturels et nécessaires ; y compris le fantasme de l'exécution des Shafer au cours de ce long rêve tordu. Il refusait de s'attarder sur ce qui avait suivi. Le très vague souvenir des apparitions indistinctes dans l'appartement seize lui mettait toujours les nerfs à vif.

Pourtant, pour la première fois depuis plus d'un an, il était intrigué par lui-même. Jamais des cauchemars ne lui avaient paru si réels, même s'il était incapable de se les expliquer. Peut-être était-il trop malheureux et léthargique pour se préoccuper de nouveaux signes l'alertant qu'il s'éloignait de la voie suivie par les autres. L'inertie tuait la motivation. La solitude le rendait paranoïaque. La pauvreté le mettait dans une situation pitoyable. Il savait tout cela. Les épreuves étaient censées favoriser l'art. Mais quelle sorte d'art et à quel prix ?

Un mois auparavant, un médecin indifférent avait encore voulu lui prescrire du Prozac. « Arrêtez de travailler la nuit. Cela ne vous convient pas manifestement », avait-il dit d'un air ennuyé, son stylo en suspens au-dessus d'un bloc d'ordonnances. « Mais ce n'est pas aussi simple que ça, avait voulu répondre Seth. Les gens me rendent fou. Ils m'épuisent. Ils me vident. La solitude est ma seule défense. Je dois être éveillé quand ils dorment et dormir quand ils sont éveillés. »

— Bordel de merde.

Il se leva et écrasa la cigarette dans la soucoupe qui lui servait de cendrier. Elle contenait déjà plus de vingt mégots, durs et noueux comme les doigts de vieilles marionnettes. Un nuage de fine cendre grise en jaillit quand il la posa sur la table. À quoi ressemblaient ses poumons ? Cela vaudrait la peine d'être peint : le délabrement d'un homme ; son esprit, ses émotions et ses mœurs représentés dans les couleurs et les formes de son corps disséqué. Peut-être devrait-il essayer d'exécuter un croquis plus tard ?

Il s'assit et se roula une autre cigarette.

Seth portait les mêmes vêtements que deux jours auparavant, même s'ils étaient froissés, humides, et un peu courts aux bras et aux jambes. Le froid les traversait.

Il était difficile de voir quoi que ce soit distinctement dans la rue. On avait l'impression de regarder à travers le pare-brise noyé d'eau d'une voiture aux essuie-glaces inefficaces. L'obscurité absorbait la lumière jaune des réverbères. Un crachin brouillait tous les contours. Pourtant, il remarqua une chose tandis qu'il se tenait sur le trottoir, sous l'enseigne qui grinçait et les gouttières de *L'Homme vert* qui ruisselaient : un petit garçon portant une parka à capuche de l'autre côté de la rue, qui attendait, l'air solennel, entre deux voitures garées.

Il tressaillit à la vue du gosse qui l'avait guidé à travers ses propres rêves. Mais une fois le choc dissipé, il attribua une insolence maussade à la petite silhouette, se représenta un visage de fouine sous la capuche foncée, une brute arborant un large sourire devant l'étonnement et la frayeur de sa victime.

Se penchant sous la pluie, Seth enfonça profondément les mains dans les poches de son pardessus et s'éloigna rapidement du pub et de la personne qui l'observait.

Un vent vif fouettait sa tête non protégée. Des pages de journal, collées et alourdies par l'eau de pluie, volaient dans ses tibias. Donnant un coup de pied pour s'en débarrasser, il perdit l'équilibre et se cogna contre le verre dépoli de la devanture d'un *bookmaker*. La vitrine résista à son poids. Il se redressa, jura, et essaya de presser le pas dans l'air agité et le crachin semblable à des piqûres d'épingle. Même les bus et les voitures semblaient respirer péniblement et lutter contre l'énergie qui s'engouffrait dans la rue telle une marée éclair. Relevant la tête comme s'il se résignait à la pluie et aux vapeurs tourbillonnantes, il traita l'univers d'enfoiré.

Devant la maison de la presse, un présentoir affichait les gros titres du *Standard* : « La police renonce à tout espoir de retrouver Mandy ».

La colère se mua en honte. Ce gamin était dehors, sous la pluie, dans le froid et l'obscurité. Pris d'une soudaine impulsion, Seth se tourna vers lui et leva un bras. Puis il hésita, et fit un geste vain et indécis. Faisait-on un signe de la main ou levait-on le pouce de nos jours ? Ou bien un genre de salut de rappeur était-il la seule chose assez cool pour trouver grâce aux yeux d'un adolescent ? Il glissa de nouveau les doigts dans sa poche et attendit qu'un bus s'éloigne du trottoir où il avait vu le garçon pour la dernière fois. Quand il eut enfin une vue dégagée, l'enfant avait disparu.

Essuyant une rigole de pluie sur son nez, Seth se retourna et poursuivit sa route dans la direction du *Sainsbury's*. Il n'avait que neuf pennies et allait devoir chercher un distributeur. « Satané gosse », se dit-il, et il se faufila entre deux femmes portant chacune un parapluie afin d'emprunter le passage pour piétons en face de la boutique du taxidermiste.

Quelque chose clochait dans le supermarché.

La plupart des rayonnages offraient une grande variété de produits, pourtant il ne vit rien de comestible.

Comme d'habitude, des dizaines de personnes se bousculaient pour remplir leurs paniers métalliques. Mais Seth se demandait comment elles s'y prenaient pour dénicher quoi que ce soit de mangeable. Il fut tenté d'arrêter quelqu'un et de lui demander comment il avait l'intention de préparer, puis de consommer, les choses qu'il prenait sur les étagères. Mais la jeune femme la plus proche de Seth l'emplit de dégoût. Qu'avait donc sa peau ? Marbrée, rose, grise et blanche, elle ressemblait à du foie de morue. Et à la vue de ses pieds rouges, il recula. Elle portait des sandales… en décembre. Ses pieds ressemblaient à du bœuf décongelé, avec des orteils de crocodile jaunes qui dépassaient du bout des semelles en caoutchouc. Ses vêtements empestaient l'humidité.

Seth s'éloigna des tomates trop mûres qu'elle tâtait. Il se sentait incapable de toucher à quoi que ce soit dans cette partie du rayon sachant que le visage de porc salé de la femme s'en était approché. Elle se tourna vers lui et le poussa d'un coup de coude pour examiner les oignons durs et secs. Ses yeux chassieux étaient ternes. Son téléphone se mit à sonner. Le sortant vivement de son sac en bandoulière, elle renversa la tête en arrière, ravie de pouvoir s'époumoner en public.

Seth s'éloigna. Mais aucun des autres produits n'était frais non plus. Une botte d'oignons de printemps qu'il leva devant son visage s'affaissa entre ses doigts. Quand il vit que la denrée coûtait une livre et 75 pence, il écrasa les oignons et les jeta dans les choux-fleurs jaunissants.

Il était tiraillé par la faim, mais comment trouver à manger ici ? Il laissa tomber du céleri et une laitue pommée dans son panier en détournant le visage.

— Du compost. J'achète du compost, dit-il en souriant de toutes ses dents.

Il fit volte-face pour examiner les fruits. Les bananes étaient marron, les poires duveteuses. Il ne restait pas d'oranges et tout le reste était trop mou, éclaté, recouvert d'une couche de pesticide, rabougri, vieux, ou pourri.

Autour de lui, des gens aux visages gris et aux joues encroûtées de cicatrices de boutons s'affairaient et tendaient les mains vers les casiers en plastique et les rayonnages pour saisir des champignons caoutchouteux, des barquettes de poisson défraîchi, du hachis de viande graisseux et des piments d'importation dans des bocaux emplis d'un fluide d'embaumement rouge fangeux.

Il essaya une autre allée, mais ne put détourner les yeux d'une vieille femme corpulente qui prenait des briques de lard dans du papier cireux. Elle perdait ses cheveux et empestait la sueur. Il percevait la texture de son dos à travers son manteau et son cardigan rose : charnu mais glissant, peut-être couvert de champignons.

Il secoua la tête et se couvrit le nez et la bouche avec son avant-bras. Il éructa à cause de son estomac vide, puis se sentit faible et s'appuya contre une longue vitrine réfrigérée remplie de carton congelé vendu sous le nom de « frites ». Respirant profondément, les mains posées sur les genoux, il rassembla ses esprits avant de repartir.

Mais dans chaque allée il était cerné, bousculé, moqué. Les visages des enfants ressemblaient à des masques d'Halloween, à des citrouilles sculptées, malveillants et grimaçants. Ils se cognaient contre ses jambes et se goinfraient de bonbons empestant les produits chimiques. Des vieillards minables en survêtement sale rôdaient autour des haricots en boîte.

Près du comptoir de la boulangerie, il fut assailli par une odeur de pisse humaine : saumâtre, rénale, âcre.

— Oh, nom de Dieu ! s'exclama-t-il. Vous sentez ça ? C'est de la pisse, dit-il à un couple en blousons crasseux et jeans évasés qui choisissait de minuscules pains difformes faits avec de la farine biologique.

Ils tournèrent vers Seth leurs visages blêmes de ventre de poisson, puis échangèrent un regard. Quand avaient-ils dormi pour la dernière fois ? Les cernes foncés autour de leurs yeux ressemblaient à des cocards. Ils ne répondirent pas et lui tournèrent le dos, comme s'il divaguait.

Laissant tomber son panier sur le sol carrelé, Seth frissonna sous l'effet d'une rage qui lui donna le vertige. Serrant les poings, il considéra une rangée de gâteaux d'anniversaire ; le glaçage coloré était maculé de traces de doigt. Quelqu'un avait pris une bouchée de fondant au chocolat et avait reposé la pâtisserie sur le comptoir.

L'odeur de pisse était encore pire devant le présentoir de pains *naan* et pita. Il observa une femme en tailleur dont les cheveux gras étaient coiffés en queue-de-cheval. Elle prit le fondant entamé et le laissa tomber dans son panier. Ses chaussures en cuir étaient déformées par ses longs pieds et les articulations protubérantes de ses orteils. Seth voulait partir.

La fièvre persistait. Raison pour laquelle le monde avait cette apparence sans doute. De temps en temps, il grelottait et serrait les bras. L'éclairage aux néons, d'un blanc intense et aveuglant, ébouillantait le fond de ses yeux et le faisait loucher.

Un chariot heurta ses tibias. La mère de trois enfants qui le poussait le foudroya du regard et dévoila des dents chevalines et sales. Son haleine lui fit l'effet d'une bouffée de yaourt aigre.

— Foutez le camp ! dit Seth d'une voix cassée.

Serrant ses mioches contre ses jambes, la femme s'éloigna en trébuchant et regarda plusieurs fois par-dessus son épaule tandis qu'elle prenait la fuite. Même à deux mètres il voyait encore sa moustache.

Sur le couvercle bosselé des boîtes de thon qu'il saisit, il y avait quelque chose de poisseux qui sentait le rance. Contaminées. Il les reposa. Il savait que les ventres argentés des sardines pourries étaient remplis de petits œufs marron. Seth rota et essuya une couche de sueur blanchâtre sur son front.

Au bout d'une allée adjacente il eut du mal à croire que des personnes aux manteaux malodorants achetaient des sachets de riz à travers l'emballage en polythène desquels des déjections humides de rongeurs étaient clairement visibles.

Son panier était toujours vide à l'exception du céleri mou et de la laitue brunâtre. Il y ajouta quelques bouteilles d'eau plate. La poignée en métal s'enfonçait dans ses doigts tendres. Il enleva la laitue et le céleri. Il devait trouver des aliments scellés dans du métal qui n'avaient pas été altérés, touchés, reniflés, au-dessus desquels personne n'avait respiré. Mais pas du poisson. Il voulait une matière comestible non corrompue, de préférence une pâte sans goût, conditionnée industriellement par des robots dans des usines, à l'abri de la poussière. Il ne voulait rien qui aurait pu se trouver en contact avec des gens.

Les soupes! Bien sûr. Seth sourit et se dirigea rapidement vers l'allée centrale puis lut les écriteaux suspendus au plafond. Après son troisième passage dans l'allée principale sa nuque était douloureuse et il ne trouvait toujours pas le rayon des potages.

Quelqu'un lui toucha le coude.

— Monsieur.

Seth fit volte-face et vit un Noir en chemise blanche et cravate bleue. Ses yeux étaient de la couleur du jaune d'œuf et injectés de sang. Au-dessus de sa poche de poitrine un badge en plastique indiquait son prénom : Fabris.

— Oh, les potages, dit Seth en hâte, harassé. (Il avait très envie de communiquer.) Les potages. Les potages! Je n'arrive pas à trouver les potages.

Il parlait d'une voix empâtée et déglutit à plusieurs reprises. À l'intérieur de son crâne une épaisse isolation de fibres blanches semblait l'empêcher de mettre les mots dans le bon ordre. Sa langue était gonflée et fourchait. Il avait très peu parlé ces derniers jours ; comme s'il avait oublié comment pousser les sons hors de sa bouche. Il se racla la gorge avec une telle violence que l'agent de la sécurité fit un pas en arrière et leva les mains, paumes en avant.

— Non. Non, reprit Seth. Les potages. Ce sont les potages. Je n'arrive pas à trouver les potages. (Enfin ! Sa voix était revenue.) Où ils sont bon sang ?

— Suivez-moi, monsieur, déclara Fabris.

Seth sourit et hocha la tête.

— Ils doivent être en boîte, dit-il à l'homme. J'ai de l'eau. Mais je veux du potage en boîte. Je ne toucherai à rien d'autre. Les gens… bon, vous savez sûrement, vous travaillez ici après tout. Je ne supporte pas les trucs qui ont été touchés. Les gens ne se lavent pas très souvent à Londres. Et leurs vêtements. Ils puent. Quelqu'un a pissé sur le pain, Fabris.

Ce dernier conduisit Seth au fond de l'allée puis de nouveau vers le rayon fruits et légumes. Deux autres Noirs portant également une cravate et un pantalon bleu rejoignirent Fabris. À eux quatre ils finiraient bien par trouver les soupes.

— Bon sang, je n'aurais jamais eu l'idée de les chercher là ! Près des satanés journaux, poursuivit Seth. Les conserves sont là-bas, d'habitude, ajouta-t-il en agitant la main. C'est très bizarre.

Fabris retira doucement le panier des doigts de Seth.

— Non, ne prenez pas cette peine, dit Seth, touché par ce geste. Je vais le porter. Et vous n'êtes pas obligé de m'appeler « monsieur ».

Fabris insista et prit le panier.

Fabris et les deux autres hommes, qui souriaient à présent et se retenaient de rire – sûrement à cause de ses observations sur l'absurdité de ranger les potages à côté des journaux – formèrent un étroit demi-cercle dans son dos et le conduisirent avec fermeté au-delà du kiosque. Ce fut seulement quand Seth sentit le froid qui s'engouffrait par l'entrée principale depuis la rue sombre, qu'il comprit ce qui se passait. Il n'y aurait pas de soupes. Fabris et ses collègues le flanquaient à la porte.

Se retournant vivement vers les trois hommes sur le seuil, il remarqua soudain qu'une foule importante le regardait. Trois caissières avaient cessé de faire défiler les produits devant le petit œil rouge pour observer son expulsion.

— Hein ? Pourquoi ? s'exclama-t-il.

Ce fut à ce moment-là qu'il aperçut la mère de trois enfants aux grandes dents jaunes et à la moustache ; elle se tenait à côté du gérant en costume-cravate, près des poulets congelés orange qui avaient une odeur d'antiseptique. Elle avait dû se plaindre de lui.

Il éprouva un terrible sentiment d'injustice.

— Hein ? À cause de cette grosse garce avec la putain de barbe, vous me foutez dehors ? (Fabris et ses acolytes le regardèrent fixement, l'air impassible.) Elle a fait exprès de me cogner avec son chariot. Scandaleux. Et l'état de la nourriture ici ! Vous avez foutrement de la veine d'avoir des clients.

Fabris fit un pas vers lui.

— Je vous demande de quitter les lieux immédiatement, monsieur.

— Allez vous faire foutre ! cria Seth sur un ton de triomphe qu'il n'avait pas eu l'intention d'exprimer.

Il sortit du supermarché accompagné du bruissement théâtral de son pardessus et se fraya un chemin parmi la foule pour s'éloigner des lumières blanches et brûlantes.

Quand il atteignit la rue principale il riait sous la pluie. Un rire incontrôlable, venu du ventre, douloureux et qui tenait de la suffocation. Il se sentit totalement libre l'espace d'un instant, comme s'il ne pesait presque rien.

Se secouant pour oublier l'altercation, Seth se rendit jusqu'au distributeur le plus proche. Il retira un billet de 10 livres. Un mendiant assis à l'intérieur d'un carton d'emballage lui demanda une petite pièce.

La pluie se fit plus forte et il avait toujours besoin de soupe. Avec l'argent, il pouvait aller à la supérette ouverte vingt-quatre heures sur vingt-quatre ; il y avait presque toutes les boîtes de conserve imaginables, là-bas. Cher en effet, mais quel choix avait-il ? Et il était sur le point de tomber dans les pommes. Il décida qu'il ferait dorénavant ses achats uniquement dans les petits commerces.

Une fois dans l'air froid et sous la pluie, il eut du mal à croire que l'épisode du *Sainsbury's* avait vraiment eu lieu. Rien de tel ne lui était jamais arrivé auparavant. Il se conduisait correctement, était bien élevé. Mais c'était la ville. Elle faisait des choses affreuses aux gens : leurs cheveux graissaient et leur peau, devenue grise, se couvrait de rougeurs. Tout le monde était pâle à cause de l'air vicié, des gaz d'échappement, des particules, de l'eau blanchâtre infecte qui sortait des canalisations victoriennes, de la nourriture avariée proposée à des prix exorbitants, du stress, de la solitude et de la souffrance. Rien ne marchait ici : les lampadaires, les téléphones, les lignes électriques, les routes, les trains. Rien n'était fiable. Et cette obscurité, la nuit éternelle de suie et d'air noir ! Il se sentait oppressé.

Il avait du mal à respirer. Où étaient les chiens, les chats et les bébés roses dans des poussettes ?

Le commerçant de la supérette ne dormait jamais. Un homme originaire du Bangladesh à la peau noire comme du charbon et aux yeux à moitié ouverts officiait à la caisse enregistreuse sans jamais regarder le clavier. « Merci, monsieur », disait-il toute la journée et toute la nuit sous la lumière des néons. Il vendait de la vodka à des adolescents et des cigarettes à des enfants. « Merci, monsieur. » Il était bien trop dangereux de dire « non » à quelqu'un dans ce quartier. Des bouteilles vides étaient fracassées devant *L'Homme vert* et dans l'abribus.

— Vous avez des soupes ? demanda Seth.

— Oui, monsieur.

L'homme lui indiqua le fond du magasin. Seth contourna les vieux Écossais qui titubaient et juraient près des bouteilles de deux litres de cidre sec. Ils empestaient. Tout le monde puait ce jour-là. Les gens n'avaient donc pas le temps de se laver ?

En plus de six boîtes de soupe, Seth acheta des crackers durs qui avaient dû être compressés par une énorme machine jusqu'à prendre la consistance du bois. Il ajouta à ses emplettes de l'eau de Javel et une bouteille d'eau. La note liquida le billet de 10 livres.

Le visage dissimulé sous sa capuche, mais légèrement relevé et penché de côté dans l'expectative, le garçon attendait Seth qui se hâtait sur le trottoir mouillé et luisant pour regagner sa chambre. Cette fois, les choses étaient différentes et la rencontre inévitable. L'enfant avait traversé la rue. Seth sourit intérieurement. Parler à la version réelle de cette fiction issue de son subconscient tordu dissiperait peut-être le spectre qui apparaissait dans son sommeil.

Il cessa de courir et s'arrêta à côté du pub. Le garçon attendait sur le trottoir, près du caniveau. La pluie avait changé en noir le kaki de son manteau.

Seth leva les yeux vers le ciel, d'un noir d'encre impénétrable avec des reflets d'eau argentée qui traversaient le sodium des réverbères. Il se passa une main sur le visage. Son pardessus était lourd et détrempé mais en dessous, son corps était chaud ; ses muscles relâchés, sa peau brûlante. Il était au-delà de la lassitude, de la faim et de l'épuisement. Il baissa les yeux vers le garçon qui patientait et l'observait calmement.

— Je t'ai vu plusieurs fois dans le coin. Tu as des ennuis ?

Il y eut un long silence, suivi d'un hochement de tête. Seth eut l'impression d'apercevoir quelque chose de vaguement rouge dans la moitié inférieure de la capuche, mais il ne l'aurait pas juré.

— Tu t'es perdu ? Tu es sans foyer ou quoi ?

Un autre hochement de tête.

— Alors... quoi ? Pourquoi tu es ici ? D'accord, tu peux bien rester là si tu veux. Aucune loi ne l'interdit.

Le garçon resta silencieux.

— Mais le temps est humide.

Seth regarda de nouveau le ciel.

— Ça m'dérange pas, dit son interlocuteur avec un haussement d'épaules.

La voix était assurée et Seth comprit que le garçon n'était pas effrayé. Il sourit au gamin, mais sentit que son sourire ne passait pas la capuche, qui semblait vide.

— Et il fait froid, ajouta-t-il en marmonnant.

L'enfant haussa encore les épaules. L'un de ces gosses qui peuvent rester dehors très tard, appeler des adultes par leur prénom, ne jamais rentrer à la maison, appuyer sur des sonnettes pour déranger des familles à table, et regarder d'un air maussade quelqu'un qui l'engueule. Il percevait quelque chose de dur et d'insensible sous cette capuche, mais rien d'arrogant, rien de vil. Le gamin n'avait rien d'un délinquant. Il était juste perdu et capable de le supporter sans poser de questions ni s'apitoyer sur son sort.

— Alors tes parents sont au pub ? demanda Seth.

Il prit immédiatement conscience de la manière dont sa question pourrait être perçue, et se sentit stupide. C'était le genre de paroles qu'un homme aux cheveux blancs aurait pu prononcer. Un homme qui se serait penché depuis l'habitacle chaud d'une voiture, un bras posé sur le siège passager, pour inviter l'enfant d'un autre à monter. Il ne voulait pas que ce gosse le prenne pour un pédophile.

Le garçon secoua la tête puis contempla la rue. Il y avait quelque chose de désespéré dans sa façon d'affronter le monde extérieur.

— Tu devrais rentrer chez toi où il fait chaud. Regarder la télévision. (Que pouvait-il dire pour établir un contact ?) Pourquoi tu traînes dans le coin ? C'est un quartier minable.

Toujours pas de réponse. Il envisagea de lui proposer de l'argent pour acheter des bonbons ou des cigarettes, mais se souvint qu'il n'en avait pas. Poussant un soupir, Seth s'apprêta à partir.

— J'ai vu pire.

— Abrite-toi au moins sous le porche. Tu vas être trempé.

— Ça m'dérange pas.

— Ta maman ne sera pas contente si tu attrapes une pneumonie.

— J'en ai pas.

— Tu n'as pas de maman ? Ton papa alors.

— Il vit avec mon copain.

S'agissait-il d'une stratégie élaborée pour susciter de la compassion ?

— Eh bien, tu ferais mieux de filer. Ce n'est pas une nuit à rester dehors.

Deux jeunes filles qui ne portaient pas d'imperméables passèrent près d'eux. Leurs cheveux blonds étaient coiffés en arrière, dégageant le front, et Seth se demanda si la pluie était capable de pénétrer les cheveux lisses. Ils semblaient toujours mouillés avec ce style de coiffure. Elles portaient des baskets sans socquettes, des leggings noirs, et des sweat-shirts amples avec un logo de Reebok. Elles se partageaient une cigarette. La plus grande tenait une bouteille de Bacardi Breezer entre ses doigts couverts de bagues. Toutes deux regardèrent Seth, puis gloussèrent. Leurs visages couverts de taches de rousseur suggéraient quelque chose de vaguement canin – humide, comme une truffe, et indiscipliné.

— Qu'est-ce que tu fous là ? lui demanda celle qui avait trop de maquillage vert sur les yeux, en imitant sa voix.

— Quoi ?

— Tu devrais suivre ton conseil, mon vieux, dit celle avec la bouteille.

— Je ne vous parlais pas.

Les filles s'arrêtèrent.

— À qui tu parlais alors ?

— Arrête, Shell, dit son amie, tout en gloussant.

— À ce jeune homme, ici, dit-il en pointant du doigt.

Les filles se retournèrent et regardèrent dans la direction qu'il montrait, puis elles éclatèrent de rire… un rire dur, dépourvu de gaieté.

— Foutez le camp, grommela Seth. Dès qu'on s'arrête dans cette rue trop longtemps, quelqu'un vient vous importuner. Il faut toujours marcher.

— Fous le camp toi-même, dit la plus grande des filles. Son haleine sentait l'ananas. Elles s'éloignèrent en riant et en mastiquant du chewing-gum.

— Ne t'en fais pas pour elles, dit Seth au garçon.

— Ça m'dérange pas. Plus maintenant.

Seth se tourna vers le pub, son intérêt pour les gosses des rues désormais épuisé.

— Bon, je ferais mieux de filer.

— Peuvent rien me faire.

— Hein ?

— Ces filles. Peuvent rien me faire. Les garçons non plus.

— Ravi de l'apprendre.

Seth fit quelques pas.

Le garçon le suivit jusqu'à l'entrée de *L'Homme vert*. Seth gémit intérieurement, comprenant la terrible erreur qu'il avait commise en parlant à ce gamin. Il aurait dû feindre de ne pas le voir, comme tous les autres. Il aurait probablement le gosse sur le dos chaque fois qu'il sortirait dorénavant. Le garçon entra sous le porche, à côté de Seth, la tête penchée pour regarder la crotte de chien près de ses chaussures à gros talons.

— Désolé. Tu ne peux pas entrer ici. Rentre chez toi.

— Pas de maison.

— Hein ?

— J'vais où j'veux.

Le garçon retira une main de sa poche. Des doigts brûlés et déformés apparurent.

C'était pour que Seth les voie.

— Est-ce que… (Il fut obligé de se racler la gorge.) Est-ce que je te connais ?

Le garçon hocha la tête.

— D'où ?

Seth s'éloigna de l'entrée et revint sous la pluie. Le froid et le vent étaient préférables à la puanteur de soufre et de viande brûlée qui persistait dans l'espace confiné de l'entrée.

— J't'ai vu plusieurs fois.

Il y avait désormais quelque chose d'effronté dans la voix et l'angle de la tête. Seth se douta que l'enfant arborait un grand sourire. Des fourmillements d'électricité statique le parcoururent de la tête aux pieds.

— J't'avais prévenu que les choses allaient changer, pas vrai ? dit le garçon.

Seth secoua la tête et ferma les yeux. Puis les rouvrit. L'enfant était toujours là, à le regarder.

— Tu l'as bien vu dans le magasin avant qu'ils te foutent dehors.

Seth était incapable de parler ou de déglutir. Il battit en retraite vers la rue principale. Le garçon le suivit.

— C'est juste le début. Ça va devenir craignos, Seth.

— Tu connais mon prénom. (Seth se secoua de sa torpeur.) C'est une blague ? Une putain de blague ?

Sa voix s'était réduite à un chuchotement.

Le garçon hocha la tête.

— C'est ce que tu voulais.

Seth se mit en travers du chemin d'un homme âgé qui portait un parapluie. Il retrouva sa voix tant bien que mal.

— Excusez-moi.

Le vieil homme eut l'air effrayé. Son visage flasque tremblota.

— Ce gosse. (Seth montra du doigt le garçon qui se tourna vers le vieux monsieur.) Vous le voyez, n'est-ce pas ?

Le vieil homme baissa la tête et contourna Seth, puis s'arrêta dès qu'il eut parcouru deux ou trois mètres, pour le considérer avec un mélange de lassitude et de curiosité.

— Lui ! hurla Seth, et il pointa la poitrine du garçon.

Le passant se retourna et s'éloigna précipitamment.

Le garçon gloussa sous sa capuche.

Seth se força à sourire poliment à une Antillaise qui essayait de passer, chargée d'une grappe de sacs à provisions.

— Excusez-moi, m'dame.

— Oui ? dit-elle, avec un sourire crispé.

— Ce garçon s'est perdu.

— Hein ?

— Ce garçon. Il s'est perdu. Je veux l'aider.

— Vous êtes perdu ? demanda-t-elle. Où c'est qu'vous voulez aller ?

— Non. Je vais très bien. J'habite ici. Mais ce gosse. Là. Celui-ci. Connaissez-vous…

Elle regarda l'endroit qu'il montrait du doigt et plissa les yeux vers Seth, déconcertée un moment, puis méfiante. Elle prolongea le silence, puis dit :

— Laissez-moi passer. Je dois rentrer chez moi. Je comprends rien.

Elle s'éloigna en se dandinant.

Seth observa le garçon et déglutit.

— Non, dit-il.

Puis il se précipita sous le porche, laissant tomber son sac pour insérer maladroitement la clé dans la serrure. Récupérant ses achats, il s'engouffra dans le bâtiment et claqua la porte derrière lui.

Chapitre 11

« Parfois je crois que je suis marquée et je frotte ma peau jusqu'à ce qu'elle soit à vif. Sinon, comment serait-il capable de me suivre ? Je ne supporte pas l'idée qu'il puisse lire dans mes pensées et deviner mes intentions. Est-ce qu'il s'éloigne de l'immeuble au même moment que moi, après être resté assis devant ma porte comme un chien cruel qui m'attendrait patiemment ? Ou bien est-il entré là, avec moi, depuis la dernière fois que nous l'avons vu ? Voilà que je commence à parler comme toi, mon chéri. »

Apryl était assise sur le lit avec le second carnet et parcourait rapidement les énumérations de tentatives d'évasion avortées et les récits paranoïaques de sa grand-tante : toujours plus d'histoires délirantes sur la façon dont Lillian et ses amis de l'immeuble étaient terrorisés, hantés même, par quelqu'un qu'elle n'avait toujours pas nommé.

Quand elle parla à sa maman à 1 heure du matin, elle ne mentionna pas la folie de Lillian, ni le malaise qu'elle-même éprouvait. Et, à la grande joie de sa mère, elle laissa même entendre qu'il était possible, en fin de compte, qu'elle rentre à New York à la date initialement prévue. Puis elle raccrocha et se pelotonna sous l'édredon avec un mug de camomille au miel, se promettant de ne lire que le début du troisième carnet avant de dormir.

L'antiquaire devait venir à 10 heures le lendemain matin et un commissaire-priseur passerait à midi, aussi avait-elle réglé l'alarme de son réveil sur 8 h 30.

Mais deux heures plus tard, après s'être plongée dans la lecture du troisième calepin, elle comprit qu'elle serait incapable de dormir dans cette chambre.

« Mon chéri, ces deux dernières semaines j'ai essayé de m'enfuir en passant par les parcs. Mais les choses ont bien changé là-bas aussi. Je crois qu'il a posté des sentinelles pour nous retenir ici, à l'intérieur, si jamais la maladie ou la confusion mentale ne suffisaient pas.
Le lundi je suis sortie à 5 heures, dès les premières lueurs du jour, en espérant que cela augmenterait mes chances. Mais j'ai commencé à avoir des nausées à mi-chemin dans Constitution Hill. Résolue, et si en colère de n'être arrivée que jusque-là avant d'être frappée si subitement, je me suis alors dirigée vers le nord en traversant Green Park ; Picadilly était en vue. C'est à ce moment-là que j'ai repéré une femme qui n'aurait pas dû se trouver là. Pas à cette heure de la journée, ni à aucun autre moment, à vrai dire.
La voir m'a causé un tel choc que je ne suis plus sortie de l'appartement jusqu'à dimanche matin, et j'ai demandé aux portiers de faire les courses dont j'avais besoin.
Malgré tout ce que j'ai enduré, je suis toujours transie jusqu'à la moelle par la force de son influence. Je continue à remettre en question ce que j'ai vu et je passe toujours du déni à l'acceptation d'une seconde à l'autre, mais je dois admettre que ces nouvelles rencontres représentent un changement dans la stratégie qu'il emploie pour nous empêcher de sortir.

Agitée comme je l'étais, j'étais prête à envisager que cette personne aperçue dans Green Park soit une sorte d'actrice. Peut-être qu'on tournait un film dans les environs ? Ou peut-être faisait-elle partie de ces jeunes gens étranges qui adorent se costumer et dont parlent les journaux ? Mais à en juger par son aspect, je l'aurais plutôt classée parmi les Victoriens et non parmi les Londoniens « d'avant-garde », ou quoi qu'ils soient aujourd'hui.

Elle portait une longue robe noire qui balayait l'allée, et un chapeau à brides qui dissimulait son visage, comme si elle portait le deuil. Et aurais-je été capable d'imaginer tous ces rubans sur les volants de son couvre-chef ? Ces détails me convainquirent que cette personne silencieuse et immobile était bien réelle. Mais elle était si grande et d'une maigreur si maladive sous la robe qui la couvrait jusqu'à la gorge, que j'en vins à soupçonner que je voyais une personne montée sur des échasses, jouant un tour aux passants. Et elle poussait un landau noir. Une énorme poussette démodée dont les roues ressemblaient à celles d'une carriole.

Je me détournai et feignis de ne pas l'avoir vue. Mais, alors que je m'apprêtais à poursuivre mon chemin, elle donna l'impression de sortir rapidement de la brume qui se dissipait au pied des arbres, et s'approcha dans l'allée que je devais emprunter pour atteindre Picadilly. J'avais beau ralentir ou hâter le pas, il semblait impossible de ne pas la croiser.

J'obliquai vers la droite mais elle me suivit, aussi coupai-je directement vers le haut pour essayer d'éviter une collision, sentant instinctivement qu'elle serait très déplaisante pour moi. J'avançais désormais en trébuchant et perdis l'équilibre parce que je me sentais pitoyable. Mes cheveux s'étaient défaits et tombaient sur mon visage, et j'étais dans un tel état, mon chéri… pourtant j'essayai. J'essayai vraiment.

Elle était là quand j'atteignis l'allée. Attendant, à moins de un mètre. Presque sur moi. Si silencieuse, mais si résolue à m'aborder, je le sentais. Je lui jetai un simple coup d'œil, mais fus incapable de distinguer ses traits sous le chapeau à brides. Il était incliné vers le bas. Pourtant je pensai : « Où est son visage ? » Je remarquai seulement ses mains, serrées sur la poignée du landau. Et je fus incapable d'aller plus loin après avoir constaté leur état.

Que des os, brunâtres et mouchetés, pas blancs, comme on l'imagine. Et, à ce moment-là, elle les tendit et les écarta. Elle ôta le voile noir de la capote et ses doigts décharnés produisirent un bruit sec, comme s'ils étaient ornés d'un grand nombre de bagues en bois. Je trouvai que ce son était encore plus effrayant que le reste. Et ce qu'elle souleva hors du landau me fit pousser un cri. Je me rappelle avoir entendu ma voix comme si c'était celle de quelqu'un d'autre. Tout simplement parce qu'elle ne ressemblait pas à la mienne.

Je perdis probablement connaissance, car lorsque je revins à moi, le soleil était chaud sur mon visage et la femme au landau avait disparu. Un clochard était penché sur moi et me demanda si j'allais bien, mais il me terrifia lui aussi et je regagnai l'appartement, titubante et en larmes.

Une semaine plus tard je fis une autre tentative. D'abord, me rendre jusqu'aux trains au départ pour Brighton à Victoria, ensuite franchir la Tamise sur l'Albert Bridge, ce que j'avais été incapable de faire quelques années auparavant. Mais il y en avait d'autres. Qui m'attendaient.

À proximité de Victoria je fus abordée par un être voûté qui portait une casquette plate. Le visage sous la visière était tout en dents jaunes qui claquaient. Et sur Cheyne Walk, trois jours plus tard, mon cœur faillit s'arrêter quand je fus surprise par l'apparition de trois petites filles chauves avec de très étranges têtes difformes, allongées et plutôt minces. Vêtues de blouses chirurgicales attachées à leur cou, elles exécutaient une horrible petite danse sur leurs jambes décharnées, juste là, sur le trottoir, sous mes yeux. Je pense que leurs corps étaient cousus ensemble sous les blouses. Mais c'était surtout la façon dont elles bougeaient…

Je tentai de les contourner rapidement et de traverser l'Albert Bridge, mais je vis que quelque chose était suspendu dans un arbre. Je crus d'abord qu'il s'agissait d'un cerf-volant, mais c'était charnu. Un visage, en fait. Avec de petites cicatrices de syphilis sur la peau et sans yeux. Juste pendu là, seul et m'implorant.

J'avais l'impression d'être engluée dans un cauchemar sans pouvoir me réveiller. Je doute de jamais refaire une nouvelle tentative pour aller vers le sud. Là-bas, c'est pire que partout ailleurs.

Bien sûr je perds la raison. J'en ai conscience. Comme toi à la fin, mon chéri. Mais nous savons tous les deux où nous avions déjà vu des choses de ce genre. Il les a amenées ici, dans l'immeuble et dans nos demeures. Nous ne nous en sommes jamais débarrassés. Même après avoir tout brûlé. »

Apryl ferma le carnet. Il était plus de 2 heures du matin et elle ne supportait pas d'en lire davantage. Lillian était schizophrène. Mais comment cela avait-il pu passer inaperçu pendant si longtemps, alors qu'elle consultait un si grand nombre de médecins ? Peut-être était-ce l'Alzheimer. Est-ce que cette maladie ne provoquait pas, elle aussi, des hallucinations ? Savait-on seulement ce que c'était à l'époque ?

Il n'y avait aucune voiture sur la place devant l'immeuble. Le chuintement de leurs pneus sur le macadam mouillé lui manquait. Elles lui tenaient lieu de compagnie quand elle restait allongée seule, gardant les lumières allumées, si faibles qu'elles éclairaient à peine la chambre. Elle n'était plus certaine non plus de se fier à ces grandes penderies, et se demandait si elle n'aurait pas dû vérifier que les portes étaient bien verrouillées et tourner les clés dans les serrures.

Elle regarda le plafond. La peinture était craquelée autour du lustre. À trois reprises elle sentit qu'elle était sur le point de s'endormir, mais, chaque fois, elle se contraignit à garder les yeux ouverts. Elle était terriblement fatiguée, mais elle voulait rester éveillée, parce que, lorsqu'on dort, on ne peut pas monter la garde. Mais la fois suivante, quand ses paupières se fermèrent, elles ne se rouvrirent pas.

Jusqu'à ce que, dans le monde lointain et indistinct à l'extérieur de son sommeil, elle entende une porte s'ouvrir puis se refermer... dans l'appartement. Puis il y eut le bruit de pas rapides sur le plancher du couloir.

Parfaitement réveillée, elle se redressa, le cœur dans la gorge et figée d'effroi. Lorsqu'elle tourna les yeux vers le seuil, elle effleura du regard le miroir, toujours retourné contre le mur, ainsi que le tableau de Lillian et Reginald. Mais elle n'observa pas la porte très longtemps parce qu'elle fut contrainte de reporter son attention sur le tableau. On y voyait désormais trois personnages alors qu'il aurait dû n'y en avoir que deux. Et celui qui se tenait au milieu, entre sa tante et son oncle, était affreusement maigre.

Chapitre 12

À minuit Seth faisait toujours les cent pas dans sa chambre : passant du froid près des fenêtres à la chaleur du radiateur, puis repartant dans l'autre sens. Il fuma cigarette sur cigarette jusqu'à ce qu'il ait mal au cœur et que sa poitrine soit oppressée.

— Nom de Dieu.

Il voyait des choses. Il perdait la boule.

Il s'assit au bord du lit et regarda fixement le sol, sans rien distinguer. Son cœur battait trop vite. De la sueur séchait sous ses aisselles et dégageait une odeur aigre. Il se leva et se remit à faire les cent pas. Puis, n'y tenant plus, il ouvrait la fenêtre à la volée pour inspirer l'air humide à grandes goulées. Il recouvra ses esprits et ressentit le besoin de s'échapper immédiatement de cette chambre confinée, de s'enfuir, de courir pour calmer cette agitation.

Mais il ne s'aventura pas plus loin que les toilettes, un étage plus bas. Et il dut fournir un immense effort de concentration pour rester immobile, le temps d'uriner. Quand les dernières gouttelettes claires tombèrent sur le papier toilette détrempé qui obstruait la cuvette, il fut assailli de pensées inquiètes à propos du monde extérieur et de ce qui l'attendait peut-être au coin de la rue ; de telles idées le persuadèrent de remonter l'escalier et de regagner sa chambre. Un épais brouillard de fumée adhérait au plafond jaune.

Il essaya de parler en chuchotant pour éviter d'être entendu des voisins, s'exhorta au calme, répéta des phrases simples comme des prières, comme si la parole, telle la pesanteur, allait empêcher son corps de s'élever vers le plafond, où il se contorsionnerait dans la fumée et lacérerait le chaos présent dans son ventre avec de longs ongles sales.

Il tenta de se changer les idées ; il devait faire quelque chose pour canaliser cette électricité sous sa peau vers une issue, avant que son estomac, puis le reste de son corps, entre en combustion. Il se souvint d'une photographie représentant la jambe d'une femme sur une pile de cendres à côté d'un radiateur à gaz. Il avait vu ce cliché dans un ouvrage consacré aux phénomènes paranormaux lorsqu'il était enfant. Si quelqu'un pouvait entrer en combustion spontanée, c'était bien lui, en ce moment.

Il eut un petit rire.

Il était inutile de résister au désir qui avait stagné en lui depuis si longtemps. Parce que, récemment, il était revenu mijoter dans son esprit. Et il bouillonnait en ce moment même. Sans réfléchir un instant aux conséquences, ou à ce que cela signifiait, Seth plongea les mains dans les cartons remplis de papier, de pots de peinture et de crayons, et souleva une gelée blanche de poussière.

S'emparant d'épais fusains et d'un carnet à dessin, il s'immergea immédiatement dans une frénésie créatrice, s'arrêtant seulement pour secouer ses doigts et son poignet crispés. Debout devant la table, ou assis en tailleur par terre, il déplaçait ses feuilles et ses crayons pour bénéficier d'une meilleure lumière, ou bien changeait de position afin de calmer les douleurs qui fusaient dans son corps mou, mais sans jamais cesser de travailler.

Violent, pressé, il jetait des images sur le papier sans réfléchir, en un épanchement continuel, comme si quelque immense pression interne et tumultueuse avait trouvé un minuscule pore à travers lequel se faufiler. Le trou d'épingle devint une vanne.

Arrachant les feuilles de son bloc les unes après les autres, puis éparpillant des ébauches autour de lui sur la moquette dure pour en commencer de nouvelles, il tentait de donner une forme, une impression, aux visages, aux images et aux choses hideuses qui s'étaient exprimés de manière singulière par l'intermédiaire de ses rêves. Quand sa main, percluse de crampes, devenait une griffe, il serrait les dents pour lutter contre la douleur et essayait de photographier cette foule présente dans son esprit, terrifié à l'idée qu'elle disparaisse avant que son crayon l'ait capturée, ne serait-ce qu'en partie.

Ce flot engorgé d'images, de sons et d'odeurs qui tourbillonnaient en lui semblait affreusement vital. Il était certain de n'avoir jamais imaginé quelque chose de si significatif auparavant, rien qui possède cette limpidité ou cette puissance. C'était original. Seigneur, il était original.

Chaque fois qu'il faisait une pause ou changeait de position, il entrevoyait les croquis délaissés et jetés sur la moquette marron sale, et il était immédiatement effrayé par l'absurdité, la brutalité de ce qu'il avait dessiné. Ce fut seulement quand le petit réveil de voyage indiqua 8 heures qu'il s'arrêta. Toujours affaibli par la maladie et ses sens amoindris par le manque de sommeil, il abandonna ses outils et s'écroula sur le lit.

Le chauffage central se remit en marche en glougloutant. Une radio se mit à jouer à l'étage. Mais peu après avoir éteint la veilleuse, Seth dormait déjà, tout habillé.

— Nous ne devrions pas être ici.

— Je voulais te montrer un truc.

— Mais c'est la chambre de quelqu'un. C'est privé, chuchota rapidement Seth dans l'air humide.

Il se tenait à côté du garçon dans le seul espace libre de la sordide chambre mansardée.

— On va où on veut.

Le plafond décrivait une courbe sous l'arc du toit. Il faisait sombre, mais l'unique fenêtre cintrée au-dessus du lit laissait entrer comme une infusion de lumière herbeuse jaune et grise. Elle filtrait à travers le verre sale, à moins d'un mètre duquel elle semblait mourir, étouffée par une brume rance et les ombres des murs inclinés. Elle permettait néanmoins à Seth de distinguer les contours des meubles, et des épaves sur le sol. Des champignons à spores noirs poussaient derrière le plâtre peint et la moquette était friable sous ses pieds, comme du pain rassis. Quand sa vision se fut ajustée, il fut à même de voir plus de choses. Beaucoup plus.

Des bouteilles de lait à moitié vides étaient éparpillées au milieu de journaux tire-bouchonnés, de lambeaux de vêtements, de couverts dépareillés et d'ustensiles de cuisine, d'assiettes souillées et de casseroles remplies de graisse et de poussière, qui dégageaient une forte odeur d'urine. Fermant les yeux, Seth se couvrit les lèvres et le nez d'une main en une vaine tentative pour atténuer le goût qu'il avait dans la bouche.

— J'ai pensé qu'tu devais voir ça.

Il regarda le tas de draps dépareillés et de couvertures grossières sur le lit. Le matelas était nu. Des raies rouges et violettes semblables aux stries d'un rocher apparaissaient à travers l'enchevêtrement des draps souillés dans lesquels Archie dormait. Sous le dessus-de-lit orange une tête noueuse et édentée dépassait. Elle semblait incroyablement grosse, trop pour le corps décharné. Sous le dessus-de-lit, Seth distingua les contours de membres maigres, nus. Mais les poils blancs, si longs devaient résulter d'un effet d'optique.

Le garçon s'approcha de la couche.

— Regarde.

— Non, je ne veux pas.

Trop tard. L'enfant saisit les couvertures et le drap qui avait la texture d'un torchon, et les souleva au-dessus d'Archie, toujours endormi.

Il dévoila des os jaunes, en forme de sabots, sorte de prolongement naturel des chevilles décharnées d'Archie. De gros genoux, semblables à des coquilles de noix décolorées, dépassaient de la toison de poils blancs – ou de la fourrure – qui recouvrait le reste des jambes émaciées et de l'aine. Mais le pire de tout était l'abominable puanteur d'écurie – litière humide, naseaux visqueux, urine rance – qui s'échappait de sous les draps et frappa Seth de plein fouet, chaude contre son visage. Toussant puis se raclant la gorge, il fit un pas en arrière et renversa une bouteille de lait, répandant une soupe grumeleuse sur la moquette.

Archie bougea. Il griffa l'air de ses énormes mains aux ongles tachés de jaune pour retrouver les couvertures disparues. On discernait à travers les poils de ses avant-bras décharnés de grossiers tatouages qui ressemblaient à des bleus. Puis Archie roula sur le côté, cherchant toujours à retrouver la chaleur perdue.

Seth eut une vision fugace de la colonne vertébrale, qui tendait une peau d'un rose vif et de davantage de poils blancs, puis il se détourna, mal assuré sur ses jambes, et respirant toujours entre ses doigts. Il habitait dans la même maison que de vieux boucs qui pissaient dans leur litière.

— Je veux m'en aller. Il pourrait se réveiller, dit Seth d'une voix faible.

— Nous sommes dans le rêve de ce vieux salopard, mec. Quand il mourra, c'est ici qu'il reviendra. Et il y restera très, très longtemps.

— J'ai mal au cœur.

— Mais ce n'est pas fini.

— Je t'en prie.

— Juste un peu. Approche-toi. Regarde.

Entre un des sabots de mouton d'Archie, un léger filet de fumée bleuâtre montait d'une cigarette roulée. Autour du bras le matelas était parsemé de trous noirs et de marques de roussi.

— Merde, il va tous nous tuer, dit Seth.

— Et tes toiles seront réduites en cendres.

Seth remarqua une odeur de bois et de chair brûlés, et le garçon avait parlé avec gravité.

— Qu'est-ce que tu veux dire ?

Dans la chambre enténébrée son interlocuteur leva la tête. Malgré l'obscurité impénétrable de la capuche, Seth perçut un large sourire.

— T'es doué pour le dessin, Seth. Mais cette bande s'en fout. Ils s'en foutent tous. Ça ne veut rien dire pour eux. Ils seraient contents de les brûler. Comme ils ont mis le feu aux tableaux. Mais tu dois peindre ce que tu vois. C'est ce que notre copain m'a dit. Tu seras le meilleur.

Seth rougit violemment. C'était le premier encouragement qu'on lui prodiguait depuis des années.

— Vraiment. Tu as été repéré. Il t'aidera.

— Je ne comprends pas. Qui ?

— Il m'a demandé de te le dire. (Le garçon déclara cela lentement, comme s'il s'était exercé.) Il t'a observé. Et ce qui est en toi, tout tendu et tordu. Il m'a dit de te montrer des trucs. Ensuite tu les peins comme ils sont. Tu le sais de toute façon. Tu sais que ces choses sont là. (Il montra le lit et les draps dans lesquels Archie était entortillé.) Tu l'as toujours su. Mais tu en avais trop peur pour les dessiner. Tu es resté coincé dans cet endroit trop longtemps, derrière les barreaux. J'te l'ai déjà dit. Tu sais maintenant comment les choses sont en vrai. T'as de la veine qu'on te l'ait montré, mec. Tu peux être le meilleur. Comme l'était notre ami, avant que ces merdes aient tout détruit. Alors c'est pas beaucoup te demander que de faire que'que chose pour nous, tu vois.

— Hein ? Enfin, qu'est-ce que je dois faire ?

Le garçon marcha d'un air confiant sur un journal jauni et sortit. Seth le suivit. Derrière lui, Archie rua.

Seth se trouvait dans un endroit qu'il reconnut aussitôt : sa propre chambre. Les murs qu'il avait fixés pendant des heures, sans les voir vraiment tandis que son esprit contemplait d'autres choses. Mais il remarqua que la peinture était plus fraîche et non d'un jaune pisseux, plus épaisse et plus claire, comme une glace à la vanille. Et il y avait un abat-jour sur l'ampoule électrique, de toutes les couleurs de l'arc-en-ciel.

Les fenêtres étaient les mêmes, cependant, tout aussi crasseuses, ainsi que le frigo. Mais les taches rougeâtres sur la porte étaient récentes… de la soupe ou du cassis. Les rideaux étaient également identiques, mais plus raides, plus brillants, et la moquette était moelleuse. Il vit que les portes des penderies n'étaient plus cassées. C'était la chambre de quelqu'un d'autre désormais, à moins qu'elle soit redevenue comme elle était avant.

Toutes les choses qu'il avait pensées et faites ici lui semblèrent soudain sans importance.

— Chaque chose reste au même endroit, dit le garçon. Même les vieux trucs qui sont coincés ici. Rien ne s'en va. Si tu restes assez longtemps tu peux entendre toutes les anciennes voix et voir certains des visages. Mais là-dedans, je trouve toujours les mêmes trucs.

Seth baissa les yeux sur la capuche tachée par la pluie et le col de fourrure élimé.

— Regarde le lit, dit calmement le garçon, plein d'assurance, bien informé et suffisant, comme pour prouver ses dires.

Seth se tourna et tressaillit comme si l'être solitaire avait bondi depuis l'endroit où elle était assise contre la tête de lit en vinyle, pour atterrir sur le dessus-de-lit en plastique, flétri par des mains grasses, et devenu d'une couleur crème sale.

— Qui est-ce ?

La petite fille aux sandales éraflées regardait fixement la porte. Ses cheveux plats et brunâtres descendaient jusqu'aux épaules de son cardigan rose. Elle avait posé son menton pointu sur des genoux couverts de croûtes, et serrait des socquettes blanches autour de ses chevilles décharnées. Un rictus déformait son visage pâle, mais ses yeux étaient dépourvus d'expression. Elle n'avait sans doute guère plus de dix ans. Le regard de Seth tomba sur les cuisses maigres, souillées d'une salissure couleur framboise jusqu'à sa culotte en coton, et détourna rapidement les yeux. Il y avait quelque chose d'indécent dans la posture de la petite fille, mais rien d'intentionnel. Comme si elle était immunisée contre les regards insistants des inconnus. Des larmes et de la morve avaient séché sur son visage ; elle avait tant pleuré que ses paupières étaient irritées et ses yeux rougis. Des papillotes en chocolat étaient éparpillées autour de sa jupe plissée grise. Sur la table de chevet était posé un appareil photo en métal noir, ainsi qu'une pelote de ficelle verte, que Seth se souvenait avoir vue sur des rosiers, dans le jardin de ses parents, au cours des étés les plus torrides de son enfance. Une ficelle rêche, fibreuse, qui avait un goût amer, comme de la créosote, impossible à rompre : même en tirant de toutes ses forces… on se faisait juste mal aux doigts.

— Elle venait souvent ici pour voir un homme.

Seth essaya de sourire afin de surmonter l'effroi qui l'envahissait. Il déglutit, mais fut incapable de bouger ou de parler pendant un bon moment.

— La police l'a embarqué.

Seth se souvint de l'histoire que lui avait racontée Archie. L'une de ses paupières tressauta.

— Les jeunes et les vieux ne s'en vont pas facilement. Ils restent coincés partout. Même si elle vieillissait, ce qui ne lui arrivera jamais, elle reviendrait encore ici, un jour.

— Assez, dit-il d'une voix cassée. Libère-la. On t'a bien sorti de cette canalisation et tu m'as aidé à quitter cette chambre, alors fais-la sortir d'ici.

— J'peux pas tous les faire sortir, Seth. Ils sont trop nombreux, mec. Ils vont nous coller, après ça. Qu'est-ce qu'elle peut faire pour nous ? Elle comprend que dalle. C'est mieux de la laisser comme ça. Elle sait juste qu'on est l'après-midi et qu'elle attend que son père remonte du pub.

— Elle est ici depuis combien de temps ?

— Sais pas, répondit le garçon d'un air indifférent. Longtemps. Plus personne ne porte des sandales comme ça. Si elle attendait plusieurs heures avant qu'il arrive, alors elle aura toujours la sensation d'attendre plusieurs heures. Pendant des siècles. Jusqu'à ce qu'il fasse nuit.

— Où est-il en ce moment ?

— J'te l'ai dit. En bas, au pub.

— Elle peut nous voir ?

— Des fois. Mais ça sert à rien. Regarde.

Le garçon s'approcha et s'assit sur le lit près des pieds de la fillette, en rebondissant comme pour tester les ressorts du matelas.

— Ça va ?

— Ça va, dit-elle, sans quitter la porte des yeux.

— Tu veux t'en aller ?

— Nan. Mon papa va venir bientôt. Il m'a dit d'attendre.

Le garçon se tourna vers Seth.

— Elle dit toujours la même chose. Elle est coincée.

— Mais… mais comment peut-elle être toujours là ?

— Passe qu'elle est là.

— Pas en même temps que moi ?

La capuche se balança tandis qu'il acquiesçait avec enthousiasme.

— Toujours. Maintenant tu pourras la voir, toi aussi. Et toutes sortes de trucs qui sont coincés ici. Et il y en a de plus en plus.

C'était la plus grande des chambres au-dessus du pub. Elle donnait sur la rue principale. Mais quand Seth se retrouva à l'intérieur, les tas d'emballages de pizzas, de canettes de bière et de vêtements sales de son logeur avait disparu : quand il se rendait jusqu'à la salle de bains le matin, il avait souvent un aperçu de la pièce au moment où Quin en sortait, emmitouflé dans sa robe de chambre.

Débarrassé de la poussière et de la pagaille, le lit était fait d'un drap blanc rabattu sur une couverture écossaise. Les portes de la penderie étaient fermées et les meubles avaient été cirés et placés à angles droits par rapport au lit. Il n'y avait pas de vêtements ni de chaussures traînant partout, excepté un pardessus noir suspendu au dos de la porte, et les seuls effets personnels étaient disposés sur une feuille blanche de papier à lettres sur la table de chevet : une montre, une alliance, un stylo en argent, de la petite monnaie soigneusement empilée. La chambre aurait pu être qualifiée de spartiate.

Tous ces détails auraient dû être à l'arrière-plan, à la périphérie de sa vision, mais Seth évitait de regarder le vieil homme émacié pendu au plafonnier.

Il oscillait toujours suite à l'élan qu'il avait acquis en sautant de la chaise. Son corps avait sans doute eu un soubresaut, suivi d'un craquement, puis les membres de l'homme s'étaient redressés à l'intérieur du costume foncé, et ses mains manucurées s'étaient enfin détendues. Depuis la jambe gauche de son pantalon, un liquide dégoulinait sur sa chaussure noire cirée, coulait sur la pointe et tombait sur la moquette.

Seth ne regarda pas le visage, mais il savait que les yeux de l'homme étaient ouverts et qu'ils brillaient encore.

Chapitre 13

Il n'y avait pas grande différence dans les offres : à peine 200 livres. Mais l'antiquaire aux épais sourcils cuivrés ne pouvait pas venir chercher les meubles avant deux semaines. Et le commissaire-priseur qui proposait le meilleur prix voulait le portrait de sa grand-tante et de son grand-oncle pour compléter la série des quatre tableaux qui avaient été entreposés dans le box au sous-sol. Il s'agissait en fait d'originaux d'un peintre connu dont les œuvres avaient été exposées autrefois à la Royal Academy.

Aucun ne voulait du lit. Elle allait devoir démonter le lourd châlit massif et le jeter dans la benne. Le lit conjugal de Lillian et de Reginald finirait en petit bois : une autre dégradation d'un monde qu'ils avaient quitté.

Toujours trop affectée par la nuit précédente, Apryl n'était guère disposée à marchander, et donna son accord pour la somme décevante de 5 000 livres proposée pour l'ensemble. L'antiquaire ne se fendit même pas d'un sourire quand le marché fut conclu.

Convaincue la veille de la présence d'un troisième personnage dans le tableau, Apryl était très tentée de se séparer également du portrait. Mais après avoir pris son petit déjeuner et bu plusieurs cafés, elle se dit qu'elle avait tout imaginé. Qu'avait-elle vu en fait ? Un être très grand, mince et pâle, qui se tenait droit comme un piquet et grimaçait un sourire derrière une tache indistincte et rougeâtre. Comme la chose qu'elle avait entrevue fugacement derrière son reflet dans le miroir, le soir où elle essayait les vêtements de Lillian, le mouvement rapide de membres fragiles. Elle avait probablement vu ou lu quelque chose qui lui avait mis ces hallucinations dans la tête, parce qu'elle aurait été incapable de les inventer.

L'appartement la minait. Et les journaux intimes de Lillian n'arrangeaient rien, pourtant elle ne parvenait pas à les oublier. Une fois ses affaires conclues avec les acheteurs, et quand elle eut pris rendez-vous par téléphone avec une entreprise de nettoyage, elle se retrouva assise devant la table de cuisine, avec le quatrième carnet ouvert sous les yeux. Après un rapide coup d'œil, elle constata qu'il s'agissait d'un guide de Londres à la couverture noire unie qu'elle avait pris par erreur pour un autre des calepins de Lillian. Il se trouvait dans le même tiroir, et les plans aux couleurs vives qu'il contenait, représentant le centre de la ville, étaient hachurés aux stylos bille de différentes couleurs.

Dans les marges des notes serrées listaient des noms de rues et des lignes à l'encre serpentaient dans toutes les directions depuis Knightsbridge, figurant les tentatives d'évasion de sa grand-tante. Des traits qui n'allaient jamais à plus de deux kilomètres dans chaque direction depuis l'immeuble.

Voilà pourquoi toutes les chaussures de Lillian étaient usées. Les efforts obsessionnels qu'elle avait été capable de fournir sur une période aussi longue étaient stupéfiants ; l'apothéose du délire paranoïaque. Apryl se demanda de nouveau si l'amour de Lillian pour son mari n'avait pas été si fort qu'elle s'interdisait de quitter le dernier endroit où ils avaient vécu ensemble. Elle fit part de sa théorie à Stephen quand celui-ci se présenta pour demander si elle avait besoin de louer une autre benne. Il eut l'air mal à l'aise et s'excusa, comme s'il lui présentait de nouveau ses condoléances. Les excentricités de sa grand-tante l'embarrassaient manifestement.

Armée d'une cafetière de café frais, elle poursuivit donc sa lecture du quatrième carnet. Les entrées étaient plus courtes et plus incohérentes que dans les trois précédents, mais d'autant plus troublantes que le style avait changé.

« Je les vois partout. Leurs minces silhouettes suspendues à toutes les fenêtres. À peine formées ou à moitié dissimulées dans l'ombre. Parfois ils poussent inutilement contre des murs dans des appartements en sous-sol, ou marmonnent, tapis dans les recoins sales et silencieux de ruelles ou dans des terrains vagues, derrière des immeubles. Ils peuplent les impasses. Ils pullulent dans les endroits que le soleil n'atteint jamais. Mais le pire de tout, ce sont leurs visages. Je les vois chaque fois que je lève les yeux dans Mayfair. Horriblement blancs et émaciés, ils lorgnent la rue en contrebas depuis les fenêtres les plus anciennes. Leurs bouches remuent, mais je suis incapable d'entendre ce qu'ils disent. S'ils avaient des lèvres j'essaierais de lire dessus.

Dans Shepherd Market, un quartier qui même de nos jours résiste à l'embourgeoisement, ils prolifèrent et s'entassent dans les pièces vides, derrière des portes condamnées. Ceux-là, je peux parfois les entendre qui chuchotent à travers les interstices. Ils m'ont parlé : "Est-il de retour ?", m'a demandé instamment une femme, et par un trou dans les planches je voyais les os de ses côtes et de sa colonne vertébrale.

"Je ne parviens pas à les trouver", m'a murmuré maintes et maintes fois une autre vieille créature. Je n'ai jamais su s'il s'agissait d'un homme ou d'une femme là-bas, à quatre pattes derrière des poubelles. Leurs yeux laiteux ne semblent pas me voir. Il est inutile de leur parler ; ils n'ont conscience de rien, si ce n'est de leurs propres souffrances, mais ils semblent me percevoir de manière fugace.
Oh mon chéri. J'ai un pied dans ce monde et un pied dans un autre. Comme toi à la fin. Je comprends maintenant, et je te demande de me pardonner d'avoir douté de toi. Je n'ai jamais observé très longtemps les choses sur les murs, comme toi et les autres l'avez fait. Je ne l'ai jamais entendu parler comme toi. Et c'est toi qui l'as affronté. C'est peut-être parce que j'ai joué un rôle si minime que la contagion a été plus lente. Mais peut-être aussi avait-il raison, comme tu le suspectais à la fin, et peut-être qu'il nous a dit la vérité.
Mais comment ont-ils fait pour s'évader avec lui ? Comment entraient-ils dans les tableaux qui étaient autrefois accrochés à nos murs ou dans tous les miroirs ? Comment peuvent-ils apparaître sous mes yeux, de cette façon, en plein jour ? Serai-je bientôt obligée de vivre seule, dans le silence, entre des murs nus, jusqu'à la fin ? Pour ne pas risquer d'ouvrir un passage par lequel ils pourront entrer ? L'enfer est-il à ce point surpeuplé pour qu'ils reviennent ? »

Il y avait des pages et des pages de la même eau ; une énumération sans fin des visions étranges et hideuses auxquelles sa pauvre tante malade était sujette, lorsqu'elle sortait dans ce monde extérieur qui avait dû être autrefois un paradis fait de rendez-vous mondains, d'invitations à déjeuner, de dîners, de virées et d'emplettes. Et qui était cet individu auquel elle faisait continuellement allusion ? « Et tout le temps *il* les appelait. Toutes les voix, les ombres et les choses qui n'avaient aucun droit sur cet immeuble, sur l'escalier et sur nos appartements, venaient à *lui* quand *il* les convoquait… »

Apryl confectionna des marque-pages avec du papier à lettres et y nota tout ce qui semblait avoir un rapport avec l'immeuble. Elle suspectait qu'un certain événement avait eu lieu, impliquant à la fois Lillian et Reginald. Sa tante pensait que cet incident avait causé la mort de son époux, même si elle ne donnait jamais de détails explicites sur les circonstances du décès. Si un des voisins de l'époque était toujours en vie, Apryl comptait lui demander de quelle manière son grand-oncle était mort. Lillian semblait persuadée qu'elle avait été condamnée à cause d'un acte effroyable commis par son mari.

« Quand tu as tout brûlé, tu as pensé que tout avait été détruit en même temps. Mais comment cela a-t-il pu survivre au feu ? Ils sont pourtant revenus malgré ce que tu as fait pour nous. Pour nous tous.
Les autres ne me parlent plus. Ils pensent que je suis à blâmer parce que j'étais ta femme. Je le vois dans les yeux de Béatrice. Elle ne m'ouvre plus sa porte désormais. La gérante m'a envoyé un avertissement, ainsi que son avocat, menaçant de m'intenter un procès si je ne cesse pas de la « harceler ». La « harceler », moi ? Je leur dis que nous ne serons plus forts que si nous faisons front et que nous sommes tous concernés. Mais en vain.
Les Shafer refusent de me voir, eux aussi. Parfois, quand Myriam est dans une autre pièce, Tom m'appelle

et chuchote dans le combiné. Mais il raccroche toujours lorsqu'elle revient. Elle le contrôle, comme elle l'a toujours fait.
Tous des lâches. Je me dis que je suis bien mieux sans eux. Et ils ne peuvent pas me mettre à la porte parce que je ne peux pas partir. L'ironie de cette situation me fait rire, mais sans la moindre joie. Nous devons rester ici pendant qu'il joue avec nous et nous tourmente pour ce que nous avons commis, ou bien mettre fin à nos jours. Mais je ne peux pas faire cela, mon chéri. Parce que je ne peux pas savoir avec certitude s'il s'agit d'un tour cruel ou si c'est ta voix que j'entends parfois, derrière les murs. »

Après avoir refermé le carnet en fin d'après-midi, et pour se distraire des délires de sa grand-tante, Apryl alla faire des courses chez *Harrods*, s'offrit un petit extra au comptoir du *Food Hall*, puis flâna dans les boutiques de vêtements qui proposaient des soldes sur Sloane Street et King's Road. Mais les noms des rues et certains lieux ne firent que lui remémorer les itinéraires que Lillian avait empruntés jusqu'à ses quatre-vingts ans. La fermeture des magasins et la pluie la ramenèrent à Barrington House à 20 heures. Elle était froide et lui tombait sur la nuque. Mais elle ne s'en souciait guère, l'appartement avait été débarrassé en grande partie de son fatras, et le couloir était dégagé désormais. Elle se dit qu'elle pourrait vider, au prix d'un effort monumental, les deux chambres du fond de tout ce qu'elles contenaient ce vendredi-là… à l'exception bien sûr des meubles et des bibelots réservés à la vente.

Il y avait désormais davantage d'espace dans l'appartement, mais il n'était ni plus confortable ni moins sombre. Même après qu'elle eut équipé les lampes et les plafonniers d'ampoules neuves de cent watts avec l'aide de Stephen, l'air semblait toujours chargé d'une brume brunâtre. Et l'éclairage supplémentaire ne faisait qu'accentuer l'aspect malsain de la peinture du plafond, des lambris et des plinthes, leur donnant l'air de poteries patinées et décolorées dans les vitrines d'un musée.

Elle craignait que personne ne veuille acheter l'appartement. À moins de le vider entièrement, de ne laisser que les murs, et de le rénover du sol au plafond, les futurs habitants seraient pris au piège pour toujours à l'intérieur d'une vieille photographie. L'endroit était démoralisant : l'odeur de poussière, de moisissure séchée et de meubles anciens rappelait fort à propos la réclusion désespérée de sa grand-tante jusqu'à sa mort.

L'ironie de la situation n'échappait pas à Apryl : elle se trouvait dans l'un des immeubles les plus anciens et les plus à la mode du quartier le plus chic de Londres, l'une des villes les plus chères au monde, et pourtant, elle en était réduite à utiliser une vieille baignoire, à occuper un espace lugubre entre des murs tachés dont le papier peint se décollait, entourée d'un bric-à-brac entassé pendant un demi-siècle par une parente défunte folle.

À 21 heures, elle se mit au lit avec un autre carnet ouvert sur les genoux et un verre de vin blanc sur la table de chevet. Une fois encore elle fut rapidement plongée dans les hallucinations de sa grand-tante.

« Ça bougeait comme un singe autour de moi…

… Elle dit : "Ils devraient être ici bientôt. Chut, je pense que je les entends maintenant", puis elle plaqua la bouche de la petite créature sur son mamelon rabougri…

… Ça m'a poursuivi en caquetant sur des jambes si maigres…

… Emmitouflée dans une robe blanche souillée, sa tête jaunâtre chauve, la chose a levé ses longs bras en m'apercevant. Je suis certaine qu'elle m'a vue, en bas, dans la rue. Le bâtiment était très ancien et une couverture avait été clouée à une des fenêtres, sur le châssis de la guillotine…

… Quelqu'un m'a raccompagnée chez moi. Je ne me souviens pas du trajet. Puis on a appelé un médecin. Mais pas le mien ; un homme dont les mains m'ont déplu est venu à sa place… »

Elle lut le nom d'un homme répété plusieurs fois.

« … J'ai cherché son nom ailleurs. La librairie de Curzon Street, où Nancy avait habité autrefois, a commandé tout ce qu'on pouvait trouver sur cette période. Mais il n'était pas connu. Comme tu l'as dit un jour : "Aucune galerie digne de ce nom, ou convenable, n'accrocherait ces abominations." Tu as toujours dit qu'il était fou. Et il l'était certainement pour être ainsi captivé par des choses de ce genre. Mais aucun compte-rendu ou listing des revues d'art ou des catalogues ne cite Hessen. Il a dû bénéficier de capitaux privés. J'ai interrogé les derniers de nos amis qui s'y connaissent en peinture, et seuls deux d'entre eux avaient entendu parler de lui. Mais ils n'ont pas pu m'en dire plus que ce que nous savions déjà, et rien se rapportant à son œuvre. Seulement qu'il était allé en prison avec Mosley pendant la guerre… condamné pour trahison.

Maintenant je ne peux plus me rendre à la British Library, ni même dans une des annexes locales. « Hessen » était peut-être un faux nom. Le Diable ne revêt-il pas différentes apparences ? Et tout cela a-t-il été créé uniquement pour nous horrifier ? Peut-être n'a-t-il jamais eu d'autre dessein. Je suis incapable de trouver des informations qui me permettraient de le vaincre, ou au moins de me soustraire à son influence et de m'échapper. J'ai tout essayé. Le prêtre qui vient au chevet de la moribonde Mme Foregate du numéro sept pense que je suis folle chaque fois que je l'aborde. Pourtant nous sommes encore tous ici et nous sombrons. Si l'on m'emmenait de force, je deviendrais hystérique. Je mourrais d'une attaque. Alors pourquoi est-ce que je me cramponne à cette existence pitoyable, mon chéri ? Parce que l'idée du lieu où j'irai me terrifie, et m'empêche de te rejoindre. Comment puis-je être sûre qu'une partie de moi, avec encore moins de volonté, ne restera pas ici pour toujours ? Impuissante comme ces choses dehors, dans l'obscurité, pourchassant des gens, des endroits et des objets qu'elles ont déjà oubliés. »

Apryl inscrivit le nom « Hessen » dans son journal intime, ainsi que ceux des résidents mentionnés par Lillian. Une fois qu'elle serait rentrée aux États-Unis, elle voulait faire lire certains de ces carnets à un psychiatre. Pour qu'il lui explique ce qui n'allait pas chez sa grand-tante et pour qu'il la rassure en lui certifiant que cela n'avait rien d'héréditaire. Et elle aurait pu croire que cette histoire de peintre tourmentant Lillian était une aberration, s'il n'y avait pas eu des allusions répétées au rôle tenu par Reginald au cours d'une altercation.

« Tu as été le premier à te montrer ferme. À agir. J'éprouve toujours de l'admiration à ton égard, mon chéri, comme lorsque nous étions ensemble et infiniment plus proches que nous le sommes maintenant. Parce que je me dis tous les jours que tu peux m'entendre. C'est la seule chose qui me permet de tenir bon.
Tu as été un héros pendant la guerre et tu as essayé d'en devenir un pour nous tous ici. Tu as refusé de partir comme les autres l'ont fait. Pour fuir les ombres qui franchissaient tant d'étages, se glissaient le long des murs, entraient dans nos appartements, et même dans notre sommeil. Tu ne te serais pas laissé chasser de notre demeure par un horrible petit Hun comme Hessen. Tout comme les Juifs qui avaient perdu toute leur famille durant la guerre. Je ne t'avais encore jamais entendu parler de la sorte. Cela m'effrayait. Mais je comprends maintenant que tu avais peur, toi aussi. D'entendre dire : "Nous aurions dû finir le travail la nuit où il a eu son accident." Repenser désormais à la façon dont nous l'avons aidé, lui avons donné les moyens de survivre, pour lui permettre de revenir avec des ténèbres accrues, m'emplit de désespoir.
Tu as fait de ton mieux pour nous tous. Mais ce qui avait été réduit au silence s'est remis à parler, et à se montrer. Cela continue, mon chéri. Cela continue. J'espère seulement que tu ne peux plus voir ça. La pensée que tu es parmi eux m'achèverait.
Je voudrais de tout mon cœur que nous soyons partis quand nous en avions encore l'occasion. Pourquoi le destin est-il si cruel ? Tu m'es revenu après tant de missions, quand tant d'autres avaient péri, tout cela pour m'être enlevé de nouveau… de mes propres mains. Et sous mes yeux. »

Les lumières allumées comme d'habitude, le miroir et le tableau désormais non seulement retournés, mais remisés dans le couloir à l'extérieur de la chambre, Apryl s'enfonça dans quatre gros oreillers, à moitié assise, comme si elle ne voulait pas et n'espérait pas dormir.

En haut, au neuvième étage, les fenêtres étaient secouées de temps en temps par le vent. On entendait aussi le faible ronronnement et les cliquetis de l'ascenseur. Parfois quelqu'un claquait une porte et le bruit résonnait dans toute la cage d'escalier, jusque dans l'appartement de sa grand-tante. Elle se sentait réconfortée à l'idée qu'il y avait d'autres personnes dans l'immeuble.

Elle occupa son esprit somnolent en pensant au lendemain : elle devrait emballer les photographies dans des feuilles en plastique matelassées, mettre les roses mortes dans des sacs poubelle, peut-être passer un coup de fil, pour remercier le chauffeur de taxi qui avait ramené Lillian chez elle la dernière fois. Peut-être. Contacter des agents immobiliers. Peut-être.

Est-ce qu'elle dormait ? Elle en avait l'impression, pourtant elle était toujours consciente de la chambre autour d'elle. Comme si elle était dans les vapes, mais pas complètement. Cela ne lui arrivait pas souvent, mais cette sensation lui était familière : elle était couchée seule, l'unique habitante de l'appartement, mais consciente de ce qui se passait autour d'elle dans la chambre.

Qui se penchait sur le lit ?

D'autres personnes dans l'immeuble avaient dû l'entendre crier. Se redressant en sursaut parmi les oreillers, avant de s'extirper maladroitement du lit, un pied empêtré dans les draps qu'elle avait ensuite repoussés comme si une main l'entraînait vers un endroit terrifiant, elle entendit des voix. Dans le lointain. Des voix qui couvraient son souffle court et ses gémissements. Semblables à une soudaine explosion de sons apportés par le vent dans une lointaine cour de récréation.

Le vent : il soufflait dehors, mais ailleurs aussi. Là-haut, au plafond. Le plafond sombre et infini qui s'était rassemblé autour d'une chose semblable à un visage s'estompant. Quelque chose de rouge était noué autour du visage qui se retirait vers l'obscurité où le plafonnier aurait dû révéler des fissures et la peinture jaunissante au lieu de cette profondeur sans couleurs et d'un froid mordant. Un froid qui traversait la peau et pénétrait les os.

Mais où était le visage désormais, et les voix, et le vent ?

Apryl se tenait sur le seuil, grelottant de tout son corps et regardait le lit qu'elle avait quitté. La chambre de sa grand-tante n'avait pas changé : les lumières étaient toujours allumées, les murs toujours nus, et il n'y avait personne d'autre qu'elle.

Chapitre 14

Assoiffé et la tête lourde, Seth se redressa dans le lit brûlant, puis prit son tabac et le papier à cigarettes sur la table de nuit. Abruti par un sommeil profond, il essaya de se souvenir du moment qui avait précédé son endormissement ; cela semblait si loin… pourtant il faisait toujours nuit.

Il alluma la cigarette d'une main, tandis que, de l'autre, il cherchait à tâtons le petit réveil de voyage sur le chevet. Il tourna la tête pour le regarder, puis jura, en fermant les yeux. La lumière de la petite lampe, restée allumée pendant qu'il dormait, lui donnait la migraine.

Lentement, détournant le visage de l'ampoule ardente, il leva le réveil : 6 h 30 – mais il ne savait pas si c'était le soir ou le matin… Ou précisément quel soir ou quel matin de quelle journée. Il avait même du mal à se rappeler la date du dernier jour où il avait été éveillé.

Un monceau de croquis était éparpillé sur le sol et sur les meubles. Les muscles endoloris dans son bras droit et ses doigts, toujours raidis par des crampes, le confortaient dans son souvenir d'avoir dessiné des esquisses avec frénésie. Alors, il avait dû dormir toute la journée, voire deux jours entiers. Il avait dormi pendant que le jour distillait sa lumière délavée, et s'était réveillé dans l'obscurité. Il se demanda s'il allait retourner travailler ce soir-là, si le planning avait changé. Personne n'avait appelé. Il devait s'agir de son jour de repos.

Le vent secoua les fenêtres dans leurs cadres à la peinture écaillée. La pluie crépitait contre les carreaux sales.

Il s'extirpa du lit en toussant. Goûtant le riche bouillon de goudron de cigarette dans sa bouche, il examina son travail à la lumière de la lampe de chevet. Depuis le radiateur jusqu'à la cheminée bouchée, sous son bureau et entre les pieds de la table pliante : ses dessins, ou les fragments de ses croquis, étaient éparpillés partout.

Une cigarette pendillant de sa lèvre inférieure et son pardessus miteux passé sur ses épaules, il considéra son travail, qui ressemblait à ce qu'un gardien de prison aurait pu trouver dans les cellules des dingues.

Les images étaient choquantes, bestiales et sauvages, absurdes, révoltantes, grotesques. Mais non sans valeur.

Buvant de l'eau à même une bouteille en plastique, il constata, avec une certaine satisfaction, que ces croquis avaient un semblant de vie : une vitalité, une curieuse animation dans les membres tordus des personnages sombres. Et une intelligence cruelle dans les yeux, un goût sournois pour la souffrance des autres, une recherche enthousiaste du malheur, une jalousie envieuse qui brûlait et incinérait : les yeux du monde. Cela ne ressemblait à rien de ce qu'il avait déjà dessiné, mais lui donnait une vision fugace de cette force intérieure chaotique qu'il avait toujours craint d'exprimer avec des fusains, de la peinture ou de l'argile. Avant, quand il avait travaillé dans ce sens, il n'avait guère obtenu que des reflets de ce qui apparaissait devant lui à présent, et au prix de pitoyables efforts ; les ombres et les couleurs incongrues que ses professeurs à l'école des beaux-arts avaient remarquées, et qui les avaient déconcertés.

Quelque chose dont il avait eu honte et qu'il avait étouffé. Une part d'expressionnisme qu'il avait été trop timide pour explorer. Mais plus maintenant. C'était la seule aptitude qu'il devait développer. Il devait la cultiver.

Après avoir allumé, il s'accroupit et scruta le visage d'un enfant à naître pressé contre du verre, ses traits étaient brouillés par un fluide saumâtre, mais les yeux étaient clairement ceux d'un Asiatique. À côté du croquis du fœtus, il trouva une image de la tête de Mme Shafer, enveloppée dans des foulards ; elle était dessinée sous trois angles différents, et ses yeux, petits comme des olives, étaient noirs de colère. Un autre dessin représentait sa tête posée sur une masse volumineuse arachnoïde, l'abdomen lisse et poli comme de l'onyx, à moitié recouvert par un kimono et relevé en une hideuse provocation vers la silhouette de son mari, marionnette ratatinée, qui se dirigeait maladroitement, à pas de bébé, vers sa compagne.

Il y avait également un croquis du masque mortuaire de M. Shafer, aux traits de papier mâché gris et chiffonnés, et un autre de son corps suspendu aux fils diaphanes, récemment sécrétés par l'abdomen de sa femme. Une dernière esquisse des résidents âgés figurait une grappe d'œufs, opaques comme des perles au chatoiement humide, qui couvaient près d'un radiateur, dans une caisse remplie de terre.

Seth sourit. Et la sensation était étrange.

Mais la plupart des croquis, griffonnés avec frénésie, comme si son esprit s'était brièvement ouvert, étaient des études d'un seul personnage familier.

Seth avait représenté d'une manière obsessionnelle l'enfant à la parka qui se protégeait des regards importuns sous sa capuche, le garçon solitaire et sans visage.

—Nom de Dieu.

Il parcourut la chambre du regard, la pile de boîtes de soupe entassées sur le réfrigérateur, les penderies cassées, les voilages blafards qui ondulaient au gré des courants d'air, la moquette desséchée et les confettis de papier. Il se demanda avec stupeur comment il avait pu se laisser aller de cette manière. Le travail de nuit en était la cause. C'était forcément ça ; le manque de sommeil avait induit cette folie. Tout comme sa lutte pour survivre dans Londres : la solitude, le désespoir, les difficultés à gérer le quotidien. Ou peut-être que tout cela avait été planifié. Comme si quelqu'un avait toujours eu secrètement besoin qu'il reste ici. Acculé, il était contraint de se dénouer, d'ôter couche après couche, de douter et de remettre en question tout ce qu'on lui avait enseigné, jusqu'à ce qu'il soit entraîné vers les profondeurs de son être, où vivaient les créatures sombres. Il avait été incité à découvrir un endroit où, pendant trois décennies, des événements s'étaient accumulés, dont ils avaient filtré avant de sombrer pour se reformer ensuite comme quelque vérité abjecte sous-jacente. Sa vérité. La vérité.

Et elle était là, sa vision d'artiste.

Mais la désirait-il ?

Le visage enfoui dans les mains, Seth risqua un coup d'œil vers le plafond à travers ses doigts.

Il s'apprêtait peut-être à rejeter un don extraordinaire. Un don qui exigeait un prix élevé. Affronter le monde à ce niveau, c'était tentant. S'il avait l'intégrité nécessaire, alors il ne devrait pas se préoccuper de ce que les autres pensaient. S'il était appelé à développer cette vision, alors il ne pouvait y avoir de place ni pour la vanité ni pour la dignité. Aucune modération. Il devait se plonger à corps perdu dans ce monde immergé jusqu'à ce qu'il soit consumé, ou qu'il atteigne la plénitude. Il ne pouvait pas se permettre de penser à la réussite ou à l'échec. Il ne pouvait pas s'imposer de limites. Il devait se dévouer entièrement à ce qu'il voyait et ressentait.

Oserait-il ?

Il baissa les yeux. La vue de ses dessins l'emplit soudain de dégoût, mais aussi d'une singulière excitation qui le mit mal à l'aise. La vision le détruirait. Il le sut immédiatement.

Seth s'assit sur le lit, mit la tête entre ses genoux et fuma rapidement une cigarette jusqu'au filtre. Il pensa aux cauchemars, aux rencontres hallucinatoires avec ce garçon. Seigneur, il parlait même aux produits de son imagination malade. Sans parler de sa colère incontrôlable, de sa léthargie, de son incapacité à vivre normalement, à se laver, se nourrir, communiquer.

Il avait une chance d'échapper à cette folie désormais. Peut-être que les vestiges de son ancien moi lui envoyaient un avertissement dans ce dernier moment de lucidité. Ou peut-être était-ce cette prudence excessive qui l'empêchait de réaliser son potentiel d'artiste. Il ne parvenait pas à décider de ce qu'il devait faire, et il n'avait personne avec qui parler de ce moment de crise. Il savait seulement qu'il était effrayé par lui-même, ne pouvait plus se fier à lui, ni prévoir comment il réagirait quelle que soit la situation.

Chapitre 15

Quelque chose affectait Stephen. Ses yeux étaient cernés, son visage trop maigre, et ses mouvements lents, comme s'il était extrêmement fragile et ne pouvait se permettre que des gestes prudents. Apryl s'en était aperçue les dernières fois qu'ils s'étaient croisés. Et elle sentait désormais son agitation, comme s'il était nerveux en sa présence… anxieux même. Une réaction qu'elle savait n'avoir encore jamais provoquée chez d'autres.

Sa femme, Janet, était très malade. Et Apryl avait appris par Piotr, au cours de l'une de ses tentatives pour la baratiner, que le couple avait perdu son enfant unique, quelques années auparavant, dans un horrible accident. Et pour couronner le tout, le pauvre homme se levait à 6 heures tous les matins afin de superviser la relève des veilleurs de nuit et des portiers, avant de travailler lui-même jusqu'à 18 heures. Une journée de douze heures pendant laquelle il jouait le diplomate et le domestique auprès des résidents. Il lui avait révélé tout cela à sa manière calme et réservée. Et même si elle avait l'impression qu'il aimait bien l'aider et qu'il n'y avait rien de déplacé ni d'érotique dans l'intérêt qu'il lui portait – lequel était plutôt paternel –, elle commençait à soupçonner que son arrivée à Barrington House l'indisposait. Elle ne constituait pas tant un embarras à ses yeux qu'un souvenir de quelque chose de difficile, voire désagréable. Peut-être son tempérament d'Américaine troublait-il cet Anglais taciturne ?

— Bonjour, Apryl. Vous avancez ?

— Oh, vous savez, deux pas en avant, trois en arrière. Non, je plaisante. Tout va très bien. Vraiment.

— Ma foi, vous vous êtes manifestement attelée à la tâche. J'ai vu la benne.

— Encore une journée, je pense, et j'aurai terminé.

— La nouvelle benne sera là d'ici à vendredi.

— Merci. Merci pour tout. Vous avez été d'une aide si précieuse. Je ne sais pas comment j'aurais réussi à faire tout ça sans vous.

Il balaya ces louanges d'un geste et sourit presque.

— Ce n'était vraiment rien. Ravi de vous avoir aidée.

— Mais j'aimerais vous demander autre chose, si cela ne vous dérange pas. Au sujet de Lillian.

Il se rembrunit et reporta son regard sur le registre.

— Bien sûr.

— Eh bien, elle tenait un journal intime. Plusieurs, pour être exacte.

Il plissa les yeux et pointa ce qu'il lisait.

— Vraiment ?

— Ils sont… eh bien, très étranges. Ils me foutent la frousse, pour vous dire la vérité. (Sa voix faiblit.) Cela confirme plus ou moins l'impression que vous m'aviez donnée. Elle était vraiment paranoïaque, disons. Je pense qu'elle était malade. Vous savez, vraiment malade… depuis très longtemps. Dans son esprit.

Stephen hocha la tête prudemment, mais fut incapable de dissimuler son malaise comme chaque fois que la conversation cessait de porter sur des sujets anodins.

— Elle écrivait souvent sur d'autres habitants de cet immeuble. Il n'y a pas de dates dans les journaux, mais je pense que je suis arrivée aux années 70 maintenant. En notant de petits détails. Et je voudrais savoir si certains résidents qui la connaissaient à cette époque sont toujours en vie.

Stephen pinça les lèvres et garda les yeux rivés sur le bureau.

— Laissez-moi réfléchir.

— Est-ce que vous vous souvenez de quelqu'un qui s'appelait Béatrice ?

Stephen acquiesça.

— C'est Betty. Betty Roth. Elle habite ici depuis bien avant la guerre. Elle est veuve. Mais je ne suis pas certain qu'elle connaissait votre tante. Je ne les ai jamais vues se parler.

— Vraiment ? C'est surprenant. Béatrice est toujours ici ? Elle et Lillian étaient amies. À l'époque où leurs maris respectifs étaient encore en vie. J'aimerais beaucoup lui parler.

Stephen se crispa.

— Je n'entends pas souvent cette demande.

— Pour quelle raison ?

— Elle a un caractère plutôt difficile.

— Vous voulez dire que c'est une vieille chipie, pas vrai ?

— Je n'ai jamais dit cela. (En souriant, Stephen leva les mains, paumes tournées vers l'extérieur.) Vous pouvez essayer, mais je ne pense pas qu'elle acceptera de vous recevoir. Et si elle le fait, vous pourriez bien la quitter en larmes ou trop en colère pour respirer.

— C'est moche à ce point ?

— Pire. Sa fille est la femme la plus adorable que vous pourriez souhaiter connaître, et elle sort d'ici en pleurs après chacune de ses visites. Elle terrifie ses proches.

Comme la plus grande partie de Knightsbridge, et on ne lui permet plus de faire des achats chez *Harrods* ou *Harvey Nicks*. Non qu'elle sorte beaucoup ces derniers temps. Et elle est la principale raison pour laquelle je perds un si grand nombre de portiers.

—Mais…

—Je sais. C'est une femme très âgée. Mais gare à celui qui la sous-estime. Je pense que j'en ai assez dit.

—Merci pour ces tuyaux, mais il faut que je tente le coup. Elle sait peut-être comment mon grand-oncle est mort. Et Lillian mentionne un couple, les Shafer. Elle dit à peu de chose près qu'une explosion ne les ferait pas partir d'ici.

—Ma foi, c'est assez vrai. Ils habitent toujours ici et, à ma connaissance, ils ne vont jamais plus loin que les magasins de Motcomb Street; c'était déjà le cas avant qu'on pose à M. Shafer sa prothèse de la hanche. Ils sont très âgés maintenant, et lui a une infirmière. Il se déplace difficilement ces derniers temps. Il a plus de quatre-vingt-dix ans, vous savez.

Mais Apryl pensait à la remarque de Stephen… au fait qu'ils n'allaient pas plus loin que la boutique au coin de la rue. Même après tant d'années, ce que sa grand-tante avait écrit à leur propos dans ses journaux délirants semblait soudain davantage qu'un délire paranoïaque.

—Pourriez-vous…

—Les appeler. Bien sûr. Betty va descendre à 11 h 30 tapantes pour aller déjeuner. Je lui poserai la question à ce moment-là. Elle ne manque jamais ses repas au *Claridge*.

—C'est loin d'ici?

—Non. Juste de l'autre côté de Hyde Park Corner.

Apryl hocha la tête, incapable de dissimuler son regain de malaise.

— Ce serait génial. Et dites-lui que la petite-nièce de Lillian aimerait lui parler. Vous savez, au sujet de la famille. Et qu'elle lui en serait très reconnaissante. Juste quelques minutes de son temps.

Stephen nota cela sur le bloc de la réception.

— Je vous appellerai à l'appartement. Ou je vous le ferai savoir si vous passez.

— Super.

— Mais je ne peux rien vous promettre. Ils ont tendance à rester cloîtrés chez eux.

— Je comprends. Et elle mentionne une autre personne. Un peintre qui a habité ici. Un certain Hessen. Sûrement son nom de famille.

Stephen marqua un temps tandis qu'il griffonnait sur le bloc, mais il ne leva pas la tête.

— Vous avez entendu parler de lui ? demanda Apryl, soudain anxieuse et fébrile.

Stephen plissa les yeux, regarda au-dessus de l'épaule d'Apryl, puis secoua la tête.

— Un peintre ? Non. Non. Pas depuis que je travaille ici. Et nous n'avons pas de plaques bleues sur cet immeuble, dit-il, expliquant ensuite que ces plaques indiquaient les demeures de personnes célèbres à Londres.

— Hum. Ce devait être il y a des siècles. Je pense qu'il n'était pas très connu. Pas célèbre.

Le téléphone de la réception sonna. Stephen tendit précipitamment la main vers le combiné.

— Si vous voulez bien m'excuser pendant que je prends cet appel.

Apryl hocha la tête, s'efforçant de ne pas afficher sa déception.

— Bien sûr. Je ferais bien de filer. À plus tard. Et merci.

Elle entreprit de traverser la prairie détrempée de Hyde Park, à la recherche d'une rue appelée Queensway. Elle était située dans Bayswater du côté nord du vaste parc, au-delà de la Serpentine et à travers le dédale d'allées et d'arbres.

Quittant le chemin et marchant dans l'herbe jusqu'à ce que la toile de ses Converse soit trempée, elle suivit une trajectoire en diagonale, franchit une succession de jardins, passa devant le colossal Albert Memorial, puis longea Kensington Palace où la princesse Diana avait habité. L'air froid était revigorant. Voir des gens ordinaires faire des choses normales – des nurses avec des poussettes, et des enfants dans leurs manteaux matelassés ; des joggeurs sveltes aux épaules osseuses qui passaient à proximité en trébuchant et en soufflant, sur des jambes roses fumantes, ou qui marchaient à grands pas. Ce n'était pas simplement son imagination : plus elle s'éloignait de Barrington House, plus elle se sentait légère. Elle n'éprouvait plus ce sentiment de claustration qui l'oppressait dès qu'elle mettait le pied dans les pièces étriquées et brunâtres de l'appartement.

Jetant un rapide coup d'œil aux hôtels blancs et aux jardins, puis se frayant un passage parmi le flot constant des touristes, elle pensa que Bayswater serait le meilleur endroit pour se ressourcer loin de Barrington House. La perspective de passer une autre nuit seule dans l'appartement lui mettait les nerfs en pelote.

Ce logement l'effrayait. Elle avait peur des murs souillés, des moquettes pourries, et du silence, si oppressant, quand la nuit venait. L'incubation prolongée d'une femme solitaire à l'esprit dérangé avait altéré l'atmosphère des lieux. Sombrant dans la démence dans sa prison austère où de trop nombreux souvenirs changeaient de forme et passaient furtivement, tels des spectres, Lillian semblait avoir infecté les lieux d'une humidité psychique qui distillait ses terreurs et sa paranoïa dans l'esprit de sa propre nièce.

Apryl était incapable d'expliquer exactement comment cela s'était produit, ou pour quelle raison son étrange sensibilité pour des choses de ce genre avait augmenté. Mais elle se sentait désormais parfaitement stupide devant tant d'absurdité. Qu'un endroit, un simple lieu, puisse la changer à ce point... Pourtant c'était possible, la nuit précédente en était la preuve, une fois encore.

Elle se demanda comment elle allait expliquer à sa mère qu'elle avait l'intention de prendre une chambre d'hôtel... encore de pieux mensonges. Elle se sentait épuisée à la seule pensée de lui annoncer la nouvelle. Elle s'en occuperait plus tard. Elle avait la ferme intention de profiter du charme méditerranéen de Bayswater – même le ciel était devenu bleu –, parce que le quartier semblait exclusivement destiné aux touristes étrangers. Boutiques d'articles de voyage, restaurants de chaînes connues et merdes craignos pour touristes... mais elle aimait bien les grands immeubles blancs et les épiceries chypriotes. Elle acheta des olives et du *houmous*, en guise de déjeuner, à l'épicerie grecque de Moscow Road, où des hommes âgés qui tenaient le comptoir portaient des salopettes bleues et enveloppèrent ses achats dans du papier blanc.

Elle paya une heure sur le Net dans le cybercafé russe de Queensway, et s'installa confortablement devant un ordinateur avec un cappuccino. Après une recherche sur Google, elle n'obtint que trois pages concernant le peintre appelé Hessen. Un seul artiste portait ce nom ; un homme actif durant les années 30 dans Londres Ouest. Il n'était connu que d'un petit cercle, mais ceux qui se souvenaient toujours de lui semblaient très enthousiastes à son sujet.

C'était lui. C'était forcément lui. Le prénom de la némésis de sa grand-tante était Félix. Félix Hessen.

Un certain Miles Butler avait rédigé une biographie quelques années auparavant, aussi la plupart des liens consistaient en des comptes-rendus de cet ouvrage. Il avait été publié par la Tate Britain, et elle nota les références : Miles Butler, *Visions du Vortex. Les dessins de Félix Hessen.* Il existait également une association : les Amis de Félix Hessen, à Camden, et elle tenait un site bizarre, uniquement composé de graphiques en noir et blanc réalisés par un amateur. Elle lut l'introduction dithyrambique qui revendiquait « la place légitime de Hessen au sein du panthéon des grands peintres surréalistes », et faisait l'éloge de son « apport au Futurisme ». Elle concluait en affirmant qu'il était « l'un des précurseurs de Francis Bacon », dont elle avait entendu parler.

Elle cliqua sur le lien pour lire la biographie, mais ne trouva aucune mention de Barrington House, après l'avoir parcourue rapidement. Hessen était un immigrant autrichien-suisse, à peu près aussi obscur qu'un artiste pouvait l'être. Alors que ses admirateurs le qualifiaient de « grand peintre », ses toiles n'avaient jamais été exposées dans une seule galerie de son vivant ou après sa mort. Ses croquis qui avaient survécu se trouvaient désormais aux États-Unis, dans les archives de New Haven.

La page web de la biographie affirmait que son père était un commerçant prospère qui avait envoyé le jeune Félix à l'école de médecine de Zurich. Pour une raison inconnue, ses parents fortunés avaient ensuite émigré en Angleterre et Félix Hessen avait étudié les beaux-arts à l'école de Slade, où il se révéla excellent dessinateur. L'introduction arguait que son soutien à un groupuscule appelé le « Syndicat britannique des fascistes », et à un homme du nom d'Oswald Mosley, avant la Seconde Guerre mondiale, avait fait de lui l'objet d'une conspiration des artistes de gauche. Ces derniers avaient tout fait pour qu'il tombe dans l'oubli. Hessen avait même été incarcéré à la prison de Brixton pendant toute la durée de la guerre pour « actes préjudiciables à la sécurité publique ou à la défense du royaume ». Et, d'après certaines rumeurs, il aurait rencontré les hauts dignitaires nazis dans les années 30 – peut-être même Hitler – pour tenter de les intéresser à son œuvre… qu'ils n'aimèrent pas. Aussi dut-il se contenter de jouer le rôle d'officier de liaison pour les fascistes anglais, qui ne l'aimaient pas, eux non plus.

Il n'était pas surprenant que Reginald ait haï un tel homme.

Une fois sorti de prison, il avait vécu en ermite dans la maison familiale de Londres Ouest. Et seuls ses croquis des années 30 avaient subsisté, ainsi qu'un numéro d'une revue d'art qu'il avait créée, appelée *Vortex*. Cette revue avait duré le temps de quatre publications et n'avait obtenu que seize souscriptions, puis Hessen avait renoncé à « un moyen d'expression philosophique pour exprimer des idées incommunicables par le langage ».

Apryl savait reconnaître un perdant quand elle en voyait un.

Puis Hessen avait disparu à la fin des années 40, mais le site ne donnait pas de date précise. Il avait été porté disparu par le notaire avant d'être finalement déclaré décédé dans les registres officiels. La maison avait été vendue par une branche lointaine de la famille en Allemagne. Il ne s'était jamais marié, n'avait pas eu d'enfants, et avait survécu à ses parents, qui étaient morts avant la guerre et avant la brève notoriété que leur fils connut.

Il était à peine mentionné dans des publications d'art d'avant-guerre, même si un certain Wyndham Lewis estimait qu'il affichait des « promesses d'une étrangeté inquiétante », avant qu'ils se brouillent par la suite, tandis qu'Augustus John recommandait son œuvre à la Royal Academy, alors que Hessen ne manifestait aucun intérêt pour cette institution. Les mémoires de cette époque ne le mentionnaient que brièvement. L'une des sœurs Mitford, Nancy, le trouvait « odieux et injustement beau ». Il avait même été exclu de la société occulte de Crowley, Mysteria Mystica Maxima, très vite après que ses membres eurent « douté du chemin de son illumination ». Il avait prétendument essayé de soudoyer, puis de faire chanter Crowley afin que celui-ci lui apprenne des rituels d'invocation dépassant de loin son statut de simple adepte. Dans les cercles occultes de l'époque des rumeurs circulaient, laissant entendre que Crowley lui avait de fait communiqué à la fois le savoir et les opuscules utiles contre de grosses sommes afin de satisfaire ses besoins en morphine et en prostituées. C'était un matériau extrêmement volatile que Crowley, la « Grande Bête », avait utilisé lui-même, avec une certaine réussite, au cours d'un rituel d'invocation interminable à Boleskin, en Écosse, sur les rives du Loch Ness, après une longue période de jeûne. Un poète du nom de John Gawsworth se souvenait que Hessen avait été expulsé de la salle de lecture de la British Library pour avoir accompli des rituels entre les tables… lesquels avaient fait baisser les lumières dans tout le bâtiment.

Mais aussitôt après la guerre, il avait disparu. Volatilisé. Probablement un suicide.

Personne ne mentionnait son passage à Barrington House.

L'association les Amis de Félix Hessen réfutait l'ouvrage de Miles Butler, considérant qu'il contribuait à la campagne que les artistes libéraux avaient menée contre le peintre.

Le site publiait également trente essais sur ses peintures à l'huile disparues, dont les esquisses étaient censées être uniquement des préparatifs à « la grande vision du Vortex » de Hessen. D'après le site, les tableaux avaient été l'objet d'un autre complot. Ils avaient été détruits ou cachés par des comités artistiques à cause des liens du peintre avec le fascisme.

Les Amis se réunissaient tous les quinze jours pour écouter des conférenciers et participer au « Paysage caché des séances de Londres », quoi que ce fût. Une réunion se tenait ce vendredi-là à Camden sur le sujet suivant : « Hessen et l'occultisme nazi », et l'intervenant, venu d'Autriche, était un certain Otto Herndl. Le numéro de téléphone d'un homme du nom d'Harold était indiqué, si l'on souhaitait obtenir des détails. Apryl parcourut rapidement le programme des prochaines conférences : « Félix Hessen et le culte de la dissection » ; « Le banquet des damnés : Félix Hessen et le monde invisible d'Eliot Coldwell » ; « Le grotesque des marionnettes dans la peinture d'avant-guerre » ; « Le féroce : un œil pour le bestial » ; « Le surréalisme et le modernisme d'Ezra Pound : visions du Vortex ».

Tout cela lui fit l'effet d'un tas de conneries et elle s'aperçut rapidement que sa vue se brouillait à la lecture de ces mots étranges et de ces références obscures. Elle nota néanmoins le numéro de téléphone d'Harold. C'était un docteur en métaphysique, après tout. Elle ne savait pas très bien ce que cela signifiait, mais il était apparemment spécialiste de Hessen, puisqu'il avait rédigé la plupart des essais mentionnés ainsi qu'un ouvrage qui serait prochainement publié par le groupe.

Mais quand elle cliqua sur le lien pour voir la galerie des esquisses de Hessen qui avaient survécu, elle commença à ressentir des picotements dans la nuque. Lorsque toutes les images furent affichées, elle éprouva des étourdissements et cligna des yeux. S'il lui fallait une représentation visuelle des hallucinations de sa grand-tante, des choses hideuses que Lillian décrivait, grouillant et la poursuivant jusqu'à Barrington House, alors Hessen les avait dessinées au fusain, à la gouache et à l'encre. Et il l'avait fait dans les années 30, bien avant que les journaux de Lillian soient rédigés.

Apryl resta toute la matinée à Bayswater, à boire du café et à manger des pâtisseries. Elle regarda fixement à travers les vitres voilées par la pluie d'un café libanais, pendant des heures, tout en essayant de donner un sens à ce qu'elle avait découvert dans les journaux de Lillian et à ce qu'elle venait de trouver sur un obscur site Internet. Elle aurait voulu ne jamais avoir lu les carnets. Mais elle ne pouvait s'empêcher d'essayer de comprendre pourquoi sa grand-tante et son grand-oncle avaient été obsédés à ce point par cet homme. Un personnage détestable et qui dessinait des images absolument horribles d'animaux morts, de cadavres humains, et de créatures marionnettes qui semblaient une combinaison des deux premiers sujets. Elle n'avait déjà pas aimé les regarder en ligne… et, désormais, des fragments de ces visions avaient pris possession de sa mémoire. Un être aux allures de singe noir aux dents chevalines surgissait dans ses pensées et lui donnait des frissons. Quand elle observait le dessin, elle avait l'impression qu'elle pouvait entendre cette chose hurler. Mais supprimer l'image ne servait qu'à en faire apparaître une autre à sa place – comme cette créature, qui ressemblait un peu à une femme, une très vieille femme, avec davantage d'os que de chair, et qui levait les yeux derrière la fenêtre d'un appartement en sous-sol.

Elle prit une décision. Elle allait lire le livre de Miles Butler sur Félix Hessen, l'homme qui, d'après Lillian, avait fait de sa vie un enfer. Elle irait à la réunion des Amis de Félix Hessen le vendredi suivant. Et elle parlerait aux habitants de Barrington House qui avaient connu sa tante quand elle était plus jeune. Elle le ferait pour Lillian. Cela n'intéressait personne d'autre. Au moins elle pourrait passer le vendredi à Camden et visiter le marché avant la conférence et parler à l'un de ces spécialistes… juste pour mieux comprendre cet artiste, cet homme qui dessinait ces choses terribles.

Elle décida autre chose avant midi : elle ne passerait pas une autre nuit à Barrington House.

Une fois dans une chambre d'hôtel à Leinster Square, elle mangea un plat à emporter acheté chez un Vietnamien sur Queensway, but à petites gorgées son Chardonnay, et ouvrit l'ouvrage de Miles Butler à la page d'introduction.

Le livre de poche ne faisait que cent vingt pages et comportait un grand nombre de reproductions des esquisses de Hessen. Il y avait à peine une dizaine d'exemplaires du volume à la Tate Britain dans Pimlico, et tous étaient soldés. « N'a jamais très bien marché », lui avait dit le libraire de la galerie. « On ne peut pas dire que ce soit la tasse de thé de beaucoup de gens. » Ils étaient sur le point d'être « pilonnés », quoi que cela puisse signifier.

— Ma grand-tante l'a connu, avait-elle dit au vendeur, avec un étrange sentiment de fierté, mais il n'avait pas semblé le moins du monde impressionné.

Après son passage à la galerie, elle était retournée à Barrington House pour fourrer quelques vêtements et sa trousse de toilette dans un sac de voyage. En repartant, elle s'était arrêtée à la réception afin de parler à Stephen, l'attrapant avant qu'il termine sa journée de travail.

Il ne lui avait pas posé de questions sur sa décision de prendre une chambre d'hôtel. Il devait être surpris qu'elle ne l'ait pas fait plus tôt, vu l'état de l'appartement. Il était peut-être même soulagé à la pensée qu'elle ne l'importunerait plus. Il lui avait néanmoins appris que Mme Roth et les Shafer avaient refusé de la voir.

— Mais pourquoi ? Ils la connaissaient pourtant.

Stephen avait haussé les épaules.

— Je le leur ai demandé aimablement et j'ai dit que « la très charmante nièce de Lillian » était là pour quelque temps et aimerait en savoir davantage sur sa tante, qu'elle n'avait pas connue. Mais ils ont répondu « non ». Un brin mesquin de leur part, ai-je pensé. Alors j'ai essayé de les convaincre. Mais Betty s'est mise en colère.

Puis Stephen avait secoué la tête et avait eu l'air plus fatigué que jamais.

Qu'avaient donc ces gens ? Les personnes âgées n'aimaient-elles pas évoquer leurs souvenirs ? Apparemment non. Ruminant sa déception, elle avait pris un taxi jusqu'à Bayswater et était descendue dans un hôtel. Après une douche chaude – la meilleure qu'elle se rappelait avoir jamais prise – elle s'était installée sur le lit moelleux avec le livre de Miles Butler. Elle se félicita aussitôt immédiatement d'avoir décidé de ne pas le lire à Barrington House. Il lui semblait plus prudent de s'occuper de ces choses ici, dans un autre monde, propre, lumineux, confortable et moderne ; l'opposé de la demeure d'où Lillian n'avait jamais réussi à s'échapper.

Visions du Vortex était infiniment mieux écrit et moins hystérique que le texte du site des Amis. Mais l'auteur ne fournissait guère plus de détails biographiques que ce qu'elle avait déjà lu sur le Net. La plus grande partie de l'ouvrage constituait une analyse de l'imagerie et du symbolisme présents dans les esquisses qui avaient survécu. Elle avait du mal à comprendre et le parcourut rapidement, parce qu'il lui donnait l'impression d'être stupide. Mais les illustrations qu'elle avait vues en ligne étaient toutes là, imprimées sur du papier brillant luxueux… et d'autant plus dérangeantes. Elle devait fournir un effort constant pour empêcher son regard de passer du texte aux suggestions impitoyables des personnages féroces, hébétés, terrifiés et perdus, des dessins. Ceux en couleur étaient les plus horribles. Elle prit l'habitude de couvrir les illustrations avec une serviette en papier, afin de concentrer toute son attention sur le texte. Elles lui rappelaient des passages entiers des journaux de sa grand-tante. Et ces similitudes étaient si inquiétantes qu'elle se mit à regarder autour du lit et à observer la petite chambre bien éclairée, comme si elle s'attendait à voir quelqu'un.

Elle se reprit et parcourut rapidement la partie consacrée à la formation du jeune Hessen. Un professeur de la Slade lui avait reproché de dessiner des cadavres au lieu de modèles vivants, et de ne manifester « aucun intérêt pour la beauté ». L'unique mention de Barrington House était brève : l'immeuble était simplement cité comme étant l'endroit où Hessen avait vécu en reclus après la guerre.

L'auteur suggérait que son incarcération avait brisé le peintre et avait abrégé sa carrière d'artiste. « Hessen était un homme privilégié et extrêmement sensible, peu habitué à la disgrâce d'être considéré comme un traître, ou aux dures conditions de la prison. » Il n'y avait qu'une seule manière de le comprendre : étudier son art… ses dessins et seulement d'un point de vue psychanalytique.

> *« Sa vie était intérieure, et le seul véritable aperçu que l'on puisse avoir de la personne qu'il était réellement, et de ce qu'il a essayé d'atteindre, se trouve dans ses œuvres. »*

Ce n'était pas ce qu'elle avait envie de lire. Et peut-être que l'auteur se trompait, de toute façon. Il était possible qu'il y ait autre chose. Elle avait le pressentiment qu'un chapitre entier de la vie du peintre n'avait pas été écrit : les années Knightsbridge – une histoire suggérée dans les journaux de Lillian, qui pouvait être corroborée par le témoignage des voisins encore en vie, à condition qu'ils acceptent de lui parler. Peut-être que les autres – cette femme, Betty, et le couple Shafer – avaient vu ses peintures eux aussi, ou, à tout le moins, Lillian et Reginald leur en avaient parlé. Cette piste ne conduirait sans doute nulle part, mais elle savait qu'elle devrait en discuter avec ce Miles. La quatrième de couverture indiquait qu'il était conservateur à la Tate Britain. Elle n'aurait donc pas de mal à le trouver, s'il travaillait toujours là-bas.

Elle continua à parcourir les interprétations que proposait Miles de l'œuvre de Hessen et tomba sur quelque chose qui concernait directement ce dernier. Le peu de témoignages dont on disposait sur le peintre le présentaient comme un homme irascible, désagréable, vindicatif et rancunier, parfaitement indifférent aux sentiments des autres. Son caractère emporté et aigri s'était manifesté à de nombreuses reprises... ce qui avait fait fuir les quelques amis qu'il avait eus avant la guerre.

Il était déjà profondément renfermé avant son incarcération à la prison de Brixton, en application de l'ordonnance 18b, qui autorisait l'emprisonnement sans chefs d'accusation ni procès. L'auteur suggérait qu'une maladie bipolaire l'avait certainement affecté avant son arrestation, et il le décrivait comme « épuisé, apathique, paranoïaque, peut-être même présentant des signes de schizophrénie et de démence ».

Une de ses relations, un sculpteur nommé Boston Mayes, affirmait que Hessen semblait ne jamais dormir et que son visage était cadavéreux. Il parlait tout seul en présence d'autres personnes et oubliait fréquemment qu'elles étaient là. Il était complètement distrait, absorbé et oublieux de tout. « Un esprit au bout du rouleau. »

Dans certains des mémoires de l'époque, on trouvait des preuves des recherches déraisonnables qu'avait menées Hessen dans les années 20 sur la magie énochienne et la magie noire. Mais en dehors de ses propres écrits en faveur du fascisme dans *Vortex,* au début des années 30, écrits sporadiques, ésotériques, philosophiques et politiques qui avaient à jamais flétri sa réputation, peu d'éléments avaient survécu. Aussi son biographe se concentrait-il sur les dessins, qu'il tentait de décrypter.

> *« L'œuvre de Hessen correspondait à une recherche idiosyncrasique et profondément personnelle d'une vision intérieure qu'il avait essayé de développer durant toute sa vie d'adulte. Il s'y était préparé en menant des expériences médiumniques quand il était encore étudiant, et en s'intéressant à des doctrines politiques extrémistes par la suite, jusqu'à ce qu'il*

se rende compte qu'il ne trouverait aucune réponse en suivant cette voie. D'après lui, la philosophie et la ferveur fascistes étaient juste des véhicules qui contournaient le Vortex – de simples méthodes pour y accéder, ou leurs symptômes –, une préparation. Et c'était uniquement par l'entremise de son art, avec des références à des rituels occultes, qu'il était tout près de parvenir à sa vision.
Hessen croyait que le Vortex était le lieu de la vie après la mort, la véritable et l'ultime destination de la conscience humaine : une éternité terrifiante, obscure et tumultueuse, qui réduit peu à peu l'âme à l'état de fragments, à savoir : un cauchemar perpétuel dans lequel celui qui y est plongé n'a aucun contrôle. Personnalité et mémoire deviennent de simples résidus, et un vestige de conscience persiste, seulement capable d'enregistrer la terreur, la souffrance, la confusion, l'enfermement, la désorientation et la solitude… L'enfer. L'activité paranormale représente les dernières étincelles de ces âmes perdues, qui luttent pour retourner vers leurs vies à la lisière du Vortex, là où les murs les séparant de ce monde sont les plus minces et les plus perméables. »

Un autre chapitre traitait de l'obsession de la mort chez Hessen. L'homme estimait que le seul moyen de comprendre l'existence consistait à en étudier la fin.

« … quand une conscience se rendait compte de sa fin et du soudain dialogue dévorant précédant l'extinction.
La meilleure preuve de ce qui vient après cette vie est entraperçue sur un masque mortuaire, une expression

du visage livide… particulièrement si les yeux sont toujours ouverts. Ils nous fournissent une vague approximation de ce que nous appelons l'âme, et de ce qui s'est glissé en elle. Dans ces yeux j'ai entrevu le Vortex pour la première fois.
Et ce que nous sommes devenus dans cette vie, au plus profond de nous-mêmes, détermine notre position au niveau suivant. »

D'après ce qu'elle parvenait à saisir de tout ce charabia, il semblait que Hessen était convaincu d'une sorte de dualité – à l'instar de Freud et Jung, mais d'une manière plus mystique et sinistre.

« Suite à des études qu'il avait menées sur des phénomènes psychiques dans les années 20, et sur des personnes qui possédaient le don de parler plusieurs langues, Hessen était persuadé que deux entités menaient une existence simultanée à l'intérieur du même corps. Celle qui était visible et correspondait à la personnalité était, au mieux, une construction défectueuse : une approximation de ce que nous avons créé, par nécessité, pour survivre. Mais quand elle est abandonnée, suite à la mort ou la folie, ou tout autre état d'esprit altéré, ou le plus souvent durant le sommeil, l'autre moi est entraperçu.
Hessen a consacré sa vie à essayer de le trouver en utilisant toutes les méthodes dont il disposait – par la suppression du moi conscient à l'aide de rituels occultes, en recourant à l'hypnotisme, à l'écriture automatique ou à la peinture. Il s'intéressait uniquement à « l'autre moi ». Et en communiquant avec lui, en l'observant et, finalement, en le contrôlant dans sa propre vie,

il croyait que l'on pouvait parvenir non seulement à une connaissance de l'existence suivante, à l'intérieur du Vortex, mais aussi à l'équivalent de la prescience – ou vie après la mort –, une animation qui reliait à la fois la sphère mortelle et l'autre vie, cette région terrifiante toute proche, mais dissimulée à l'œil nu et aux sens.

Difficile à décrire par des moyens logiques ou sensés, son art devait agir comme une pure et soudaine vision fugitive de l'"autre", ou de ce que l'on voyait uniquement dans ses rêves, ou dans des moments d'euphorie ou de dissolution mentale. De ce qui existait de fait à l'intérieur du Vortex – ce que Hessen appelait « la population du Vortex ». C'était quelque chose qui était uniquement compris et interprété par l'"autre" – dans son cas, son art.

Le désespoir, des sensations de dissociation, des états de conscience altérés, une psyché délitée et paralysée par la dépression, tout cela constituait des aspects du Vortex tumultueux et infini, et représentait l'influence de son flux impitoyable sur nos vies brèves et insignifiantes. »

Sirotant son vin et changeant de position pour soulager une crampe dans son coude, Apryl se rembrunit quand elle revint en arrière pour relire les premiers chapitres sur les croquis ; les études effectuées par Hessen sur des animaux morts et la difformité humaine. Même alors qu'il était encore adolescent à la Slade, que ce soit à l'encre, avec un stylo ou un crayon, il avait fidèlement représenté les têtes de lièvres morts, les rictus blanchis d'agneaux écorchés, et les horreurs des maladies congénitales.

« Pas un seul nu académique n'a survécu de cette période, alors même qu'il était obligatoire d'en exécuter à la Slade. On a seulement retrouvé ses représentations méticuleuses d'animaux morts et de difformités humaines.
Les fœtus de triplés, les visages conservés de ceux qui avaient péri au cours d'une maladie, et les crânes bulbeux gardés au Collège royal des chirurgiens, constituaient ses sujets favoris. Il s'efforçait de distiller et de recréer l'impact d'images spécifiques qui provoqueraient l'horreur et le dégoût chez celui qui les observerait. La surprise désagréable, l'hébétude du regard, la stupeur totale à la vue de ces êtres difformes : voilà les réactions qu'il souhaitait inspirer. "C'est tellement plus ample que la beauté", a écrit Hessen dans son journal inachevé. Dans la déchéance, la difformité et la laideur, il trouvait toujours plus de preuves de ce qui existait à l'intérieur du Vortex.
Insufflant à ses dessins obsessionnels de cadavres et de parties du corps une vie singulière, il créait une espèce d'animisme. Comme si, après la vie, après la fin du moi, une nouvelle animation existait à travers une mémoire-sens des restes physiques – un indice de ce que l'on devient après la mort, ou plutôt, de ce que l'on devient une fois que l'on est pris au piège à l'intérieur du Vortex. »

Et dans le chapitre concernant les recréations d'hybrides animaux et humains qui suivaient cette phase – « les personnages grotesques frappés par le désespoir et affligés de contorsions douloureuses qui avaient apporté à Hessen une petite notoriété posthume » – Apryl en apprit davantage qu'elle l'aurait voulu sur le glissement de celui-ci vers le primitivisme.

> *« Toujours contrôlée, son expression n'est pas tout à fait libérée, ou inconsciente, de ce qu'il avait appris à la Slade en étudiant les maîtres italiens. Personnage penché étreignant son visage, Femme édentée buvant du thé dans une soucoupe, et ses autres dessins figuratifs datant de la première période reflètent son refus radical de l'esthétique traditionnelle et des notions de beauté dans l'art occidental, et pourtant ils ne font que suggérer sa propre voix. Ses dessins qui ont survécu vibrent et palpitent d'une connaissance de la laideur essentielle de l'humanité telle qu'il la voyait, de la solitude avec laquelle elle va de pair, et du désespoir existentiel. Les sujets sont rarement identifiables, ils n'ont plus rien des gens qu'il a observés dans les rues, les cafés, les pubs, ou les magasins. Certains des personnages semblent plus canins qu'humains. D'autres ont des membres qui font davantage penser aux chèvres ou aux chacals qu'il a dessinés au zoo de Regent's Park… et les hommes ont des faces de singes. Ces croquis sont l'œuvre d'un être qui observe la vie avec assurance, plutôt que celle d'une personne qui aurait simplement souhaité montrer ce qu'elle a imaginé. Hessen affirmait lui-même que c'est effectivement ce qu'il s'était entraîné à voir chez ceux qui l'entouraient. »*

Apryl poursuivit sa lecture, de plus en plus mal à l'aise à mesure qu'elle découvrait le personnage que le biographe lui révélait. Une personne qui avait transmis son effroyable vision à Lillian et Reginald.

Quand il avait commencé à utiliser la gouache, l'encre, le pastel et l'aquarelle, « l'influence du surréalisme et de l'abstraction sur Hessen est devenue visible ».

Miles Butler décrivait toujours les arrière-plans des œuvres, avec un luxe de détails qu'Apryl trouvait profondément déplaisant. Elle avait seulement commencé à remarquer les fonds des dessins la deuxième ou troisième fois qu'elle les avait regardés.

> « *Des paysages brumeux à peine formés flottant dans une sorte de néant en mouvement, d'infinitude, au bord de chaque dessin. Autour de minces silhouettes postées à des fenêtres, ou de personnages voûtés dans des recoins ou des trous, il s'est efforcé encore et encore de transmettre une impression de vaste étendue ; jamais statique mais vivante, bouillonnante et froide à la fois tumultueuse et pourtant vide. Il y a une absence de forme ou de solidité entourant et avalant les études claustrophobes de ces personnages pris au piège dans des pièces sordides, ou accomplissant dans la solitude des tâches apparemment répétitives. La plupart d'entre eux sont à quatre pattes et ressemblent à des singes ou à des marionnettes, pressant sans répit leur visage contre les murs en une tentative dérisoire pour s'échapper.* »

Donc, il était dingue. Mais le dernier chapitre consacré à sa peinture concernait davantage ce qu'elle voulait savoir. Même s'il n'était pas plus facile à lire. Fronçant les sourcils à force de concentration, et délaissant son verre de vin jusqu'à ce qu'il soit devenu chaud et amer, elle lut attentivement les phrases, et les relut souvent, luttant pour relier ces bribes d'informations à l'influence exercée par Hessen sur Lillian.

« Pour quelle raison un homme qui avait consacré tant de temps à poursuivre une vision de ce genre, et à perfectionner le trait afin de la capturer, a-t-il brusquement cessé de créer ? Cela ne rimerait à rien s'il n'avait jamais considéré que ses croquis constituent autre chose que des notes préparatoires, des études préliminaires avant de se lancer dans son chef-d'œuvre : une représentation à l'huile du Vortex. »

La prison avait peut-être mis un terme à sa terrifiante ambition, ou bien il avait tout simplement détruit son œuvre. En fait, c'était la seule théorie que l'auteur proposait pour expliquer que l'on n'ait jamais retrouvé un seul tableau de Hessen.

« Ses intentions étaient claires dans le numéro de Vortex qui est parvenu jusqu'à nous, ainsi que sa frustration devant l'ampleur des travaux de recherche nécessaires. Mais bien sûr il devait bien peindre. Il l'a certainement fait. Hessen était trop déterminé, trop obstiné, pour se détourner d'un travail à côté duquel tout le reste devenait secondaire. Était-il concevable qu'un ego si monstrueux, hanté par une vision si impérieuse, n'ait jamais progressé au-delà de dessins au trait et à la gouache ? Ces œuvres ultimes ont très probablement été détruites de la main même de l'artiste. »

Il était impossible qu'il ait fait disparaître ces peintures, parce que Lillian et Reginald les avaient vues. L'auteur s'interrogeait également sur ce que Hessen avait fait, seul, pendant les quatre ans suivant sa sortie de prison, avant sa disparition. L'absence d'huiles et l'ellipse de ces quatre ans constituaient les deux mystères dont ses admirateurs et les critiques débattaient sans fin.

« Nous disposons de très peu d'informations sur cette période de sa vie. Même avant la guerre, il constituait déjà une énigme. Et les rares visiteurs et modèles qu'il recevait dans son atelier de Chelsea, au cours des années 30, ont livré des récits contradictoires. Le peintre Edgar Rowel, qui louait un atelier proche de celui de Hessen, a déclaré avoir vu des tableaux qu'il trouva "profondément touchants".
Contrairement à ce témoignage, aucune de ses relations à l'époque de la Slade n'a rapporté qu'il semblait avoir jamais peint une seule toile. Et il n'a jamais reconnu l'avoir fait. Mais venant encore une fois contredire cette assertion, un modèle, une certaine Julia Swan, a parlé de pièces fermées à clé, de housses de protection contre la poussière, de matériel de peinture, et d'une odeur d'essence de térébenthine dans son atelier de Chelsea – tous les indices que le peintre travaillait bien à l'huile.
Un peintre français, Henri Huiban, mentionne lui aussi l'atelier de Hessen à Chelsea dans ses mémoires. Il supposait que Hessen était sculpteur à cause des bruits très forts qu'il entendait à toute heure. Et le poète alcoolique Peter Bryant, qui s'était lié d'amitié durant une courte période avec Hessen à la British Library, avait répandu une rumeur concernant des huiles. Il avait parlé de "peintures gigantesques". Mais, au débit de boissons Fitzroy, Bryant avait aussi déclaré qu'il était la réincarnation d'un roi celte,

c'est pourquoi son témoignage est, au mieux, sujet à caution.
L'existence de toiles gigantesques recouvertes de housses entassées les unes sur les autres, mais tournées contre le mur, a été également attestée par Brian Howarth, une relation de Hessen à l'époque du Syndicat britannique des fascistes, qui était venu un jour dans son atelier pour prendre des papiers. »

Le livre posait plus de questions qu'il apportait de réponses et c'était exaspérant, mais, au moins, l'auteur reconnaissait ceci :

« *Et où est passé l'artiste ? Comment un homme disposant de sa fortune et de sa position sociale a-t-il pu se volatiliser sans laisser la moindre trace ?* »

Mais il y avait des traces. Des traces qui disparaissaient rapidement au fil du temps. La réponse était très simple. Apryl savait à quoi s'en tenir désormais : personne n'avait jamais regardé au bon endroit.

Chapitre 16

Sa vision était floue, fragmentaire, il était incapable de fixer son regard sur quoi que ce soit. Essoufflé et maladroit, il butait sans cesse contre des pavés ou faisait des embardées d'ivrogne, comme s'il n'était pas habitué à marcher en se tenant d'aplomb. S'efforçant désespérément d'éviter les autres piétons, il perdait l'équilibre et était néanmoins attiré vers eux. Cela le rendait furieux et il avait envie de hurler.

Il n'aurait pas dû se trouver à Londres. Mais il s'était lui-même condamné à y venir, poussé par quelque vague conception romantique à propos de l'art. Il s'était échoué ici tout seul, avait fait naufrage de son plein gré, au milieu des cris stridents des singes.

On pouvait la ressentir aussi bien que l'observer : cette altération dans l'environnement, dans l'atmosphère même. Partout où les gens s'attroupaient dans la rue, dans ce froid brumeux, éclairés seulement par les réverbères et des scintillements luminescents, à l'extérieur des supérettes et des petits commerces, des *fast-foods* et des pubs lugubres... il éprouvait un profond dégoût. Une contamination invisible mettait ses nerfs à vif et lui donnait la nausée. Une espèce de pression, peut-être électrique, emplissait sa tête d'un bourdonnement statique, de transmissions indéchiffrables ou d'échos venus de partout à la fois, tandis qu'il se déplaçait en dessous ou entre ce que tous les autres vivaient.

Mais il était difficile de décrire avec exactitude de quelle manière le monde s'était modifié. Seul un vocabulaire visuel en aurait été capable. Avait-il atteint l'illumination ? Ses croquis n'étaient probablement rien de plus que du charabia et des graffitis. Et ne serait-ce pas la pire frustration de toutes : être finalement initié à quelque intuition de la vraie nature des choses – une vérité si brouillée par les médias, l'éducation, ces systèmes et ces codes sociaux, le totalitarisme qui altéraient l'existence – pour constater que sa vision était incommunicable ?

Lorsqu'il atteignit enfin la station de métro, Seth s'appuya contre un mur carrelé pour se rouler une cigarette ; il fut incapable de parler quand un mendiant lui demanda une cigarette. Il avait oublié comment on faisait. Ses lèvres bougeaient, mais la triade des cordes vocales, de la langue et des mâchoires refusait de se coordonner. Il déglutit et produisit un son rauque.

Il se demanda pour quelle raison il était là. Ce qui l'avait incité à quitter de nouveau sa chambre. Il ne se rappelait plus son intention première.

La lumière bleue des distributeurs de billets et l'éclairage rouge et blanc de la station de métro Angel éveillaient en lui un vague espoir de voyage. Il gravita brièvement vers les lumières, mais fut bientôt repoussé par la foule qui se déversait des tunnels.

Il poursuivit son chemin après la station, mais fut arrêté par un carrefour où la circulation était rapide, par des vents cinglants et des coups de coude. Tout cela vibrait dans ses os. Des gens attendaient qu'un feu passe au vert. Mais aucun parfum ne pouvait dissimuler la puanteur de poisson saumuré des femmes. Avait-il vraiment pensé un jour que ces créatures étaient séduisantes ? Il y avait quelque chose de physiquement anormal chez elles : pas de lèvres, des yeux globuleux, des dents qui se chevauchaient, des nez contrefaits, des oreilles trop rouges, une décoloration de la peau sous le maquillage, des paupières bordées de rose, des cheveux calcifiés. Seth frissonna. Les hommes ne valaient guère mieux avec leur démarche simiesque présomptueuse, leurs narines de chiens, humides, et leurs yeux vides de requins. Des animaux intimidants, dangereux, dont la force brutale risquait davantage d'exploser à chaque verre qu'ils vidaient : des bêtes meurtrières empestant le fumier et la levure de bière.

Seth ne parvenait pas à traverser la chaussée ; un moment d'hésitation, et un autre flot grouillant de voitures, de bicyclettes et de bus passait en vibrant, brouillait encore plus les immeubles flous avec leurs phares, et le laissait échoué sur le trottoir.

C'était comme s'il avait été abandonné dans une ville à l'étranger, sans aucun plan, et incapable de comprendre un seul mot de ce qu'on lui disait. Une envie irrépressible d'être délivré de Londres le faisait trembler de frustration. N'importe quoi, même se retrouver sans le sou dans une autre cité, était préférable au fait d'exister simplement, décontenancé et bousculé, dans ce lieu froid et sans âme.

Tête baissée, vaincu, il s'éloigna de la circulation. Il ne pouvait pas rebrousser chemin dans Essex Road ; il y avait trop de monde là-bas. Il allait emprunter les rues latérales. Mais comme il essayait de se souvenir d'un itinéraire pour rentrer chez lui, il repéra un bar apparemment vide, situé sous un horrible immeuble de bureaux en béton. Peut-être pourrait-il s'y réfugier, dans un coin tranquille près d'un radiateur, et prendre un whisky.

Déjà il lui semblait sentir et savourer le liquide brûlant et revigorant sur ses joues et dans sa gorge. Il se dirigea vers la porte de l'établissement et s'attarda dehors. Il y avait de la musique à l'intérieur et une ou deux voix fortes essayaient de dominer un autre bruit. La perspective d'entrer le rendait anxieux, comme si c'était désormais une chose difficile à accomplir. Et même s'il arrivait jusqu'au comptoir, il se demandait s'il serait capable de parler. Après avoir chuchoté son propre nom dans le revers de son manteau, Seth poussa la porte du bar.

Il eut l'impression de s'avancer sur une scène très éclairée. Il se sentit étourdi et effrayé par le bruit et la lumière vive dans laquelle il fut instantanément immergé. Une boule se forma dans sa gorge. Avec précaution, gardant les yeux baissés, il se concentra pour mettre un pied devant l'autre et éviter de heurter bruyamment les tables et les chaises. Arrivé au comptoir, il releva la tête, pitoyable et craintif, et attendit qu'on le serve.

Il n'y avait qu'une poignée de clients dans le bar minable, tous réunis autour d'un écran géant pour regarder un match de foot. Il était ravi de cette diversion ; cela lui épargnait d'attirer leurs regards.

Il avait une mine épouvantable, il s'en rendit compte dès qu'il vit son reflet disgracieux dans le miroir ; blême, fripé, maculé et déprimé. Honteux, il eut envie de rentrer sous terre. Mais cela faisait longtemps, bientôt un an, qu'il avait cessé de se préoccuper de son apparence. Son manque de soins, son alimentation et sa façon de vivre avaient fait des dégâts. Sa bouche avait un aspect pitoyable et ridé. Ses yeux s'étaient réduits à des choses minuscules et dures, enfoncées dans la peau plissée de ses orbites, aussi fine que du papier calque. Son teint présentait également une lividité anormale, et sa figure n'était colorée que par les réseaux de vaisseaux sanguins éclatés sur ses pommettes. Il avait l'air d'avoir soixante ans, et non trente et un. Il portait un masque mortuaire. Il voyait l'insensibilité, le dégoût, la perte de tout espoir et de toute compassion. Son visage était la seule véritable œuvre d'art qu'il avait créée au cours de l'année écoulée : une représentation détaillée et vivante de la ville.

Assis à une table dans un coin, à l'écart des autres clients, il éprouvait un sentiment euphorique d'évasion qui grandissait avec chaque whisky. Le verre ne quittait jamais sa main ou n'était jamais éloigné de sa bouche. Sous l'effet de l'alcool, ses pensées s'accéléraient. Et il était incapable désormais de trouver une seule raison de rester à Londres. Son existence s'était détériorée de façon rapide et sinistre depuis le premier jour. Les mois moroses s'étaient accumulés pour devenir une année ; une longue, lugubre et grisâtre tache d'existence. Un an au cours duquel il était devenu à peine civilisé, presque non humain, comme les autres.

Mais il lui avait toujours semblé impossible de quitter cette ville. Et de changer de vie, ou de freiner l'élan du déclin, alors que les circonstances conspiraient contre lui. Il n'avait jamais été capable de trouver le temps de s'organiser entre les gardes de nuit. Impossible d'avoir les idées claires quand tant de pensées, tant de souvenirs, tant de scènes repassaient dans son esprit. Le tourbillon sous son crâne l'avait toujours maintenu cloué dans son fauteuil ou au pied de son lit, à fumer. Et peut-être s'était-il détourné de la seule véritable issue qui se présentait – revenir, couvert de honte, dans la chambre d'amis de sa mère – avec la conviction que cela le détruirait. Mais il ne restait pas grand-chose à détruire. Au moins, là-bas, il pourrait récupérer, cesser de travailler la nuit, rattraper du sommeil. Tant de retard. Il pourrait changer de mode de vie, faire preuve de volonté, retrouver quelque enthousiasme. Oui, il voyait tout cela dans le cinquième verre de whisky. Rentrer à la maison n'était pas si terrible. Il ne se laisserait pas duper encore une fois : partir représentait tout simplement sa seule chance de survie désormais.

Il allait téléphoner à sa mère le lendemain, et donner sa démission à Barrington House dans la soirée. Ensuite il partirait. Cela lui semblait si facile, alors qu'il était là, assis sur ce tabouret dans le bar. Son sourire crispé lui fit un drôle d'effet. Ses traits s'étaient figés ces derniers temps, ses zygomatiques atrophiés.

Il écrasa une cigarette dans le cendrier et laissa tomber en hâte son tabac et son briquet dans la poche de son pardessus.

Une fois sorti, il ressentit une soudaine angoisse à la simple pensée de regagner sa chambre. Il redoutait la léthargie familière qui allait l'envahir une fois qu'il serait de retour à *L'Homme vert*, inquiet à l'idée que son désir de s'échapper pourrait n'être qu'un vague souvenir le lendemain après-midi, quand il se réveillerait après un long sommeil comateux.

Il devait agir immédiatement, le soir même. Commencer ses bagages, faire n'importe quoi. Il sentait déjà que l'issue se refermait. La pluie, la saleté apportée par le vent, les pavés mouillés, les rues sans fin – étaient autant de cordes destinées à l'attacher en formant des nœuds que ses doigts glacés et maladroits pourraient seulement griffer.

Baissant la tête, Seth affronta le vent. Ramassé sur lui-même, il fit une liste mentale des tâches à accomplir. Il disposait au moins d'une petite somme à la banque. Sa paie était dérisoire, mais il avait cessé depuis longtemps de dépenser pour quoi que ce soit à part la nourriture. Il y avait assez sur son compte courant pour lui permettre de partir, de rentrer à la maison, et de joindre les deux bouts pendant quelques mois.

Peut-être, pensa-t-il plus tard, que si on lui avait permis de regagner sa chambre à *L'Homme vert* sans plus tarder cette nuit-là, tout se serait bien passé ; il aurait mis ces projets à exécution et se serait enfui. Il aurait également sauvé les autres.

Mais tandis qu'il passait devant des sacs débordant de vêtements souillés et de jouets d'enfant cassés qui traînaient devant une boutique d'œuvres caritatives, le sort en fut jeté.

L'animation et la lumière de son esprit furent instantanément anéanties.

L'espace d'un instant il perdit toute certitude – où se trouvait le haut, où se trouvait le bas, dans quelle direction il allait, où étaient ses bras et ses jambes. Son corps ne pesa quasiment plus rien jusqu'à ce que son épaule heurte la vitrine de la boutique.

À l'intérieur du magasin, des ours en peluche dont plus personne ne voulait, une petite théière en porcelaine et un livre sur les chats vibrèrent sur leurs étagères. On l'avait poussé contre la vitre. Quand son visage heurta le verre froid, le monde et ses dimensions s'assemblèrent de nouveau autour de lui.

Courbé en avant, regardant par terre, chancelant sur des jambes mal assurées, il vit à ce moment-là les chaussures sur le trottoir mouillé : trois paires de baskets blanchâtres l'entouraient.

Il se redressa brusquement, pivota sur ses deux pieds, lança ses bras en l'air, le menton levé. À l'intérieur il était tout blanc et instable, mais dans le côté gauche de sa tête, il éprouvait un gigantesque engourdissement.

Le froid était oublié, le cyclone des listes mentales avait disparu. Regardant à gauche et à droite, il tentait d'évaluer la situation et de jauger les personnes impliquées.

— Connard, dit une bouche rousse tout près.

— Allez… Putain, allez ! aboya un visage noir caché par la visière d'une casquette de base-ball.

Leurs regards étaient emplis de cruauté, et d'une étrange impatience aussi, comme s'ils espéraient une réponse prévisible. Deux des agresseurs avaient une vingtaine d'années. Et Seth avait déjà vu l'adolescent rouquin, tétant d'un air arrogant une bouteille de cidre Diamond White qu'il avait ensuite brisée devant la vitrine du *bookmaker*. Le troisième, il ne pouvait pas le voir, mais le sentait derrière lui, trop près de lui.

Il y eut un moment de silence – une pause – puis le monde se réduisit à un bruissement de manches en Nylon au moment où une salve de coups assenés par de petits poings durs s'abattit sur lui.

Le premier l'atteignit à la pommette, sans lui faire de mal. Il reçut le deuxième sur le front et le troisième le toucha au cou. Sa tête était projetée en arrière et en avant, mais les coups de poing étaient assenés silencieusement et, au début, il ne ressentit aucune douleur. Il avait l'impression d'être poussé alors qu'il essayait de marcher en ligne droite. Il tenta absurdement de s'éloigner comme si rien ne se passait. Ce qui rendit ses agresseurs fous de rage.

D'autres frottements, d'autres coups de poing, puis des coups de pied, vidèrent Seth de toute énergie. Il ne sentait plus ni ses mains ni ses pieds. Il dit : « Barrez-vous » d'une voix faible, sans réfléchir. De l'air chaud emplit ses poumons et il se sentit soudain très léger. Il avait l'impression de ne plus rien peser.

Mais à l'intérieur de sa tête quelque chose tapait les parois de son crâne comme un animal pris au piège dans une grotte. Cela lui donna la nausée. Il était si effrayé qu'il aurait fait n'importe quoi pour devenir l'un des ours en peluche, dont plus personne ne voulait, sur les étagères derrière la vitrine, au lieu d'être ce morceau de viande que l'on frappait pour l'attendrir.

Il était incapable de parler ou même de crier. Ses yeux roulaient sans se poser sur rien. Puis il fut tiré en arrière par de petits doigts d'acier, et les coups se remirent à pleuvoir. Le rouquin au blouson blanc Tommy Hilfiger balançait ses bras très vite, comme s'il craignait que sa cible disparaisse sans qu'il ait le temps de la frapper au visage avec ses jointures couvertes de taches de rousseur.

À force de se contorsionner et de se baisser, Seth encaissa la plupart des coups sur les épaules, l'arrière de la tête, contre un coude, et dans les côtes. Mais il commençait à avoir mal.

Il bondit entre les bras qui s'abattaient pour s'enfuir, mais une main saisit le col de son pardessus et le maintint droit afin que son visage reste exposé.

Il gémit comme un bébé qui pleure. Il essayait de comprendre ce qu'il avait bien pu faire pour les rendre si agressifs. Rien ne pouvait expliquer une telle violence. La pesanteur les ralentissait et les mettait en colère.

Quand un poing noir comme du charbon heurta les dents de Seth, sa tête s'emplit de glace crissante. Du lin se déchira à l'intérieur de sa bouche. La même main s'abattit de nouveau, et encore, et encore. Le monde saccadé, fuligineux, se désintégra en atomes de poussière d'un blanc lumineux, qui tombaient tous vers le bas.

Je vais mourir. Ils ne s'arrêteront que quand je serai mort. Seth se figea. Ses yeux étaient pleins de larmes. Quelque chose craquait et tintait à l'intérieur de son nez. Une grosse boucle de salive et de sang jaillit de ses lèvres, pour s'écraser contre sa joue.

Il pensa encore à essayer de s'échapper, mais l'idée resta velléité. Il devenait difficile de penser à quoi que ce soit.

— Connard ! Connard ! Connard ! Connard !

Leur respiration se mua en grognement. Ils le frappaient avec tant d'ardeur, qu'ils se fatiguaient et devenaient lents. Dans son monde obscur, sens dessus dessous, des éclairs scintillaient.

Quand Seth s'écroula, ils cessèrent de crier : « Connard ! » Mais alors qu'il gisait sur le trottoir, il entendit l'un d'eux pousser un hennissement d'excitation.

Un autre donna le premier coup, qui lui meurtrit le pied. Ses deux compagnons entamèrent une espèce de danse frénétique, balançant le bout de leurs baskets dans le visage de Seth, les épaules, le dos, les cuisses, l'estomac. C'était l'estomac qu'ils visaient le plus.

Seth tenta de se mettre à genoux. Dans son esprit, l'enfant paniqué criait.

Cela n'aurait donc pas de fin ? Les coups de pied pleuvaient et pleuvaient. Ses deux jambes étaient paralysées à partir de la cuisse et l'un de ses bras était devenu inerte. La douleur dans ses côtes l'empêchait de bouger. Des os brisés avaient-ils perforé ses organes à l'intérieur ? Il voyait tout cela dans son esprit qui semblait se réduire.

Nous y voilà, dit une toute petite voix depuis la sphère blanche baignée d'obscurité, où tout son être s'était retiré. *Bientôt, tout sera noir. Voilà comment ça se termine.* Et puis, tout près, au-delà de la pénombre chaude, enflée, de ses paupières fermées et de ses mains sur son visage, il entendit un bus s'arrêter dans une secousse et émettre un sifflement pneumatique. Puis des pieds claquèrent sur le trottoir en sautant de la plate-forme.

Des sauveurs arrivaient pour chasser ces hyènes, ils allaient appeler la police et une ambulance, l'allonger confortablement, une veste glissée sous la tête. L'espoir dilata la minuscule sphère de conscience à l'intérieur de son crâne. Il faillit pousser un cri de soulagement. Puis il entendit le véhicule démarrer et s'éloigner, et les coups reprirent.

Tous ces coups de pied portés avec des baskets molles meurtrissaient leurs orteils. Il était infiniment plus confortable de piétiner un corps avec des semelles compensées. Alors ils le frappèrent de la plante des pieds. Lui tordirent les bras et les jambes. Lui enfoncèrent une oreille dans la tête et la rendirent brûlante et sifflante. Arrachèrent des cheveux depuis la racine avec les semelles de caoutchouc de leurs baskets, en produisant un son de ruban adhésif; ces semelles étaient conçues pour adhérer par n'importe quel temps.

Quelqu'un survint, s'arrêta, puis lança: « Doucement, doucement, doucement » d'une voix nonchalante, mais joyeuse. Ceux qui piétinaient continuèrent. Les derniers coups de pied furent les plus douloureux; l'avant-dernier lui remonta l'estomac dans la gorge et fit sortir ses yeux de leurs orbites.

Quand ils eurent fini, épuisés, boitant à force d'avoir frappé si violemment, ils partirent en se pavanant, fatigués, euphoriques, et satisfaits.

Il était trop hébété pour inventorier toutes ses blessures, aussi inonda-t-il l'ensemble de son être d'une chaleur liquide. Et, chose incroyable, il se mit debout malgré ses os brisés. Il baissa les yeux sur son corps. *Pas trop moche*, pensa-t-il. Sale et mouillé après avoir été frappé sur le trottoir, mais pas de sang ni de lambeaux de chair. Apparemment, il n'y avait que des empreintes de pas provenant du piétinement, des traces entrecroisées laissées par leurs semelles. Il se sentit presque déçu de n'avoir rien à montrer pour sa peine ; rien à exhiber devant un jury. Mais quand Seth décida de marcher, l'idée ne dépassa pas ses hanches. Et l'enfer lancinant de la souffrance physique se rua jusque dans sa moelle.

Il tomba, puis traîna son corps de poupée brisée vers le renfoncement de la porte d'une boutique.

Trop effrayé pour bouger (la chaleur blanche de douleur pourrait s'accentuer), il perdit la notion du temps, affaissé sous le porche. Il avait à la fois envie de vomir et de pleurer. Il attendit l'ambulance, la police. On les avait certainement appelées. Il y avait tant de monde dans ce bus. Des dizaines de pieds étaient passés à proximité depuis qu'il était étendu sur le sol, depuis que les pieds crasseux avaient cessé de le frapper et de le piétiner.

Un petit balancement d'avant en arrière sembla atténuer la douleur un moment, puis la fit empirer. Il lui était impossible de s'asseoir ou de s'allonger sans que la souffrance enfle telle une vague gigantesque. La peau de son visage était brûlante, tendre et tendue, à cause des énormes bosses qui s'étaient formées sur sa tête – des bosses aussi dures que des os. Il aspirait l'air par petites goulées parce que ses côtes lui donnaient l'impression d'avoir été brisées comme de vieux balustres en bois et que les éclats étaient entrés partout. Il avait la main gauche engourdie et son genou droit était devenu aussi gros qu'un légume déformé fait de chair fibreuse et salée. Il ne pouvait pas plier cette jambe-là, et le poids de son jean et de sa chaussure sur ce pied lui faisait atrocement mal ; peut-être ne pourrait-il plus jamais la plier. Le côté droit de son cou était à vif et poisseux.

Des gens passaient toujours, tout près, sous la pluie. Ils marchaient plus vite quand ils arrivaient à sa hauteur. À deux reprises il appela à l'aide. Deux jeunes filles le regardèrent, puis s'éloignèrent, en hâtant le pas après avoir aperçu son visage dévasté. Est-ce qu'elles voyaient la grosse fêlure noire dans son crâne ? Elle était là, il la sentait. Son cerveau, cette masse molle rose et grise, poussait dessus, essayait de sortir et de rejoindre l'air libre, lui qui avait été enfermé durant des décennies dans sa prison liquide. Les pieds qui l'avaient piétiné avaient essayé de délivrer cet organe torturé. Il voulait se rendre à l'hôpital pour qu'on lui fasse une piqûre de morphine.

Sa respiration s'accéléra et il s'évanouit, puis il revint à lui, pris de vertiges, et vomit sur son manteau. Quand la terreur suffocante fut passée, il se redressa sur sa jambe valide. Se servant de sa main engourdie et laissant le genou indemne supporter son poids, il se hissa en s'appuyant contre la porte vitrée. Il se trouvait à huit cents mètres environ de *L'Homme vert*. Cela pouvait prendre toute la nuit, et il était certain qu'il allait tomber dans le coma d'un instant à l'autre. Il demanderait de l'aide une fois dans sa chambre… s'il arrivait jusque-là.

Il ferma brièvement les yeux pour se remettre de son effort, mais fut de nouveau rapidement sur le qui-vive lorsqu'il entendit des pas sur la gauche. Une silhouette massive s'approcha en titubant et quelqu'un tendit une main. Seth tressaillit et fit un bond en arrière, se cognant violemment contre la porte de la boutique.

— Ton homme là-bas est trop bien pour boire un coup avec des types comme toi et moi. Mais je vais te dire un truc. Et je vais te le dire gratos…

Le visage du clochard était une masse informe de tissu cicatriciel et de veines éclatées. Chaque œil regardait dans une direction différente. Son odeur était suffocante : alcool, pourriture scrotale, couches de sueur insondables dans un pull en laine de seconde main. Un bidon noir fut fourré sous le nez de Seth. Il détourna la tête et respira par le côté de la bouche.

Le clochard se tenait trop près, penché vers lui, lui postillonnait au visage tout en parlant de « ton homme ». Qui était son homme ? Seth était décontenancé. De son bras souillé, l'inconnu lui entoura le cou. La manche ornée de losanges gris, rouges et marron s'effilochait au poignet. La douleur que lui causa cette laine abominable lui fit pousser un cri.

— J'ai été agressé. Merde, j'ai été agressé. Ne me touchez pas ! Lâchez mon cou !

Mais le clochard n'écoutait pas ; il voulait juste parler de « ton homme » et souffler son haleine pourrie au visage en sang de Seth.

Traînant sa jambe raide derrière lui, la tête baissée en un effort de concentration, Seth se dégagea d'une secousse et entama le trajet le plus dur et le plus épuisant de toute sa vie, au cours duquel ses nerfs endommagés enregistrèrent chaque fissure ou la moindre déclivité et sa peau se couvrit à maintes reprises d'une sueur glacée. Le vagabond, qui avait pris par erreur Seth pour l'un de ses congénères, le suivit, en divaguant à propos de « ton homme ».

On aurait dit qu'aucun de ces incidents n'avait été un hasard. Comme si, cette nuit-là, les événements n'avaient rien de fortuit ni d'accidentel ; comme si tout cela était l'œuvre de quelque chose dans la ville, ou de la ville elle-même. Quoi qu'elle soit, cette intelligence pernicieuse voulait qu'il soit humilié et rabaissé pour avoir osé chercher à la quitter. Elle l'avait observé. Elle savait qu'il avait quelques défenses et le réclamait pour elle.

Il se mit à sangloter. Le vagabond passa de nouveau le bras autour du cou enflé de Seth et faillit le faire tomber. Il manqua de perdre connaissance à cause de la douleur. Aucune punition ne suffirait jamais. Avoir été frappé et piétiné presque à mort n'était pas suffisant pour une nuit. Il devait être également sali, agressé par un cinglé dont la sueur sentait le vomi. La nuit et ses tourments devaient désormais se prolonger à l'infini, parce qu'il avait osé défier la volonté de la ville, avait projeté de la rejeter, de refuser le rôle et les souffrances qu'elle lui avait imposés.

— Je vais briser chaque putain de pierre, chuchota-t-il à l'épave humaine au survêtement pourri. Je vais mettre cette saloperie à genoux. Je le jure devant Dieu tout-puissant. Ensuite je réduirai ce putain de tas en poussière.

Le clochard éclata de rire et lui tendit le bidon noir. Seth avait établi un contact. Ils communiquaient. Leurs yeux étaient les mêmes. Ils parlaient la même langue désormais et partageaient les mêmes secrets sur la ville.

C'est ce qu'on obtient quand on appelle le numéro d'urgence pour avoir la police. Il y avait eu une longue attente avant que quelqu'un décroche. Puis un message enregistré avait annoncé que tous les opérateurs étaient occupés. Seth sentit la rage brûler dans sa poitrine. La consigne était toujours claire : ne pas laisser quoi que ce soit mal tourner ou vous arriver parce qu'il n'y a aucune assistance, seulement la promesse, l'illusion d'un service. Mais à l'évidence n'était-ce pas également le cas avec la police ?

Il raccrocha si violemment que l'appareil tomba du rebord de l'étagère et rebondit sur le sol.

Abasourdi, plié en deux de douleur, il se balança d'avant en arrière, en étreignant ses côtes et l'une de ses mains, enflée. Il versa des larmes amères jusqu'à ce que ses sanglots deviennent si douloureux qu'il doive les réprimer. Pleurer met à contribution les muscles de l'estomac, les poumons, la gorge, le visage, même la colonne vertébrale ; il ne s'en était jamais rendu compte jusqu'à ce qu'il soit obligé de retenir ses larmes pour les épargner. Ses agresseurs lui avaient même volé le chagrin. Il devait juste encaisser, souffrir, sans se plaindre, accepter leur domination.

Des dents déchaussées qui saignaient remplissaient sa bouche flasque. Du sang formait des bulles sur ses lèvres. Des fantasmes surgirent. Des fantasmes rouges, humides, où le rouquin à la face de fouine mourait lentement sous la tête de mort que Seth avait désormais pour visage ; c'était la dernière chose que ce salaud verrait… aurait le droit de voir. Et il prévoyait une boucherie pour le jeune Noir, celui qui avait agrippé le col de Seth pour permettre à ses potes de lui briser les dents ; ces chiens arrogants auraient tous les mêmes chances.

D'abord il essaya de s'allonger sur le lit, mais les oreillers, le matelas et les draps lui firent l'effet de brûlures de corde. Ensuite il se recroquevilla contre le radiateur, mais le sol était impitoyablement dur. Il s'assit sur une chaise, mais n'en retira aucun soulagement et rester debout était un supplice. Il croqua du paracétamol par poignées entières… ; on aurait dit de minuscules sapeurs-pompiers, dirigeant inutilement de minces filets d'eau depuis le sol vers des murs de flammes grondantes, qui formaient un gaz de douleur à la fois solide et liquide.

Seules les visions de l'affrontement à venir le réconfortaient… une fois qu'il les aurait traqués et acculés. Il devait refuser de laisser le temps et l'inévitable processus de guérison adoucir sa résolution meurtrière. Il ne pouvait pas permettre à son esprit de se protéger en oubliant leurs faces. Les faces de chien. Les yeux jaunes d'animaux.

Seth chercha à tâtons du papier et un crayon sur la moquette desséchée. L'un de ses yeux était rempli de fumée et de gelée. Il avait du mal à voir les traits, les contours. La lumière était trop faible. Et le bloc à croquis était un support trop dérisoire pour capturer ces visages qui continuaient à surgir dans l'esprit de Seth ; les visages universels de l'ignorance et de la cruauté.

Il pouvait entreprendre une vaste description de ce parasite qui corrompait la chair de l'humanité : le contraire de la raison, du talent et du progrès. Un travail de ce genre nécessiterait de longs coups de crayon audacieux et primitifs ; une absence de subtilité. Des poings bleus. Tommy Hilfiger. De la viande saignante. Gucci. Des gencives noires. Stone Island. Des yeux jaunes. Rockport.

Il avait envie de rugir comme un lion sur un sol de ciment. Et de gronder comme un ours polaire qui aurait usé sa fourrure jusqu'à sa peau rose, contre les pavés de l'enclos d'un zoo. Il devait libérer le dégoût. Le laisser dégouliner au bas des murs. Roussir le plafond noir de haine. Laisser la rage s'exprimer. Le pardon est surfait. La compassion est morte.

Seth ouvrit les pots de peinture et s'attaqua aux murs avec ses mains humides.

Chapitre 17

Miles Butler sourit.

— Mais ce que je n'arrive pas à comprendre, c'est pourquoi vous vous intéressez à Hessen.

Apryl entrevit de la malice dans ses yeux intelligents. Depuis qu'ils s'étaient donné rendez-vous à 19 heures pour dîner dans Covent Garden, elle n'avait pas cessé de rire. C'était l'un de ces hommes très rares qui gagnaient la sympathie en faisant preuve d'une extrême modestie et qui ne semblaient jamais se prendre vraiment au sérieux, tout en étant très cultivés. Il cachait son jeu, mais n'en était pas moins un excellent joueur.

Son visage était buriné, mais toujours beau, distingué. Même les petites rides autour de ses yeux bleus étaient sexy. Et Apryl était tombée amoureuse de sa coupe démodée, rappelant celle d'un militaire de la Seconde Guerre mondiale ; des cheveux gris désormais, mais brillants, soignés, et dégradés sur les côtés. Ses vêtements semblaient également classiques : un pantalon à taille haute porté avec des bretelles qu'elle remarqua quand il ôta sa veste et la disposa sur le dossier de sa chaise. La seule chose qu'elle aurait ajoutée à ses chaussures bicolores, à la chemise blanche qu'il portait avec des manchettes et à sa cravate en soie rétro, c'était un chapeau mou. Ils se complétaient d'une façon qu'elle n'aurait jamais pu prévoir : elle avait passé l'un des ravissants ensembles en laine cardée de sa grand-tante, des bas Nylon à coutures qui avaient pour nom *Cocktail Hour*, et des chaussures à talons cubains ornées d'un petit nœud sur la bride.

— Et de toute façon, qu'y a-t-il de si étrange à ce que je m'intéresse à la peinture ? Est-ce que j'ai l'air d'une cruche ?

Miles rit et secoua la tête.

— Non. Mais vous êtes... eh bien, différente de tous les passionnés de Hessen que j'ai eu l'occasion de rencontrer. Pour commencer, vous êtes trop séduisante, Apryl. Et bien trop élégante pour perdre votre temps avec le *Triptyque des marionnettes*. Encore moins avec *Études du boiteux*.

— Je devrais être chez *Harvey Nicks*, à essayer des chaussures Jimmy Choo, c'est ça ? Ou pourchasser M. Big autour d'un bureau ?

— Absolument. Pourquoi consacrer une grande partie de vos vacances à faire des recherches sur un obscur artiste européen ? Et un artiste pas très sain, qui plus est.

Miles flirtait peut-être, mais il n'était pas méprisant. Il semblait sincèrement intrigué par les raisons qui l'avaient incitée à le rencontrer pour lui poser des questions sur Hessen.

— Vous êtes une jeune femme mystérieuse, une véritable énigme.

Elle rit et but une gorgée de vin pour dissimuler sa rougeur... et la chaleur qui se répandait dans tout son corps. Pourquoi n'avait-elle jamais pensé à sortir avec des types plus âgés ?

— Ma foi, c'est peut-être une tradition dans la famille.

— Oui, vous avez mentionné cela au téléphone. Je suis tout ouïe.

Il prit une bouchée de ses *linguine alla vongole*.

— Ma grand-tante habitait le même immeuble que lui. Barrington House. Et elle est décédée récemment.

— Je suis désolé.

— Tout va bien. Je ne l'ai pas connue. Mais elle a légué son logement à ma mère. Et parce que celle-ci a une peur phobique de l'avion, je suis venue pour régler la succession.

— En échange de la moitié du butin.

— Je l'ai déjà méritée. Vous devriez voir l'appartement.

Elle songea à tourner en dérision le bric-à-brac, mais la légèreté semblait déplacée ; l'appartement n'était pas quelque chose dont elle pouvait se moquer.

— Elle a écrit sur lui dans ses journaux intimes, ajouta-t-elle.

— Vous me faites marcher.

Apryl secoua la tête, savourant l'intérêt qu'elle suscitait, la fourchette figée entre l'assiette et la bouche.

— Et ils ne se sont jamais entendus. Mais le problème, c'est que Lillian, ma grand-tante, n'allait pas très bien. Vous comprenez ? Elle était vraiment perturbée, et elle rendait Hessen responsable de son état, c'est pourquoi je devais en apprendre davantage sur lui. J'ai trouvé ce site, puis j'ai lu votre livre. Et...

— Maintenant vous êtes captivée.

— Pas exactement. Ses dessins me foutent vraiment la frousse, mais... tout ce mystère autour de lui et de ses relations avec ma grand-tante, c'est vraiment le pied. Je n'aurais jamais imaginé que je me plongerais dans cette histoire, mais il faut absolument que je sache ce qui est arrivé à Lillian et à Reginald dans cet immeuble. Ce qu'il leur a vraiment fait. Parce qu'il a bien fait quelque chose. Et plus j'en apprends sur lui et son œuvre et sur les gens qui l'ont connu, plus je sais que quelque chose ne va pas. Un truc vraiment pas normal, en fait... terrible. Ma grand-tante était peut-être folle, mais elle n'a pas pu tout inventer. J'en suis convaincue maintenant. Mais que lui a-t-il fait, et comment s'y prenait-il ?

Elle s'abstint de mentionner les phénomènes inexpliqués dont elle avait été témoin dans l'appartement. Il la prendrait pour une dingue.

Miles hocha la tête et entreprit de remplir le verre de la jeune femme.

— Saviez-vous que tous ceux qui l'ont approché avaient des troubles caractériels ? Ils sont tous morts très jeunes ou ont fini dans des hôpitaux psychiatriques. Il attirait les perturbés, les détraqués et les excentriques. Des laissés-pour-compte et des marginaux, tous. Des gens incapables de vivre dans le monde dans lequel ils étaient nés. Des individus qui voyaient des choses… d'autres choses. Et pas nécessairement ce que tout un chacun était à même de voir. Ils gravitaient autour de lui. Mais je pense que vous suggérez qu'il a mis votre grand-tante dans cet état. Une théorie intéressante. Alors peut-être était-ce son influence sur d'autres personnes qui expliquerait leur comportement. Une idée que je n'avais jamais envisagée.

Le verre d'Apryl était rempli. Il fit tourner la bouteille pour éviter de répandre des gouttes. Il essayait de la soûler pour la décrisper. Elle décida que cela ne la dérangeait pas du tout. C'était agréable de se détendre un peu. Londres était un endroit déroutant : juste au moment où la ville commençait à vraiment la déprimer, voilà qu'elle découvrait son côté romantique. Cela faisait une éternité qu'elle n'avait pas fait un véritable effort pour s'habiller élégamment en prévision d'un rendez-vous. Et ce soir-là, elle était surtout séduite par l'idée que la ville regorgeait d'occasions infinies. Comment pouvait-on jamais épuiser un tel lieu ? Miles remplit son propre verre.

Apryl but une gorgée de vin, en plissant les yeux.

— Vous savez tant de choses à son sujet. Mais pouvez-vous respecter un homme qui était givré à ce point ? Pour quelle raison vous passionnez-vous pour lui, *vous*, voilà ce qui m'intéresse davantage en ce moment.

Miles sourit.

— J'aime bien les perdants dans le monde de l'art. Et il était intéressant. Fascinant, en fait. Il se sentait destiné à exprimer une vision artistique à contre-courant des valeurs et des goûts de son époque. Je suis impressionné. Il lui a fallu beaucoup de courage… un grand courage pour faire ce qu'il a fait.

— Dessiner des cadavres ? Et des animaux écorchés ? Et ces marionnettes obscènes ? Une vision du monde plutôt glauque, non ?

— En effet. Mais il faut dire que son monde avait tellement changé, à partir de la fin du XIXe siècle. Imaginez ce que Darwin et Freud ont fait à la croyance religieuse. Sans parler des horreurs de la Première Guerre mondiale. Un massacre mécanisé. Et l'industrialisation. La montée du marxisme. Les débuts du fascisme. La grande guerre du brassage des idéologies. Le changement avait de si nombreuses facettes. Des facettes discordantes, chaotiques. Le modernisme, si vous préférez. Et il a pris sa place parmi tout cela, mais sa renommée ne pouvait être que posthume. Je pense qu'il l'a su tout du long. Mais il ne voulait pas être reconnu. Il n'a jamais flatté ses semblables, ni recherché les bonnes grâces de quiconque. Il agissait dans son propre intérêt. Et pour lui-même. Vous ne trouvez pas cela incroyable ? Particulièrement aujourd'hui ? Consacrer sa vie à une vision, sans attendre la moindre récompense ?

Apryl sourit.

— Excusez-moi, je me faisais l'avocat du diable, c'est tout. C'est une mauvaise habitude chez moi.

Il lui adressa un clin d'œil.

— En effet. La vie aurait pu être très agréable pour Hessen. Une fortune personnelle… une formation à la Slade… beau… érudit… cultivé… doué. Tout compte fait, il me ressemble un peu.

Il parvint à rester impassible jusqu'à ce qu'elle se mette à rire.

Il lui présenta la corbeille de pain.

— Il aurait pu côtoyer les grands esprits et les gens talentueux de son temps. Sans parler des femmes ravissantes qui l'auraient adulé. Mais il a pris le parti de se rendre la vie difficile. Incroyablement difficile. Il recherchait et dessinait la mort, constamment. Le moment de la mort dans les hôpitaux et l'instant qui suivait la mort dans les morgues et les salles d'opération. Il était obsédé par les curiosités médicales : la difformité, la défiguration. Il a consacré les plus belles années de sa vie à essayer de comprendre la mort et l'emprisonnement. Il se vautrait dedans. Passait ses week-ends à soudoyer des croque-morts dans des établissements funéraires, ses journées à faire des croquis de moutons écorchés et de déchets de boucherie dans les abattoirs de l'East End. Ou à dessiner les membres et les visages difformes de pauvres diables affligés de toutes les maladies et infirmités concevables.

— Ce devait être à se rouler par terre.

— Précisément. Et ses soirées, quand il était jeune homme ? Pas de dîners mondains pour Félix. Bien au contraire : il interrogeait chaque mystique, voyant et praticien de magie noire de cette ville, ou assistait à des séances de spiritisme. Il n'y a aucune preuve qu'il se soit jamais amusé ou qu'il ait été amoureux. Il n'a jamais rien fait, semble-t-il, qui ne soit pas directement lié à sa vision. Je ne connais pas d'autre artiste acharné à ce point. Passer une décennie à essayer de perfectionner le trait et la perspective, puis se lancer dans la distorsion, laquelle, d'après lui, était la seule véritable vision… une recréation du Vortex, la quintessence absolue de l'étonnement, de la terreur et de la crainte respectueuse ! Le lieu de la vie après la mort, accessible uniquement par la folie, par le rêve, par l'inconscient, et par la mort elle-même.

— Vous pensez vraiment qu'il était doué à ce point ?

— Difficile à dire. Parce que, que nous reste-t-il pour en juger ? Qu'est-ce qui a survécu ? Ces derniers dessins terrifiants d'êtres humains et d'animaux, emprisonnés dans ces paysages à peine esquissés. Voyez-vous, je pense que ce qui est intéressant chez Hessen, c'est ce qu'il essayait d'atteindre. Les dessins ne sont que des études préparatoires qui devaient lui permettre de peindre des tableaux que l'on n'a jamais retrouvés. Et également de rendre public son soutien au fascisme dans son article sur le Vortex – comment pourrais-je ne pas être fasciné par ce type ?

Apryl sourit.

— Je suis convaincue. Comment s'appelait-il, déjà ?

— Ne me cherchez pas.

Il haussa un sourcil et la regarda d'une telle façon qu'elle se sentit fondre.

— J'ai cherché sur Amazon et je n'ai trouvé que votre livre.

Elle ne mentionna pas la dizaine de mauvaises critiques rédigées par des membres des Amis de Félix Hessen.

— Dans ce pays, nous sommes très mauvais pour veiller sur notre patrimoine artistique. C'est en Amérique qu'on trouve tout ce que la peinture ou la poésie anglaise du XXe siècle compte de valeur. C'est ironique, je sais, mais il ne reste rien de lui ici. Même si je crois qu'il y avait très peu de chose, de toute façon. L'apport de Hessen au modernisme est difficile à estimer. C'est le problème. Les mythes qui l'entourent sont infiniment plus nombreux que toute preuve effective de son talent ou de son influence. À part les dessins, nous ne possédons absolument rien. S'il avait peint, ç'aurait été différent. Mais des esquisses et des pastels ne suffisent pas. Certains sont extraordinaires, je sais, et suggèrent peut-être une formidable vision. Mais je doute qu'elle ait jamais été atteinte. Personne n'a jamais vu un seul tableau, excepté quelques-unes de ses relations. Et, à l'évidence, on doit mettre en doute la fiabilité de leurs témoignages. Enfin, tous ont vu quelque chose de différent.

Miles but une longue gorgée de vin. Elle adorait la façon dont son visage s'empourprait d'excitation tandis qu'il parlait. Et cette voix. Elle n'avait pas envie d'interrompre son flot de paroles. Il aurait pu lire la notice au dos d'un paquet de lessive, cela ne l'aurait pas dérangée. Elle pouvait écouter cette voix toute la nuit.

—Mais il était en avance sur son temps. Il a virtuellement créé un nouveau langage visuel, s'est plongé dans un anti-esthétisme, et dans la philosophie et les idéologies extrémistes. En dehors du vorticisme, du futurisme, du cubisme, du surréalisme, il s'est fait tout seul et a suivi son propre parcours créatif dès le plus jeune âge. On pourrait même le considérer comme un philosophe de l'occulte. Incompris à son époque et quasiment ignoré depuis lors. La terreur du conservatisme et du bohème. Un peintre qui envisageait l'art comme un culte du surnaturel et comme le moyen de l'appréhender. Le plus surprenant, c'est que personne n'ait jamais écrit sur lui avant moi.

Cette mention du surnaturel la mit brusquement mal à l'aise. Cela gâcha presque sa bonne humeur.

—Vous pensez…

—Quoi ?

— Qu'il avait des pouvoirs ou quelque chose de ce genre ?

— Des « pouvoirs » ?

— Je sais que ça a l'air dingue, mais ma grand-tante était terrifiée par lui.

— Ma foi, il s'était plongé dans des rituels occultes. Il a probablement été initié par Crowley, la Grande Bête 666, aux rituels d'invocation les plus avancés. Qui sait ce que Félix a pu suggérer aux personnes les plus impressionnables ?

— Et s'il ne s'agissait pas du tout d'une suggestion ?

Miles éclata de rire et rompit un petit pain.

— Vous me faites encore marcher.

— Je suppose.

C'était une question idiote et elle regretta immédiatement de l'avoir posée. Autour d'elle des gens mangeaient et parlaient, sous des lumières vives, dans un restaurant moderne. Dehors, des taxis défilaient lentement et des gens faisaient la queue pour entrer au théâtre. C'était un monde de téléphones portables et de cartes de crédit où les fantômes n'existaient pas. Peut-être commençait-elle à perdre la boule à force de ressasser la démence de Hessen et de Lillian.

— Et le mysticisme, bien sûr, n'est pas bien vu par les critiques, poursuivit Miles. En fait, toutes les réactions des historiens d'art bien informés et des conservateurs qui connaissaient le travail de Hessen furent les mêmes quand j'ai entrepris les recherches pour la rédaction de mon livre. Tous le trouvaient grotesque, et le considéraient comme du menu fretin au regard de ses contemporains.

— Je suppose que l'on peut croire à n'importe quoi, dès qu'on y consacre du temps, dit-elle doucement.

Miles ne l'entendit pas, il observait attentivement la surface sirupeuse rouge dans son verre de vin. Elle but une gorgée du sien.

— Vous pensez vraiment qu'il a peint quelque chose ?

— Cela ne fait aucun doute pour moi. Mais je soupçonne qu'il détruisait ce qui ne satisfaisait pas son ambition. Laquelle était considérable. Il était très exigeant envers lui-même, s'imposait des objectifs irréalisables. Ou bien la prison l'a détruit.

— Je me pose la question. Vous savez, s'il a fait des tableaux… et si des gens les ont vraiment vus. Comme ma grand-tante et mon grand-oncle.

— Vous pensez qu'il existe une cache poussiéreuse remplie de ses œuvres ? Certains ont avancé l'hypothèse qu'il a peint des tableaux plus radicaux que n'importe quel autre moderniste, ou que n'importe quel artiste depuis son époque. Ma foi, ce serait sensationnel. Mais où sont-ils ?

— Vous vous moquez de moi.

— Non. Pas du tout. J'exprime simplement ma déception de n'avoir rien trouvé. Et vous savez, j'ai vraiment cherché. J'ai contacté le notaire chargé de la succession, des parents éloignés, et les enfants de toutes les personnes qui l'avaient mentionné un jour. Sans parler de la famille du collectionneur qui avait fait l'acquisition des esquisses avant l'incarcération de Hessen. Félix les avait cédées. Elles avaient atteint leur but. Mais je n'ai pas trouvé une seule piste permettant de prouver qu'il ait produit un seul tableau.

— Et après la guerre ? Vous avez trouvé quelque chose sur lui à cette époque ?

— Il s'aventurait à peine au-delà de la porte de son appartement. Vivait retiré du monde. Il n'avait jamais eu plus qu'un petit cercle de connaissances, et la plupart de ces personnes étaient décédées avant les années 40. Et il n'y a aucune trace de la moindre correspondance après sa sortie de la prison de Brixton. Alors, même s'il a peint quelque chose, qui l'aurait vu ? Je me suis demandé un jour s'il n'avait pas pu céder les tableaux qu'il avait produits avant de disparaître... peut-être à un collectionneur privé. Mais à moins que cette personne se fasse connaître, ou ses descendants, ils sont perdus. C'est tragique. Je crois qu'il était sur le point de peindre quelque chose de monumental, mais, quelle qu'en soit la raison, soit il ne l'a jamais commencé, soit il l'a détruit. Je trouve que cette dernière hypothèse est la plus vraisemblable. Malgré toute sa détermination et son courage, il était très instable.

— Je continue à me poser des questions.

— Moi aussi.

— Et j'aimerais toujours vous montrer les journaux intimes de ma grand-tante. Juste pour savoir ce que vous en pensez. Vous saurez mieux que moi ce que je dois en faire.

Miles sourit.

— Apryl, ce serait avec le plus grand plaisir. Veuillez m'excuser, je suppose que j'ai été horriblement rasoir.

— Pas du tout. Pourtant, j'en ai par-dessus la tête de Hessen. C'est Lillian qui m'intéressait, pas lui. J'espérais apprendre quelque chose sur elle en me renseignant sur lui. Je compte me rendre à cette réunion des Amis de Félix Hessen. Et il y a deux ou trois personnes à qui j'aimerais parler dans l'immeuble, ensuite j'en aurai terminé. Définitivement. Je ne tiens pas à finir comme Lillian.

Il la regarda attentivement, puis haussa un sourcil.

— Ma foi, je comprends ce que vous dites, mais...

— Quoi ?

— Mais je soupçonne que malgré vos charmes et les portes qu'ils doivent vous ouvrir, Apryl, je subodore que vous vivez en marge de la société, comme Hessen, et êtes secrètement attirée par sa pensée mystique.

Elle rougit. L'idée qu'il lui faisait peut-être des avances l'effrayait soudain, mais la faisait également frissonner de plaisir.

— Je vis sans doute comme une marginale, mais je ne suis pas une fan de Félix Hessen. Et je ne suis pas du genre mystique. Tous ceux qui s'intéressent à lui sont des barjos.

— Moi y compris ?

— Surtout vous.

Ils éclatèrent de rire au même moment.

— Je me demande ce qui lui est arrivé, murmura Apryl d'un ton rêveur. Il est censé avoir disparu, mais les journaux de Lillian donnent l'impression qu'il n'est jamais parti. C'est bizarre.

— Ma foi, tout le monde adore être confronté à un bon mystère. Et disparaître sans laisser la moindre trace est un legs rebattu, mais un legs néanmoins, et qui peut accroître une renommée limitée : pas simplement la garder vivante, mais lui permettre d'atteindre des proportions qu'elle n'avait pas à l'origine. Particulièrement irrésistible pour ceux qui ont un penchant mystique : se volatiliser en même temps que ses prétendus chefs-d'œuvre.

— Les Amis de Félix Hessen ne sont pas du même avis que vous.

— Voilà qui ne m'étonne guère de leur part. Pour des amateurs ils sont très enthousiastes, mais n'ont rien d'universitaires. Davantage le genre « sciences occultes ». C'est le côté ritualiste de Hessen qui les obsède. Même s'ils affirment être des érudits sérieux, si je me souviens bien. Dans leurs publications et tout le reste. Une bande très bizarre. Vous rencontrerez probablement de drôles de zigotos si vous allez à cette conférence. Ce fut mon cas. Nous recevions souvent des pétitions pour qu'ils puissent consulter nos archives à la Tate. Ils en envoyaient à toutes les galeries d'art. Ils recherchaient la cache secrète de ses illustrations interdites. Des trucs que nous avions prétendument censurés parce qu'ils étaient favorables aux nazis… ou des absurdités de ce genre. Mais malgré tout, j'ai un faible pour les amateurs éclairés. (Il rit.) Et qui sait, ce sacré Félix aurait peut-être été ravi d'avoir inspiré un culte à des personnes convaincues de son importance, qui harcèlent périodiquement les principales galeries d'art. Et peut-être, après tout ce qui a été dit et fait, que ce sont des gens comme les Amis de Félix Hessen qui ont raison. La voie occulte et l'interprétation des rêves sont peut-être les seules véritables méthodes disponibles pour le comprendre.

—Vous ne le croyez pas vraiment, n'est-ce pas ?

—Non, vous avez raison, je ne le crois pas. Mais j'ai cessé de chercher. Et pas uniquement parce que j'ai fait chou blanc. (Il s'adossa à sa chaise, laissa tomber sa serviette sur la table, et soupira.) Et qui plus est, je ne m'intéresse plus beaucoup à lui. J'ai quelque peu perdu mon appétit.

—Pourquoi ?

Miles haussa les épaules.

—Il me tape sur les nerfs.

Apryl éclata de rire.

—Non, je parle sérieusement. Si on regarde son travail trop longtemps, on se met à ressentir la même chose que lui. Cela m'a même donné des cauchemars. C'était très étrange. Je sentais qu'il se rapprochait de moi, mais je n'arrivais pas à l'approcher. Rien de ce qu'il était ne me plaisait. Et je me sens beaucoup mieux depuis que j'ai terminé mon livre. Sincèrement, je ne serai pas mécontent quand il sera épuisé. La période durant laquelle je l'ai rédigé… fut un moment difficile pour moi, personnellement. J'étais préoccupé par d'autres choses, mais son art ne m'aidait guère. Il a commencé à modifier ma façon de penser. Je devenais plus ou moins un nihiliste. Parce que Hessen était un nihiliste. Il ne voyait rien d'autre que la fin de la vie. Les souffrances. La solitude essentielle de la mort. Et ses prédictions à propos de ce qui arrivait après étaient tout aussi lugubres. De fait, je n'ai rien d'un masochiste, Apryl.

La jeune femme réfléchit à ce que Miles venait de dire. C'était cohérent. Après avoir regardé les esquisses de Hessen et lu sur lui pendant un certain temps, elle aussi avait ressenti le besoin de revenir à la vie normale : d'aller voir un film, de manger dans un restaurant, de se promener au milieu d'autres personnes. La vision de Hessen était si oppressante, si dévorante, si insensée. Elle l'avait rendue introspective et morbide.

— Quel dommage que vous ne viviez pas à Londres, dit Miles après une dernière gorgée de vin.

La bouteille était vide. Tous deux avaient la bouche violette.

— Pourquoi ? demanda-t-elle doucement, en baissant intentionnellement les paupières.

Cela faisait si longtemps qu'elle n'avait pas eu l'occasion d'être provocante. C'était agréable.

— Parce que j'aimerais vous revoir. Nous pourrions aller voir les Amis de Félix Hessen ensemble. Assister tous les deux à leurs réunions. Ce serait si romantique.

Apryl gloussa. Cela ne l'ennuyait pas de rester à Londres plus longtemps, si c'était pour sortir avec Miles. Elle avait enfin rencontré une personne saine d'esprit et sociable, et sexy de cette manière toute britannique. Quelqu'un qui pouvait l'aider à comprendre le fou furieux qui avait eu une telle influence sur sa parente éloignée. Elle ne pouvait s'empêcher d'être séduite par son assurance tranquille, son humour pince-sans-rire, sa voix grave et la lueur espiègle de son regard. Tout cela se liguait contre elle à présent. L'amenait à se comporter en fille facile. Elle n'avait jamais manqué d'attentions, ni été habituée au rejet, mais certains types lui faisaient davantage d'effet que d'autres. Ou bien en pinçait-elle pour lui ?

— Qu'y a-t-il ? demanda Miles. Vous avez une expression très étrange.

— Je me demandais juste si j'en pinçais pour vous.

Miles déglutit et prit sa serviette pour se tamponner le front.

— Je ferais mieux de demander au serveur d'apporter des sels.

— Y a-t-il une Mme Butler ?

— Plus maintenant. Je n'étais pas certain d'avoir envie d'être père. Je n'étais pas certain d'avoir envie d'être un tas de choses qu'elle voulait que je sois.

— Une petite amie ?

— Rien de sérieux.

— Salopard de menteur.

Miles leva les mains.

— Nous sommes au tout début de notre relation. C'est la stricte vérité. Mais si elle apprenait que nous avons eu cette conversation, elle serait furieuse. Et blessée. Et je me sentirais vraiment dégueulasse. Ce qui ne me tente pas. Tout est déjà assez compliqué dans ma tête.

— Mais je suis sûre que vous pourriez surmonter cela.

— Avec vous comme stimulant, je dirais que je pourrais surmonter la plupart des choses.

Juste un instant, tandis qu'il parlait, le sourire s'estompa sur son visage et Apryl décela une expression fugitive de désir ardent qui lui coupa le souffle. Et elle sentit sa propre réaction, entre ses jambes.

Ainsi, elle lui plaisait. Et peut-être bien plus qu'elle le soupçonnait. Mais pourquoi tout était-il si compliqué ? C'était ainsi quand on approchait de la trentaine et que l'on était toujours célibataire. Particulièrement quand des hommes plus âgés, charismatiques, comme Miles, étaient toujours mariés. Elle avait lu des articles sur les femmes qui avaient une liaison avec des types de ce genre. Ils étaient toujours mariés avec quelqu'un qu'ils sousestimaient et considéraient comme acquis, mais pour qui ils se redécouvraient un attachement impossible à briser quand venait le moment de prendre la grande décision. À manier avec précaution.

— C'est très gentil à vous de dire ça, dit-elle, un peu trop amèrement à son goût.

— C'est la vérité. Vous êtes adorable, Apryl. Pourquoi ne serais-je pas intéressé ? Vous êtes une splendide jeune femme. Intelligente également. Et un peu folle, d'une façon très agréable. Irrésistible, en fait.

De nouveau les yeux pétillants.

Une fois son sang-froid recouvré, Apryl décela chez lui un besoin de se protéger émotionnellement. Encore une chose qu'ils avaient en commun. S'ils ne se revoyaient jamais, ils continueraient à penser l'un à l'autre.

— C'est sûrement le vin. Ou bien je suis une allumeuse. Mais j'étais sur le point de vous demander si vous aimeriez venir voir l'appartement de ma grand-tante.

— Cela n'incite guère à la passion.

— Vous avez raison sur ce point. Ou alors à quelque chose de spécial, comme le sadomaso.

— Allez chercher votre manteau. Vous racontez n'importe quoi.

Apryl gloussa, mais ne put s'empêcher de se sentir hargneuse à cause de la déception qu'elle éprouvait.

— Votre petite amie ne me remerciera pas de vous avoir retenu si tard.

— Arrêtez ça. Maintenant vous vous conduisez mal. (Même sa façon de la remettre à sa place n'était pas dépourvue de charme.) Mais sérieusement, j'aimerais vraiment voir l'intérieur de Barrington House. Je me demande si l'endroit a beaucoup changé depuis que Hessen y habitait.

— Je ne pense pas. L'immeuble est… vous savez, complètement rétro. Et l'appartement de Lillian n'a pas eu droit à la moindre petite couche de peinture depuis les années 40.

— Ce journal, aussi. J'aimerais beaucoup le voir.

— Ses carnets ? Bien sûr. Je peux vous les prêter. Ceux qui sont lisibles. Les derniers sont indéchiffrables. Mais vous devez les manier avec précaution : j'ai l'intention de les emporter aux États-Unis. Il ne nous restera pas grand-chose d'autre de Lillian, une fois l'appartement vendu. Juste quelques photos et ses journaux.

— Combien y en a-t-il ?

— Toute une pile. Vingt.

— Vraiment ?

— Et tous concernent votre Félix bien-aimé.

Il la regarda avec intensité, le visage presque dur.

— Sérieusement, ils concernent vraiment Hessen ?

Elle acquiesça.

— Si vous aviez écouté un peu plus tôt, vous sauriez à quel point. Mais il faut que vous les lisiez vous-même. Je ne serais pas capable d'en décrire le contenu. Ils sont effrayants. Et c'est à cause d'eux que je séjourne à l'hôtel.

— Ma foi, vous n'aviez pas exagéré, dit Miles en parcourant le vestibule du regard. C'est incroyable.

— N'est-ce pas ? Mais vous auriez dû le voir avant. J'ai enlevé la plus grande partie du fatras. Lillian ne jetait absolument rien. Il y avait des annuaires téléphoniques de Londres datant des années 50.

— Certains objets ont peut-être de la valeur.

— Je ne suis pas stupide, Miles. Les antiquaires ont acheté tout ce qui avait de la valeur.

— Touché !

— Et heureusement pour moi, elle conservait également ses vêtements. Ceci lui appartenait.

Elle tourna sur elle-même pour faire admirer son ensemble, auquel elle trouvait qu'il n'avait pas prêté suffisamment d'attention.

— Je lui avais trouvé un air d'authenticité, dit-il, en examinant les fines coutures au dos de ses mollets.

— Pas seulement l'air, l'odeur, malheureusement. Il faudra que je les inonde de parfum avant de les faire tous nettoyer à sec.

— Cet ensemble vous va à merveille.

— Merci.

— Je suis sincère, il vous va *vraiment* très bien.

Elle prit une pose à la Betty Boop et lui envoya un baiser. Les yeux de Miles s'assombrirent… de désir, sauf erreur de sa part. Elle se retourna et avança en roulant des hanches dans le couloir de l'appartement ; Miles la suivit.

— Votre grand-tante avait des problèmes ? demanda-t-il, comme pour dissiper la tension érotique qui semblait peser continuellement.

— Elle n'allait pas très bien. Mais elle était… hantée. Par le passé je pense. Je crois qu'elle ne s'est jamais remise de la mort de son mari. Elle n'avait pas d'amis. Elle errait toute seule dans le quartier, projetait de s'échapper de la ville. Elle était persuadée que Hessen l'avait prise au piège dans cet immeuble.

Apryl avait envie de parler des allusions de Lillian au fait d'avoir « brûlé » quelque chose – peut-être les peintures de Hessen – et les tourments que, d'après sa grand-tante, l'artiste leur avait infligés, à elle et à Reginald, mais elle ne parvenait pas à s'y résoudre. Elle voulait plaire à Miles et éviter qu'il la trouve loufoque avec ses histoires d'esprits malfaisants ou de fantômes, ou d'autres trucs barjos. Elle allait lui faire lire les journaux et le laisser se faire sa propre opinion.

Une fois dans le salon, il examina la caisse pleine des photos qu'elle avait enlevées des murs.

— Triste, n'est-ce pas ? dit-il doucement.

Il tenait un cliché représentant Lillian et Reginald dans un jardin. Et elle voyait très bien ce qu'il voulait dire. Tout le monde finissait comme ça ; dans une caisse remplie de photographies aux bons soins de personnes qui ne vous avaient jamais connu.

L'appartement minait déjà son allégresse. Cette soirée avec Miles était la plus agréable qu'elle ait passée depuis son arrivée.

— Venez, je vais vous montrer les chambres et ensuite je vous demanderai de m'accompagner jusqu'à un taxi. Je veux m'en aller. J'ai déjà passé trop de temps ici. Je voudrais m'amuser un peu avant de rentrer aux States.

Miles parcourut les murs tachés du regard.

— Ce n'est pas un endroit pour une jeune personne impressionnable. Foutrement lugubre, mais touchant aussi… d'une certaine façon.

— Vous devriez essayer de passer une nuit ici.

— C'est une invitation ?

— Vous êtes le bienvenu, mais seul. Je ne dormirai plus ici jusqu'à ce que l'appartement soit vendu. Je vous l'ai dit, il me fout la trouille.

— Mais votre grand-tante a vécu entre ses murs. Vous portez ses vêtements et vous semblez penser beaucoup de bien d'elle.

— Je sais. Et c'est le cas. Mais c'est le logement lui-même… Tout l'immeuble, à vrai dire. Il y a quelque chose qui cloche.

Miles se rembrunit malgré son sourire.

— Allons, qu'est-ce qui vous fait dire cela ? Il est vieux, c'est tout. Je pensais que vous aimiez tout ce qui était ancien.

Elle secoua la tête.

— Non. Ce n'est même pas l'ancienneté des lieux, ni le fait que l'appartement n'ait jamais été entretenu. Rien à voir. C'est le lieu lui-même. L'immeuble. Je sais que ça peut vous paraître dingue, mais il a tout changé pour Lillian. Et je pense qu'il a joué un rôle dans ce qui est arrivé à Reginald, d'une manière ou d'une autre. Cet endroit a quelque chose de malsain. Il est néfaste. Passez assez de temps ici et vous le sentirez, vous aussi.

Miles fronça les sourcils.

— Vous me trouvez ridicule. Mais lisez quelques-uns des journaux et vous comprendrez sans doute ce que je veux dire. Ce lieu est rempli de démence et de cauchemars. C'est un immeuble malsain, Miles. Très malsain, comme Hessen.

Alors qu'elle cherchait les carnets dans la commode-secrétaire de la chambre, Miles demanda :

— Pourquoi le miroir est-il retourné ? Et ceci, c'est un tableau ? Je peux regarder ?

— Oh oui, c'est ma grand-tante et mon grand-oncle. Je l'ai trouvé à la cave. J'avais remonté la glace pour essayer ses vêtements, mais…

— Hein ? Il est magnifique.

— Oui, c'est vrai. Mais… je ne sais pas. Il me fout la frousse.

Miles commença à rire puis s'arrêta quand il vit l'expression de la jeune femme.

— Excusez-moi. Je ne me moque pas de vous. Cet endroit donne vraiment la chair de poule. Un nouvel éclairage ne lui ferait pas de mal.

— Il n'y a rien qui cloche avec l'éclairage. Mais les murs et le sol semblent absorber la lumière.

Il ne faisait pas du tout froid dans la pièce, pourtant, elle frissonna.

Il passa un bras autour de sa taille et la regarda dans les yeux.

— Vous voulez partir. (Elle acquiesça.) Merci pour ceci. (Il montra l'un des carnets qu'elle lui avait passés.) Je n'arrive pas à croire que je vais lire un texte sur Hessen, écrit par quelqu'un qui l'a connu après la guerre. C'est une sacrée trouvaille.

— Elle était obsédée par lui. Et je vous préviens, ces journaux sont vraiment étranges. Ne les parcourez pas avant de vous mettre au lit.

— Promis. Et je pourrai peut-être vous aider à découvrir ce qui s'est passé ici.

Elle hocha la tête.

— Avec le plus grand plaisir.

Prise d'une impulsion, elle se mit sur la pointe des pieds et l'embrassa. Quand elle s'écarta, il avait l'air surpris. Elle était sur le point de s'excuser, mais Miles se pencha vers elle et l'étreignit pour l'embrasser plus longuement et avec plus de fougue.

Chapitre 18

À 3 heures du matin, Seth s'introduisit dans l'appartement seize. Et jusqu'à 3 h 20, il resta parfaitement immobile.

Dès l'instant où il alluma les lumières, les fragments d'un cauchemar récent surgirent de sa mémoire ; les carreaux de marbre noirs et blancs, les longs murs rougeâtres du couloir, les portes anciennes, les grands tableaux rectangulaires disposés en une symétrie parfaite, le tout éclairé par la lumière sale qui tentait de s'échapper du verre décoloré des abat-jour. Oui, il était déjà venu ici. Il avait une impression persistante de déjà-vu et cela venait contredire tout ce qu'il avait toujours considéré comme allant de soi.

Mais un détail différait. Dans le rêve, les tableaux étaient découverts. Dans la réalité, de vieux draps les dissimulaient. Seth referma la porte derrière lui, puis laissa tomber le trousseau de clés dans la poche de son pantalon.

Quelque chose l'avait attiré en ce lieu. Quelque chose qui avait bougé à l'intérieur alors qu'il passait devant la porte d'entrée. Quelque chose qui l'avait appelé sur le téléphone intérieur et avait implanté des visions dans son esprit endormi. Quelque chose qui l'avait suivi jusque chez lui.

Ses ennuis étaient allés croissant du jour où il avait entendu les bruits dans cet appartement. Ce qu'il avait jusqu'ici mis sur le compte de la dépression, du manque de sommeil et de la solitude, pouvait être attribué à cet endroit. Il le sentait.

Impossible, mais confirmé. Ici et maintenant.

Il avait été contraint de venir ici. On l'avait convoqué.

Il frissonna. Il était sous le choc. Mais le tourbillon de ses pensées éperdues se calma. Pour la première fois depuis longtemps, son esprit était débarrassé de tout, sauf d'une terreur qui se mua en crainte mêlée de respect. Un sentiment si oppressant que c'était à peine s'il pouvait respirer.

Il avança lentement dans le couloir, sur des jambes mal assurées, incapable de retarder plus longtemps ce rendez-vous avec un lieu inoccupé pendant un demi-siècle.

Toutes les portes intérieures donnant sur le couloir étaient fermées, et il recula à l'idée d'ouvrir celle qui se trouvait au milieu sur la droite, celle qui menait là où les lignes des murs, du sol et du plafond avaient été effacées par une infinitude glacée d'obscurité, là où des choses qu'il avait prises pour des peintures avaient soudain bougé. Tout d'abord autour de lui, puis partout sur lui. La vision s'était extirpée de son rêve et le poursuivait.

S'arrêtant devant le premier tableau du couloir, Seth se força à retirer la mousseline poussiéreuse du cadre. Celui-ci avait la dimension d'une large fenêtre. Les doigts tremblants, il souleva le coin inférieur, essayant de le relever lentement. Mais le tissu tomba lourdement en ondulant, et atterrit dans un bruissement.

La vision de la chose que représentait la peinture à l'huile le frappa immédiatement, comme un coup à l'estomac. Puis il fut pris de nausées et de vertiges, comme si l'être difforme, en costume-cravate, lui transmettait directement ses tourments.

Seth recula en chancelant, incapable de détourner les yeux de la peinture, ou même de les cligner. Qu'était-ce ? Cette créature déchiquetée, au visage effacé par une grande traînée de peinture blanche ? Et pourtant il comprit instinctivement l'angoisse latente de ses entrailles exposées. Il se sentit aussitôt impliqué dans la mort violente du personnage, la perte de son individualité, sa désintégration.

Il ne s'agissait pas d'une représentation d'un être d'humain ou d'un animal. Mais cela suggérait les deux. Il distinguait des éléments – la bouche ouverte qui hurlait, des dents pleines de sang ; une langue trop grande qui s'agitait ; la suggestion d'un étranglement ; un œil, ou quelque chose qui y ressemblait, mais au mauvais endroit dans la tête informe, grand ouvert et à ce point empli de terreur et de tourment que Seth était incapable de le regarder fixement. Il avait envie de le recouvrir de nouveau, cet œil injecté de sang, à la pupille écarlate, congestionnée et prête à éclater. Cette chose semblait si réelle, malgré sa déformation au sein du tourbillon d'un visage absent.

Quoi qu'ait été le personnage autrefois, il était détruit à présent. Les restes de son costume et de sa cravate étaient toujours là, en une horrible parodie de convention sociale, mais les membres avaient disparu. Il restait des moignons déchiquetés, se fondant dans l'aura ocre qui semblait sanctifier sa mutilation.

Les affres de la mort en suspension pour l'éternité dans cet espace noir terrifiant. Non pas la vie, mais une imitation. Un mouvement après la mort, répété à l'infini. Il comprit immédiatement le message.

Seth tourna le dos à ces tortures, à la viande saignante prise dans la toile. Il ressentait néanmoins une espèce d'euphorie, une crainte respectueuse envers l'artiste qui avait restitué l'apogée même de la terreur et de l'anéantissement.

Il pensa à ses propres croquis, éparpillés sur la moquette encroûtée de sa chambre de *L'Homme vert*. Se souvint du personnage à la capuche dans son rêve, qui évoluait dans une plaine couverte de merdes de chiens et de béton taché de pisse, qui chuchotait avec la logique démente d'un enfant qui craignait de se retrouver emprisonné après la mort. Pris au piège pour un très long moment. Jusqu'à ce que les ténèbres viennent. Était-ce cette obscurité ?

Devant le tableau suivant, mesurant un mètre quatre-vingt-cinq de haut et au moins un mètre vingt de large, il fut aussi choqué que si on lui avait jeté un seau d'eau glacée : sa raison vola en éclats et il se sentit désorienté. Il figea toute chose en lui, excepté l'électricité de la terreur. Et c'était toute sa fonction : représenter quelque chose que seuls les aliénés pouvaient contempler et étaient capables de supporter.

Après avoir recouvré son souffle, son équilibre, sa perception de l'espace et de lui-même, il remarqua l'arrière-plan. Cette performance de violence et de fragmentation n'était rien sans la profondeur qui s'étendait derrière. Avec son museau de babouin, sans yeux, le corps horriblement tordu dans les lambeaux d'une robe d'intérieur à motif floral, ensanglantée et toujours humide ; le personnage flottait dans une obscurité complète. Un néant total qui parvenait néanmoins à communiquer le froid de l'espace lointain, et les dimensions insaisissables de l'éternité. C'était l'utilisation la plus merveilleuse qu'on puisse faire de l'empâtement, pensa-t-il, tout en se retenant d'éclater d'un rire hystérique devant ce blasphème ruisselant. Une surface d'arrière-plan qui projetait son sujet en avant, comme si celui-ci allait tomber à ses pieds, où il hurlerait et agiterait ses griffes cassées, en proie à des souffrances qui duraient depuis si longtemps qu'un siècle semblait tout juste le commencement.

Oui, il le sut immédiatement, ces choses qu'il entrevoyait étaient montées à la surface de ténèbres glacées sans fin. Une éternité où gisaient des créatures terrifiantes qui se hissaient vers un point lumineux minuscule chaque fois qu'une ouverture était pratiquée. Comme ç'avait été le cas ici. Cet endroit où personne ne pouvait vivre. Où personne n'était censé se trouver. Pourtant quelqu'un était resté pour représenter ces êtres.

Seth passa d'un cadre à l'autre en tirant sur les housses. Il les fit glisser pour découvrir des images qui le rendaient muet, quand il aurait voulu crier. Il n'était capable d'émettre qu'un vagissement de bébé, de temps à autre, devant des créatures qui sautillaient sur leurs os d'animaux, aveuglées par des pans de peau cousus, crachaient tels des chats moribonds aux gencives noires et aux dents pointues, lançaient des ruades comme des pendus, des choses dont les membres étaient noués autour d'elles et dont les contours de la tête, flous, semblaient vibrer ; des choses écorchées comme des agneaux, ou roses comme des souriceaux morts.

Et toutes les difformités et les distorsions qu'il entrevoyait, il se sentait capable de les recréer. Des représentations de son propre potentiel étaient accrochées dans ce couloir rougeâtre, comme des cadavres luisants dans la chambre froide d'un boucher. Des os jaunes, gras et acérés, d'un rouge huileux : la viande et la graisse de l'horreur humaine.

Lui aussi avait entrevu les premiers signes de cette rage bestiale, cette annihilation de la raison et de la décence, dans les lieux les plus communs : un bus, les rues venteuses de Londres, dans les allées brillantes d'un supermarché.

Cette terrifiante contamination faite de laideur, de cruauté et d'autodestruction, de narcissisme compulsif, de cupidité et de haine, de folie furieuse flamboyante, avait commencé à émerger et à grouiller autour de lui dans la ville. Il l'observait chez d'autres à présent qu'ils étaient dépouillés de leur peau. Il avait appris à voir à travers elle, et plus bas, où résidait le Diable. L'enfer était un endroit vivant à l'intérieur de chaque membrane de chair se faisant passer pour un être humain.

Seth tomba à genoux. Des larmes lui brûlaient les yeux, lui offrant un répit saumâtre miséricordieux devant ce qui était cloué aux murs, grondant et déformé.

Un génie.

Il sanglota devant le génie, sanglota de gratitude. Il avait trouvé un maître pour guider ses pitoyables gribouillages et ses barbouillages. Il devait tout recommencer. Dès qu'il serait rentré chez lui. Couvrir les hémorragies de peinture avec des pansements souillés avant de faire de nouvelles cicatrices sur les murs et le plafond de sa chambre. Ensuite il reviendrait là, nuit après nuit, pour se pénétrer de cette terreur et apprendre comment recréer ce qui allait et venait, de fait, dans cette ville. Sa chambre sordide deviendrait le temple d'une nouvelle renaissance. Il travaillerait jusqu'à s'écrouler d'épuisement pour communiquer ce choc, cette dissolution de l'identité et ce sursaut de dégoût.

Il se traîna sur les mains et les genoux vers la porte la plus proche. L'ouvrit. Vit, éclairés par la vague lumière rougeâtre émanant du couloir, des murs couverts d'autres merveilles sous des housses. Il avait envie de vomir, d'éjaculer et de se pisser dessus en même temps. C'était trop. Il devait prendre cette drogue immonde avec précaution, par quantités progressives, sinon il perdrait les dernières bribes dont son esprit avait besoin pour créer sa propre vision.

Il risqua un coup d'œil dans la pièce suivante, celle qui l'avait terrifié dans le rêve, et vit de superbes miroirs sur chaque mur entre des tableaux masqués. Et il sut que ce qui se trouvait sous les housses pouvait lui donner une crise cardiaque ou le paralyser d'une attaque s'il le regardait trop longtemps. Aussi, il se releva péniblement et tourna les talons, pressé de sortir de cet endroit où les peintures lui hurlaient en plein visage. C'était un tintamarre, une cacophonie. Toutes voulaient qu'il les observe et se perde en elles. Mais avant qu'il parvienne à s'éloigner en rampant de la pièce aux miroirs, il vit quelque chose bouger. Du coin de l'œil.

À trois reprises. Trop rapide pour qu'il s'agisse de jambes, cela apparut à la surface de l'un des miroirs, venu de l'intérieur du reflet du tableau accroché sur le mur opposé. Puis cela disparut quand il se retourna pour regarder. Trop vite pour que ses yeux puissent le suivre. Parti. C'était retourné dans le reflet, ou bien cela avait quitté la partie de son esprit épuisé capable d'entrevoir des choses de ce genre.

Il n'y avait personne dans la pièce. Rien de si grand et mince, avec un visage recouvert par quelque chose de si étroitement attaché et rouge. Il avait dû se voir lui-même entre les murs rouges. Ces murs couleur de meurtre tout autour de lui.

Seth s'enfuit. Il s'essuya les yeux et décolla sa chemise trempée du creux de ses reins. Ferma la porte d'entrée et la verrouilla. Se dirigea vers l'escalier. Mais il s'arrêta avant de descendre, figé… car il entendait les portes intérieures de l'appartement seize se fermer, les unes après les autres.

L'aube commençait à dissiper l'obscurité compacte de la ville, à atténuer et à craqueler le froid dense de l'air nocturne, pourtant même la plus faible lueur du jour lui blessait le fond des yeux. Les jambes lourdes d'épuisement, il se traîna en haut de l'escalier, au-dessus de *L'Homme vert*.

Habituellement, il regagnait sa chambre après sa garde de nuit et s'écroulait sur son lit défait. Il se blottissait dans les draps humides, puis sombrait dans le coma. Mais pas ce jour-là. Il avait du travail.

Malgré les entorses et les contusions douloureuses dont il souffrait toujours après le passage à tabac, il débordait d'inspiration. Cela faisait des années qu'il ne s'était pas senti à ce point absorbé par des idées et des images. Et, désormais, il était contraint de les sortir avant qu'elles aient disparu de son esprit.

Après avoir quitté l'appartement seize, il s'était assis derrière le comptoir du portier et avait immédiatement rempli deux blocs de croquis, laissant juste ses mains meurtries griffonner avec les crayons. Comme possédé, il remplissait les feuilles les unes après les autres de suggestions et de fragments de ce qu'il avait vu là-bas.

Et à présent il avait un travail à faire sur ses propres murs… Pas de temps à perdre. Le désir de créer pouvait de nouveau l'abandonner, le quitter pendant des années même, s'il ne jetait pas tout son être dans son art à cet instant précis. Toute sa force et la dextérité que ses muscles, tendons et nerfs endommagés avaient conservées devaient imprimer leur marque ici. Sur les murs.

Celui qui se trouvait à côté du lit et au-dessus du radiateur décoloré, il l'avait laissé barbouillé et maculé d'impressions hâtives des abominations qu'il avait vues dans Londres. Mais il ne pouvait pas abandonner le *trait*. La perfection du *trait*. L'artiste de l'appartement seize l'avait gardé intact sous le chaos des couleurs et la violence de son travail au pinceau. Seth le savait.

Aussi, ses médiocres ébauches sur ses propres murs miteux devaient-ils être recouverts de quelque chose de noir, de lisse, et de moucheté, pour suggérer des distances infinies. Ensuite il pourrait recommencer, et revenir sur la toile improvisée, encore et encore, jusqu'à approcher au plus près l'esprit des chefs-d'œuvre du numéro seize. Il se devait de restituer le choc, le sentiment d'incompétence et la complète implication qu'il avait ressentis devant eux. Il devait acquérir le style. Mais les sujets seraient les siens.

Il avait besoin d'espace. La table, les chaises et la penderie avaient gêné ses mouvements durant toute la nuit qui avait suivi le passage à tabac, quand il se déplaçait en clopinant et essayait de jeter une impression de *ces* visages de fouine sur le papier peint fané.

Le lit resterait. Il serait obligé de faire un petit somme de temps en temps dans les semaines à venir. Quelques heures par-ci par-là. Pas davantage. Il ne voulait pas perdre de temps alors que tout son corps le démangeait de cette électricité statique, alors que tous ses doigts et ses orteils bourdonnaient d'une idée, d'une image qu'il ne pouvait pas laisser mourir ni s'estomper dans sa mémoire.

Dire qu'il avait autrefois eu honte de ces pensées, de ces impressions absurdes du monde, qu'il avait ardemment désiré être comme les autres, considérant sa sensibilité comme une malédiction, qui gâchait toute chance véritable de bonheur. Il n'était pas maudit. Il était béni. Comme l'auteur de ces peintures l'avait été. Une véritable épiphanie, quand l'alternative était la routine et un bien-être stupide. Il avait été touché par une intuition divine alors que les yeux ordinaires étaient embués par l'illusion et une perception superficielle des choses. C'était sa seule chance de donner un sens à son existence, d'atteindre un but, de recréer ce qu'il avait commencé à entrevoir dans cette ville. Des choses qu'il avait appris à voir, ou qu'on lui avait appris à percevoir grâce à Dieu savait quoi.

Il ne voulait pas savoir pourquoi ni comment cette connexion impossible s'était faite. Il ne pouvait pas se permettre de remettre en question son origine, son intention ou sa signification. Elle était juste là et elle l'avait ressuscité d'entre les morts. Ces nuits de solitude l'avaient réveillé en sursaut et lui avaient fait comprendre que rien n'avait d'importance excepté la vision qui se révélait dans ses rêves. L'art. Il allait vivre seulement pour créer, même si le sacrifice ou la perte étaient immenses.

La seule pensée de retourner dans cet endroit rouge, de dévoiler ces horreurs, lui glaça le sang, mais l'emplit aussi d'une allégresse qui fit frissonner son âme.

Chapitre 19

On décrocha immédiatement le téléphone.

—Allô ?

—Euh. Bonjour. Est-ce Harold ?

—Lui-même.

La voix courtoise était celle d'une personne d'un certain âge, mais Apryl fut instantanément désarçonnée par l'agressivité contenue dans cette seule réponse.

—Mmm. J'appelais au sujet de la réunion de vendredi soir.

—Les Amis de Félix Hessen, oui. Faites-vous partie des Amis ?

Il avait dit cela rapidement, et avec une autorité et une suffisance qu'elle trouva ridicules.

—Euh… Je n'en suis pas sûre, mais j'aimerais le savoir. (Elle eut un petit rire, mais son interlocuteur garda le silence.) Excusez-moi… la réunion… j'aimerais venir.

Le silence se poursuivit.

—Hé, vous êtes toujours là ?

Après encore quelques secondes la voix répondit :

—Oui.

—On disait… Enfin, sur le site, on disait de téléphoner pour avoir des précisions.

Silence.

Sa détermination faiblit. Et pas uniquement à cause du silence peu engageant. C'était dû à ce qu'elle savait désormais sur Hessen. Qui voudrait être « l'ami » de ce type ?

— Est-ce que le moment est mal choisi pour appeler ? Veuillez m'excuser si l'heure est trop tardive.

Elle envisagea de raccrocher.

— Non. Non. Il n'est pas trop tard, dit la voix.

— Alors je peux venir ?

— Vous connaissez son œuvre ?

— Oui, je viens de lire le livre de Miles Butler...

— Pouah ! Il y a de bien meilleures sources. Mon propre ouvrage est disponible en ligne et sortira prochainement en édition reliée. Je vous suggère de commencer par celui-là. C'est un écrit définitif.

— J'essaierai.

— Des exemplaires seront en vente lors de nos prochaines réunions. Mais ils sont gardés à une adresse privée et nos interprétations sont très catégoriques. De plus, certains de nos invités de marque subissent une infamie injustifiée, c'est pourquoi nous vérifions l'identité des personnes qui viennent assister aux conférences. Qui êtes-vous ?

— Mmm. Personne en fait. Je surfais sur le Net, j'ai vu le site et j'ai acheté le livre.

De nouveau le silence. Il semblait lourd de désapprobation. Ce type lui foutait la trouille.

— Et ma grand-tante l'a connu, ajouta-t-elle doucement, d'une voix crispée, mal à l'aise.

— Qu'avez-vous dit ? demanda-t-il rapidement, presque avant qu'elle ait terminé sa phrase.

— Ma grand-tante, elle l'a connu. Ils habitaient dans le même immeuble.

— À quelle adresse ?

— Barrington House dans Knightsbridge.

— Oui, je sais où c'est, dit-il d'un ton sévère. Mais pourquoi diable ne pas l'avoir dit plus tôt ?

— Je… je ne sais pas.

— Votre grand-tante est toujours en vie ?

— Non. Elle est décédée récemment. Mais elle le mentionnait dans ses journaux intimes. C'est comme ça que je m'y suis intéressée.

— Des journaux intimes ? (Il se mit à parler plus fort.) Il faut que vous les apportiez. Je dois… (Il fit une pause, comme pour se calmer)… les voir. Tout de suite si possible. Où êtes-vous en ce moment ?

Immédiatement gagnée par la prudence, elle mentit :

— Mais je ne les ai plus. Ils sont chez moi. Aux États-Unis.

— Ils ne nous servent à rien là-bas. Vos compatriotes ont déjà mis ses esquisses en lieu sûr. Nous devons absolument voir ces journaux.

— Je peux en faire une copie, ou quelque chose, à mon retour.

— Vous avez de quoi écrire ? demanda-t-il avec impatience. (Elle répondit par l'affirmative.) Alors notez ceci. (Il lui indiqua une adresse dans Camden et la lui fit épeler.) Bon, je suggère que vous veniez ici de bonne heure afin que je puisse vous faire un topo, et aussi pour que je vous pose quelques questions sur votre grand-tante. Vous serez quasiment l'invitée d'honneur.

— Oh, mais je n'y tiens pas. En fait, je ne sais absolument rien sur lui…

— Ridicule, vous êtes la parente de quelqu'un qui a côtoyé le grand homme. Quelqu'un qui s'est trouvé en présence d'un génie. Nous serons ravis de vous avoir parmi nous. Vous devez absolument venir. Nous nous chargerons des frais.

— Non, c'est inutile. Merci. Je serai là-bas à 19 heures.

Harold insista ensuite pour avoir son numéro de téléphone à l'hôtel, qu'elle lui donna à contrecœur, incapable de trouver une excuse pour refuser. Puis elle raccrocha et s'assit, sentant la sueur qui séchait sur son front. Elle ne voulait plus aller à la réunion. Elle commençait à soupçonner que tout ce qui avait un rapport avec Hessen était bizarre et déplaisant. Et elle s'en voulut d'avoir mentionné les journaux de Lillian. Pourquoi en avoir parlé ? Pour l'impressionner ? Elle avait l'impression d'avoir fait preuve d'une telle imprudence que cela reviendrait la hanter.

Le téléphone sonna. Elle décrocha, nerveuse. C'était Harold.

— Excusez-moi, j'ai appuyé par erreur sur la touche « rappel automatique », dit-il. À demain alors.

Il raccrocha avant qu'elle ait pu répondre.

Chapitre 20

Et il retourna maintes et maintes fois à l'endroit rouge sang où tant de chefs-d'œuvre étaient entreposés en secret. Et il se nourrissait de leur obscurité. S'imbibait de l'impression d'éternité et se pénétrait de l'horreur des créatures contorsionnées qui surgissaient du néant en mouvement. Elles étaient différentes chaque fois qu'il venait.

Au cours de ses trois dernières visites, Seth s'était concentré sur les tableaux des deux pièces du fond. Les anciennes chambres à coucher avaient été reconverties en galeries par une présence inconnue ; peut-être celle qui apparaissait fugitivement dans les miroirs. Il se rendait dans ces pièces pour apprendre, pour contempler, comme un enfant observe un bassin oublié dans un jardin envahi par les mauvaises herbes ; scrutant la surface noire, s'émerveillant devant les minces formes blanches qui nageaient entre les plantes aquatiques, dans une eau si froide qu'y plonger un seul doigt vous coupait le souffle… Et peut-être le doigt également.

Une fois ses corvées accomplies, et après avoir menti à Mme Roth qui se plaignait sans cesse des bruits provenant du logement inoccupé sous le sien – les coups sourds, le claquement des portes, des choses pesantes que l'on traînait dans l'appartement numéro seize – alors seulement, quand il était libéré de ses obligations, il prenait discrètement la clé dans le coffre du bureau du portier en chef et se rendait dans la galerie.

Il était allé plusieurs fois là-haut, en montant l'escalier avec précaution, entre 3 et 4 heures du matin, quand tout le monde dormait. Il gardait son *pager* à la ceinture au cas où un résident appellerait sur le téléphone intérieur, ou sonnerait à l'entrée de l'immeuble pour qu'on lui ouvre. Excité à l'idée d'entrer par effraction dans un domicile, effrayé par ce qu'il pourrait voir mais poussé par un désir ardent, il avait refermé la porte derrière lui et allumé les lumières.

Lors de sa deuxième visite, qui paraissait si lointaine à présent, comme un cauchemar ancien toujours vivace, quelque chose s'était trouvé là avec lui. Quelque chose qu'il ne pouvait pas voir. La présence, invisible, mais puissante, ne représentait aucune menace pour lui physiquement. Mais elle était dangereuse parce qu'elle n'aurait pas dû se trouver là selon les lois de la nature. Elle se manifestait dans la lumière rougeâtre comme une impression de mouvement et de son. Dissimulée derrière les portes closes de la pièce aux miroirs, où il entendait parfois les craquements de pas pressés qui allaient et venaient, puis s'arrêtaient brusquement près du seuil quand il passait devant.

Son instinct lui avait conseillé de garder pour la fin la pièce aux miroirs du milieu. Il avait entrevu un mouvement dans cette salle lors de sa première visite et n'était pas prêt à affronter de nouveau cette peur. Pas encore. Donc, il devait suivre un ordre précis. Il l'admirerait en dernier. Et quand il s'y aventurerait, peut-être qu'il y trouverait une espèce d'exposition montée pour lui ?

Il se liquéfiait chaque fois qu'il pensait se livrer à quelque chose qui dépassait son entendement et tout ce qu'il avait connu, son expérience la plus récente mise à part. Ou peut-être était-ce seulement le Seth d'autrefois qui essayait de refaire surface ; le pleutre irrésolu et tremblant, l'être chétif, indécis et méprisable, incapable de suivre sa vocation, qui avait abandonné à la première critique. Mais il commençait à comprendre que l'opinion des autres n'avait aucune importance. Qu'ils ne pouvaient même pas imaginer les endroits qu'il devait visiter, et les visions dont il lui fallait prendre acte. Pas de demi-mesures ni de compromis. Plus maintenant. Jamais plus.

Le garçon à la capuche lui avait laissé entendre tout cela. Lui avait dit qu'on l'aiderait et le guiderait pour qu'il voie les choses telles qu'elles étaient. Il le savait, et était alarmé de constater à quel point il se sentait à l'aise avec cette manipulation constante, insistante, qui l'entourait, se glissait en lui, et le poussait jusqu'ici. Pour étudier l'œuvre d'un maître.

Mais avaient-*ils* organisé le passage à tabac ? L'avaient-ils jeté sous les pieds griffus de chacals pour qu'il reçoive ces coups effroyables sur un trottoir froid et mouillé de Londres simplement parce qu'il avait nourri des pensées d'évasion dans ce bar ? Ce personnage encapuchonné possédait la même innocence animale que ses agresseurs, un mépris identique pour tout, excepté pour soi-même. L'idée que ces visages de fouine haineux aux casquettes de base-ball aient été les émissaires de l'enfant lui donnait l'impression d'avoir perdu pied et de se trouver trop loin du rivage pour l'atteindre. Ou peut-être, il essayait de s'en convaincre, étaient-ils juste une preuve supplémentaire de ce qu'il devait recréer en peinture. De ce dont cette ville était réellement remplie, car ils ressemblaient aux choses qui criaient et se contorsionnaient sur les murs de l'appartement seize. La destination finale pour chacun de nous. Mais si ce tabassage était un avertissement, alors il ne faiblirait plus. La volonté devait triompher.

Il mettait beaucoup de temps à se reconstituer. Et il n'était pas encore complètement remis. Il marchait en claudiquant et endurait des douleurs fulgurantes dans la main gauche. La cornée de son œil droit était écorchée, infectée, injectée de sang, et il était toujours incapable de respirer à pleins poumons.

Seth parlait tout seul tandis qu'il ôtait les housses des portraits dans les deux chambres du fond pour la quatrième fois, gardant les yeux clos en découvrant chacun d'eux, avant de s'asseoir sur le plancher nu, son bloc à dessin et ses crayons serrés dans ses doigts blancs. Il marmonnait pour garder son esprit intact et en conserver la conscience, parce qu'il était très facile de perdre le sentiment de son individualité devant ces choses en lambeaux qui se disloquaient sur les murs rouges. C'était la seule façon de ne pas hurler. De ne pas laisser la panique glacée le submerger et le contraindre à s'enfuir en se griffant le visage, en le lacérant avec ses longs ongles.

Il devait être fort. Courageux. S'il voulait être un véritable artiste. Il devait s'entraîner à supporter ces scènes et ces visions et apprendre comment elles pouvaient être représentées dans son propre atelier à *L'Homme vert*. Il le savait. Quelqu'un lui avait tout expliqué. Il devait simplement écouter. Elles étaient en lui désormais. Et elles avaient ouvert les valves de son esprit.

Plus tard, alors qu'il remettait la clé de l'appartement seize sur son crochet dans le coffre, il entendit quelqu'un se racler la gorge derrière lui. Il claqua la porte du coffre et se retourna précipitamment.

Stephen se tenait sur le seuil de son bureau.

—Bonjour, Seth.

Seth hocha la tête rapidement, déglutit. Il se creusa la tête, mais était épuisé par ce qu'il venait d'essayer d'appréhender. Son visage était blême, tiré et empreint de culpabilité, il le savait. Il était incapable de penser à une excuse, à une raison qui expliquerait pourquoi il se trouvait dans le bureau du portier en chef et rapportait la clé d'un appartement privé, dans lequel les gardiens n'avaient pas le droit d'entrer sans une autorisation.

— Un problème dans les étages ? demanda Stephen, un sourcil haussé.

— Juste Mme Roth, bredouilla-t-il, en s'efforçant d'imaginer la suite du mensonge, sans y parvenir sous le regard pénétrant de son patron.

— Oh ?

— Je… je n'ai pas voulu vous réveiller. Ce n'était rien, en fait. Mais elle n'arrête pas de téléphoner à la réception. Vous la connaissez.

— Vous n'avez pas tort, là. Je peux faire quelque chose ?

Seigneur non.

— Nan. La calmer. C'est tout.

Stephen l'observait attentivement. Seth essaya de changer de sujet.

— Vous vous êtes levé tard. (Il consulta sa montre.) De bonne heure, je veux dire.

— Janet souffre beaucoup en ce moment. Je ne me rappelle pas la dernière fois où j'ai eu une bonne nuit de repos. Et vous avez l'air de savoir de quoi je parle.

Stephen sourit, mais son sourire n'était pas tout à fait bienveillant. Il semblait sournois. Le sentiment de culpabilité de Seth s'accrut et, comme il déglutissait, il eut l'air encore plus pitoyable.

Stephen s'avança dans le bureau et s'assit sur le coin de sa table de travail.

— Et si vous rentriez chez vous, Seth ? Je vous remplacerai. (Il jeta un coup d'œil à sa montre.) Il ne vous reste plus que deux heures à tirer, de toute façon.

Seth se rembrunit. Stephen aurait dû l'interroger, lui passer un savon, le soupçonner.

— Je ne sais pas… Vous êtes sûr ?

Stephen sourit.

— Sûr et certain. Allez, filez. J'ai l'impression que vous avez passé une mauvaise nuit. Je sais à quel point ce métier peut être éprouvant. Avant votre arrivée ici, j'ai été obligé d'assurer le service de nuit pendant un mois avant que nous trouvions un remplaçant – vous. Ils ne restaient jamais très longtemps, Seth, vos prédécesseurs. Ils n'avaient pas les tripes pour ça. Satanés élèves des beaux-arts. Pas le bon matériau pour des portiers de nuit. C'est un boulot difficile à accomplir. Il faut un type à la hauteur pour le faire correctement.

Seth retint son souffle tandis qu'il essayait de deviner où Stephen voulait en venir, s'il avait une idée derrière la tête. Il n'en savait rien.

— Je me suis toujours demandé pourquoi vous aviez passé une annonce dans *Art and Artists*.

— C'était l'idée de l'un des plus anciens résidents. Il s'intéressait personnellement aux artistes.

— Vraiment ? Qui ?

Stephen agita une main en l'air.

— Il ne vient plus beaucoup par ici. Aucune importance. Mais j'obéis aux ordres, Seth… comme vous, devrais-je ajouter. Je suis très content de la façon dont vous vous êtes adapté à Barrington House. Vous êtes quelqu'un sur qui je peux compter. Voilà qui ôte un fardeau de mes épaules. Vous faites ce qui est nécessaire ici. Vous faites le poids, pour ainsi dire.

— Euh… Merci.

Le sourire de Stephen s'élargit.

— Vous savez quoi, Seth, je vais peut-être me chercher un remplaçant dans un avenir pas trop lointain. Quelqu'un qui soit capable de gravir les échelons. De prendre en charge la responsabilité de l'immeuble et de tous ses besoins. Et mon successeur aurait un appartement de fonction, sans loyer à payer. Un meilleur salaire également. Il me suffit de glisser un mot favorable à la gérance. Est-ce que cela vous intéresserait ? Une promotion ? C'est une magnifique occasion. Et j'aimerais laisser cet endroit entre de bonnes mains.

Seth frotta la barbe piquante qui poussait autour de sa bouche, regarda partout excepté vers Stephen. Il avait pensé qu'on allait le virer, et voilà qu'on lui proposait la place de portier en chef.

— Je ne sais pas quoi dire. Enfin… merci.

— Réfléchissez-y. Ce poste a ses bons côtés. Ses exigences. Mais les pires enquiquineurs prennent de l'âge. Ils ne seront pas ici pour toujours, n'est-ce pas ? Il est important de garder cela à l'esprit.

— Je suppose…

— Et la vie serait infiniment plus simple sans eux, c'est certain. (Stephen eut un petit rire.) Personne ne regrettera cette satanée Betty Roth, hein ? Elle ne tiendra pas éternellement. Même chose pour ces Shafer. (Il secoua la tête, en souriant, puis leva les yeux brusquement, l'air sérieux.) Mais pas un mot aux autres au sujet de ce que je viens de vous dire. Vous savez garder un secret, Seth. Je n'ai aucun doute à ce sujet. On peut vous faire confiance.

Celui-ci acquiesça.

— Merci.

Stephen regarda vers le coffre, puis reporta son attention sur Seth. Se tapotant le nez de l'index, il plissa les yeux.

— Continuez à faire du bon boulot.

Chapitre 21

— Bienvenue, amie. Bienvenue.

Le corps de la femme emplissait l'embrasure de la porte. Elle arborait un grand sourire sur son visage outrageusement fardé. Apryl s'efforça de retenir une expression de stupeur. Elle venait à peine de se repérer après avoir parcouru vingt-huit étages dans un ascenseur vandalisé qui empestait l'urine et pire, puis avoir progressé dans un dédale de couloirs mal éclairés aux murs de ciment jaunissants, pour trouver la porte d'entrée de l'appartement qu'Harold avait indiqué.

— Je suis Harriet, l'hôtesse de nos petites assemblées, et la secrétaire de notre illustre société.

Harriet rejeta sa grosse tête en arrière et poussa un glapissement, comme si ce qu'elle venait de dire était si drôle que le rire qu'elle n'avait pas eu le temps d'exprimer s'était transformé en un cri inarticulé.

— Mais vous pouvez m'appeler *Image d'une femme en crise*. La plupart des gentlemen le font.

De nouveau le rire-glapissement.

Apryl faisait tout son possible pour ne pas regarder fixement la forme singulière de la femme et son horrible accoutrement. Une robe en velours rouge qui balayait le sol avait été drapée sur des membres éléphantesques et un torse massif. De gros seins festonnés de colliers de perles en bois s'étendaient sur la région de la poitrine.

Un maquillage épais et appliqué n'importe comment barbouillait son visage terreux, dans lequel de petits yeux larmoyants brillaient avec une intensité que la jeune femme était incapable de soutenir, aussi dirigea-t-elle son regard vers l'énorme tête de son hôte. Un turban de foulards verts et turquoise enveloppait le crâne d'Harriet et était maintenu approximativement sur le devant par une broche en argent. Semblables à des toiles d'araignées huileuses, de longues mèches de cheveux gris-blanc s'échappaient de cette coiffure. Instantanément, Apryl pensa que cette personne était folle.

— Vous êtes donc Apryl. Notre second invité spécial ce soir.

Les mains potelées de la femme se refermèrent sur ses bras pour l'entraîner vers l'air chaud et parfumé de l'appartement. Comme Harriet s'effaçait, un séjour encombré et bondé apparut à la jeune femme.

Des bâtons d'encens fixés sur des supports en bois brûlaient autour de la pièce spacieuse. Ils étaient posés avec des chandeliers gothiques sur des piles de livres inclinées et sur des vitrines remplies de cartes de tarot, d'huiles, de bijoux indiens, de cristaux, de petits coffrets décorés et de statuettes ciselées.

— Venez. Venez. Un verre de vin ? proposa la femme. Harold Rackam-Atterton est là. À qui, je crois, vous avez parlé. Nous sommes si enthousiasmés par votre visite. Si électrisés.

Elle écarquilla ses petits yeux gris sous l'effet de l'excitation.

Apryl ne put s'empêcher de baisser les yeux vers ses bras entre les mains couvertes de bijoux de la femme. Les ongles étaient de longueur inégale, et jaunes vers le bout des doigts. Comme si elles se rendaient compte qu'on les examinait, les mains disparurent.

— Merci. Un verre de vin serait très agréable, répondit Apryl avec nervosité.

Et elle fut entraînée par trois hommes aux longs cheveux gris clairsemés. Leurs vêtements sentaient l'humidité et la sueur rance.

Devant une petite table la femme énorme versa maladroitement du merlot bon marché dans un verre à vin.

— Je vais mettre la main sur Harold et le traîner ici.

Quelque part derrière cette voix aiguë et enthousiaste, Apryl perçut un tremblement hystérique.

Un curieux mélange de musique de jazz dissonante, de chants grégoriens et de fracas métallique évoquant des machines industrielles passait sur un magnétophone maculé de peinture et perché sur un tabouret en bois près de l'entrée de la cuisine. Non loin, deux jeunes hommes un brin déplumés chuchotaient, l'air sérieux. Tous deux portaient des *trench-coats* en laine et des bottes d'équitation, comme s'il s'agissait du signe de reconnaissance d'une nouvelle sous-culture bizarre qu'elle ne connaissait pas et doutait fort de comprendre.

Mais pour un appartement situé dans une tour, l'endroit était étonnamment vaste ; il avait dû être conçu pour une famille nombreuse. Apryl remarqua même un escalier conduisant à un autre niveau. Entre les meubles usés qui s'affaissaient, les étagères foncées surchargées de livres, les plantes desséchées dans des amphores et les vieilles photographies qui recouvraient les murs, elle décela quelques vestiges de la décoration d'origine. Très *british* ; très années 70. Par endroits une peinture jaunâtre pisseuse apparaissait entre le bric-à-brac et des cadres de tableaux dépareillés, elle était maculée de champignons aux spores noirs. Apryl sentait leur pourriture humide et poudreuse malgré l'encens.

Au moins quinze personnes étaient entassées dans le séjour et occupaient la plus grande partie de l'espace. Tous les invités semblaient avoir fait des efforts pour s'habiller, ou s'habiller en partie, de costumes *vintage*. Deux des hommes qui se tenaient derrière le canapé portaient un haut-de-forme, et Apryl entrevit des chaînes de montre à gousset sortant des poches de leurs gilets. D'autres avaient mis un foulard pour la soirée. Mais malgré les tentatives de chacun pour adopter un style d'antan, l'assemblée paraissait universellement négligée. Certaines vestes de costume étaient tachées, des jambes de pantalon trop courtes, des tailles montaient trop haut, des robes étaient irrémédiablement froissées. Tous étaient ou bien trop gros, ou bien d'une maigreur maladive. Et, oh mon Dieu, les dents ! Tachées de gris, ou jaunes par manque de soins, recourbées, penchées ou saillantes dans des bouches racornies sans lèvres. Des dents d'Anglais. Elle se demanda comment ils s'étaient tous débrouillés pour avoir des bouches si épouvantables. Elle n'avait pas l'habitude de juger d'après l'apparence, mais elle n'avait jamais vu autant de gens si extraordinairement laids réunis dans une même pièce.

Leur accoutrement avait beau être débraillé et leur mise peu soignée du fait de leur excentricité, parce qu'ils étaient manifestement excentriques, elle subodorait néanmoins une autre motivation ; ils affichaient un rejet délibéré de tout ce qui était esthétiquement plaisant. Ils s'étaient développés ou flétris sans égard pour le « bon goût ». Comme s'ils s'étaient rendus grotesques intentionnellement. Ils auraient pu être l'incarnation vivante d'un dessin de Félix Hessen à l'encre et à la gouache.

Trois des cinq femmes présentes étaient assises côte à côte sur un canapé. Entre deux âges, elles portaient toutes une voilette sur leurs visages maquillés dans un style d'opéra. Leurs corps minces étaient drapés dans de longues robes de deuil qui suggéraient l'époque de la Première Guerre mondiale. Des gants en dentelle, montant jusqu'au coude, dissimulaient leurs bras, mais étaient ouverts à partir de la première phalange, découvrant des ongles longs et non vernis. La quatrième femme était très âgée et portait un chapeau mou vert dont le bord affaissé dissimulait la plus grande partie de sa petite tête. Elle était assise comme une petite fille enfoncée dans un fauteuil conçu pour des adultes, et avait adopté un port absurdement aristocratique. Dès qu'Apryl croisa le regard de cette créature, un vif éclat de rire surréaliste jaillit de la bouche mince de celle-ci sans qu'Apryl comprenne la raison de cette hilarité. Puis la femme releva le menton et arbora de nouveau une expression sévère et arrogante.

Harriet était de retour, se frayant un passage parmi des vestes fripées et des têtes échevelées, et écartant brutalement un paquet de jambes maigrichonnes. Derrière elle se dandinait un homme corpulent d'un certain âge, qui devait être Harold, supposa Apryl. Il portait des lunettes à monture en plastique marron, dont les verres épais grossissaient jusqu'à quatre fois ses yeux. Ces derniers étaient enfoncés dans une tête massive, rose et chauve, à l'exception d'un cercle de cheveux blancs filandreux qui atteignaient les épaules du smoking taché.

—Ah, soupira Harold, en ouvrant sa petite bouche pour dévoiler des gencives très peu garnies.

L'haleine qu'il souffla fit défaillir la jeune femme et lui donna la nausée. Elle était argentée et infectée de bactéries.

Les rares dents qui lui restaient étaient couleur cacahouètes mouillées.

— La descendante d'une lignée qui a frôlé le plus grand esprit de l'histoire de l'art honore de sa présence l'une de nos assemblées. Vous êtes aussi rare qu'un document portant sa signature, ma chère enfant. Mais nous devons guider votre érudition encore jeune sur un chemin plus austère. J'aimerais vous montrer plus tard une petite œuvre personnelle. Qui a nécessité quinze années de travail. Ce que j'appellerais une appréciation critique de la vision artistique de Hessen adoptant le style d'une narration rêvée et qui cherche à suggérer à quoi les huiles disparues devaient ressembler.

— C'est notre association qui le publie, déclara Harriet avec un tel enthousiasme que tout son corps trembla. L'illustration de couverture a été réalisée par l'un de nos membres. Je peux prendre la commande d'un exemplaire de lancement dès ce soir. Nous le vendons dans une magnifique édition reliée au prix de 90 livres. Signé.

Ne sachant que dire, Apryl hocha la tête et sourit jusqu'à avoir mal. Mais elle n'eut pas besoin de répondre car Harold était impatient de faire les présentations. Heureusement, elle ne fut pas obligée de parler aux personnages qui lui serrèrent la main ; tandis qu'elle était escortée autour de la pièce, les membres de l'association ne furent que trop ravis de se charger de la conversation. Elle supposait que la vie qu'ils menaient tous ne leur donnait pas souvent l'occasion de converser.

— Oui, la jeune Américaine, dit un homme âgé au visage mince et aux cheveux blancs hirsutes ramenés sur son crâne conique. Harold a parlé de vous. Êtes-vous allée à la British Library ? On y trouve de très jolis tirages des *Contorsions*. Avez-vous vu *Image d'une femme étreignant son visage* ? Et *Accouchement : image d'une femme morte* ? On y trouve aussi de bonnes reproductions de ces œuvres.

Apryl lui répondit qu'elle ne les avait pas vues.

— Vous devez absolument aller au *Blach Dog and the Guardsmen's Rest* pour y prendre un verre, déclara un autre homme affligé d'un bégaiement sévère. Hessen avait coutume de s'y rendre. Avec Bryant, le poète. Bien sûr les propriétaires ont changé, mais les plafonds au-dessus des comptoirs sont d'origine.

Il cligna rapidement des yeux.

— Je peux vous y emmener, dit un homme ventru en redingote.

Il était ivre et lorgnait les jambes d'Apryl.

— Calmez-vous, Roger. Calmez-vous, dit Harold, avec un brin d'irritation.

Puis il entraîna Apryl vers les quatre dames assises. Posant le bout de ses doigts boudinés sur chacune des épaules de la jeune femme, il lui chuchota à l'oreille d'un air de conspirateur :

— Vous trouverez peut-être Alice un peu étrange au début. Mais, comme je suis sûr que vous partagez mon opinion, la bizarrerie est rarement une mauvaise chose. Elle est nonagénaire. Et c'est quelqu'un dont vous devez absolument faire la connaissance. Elle est précieuse pour nos réunions. Voyez-vous, elle est la seule d'entre nous à avoir rencontré Hessen.

Apryl sursauta, tirée de son hébétude en un instant.

— Elle l'a rencontré ?

Harold afficha un sourire satisfait. Ses gros yeux larmoyants flottaient derrière les verres grossissants de ses lunettes.

— Elle l'a connu, pour être exact, à la fin des années 30, autant que nous puissions en juger avec certitude.

À l'époque où le grand homme émergeait de sa période *Scènes après la mort*. Mais sa mémoire… eh bien… n'est plus ce qu'elle était.

Apryl se souvint d'avoir lu dans le livre de Miles que la fin des années 30 avait été une période difficile pour Hessen. Il s'était rendu en Allemagne en 1937, s'attendant à être accueilli comme un héros du Troisième Reich, en raison de son admiration pour les idéaux fascistes qu'il avait exprimée dans *Vortex*. Mais entre-temps Hitler s'était lassé des mages obscurs et des cultes qui avaient initialement inspiré le national-socialisme. Non seulement les fonctionnaires subalternes nazis rejetèrent les dessins de Hessen et sa théorie de l'art, à cause de l'abstraction grandissante de son œuvre et de son surréalisme, mais ils lui refusèrent également la possibilité de s'engager dans les Waffen SS. Comme beaucoup d'hommes habitués à se faire plus d'ennemis que d'amis, Hessen avait mal jugé la valeur de sa vision.

Il rentra en Angleterre, brûlant de rage et inconsolable après ce qu'il considérait comme une trahison, mais ce fut pour être incarcéré en raison de ses engagements politiques peu après que la Grande-Bretagne eut déclaré la guerre à l'Allemagne, et il était resté derrière les barreaux jusqu'en 1945.

— Et nous soupçonnons aussi qu'elle l'a revu également à sa sortie de prison, durant une courte période.

Harold arbora un grand sourire et fit un clin d'œil à Apryl, tant il était conscient de l'importance de son dernier commentaire.

Hessen ne bénéficiait pas de l'ascendance ou des relations de Mosley, ni du talent d'Ezra Pound, aussi ne pouvait-il pas espérer que l'infamie qui l'avait entouré après la guerre s'estompe. Miles supposait qu'il s'était réfugié et caché à Knightsbridge précisément pour cette raison. Et même Mosley s'était éloigné de Hessen entre-temps, jugeant qu'il était « décadent » et que sa raison était « chancelante ». Seul un occultiste et explorateur, Eliot Coldwell, s'était fait le champion de son art dans les années 50 à cause de sa connexion avec un « monde invisible ». Et ce ne fut qu'à la fin des années 70 qu'une analyse critique mineure avait de nouveau été consacrée à la partie de son œuvre qui avait survécu. Désormais, seuls les Amis de Félix Hessen, leur site web délirant, et leurs publications à tirage limité contribuaient à entretenir sa mémoire. Apryl trouvait tout cela pitoyable et triste : l'héritage de Hessen, ses adeptes, son art. S'il n'y avait pas eu ce lien entre lui et sa grand-tante, elle ne lui aurait pas accordé une seule seconde de son temps, et elle regrettait d'être venue à cette réunion ridicule désormais. Quel endroit où se retrouver un vendredi soir à Londres…

Elle se percha sur l'accoudoir du fauteuil dans lequel le corps décharné d'Alice était enfoncé. Harold resta à proximité. Il avait gardé trois de ses doigts sur son épaule, comme s'il était prêt à la faire disparaître en un instant.

Elle adressa un sourire aux trois femmes voilées. Des visages au teint terreux lui jetèrent un coup d'œil à travers le tulle noir. Elles marmonnèrent un « bonjour », mais attendirent impatiemment d'écouter sa conversation avec Alice.

— Bonjour, Alice, je suis Apryl, dit-elle, se penchant vers la forme voûtée afin de voir sous le bord du chapeau vert. J'ai appris que vous et Félix Hessen aviez été amis ?

Un vieux visage aux yeux jaunes chassieux se redressa pour l'observer. Puis sourit. Une main griffue vint se poser sur le genou de la jeune femme, sous l'ourlet de sa jupe.

— Oui, ma chère enfant. Il y a longtemps.

Les coussinets desséchés de ses doigts décrivirent de petits cercles sur le tissu de son bas.

— Je suis sûre qu'on vous interroge à son sujet tout le temps. Ma grand-tante l'a également connu.

La main frêle s'éloigna de son genou pour s'agiter en l'air.

— Je vous l'ai déjà dit, tout a changé après l'accident. Cela n'a plus jamais été pareil ensuite. Bien sûr, il y avait les marionnettes et les autres choses de ce genre. Il nous a montrés à son, son, son…

— Atelier de Chelsea, lui souffla Harold.

— Où êtes-vous, très cher ?

— Ici, Alice. Tout près de vous, répondit-il en se penchant vers elle.

— Qui est la dame aux jolies jambes, mon ami ? N'a-t-elle pas de jolies jambes ?

Harold eut un petit rire.

— Je le pense également, dit-il en raffermissant sa prise sur l'épaule d'Apryl qui n'eut pas la force de déglutir. C'est Apryl. Une amie à nous, Alice. Parlez-lui de Félix.

— Un si beau visage, répondit Alice en soupirant. Le perdre de cette façon. Nous le trouvions tous si beau. Et il peignait les plus merveilleuses marionnettes. Pas pour les enfants, mon Dieu. Oh non. Des marionnettes dans des boîtes. Coincées à l'intérieur de choses, vous savez. Mais leurs visages, on ne les oubliait jamais. Je les vois encore.

— C'est parfois difficile à suivre, particulièrement les dates, chuchota Harold, dont la chaude haleine méphitique se répandait contre le côté gauche du visage d'Apryl. Mais parfois ce qu'elle dit est extraordinaire. Je suis certain qu'elle a connu Hessen. Elle était son modèle. L'un des rares auxquels il faisait appel.

Apryl toussa et se contorsionna intérieurement sous l'assaut de l'haleine de Harold. Elle essaya de s'écarter, en vain.

— Et les danses, dit brusquement Alice, qui écarquilla les yeux. Oh, les danses et les chants. Vous savez. Les danses les plus merveilleuses. Dans son appartement. Des danses à l'envers. Sous les tableaux, vous savez. Oh, les bons moments que nous avons eus. (Alice se pencha vers l'oreille d'Apryl.) Mais tout cela a cessé quand ils l'ont emmené. Ils ont été si cruels avec lui. C'était affreux, ma chérie.

Plissant les yeux à cause du souffle qu'Harold exhalait quasiment sur son visage, Apryl s'approcha encore d'Alice.

— Son appartement ? Où vous dansiez ? À Barrington House ? C'est là-bas que vous avez vu les marionnettes ?

Mais Alice ne tint pas compte de ses questions.

— Non, non, non. « Des foutaises », répétait-il continuellement. Ce ne sont pas les personnages qui comptent, mais l'arrière-plan. La matière cachée derrière. Un homme très intelligent. Bien sûr, il avait raison. Il essayait de nous aider à le voir, nous aussi. Je retirais mes vêtements pour lui. Mais les hommes intelligents ont des sautes d'humeur. Et ils étaient tous contre lui à la fin, ma chérie. Il leur montrait tant de choses ; pourtant ils ne l'ont jamais apprécié. Ils avaient peur de lui. Mais on devait faire confiance à Félix. C'était un artiste. On doit s'adapter aux artistes. Ils avaient tous vu les peintures. Personne n'avait jamais contemplé quelque chose de ce genre auparavant. Et les murs, ma chérie. Cela en faisait partie, vous savez. Tout était relié, vous comprenez. L'arrière-plan.

Avec les exhalaisons continuelles de Harold sur sa nuque, les pensées décousues d'Alice, l'effet du merlot qu'elle buvait trop vite pour calmer ses nerfs, et l'air chaud saturé de l'odeur de l'encens et de la sueur rance,

Apryl commençait à se sentir mal. Elle devait absolument se redresser.

— Harold, s'il vous plaît, j'aimerais me lever. S'il vous plaît. Je peux ? Merci beaucoup, Alice, ajouta-t-elle.

Elle ressentait le besoin plus impérieux que jamais de s'éloigner de Harold et de la dame à l'esprit confus, dont les souvenirs étaient quasiment inutiles.

Le visage rond de Harriet apparut derrière Harold.

— La conférence va commencer. Venez vite.

Apryl resta derrière la foule dans le séjour, pas très loin de la porte d'entrée, tandis que Harold présentait une créature ratatinée au costume marron élimé : professeur Otto Herndl de Heidelberg. Le professeur était l'auteur d'une anthologie d'essais au tirage confidentiel intitulée *Réunis sur la droite*, et le rédacteur en chef d'une obscure revue dont Apryl ne saisit pas le nom, car l'homme âgé qui se tenait devant elle fut pris d'une quinte de toux.

Otto Herndl commença par dire quelque chose à propos des premières influences philosophiques du jeune et précoce Hessen.

— Notamment le professeur Zöllner, qui affirmait l'existence d'une quatrième dimension, et avançait comme preuve les phénomènes paranormaux du temps.

Tandis qu'il se débattait pour traduire ses pensées en anglais, l'attention d'Apryl était distraite par l'aspect loufoque de l'homme. La fermeture Éclair cassée de son pantalon. Ses chaussures au cuir éraflé. Ses cheveux étaient rasés sur l'arrière et les côtés de sa tête, formant un taillis gris sur le sommet, coiffé avec une sévère raie sur le côté. Il donnait l'impression de ne pas tenir sur ses jambes et d'être toujours sur le point de basculer en avant, sans jamais tomber. Ses yeux bruns roulaient frénétiquement derrière les verres épais de ses lunettes rondes et ses mains se balançaient devant lui, comme si des fils avaient été attachés à ses poignets et étaient contrôlés paresseusement d'en haut. Apparemment, il ne s'était pas rasé depuis plusieurs jours.

Quand il commença à parler des « cinq volumes de *La Genèse* de Max Ferdinand Sebaldt von Werth, un traité revendiquant la suprématie blanche sur l'érotisme, les bacchanales, la sexologie et la libido », elle perdit le fil de son discours et ses pensées vagabondèrent, et elle finit par comparer les idées que Hessen lui inspirait avec ce qu'elle avait appris en lisant le livre de Miles.

Elle avait lu que le jeune peintre avait été obsédé par le wotanisme, les cultes païens et les sectes millénaristes dans l'Autriche et l'Allemagne du XIXe siècle – des conceptions mystiques racistes qui influencèrent celles du nationalisme allemand entre les deux guerres. Hessen semblait avoir abordé ces sujets avec la même passion que des gosses s'intéressent au rock ou au rap de nos jours. Mais Miles avait été confondu en découvrant que cette passion avait nourri les études de cadavres réalisées par Hessen, ses croquis primitivistes grotesques d'hybrides animal-humain, et son horrible triptyque des marionnettes des années 30. Cet intérêt était sûrement né pendant ses études de médecine.

Mais Herndl affirmait que les croquis de l'artiste représentaient « une réaction de la bourgeoisie à l'industrialisation de l'Europe ». Ils prouvaient, insistait-il, que Hessen avait prédit à la fois la passivité bovine du citadin et la perte de contrôle et de volonté « que nous constatons autour de nous aujourd'hui ».

Cela venait contredire les propos de Miles. D'après ce dernier, Hessen se moquait en fin de compte de ses intérêts puérils pour des mouvements folkloriques lointains et insolites, et reconnaissait qu'ils dénotaient la fuite d'un jeune *outsider* de la culture traditionnelle. C'est aussi de cette manière qu'il considérait son amateurisme pour l'orientalisme, l'hypnotisme et le fascisme. Tout cela participait de son détachement et de sa désaffection pour le *statu quo*, une force terrifiante qu'il considérait comme l'antithèse de la créativité originale. Et ainsi que Miles le faisait remarquer, les dessins de Hessen ne reflétaient pas du tout le néoclassicisme nazi, ni l'art folklorique aryen. Il n'y avait rien d'idéaliste ou de mythique dans ses œuvres. Celles-ci étaient issues d'une imagination complexe mais brillante. Ou peut-être de ce qu'il percevait dans les ténèbres, en regardant depuis les fenêtres fuligineuses d'appartements en sous-sol abandonnés.

Miles Butler estimait que Hessen avait été extrêmement déçu par les nazis et leur occultisme nationaliste après son voyage à Berlin. Hessen n'avait jamais compris l'antisémitisme, et *Vortex* célébrait le mysticisme hébraïque.

Son échec en Allemagne, puis son incarcération, donnèrent le signal de son retrait définitif de la société. Mais malgré l'inconfort de la prison, Miles soupçonnait que tout ce qu'il avait expérimenté jusqu'en 1938 était une simple préparation pour le *Vortex*. C'était la source non seulement de son inspiration, mais aussi de ses cauchemars, de sa mélancolie, et de son désespoir : « la société de la tragédie », comme l'appelait Hessen dans le volume 4 de *Vortex*, qui était intitulé « Un Monde derrière le Monde ».

Apryl comprenait avec horreur que si elle était à même de contredire Otto Herndl de cette façon, cela signifiait qu'elle se souvenait de bien trop de détails sur l'homme qui avait jeté un tel sort à sa grand-tante. Son intérêt pour le peintre tournait à la compulsion malsaine. Elle pouvait même se rappeler clairement les écrits de Hessen à propos du Vortex, parce que cela semblait corroborer désagréablement ce que Lillian avait consigné dans ses journaux.

« Je veux juste enfouir mon visage en lui. Encore et encore. Et peindre ce que je vois là-bas. Mais parfois il se montre à moi : venant à travers les murs, ou à l'intérieur d'une bouche riante, derrière un regard vide, ou se ramassant sur lui-même dans un endroit sordide. Soit je me rapproche de lui, soit c'est lui qui vient plus près. Parfois je sens son souffle sur ma nuque. Et je rêve de lui chaque nuit. Même si mon esprit conscient le chasse, comme s'il était particulièrement résistant à de telles choses. Mais il est toujours là. Il attend. Quand je regarde par-dessus mon épaule, ou quand je passe rapidement et distraitement devant un miroir, je le vois. Ou bien quand je sombre dans la torpeur, il se glisse dans la pièce, tel un étrange animal sinistre à la recherche de nourriture. »

Au bout d'une heure et quinze minutes de conférence, Apryl s'assit sur le sol crasseux, derrière un canapé. Tandis que Herndl aboyait les noms des rituels d'invocation que Hessen avait achetés à Crowley et accomplis « avec une réussite abzolue », la tête lui tourna. Elle était si fatiguée par la chaleur, la tension nerveuse, et l'air confiné et pollué de la ville, que lorsqu'elle entendit les quelques applaudissements et l'arrêt définitif du monologue ahurissant en mauvais anglais du conférencier, elle se leva pour partir. Mais Harold se précipita vers elle avant qu'elle ait eu le temps de trouver son manteau.

— Vous partez si tôt ? Non, vous ne pouvez pas : nous n'avons pas encore eu notre petite conversation sur votre grand-tante. Et si vous vous en allez maintenant, vous raterez la meilleure partie : les interprétations. Ou, ainsi que nous nous plaisons à les appeler, « l'étude de rêveurs dans une pièce ». Voyez-vous, les Amis partagent leur connexion à la vision de Hessen en faisant le récit des rêves qu'ils ont eus sous l'influence de son art. Nous essayons tous de retrouver les peintures disparues en nous mettant dans un état de transe. Les gens ont recours à toutes sortes de moyens pour se trouver en présence du Vortex.

— Vraiment ? Étonnant. (Apryl avait à peine l'énergie de parler.) Il faut vraiment que je parte. J'ai des projets pour le dîner.

Harold n'écoutait pas.

— Vous allez comprendre pourquoi c'est si important.

Dès que Harold annonça la suite, une forêt de bras miteux se leva au premier rang pour commencer le rituel. On arrêta la musique. Les conversations cessèrent. Un homme d'aspect minable en pardessus, au visage blême sans menton et aux yeux globuleux, fut le premier à prendre la parole.

— Je suis retourné deux fois au même endroit. Éclairé, mais pas par une lumière naturelle.

Il y eut un murmure de reconnaissance. Ou bien était-ce de l'agitation ?

— Et dans les gaz, qui étaient jaunes, j'ai vu de nouveau le visage avec l'étoffe. Un personnage de haute taille s'est brièvement avancé, la figure recouverte de rouge. Puis il s'est arrêté et a semblé se trouver soudain à quelque distance de moi. Il a répété ce mouvement plusieurs fois. Ensuite je me suis réveillé et j'ai cru que j'avais une crise cardiaque.

Avant qu'il puisse poursuivre, Harold désigna l'un des jeunes hommes portant des bottes d'équitation et un *trench-coat*.

— Je me trouvais dans mon petit salon, à jeun, et je m'étais privé de toute stimulation visuelle à part le *Triptyque IV des marionnettes* depuis deux jours et deux nuits. Et alors que je dormais, j'ai entrevu des personnages autour d'un feu. Des personnages bâtonnets. Certains d'entre eux s'écroulaient.

Une grande impatience se fit sentir dans la pièce. Les membres présents ne rejetaient pas vraiment les rêves des autres, ou les hallucinations ou visions, ou quoi que ce soit, mais chacun, homme ou femme, estimait manifestement que les siens étaient plus importants.

— … j'ai vu des visages odieux. Noirs et rouges de rage.

— … ils ressemblaient à des clowns portant des pyjamas sales.

— … deux femmes et un homme, habillés comme à la Belle Époque. Mais ils n'avaient pas de chair sur les os. J'étais incapable de me réveiller ou de fuir les deux femmes, qui dénouaient le tulle de leurs chapeaux à brides.

— … accroupis à quatre pattes, dans le coin d'un appartement en sous-sol. Les murs étaient humides, faits de briques.

Assoiffée, Apryl but avec avidité un second verre de vin. C'était une erreur. Elle n'avait rien mangé et se sentait étourdie. Tous baragouinaient des fragments incohérents de cauchemars qui les avaient tirés violemment de leur sommeil et ramenés vers la morne aliénation de leurs vies. À quoi servait tout cela ? Et eux ? L'air confiné croupi, la chaleur moite et les divagations surréalistes des personnes présentes l'incitèrent à se diriger de nouveau vers la sortie.

— … des dents comme un singe. Des yeux complètement rouges. Mais pas de jambes. Se traînant dans la sciure de bois.

— … toute la ville était noircie par le feu. Des tas de cendres et de poussière. Mais un froid glacial. Aucune trace de vie…

L'homme portant une casquette de toile qui ombrageait un visage empourpré fut brusquement interrompu par Alice.

— Et ils sont tous autour de mon lit ! gémit-elle. Ils sortent des murs, vous comprenez ! Il est inutile de leur parler. Ils ne sont pas là pour ça.

— Je proteste ! gronda le personnage à la casquette de toile. Est-ce qu'elle doit toujours interrompre les gens ?

D'autres voix murmurèrent leur assentiment. Harold réclama le silence.

— Allons, allons, je vous en prie. Il est temps de…

Mais impossible d'arrêter Alice.

— Tourbillonnant, tout autour, avec des bruits à l'envers. Là-haut dans les coins des pièces. Je les ai vus une fois avant la guerre et ils ne vous quittent jamais.

Exaspérée, la foule se mit à vociférer.

Harold se pencha vers Alice avec un sourire crispé tandis que ses yeux voletaient et cherchaient les dissidents dans l'assistance.

— Alice, ma chère, nous avions convenu que vous parleriez en dernier. Les autres ont aussi leur mot à dire.

L'homme qui avait lorgné les jambes d'Apryl et proposé de l'emmener dans les pubs fréquentés par Hessen se fraya un chemin vers elle. Son visage grassouillet luisait de sueur et arborait un sourire lubrique.

— Je ne fréquenterai plus cette bande, annonça-t-il. Vous devriez venir nous voir. Les Érudits de Félix Hessen. Beaucoup moins fumeux. C'est un véritable cirque ici.

De ses doigts boudinés, il fouilla dans une sacoche en cuir qu'il portait en bandoulière. Il en sortit un *flyer* et le lui tendit.

— De vous à moi, laissons tomber. Cette bande n'arrive à rien. Harriet est trop insipide et Harold accorde une trop grande confiance à Alice. Elle est complètement folle.

Il éclata d'un rire déplaisant.

Alice avait commencé à chanter *Roll out the barrel* d'une voix enfantine. D'autres s'étaient mis à crier pour se faire entendre. Dans tout ce chaos, Apryl aperçut la petite silhouette d'Otto Herndl. Il arborait un large sourire, mais ses yeux étaient emplis de désarroi. Il semblait encore plus instable sur ses jambes, comme si quelqu'un avait finalement tranché les fils.

— Je ne crois pas, non, répondit Apryl au meneur du groupe séparatiste.

Elle enfila maladroitement son manteau.

— Est-ce que je peux vous revoir ? demanda-t-il.

— Je… je ne resterai pas à Londres très longtemps encore. Je suis très occupée.

Elle n'était pas certaine qu'il l'ait entendue dans le brouhaha, mais tourna les talons et se dirigea vers la porte.

Dehors, l'air froid se rua sur elle pour la faire suffoquer. L'abord des immeubles semblait anormalement sombre et dans la rue principale la circulation incessante était trop rapide. Elle se dirigea vers la zone éclairée, vers le centre de Camden Town. Elle avait envie de se retrouver dans un environnement normal avec des gens normaux, et commença à s'éloigner des constructions non éclairées, des cafés affreux, des *fast-foods* déserts et des pubs décrépits et lugubres.

La réunion l'avait déprimée. Elle s'était doutée que les Amis seraient excentriques, après avoir lu des passages de leur site web, mais cette assemblée costumée, avec sa politique interne, ses groupes séparatistes et ses prétentions grotesques de connexions mystiques rêvées, lui semblait puérile. Tout cela relevait du fantasme. Un troupeau d'inadaptés s'attachant à un artiste qui, s'imaginaient-ils, représentait leur propre aliénation. Ils ne faisaient rien pour la renommée de Hessen, même s'ils se targuaient d'être les « gardiens de son héritage ».

Apryl s'emmitoufla plus profondément dans son foulard et releva le col de son manteau, mais c'était comme si des résidus du dysfonctionnement surréaliste de la réunion s'accrochaient toujours à elle. Et laissaient entrer des choses.

Un *junkie* avec une couverture blanchâtre crasseuse sur les épaules traversa la chaussée dans sa direction, évitant de justesse deux voitures qui klaxonnèrent. La violence des bruits soudains et perçants la fit sursauter. Elle retint son souffle, puis sentit sa peau se glacer de peur à l'approche du mendiant. Son visage émacié, gris pâle, présentait des excroissances violacées. Une femme décharnée, coiffée d'une casquette de base-ball, l'attendait sur le trottoir d'en face, une canette de bière à la main.

— Vous pouvez nous prêter 50 pence pour une tasse de thé ? Juste pour nous réchauffer.

Elle n'avait rien de plus petit qu'un billet de 10 livres. Apryl secoua la tête sans regarder le mendiant et pressa le pas. Il ne la suivit pas, mais elle entendit un long soupir de déception et de frustration, avant qu'il dise :

— Oh, putain de merde !

Cela ne s'adressait pas à elle, mais à la détresse froide et implacable de sa vie. Aux rues sales, aux HLM grises et laides, aux grillages et à l'herbe grise, éclairés seulement en partie par la faible lumière orange des réverbères dont le halo n'atteignait pas les ombres denses qui grignotaient les contours de toute chose.

Les gens ici n'avaient pas besoin de rêver de choses terrifiantes. Ils vivaient parmi elles.

Chapitre 22

Seth entra dans sa chambre à *L'Homme vert*. Dans le noir, dans la puanteur de l'essence de térébenthine, il se défit de son pardessus et le laissa tomber sur les toiles qu'il avait disposées sur le sol. Il souffrait presque d'hallucinations à cause du manque de sommeil, et avait l'impression qu'il aurait pu s'allonger sur les draps graisseux, tout habillé, et tomber dans les pommes. Il s'était imposé trop d'efforts. Il avait besoin de dormir toute la journée avant la prochaine nuit de garde. Il était si tendu après avoir passé de nouveau deux heures dans l'appartement seize qu'il serrait ses tempes comme pour faire cesser le carrousel de détresse qui hurlait dans son esprit. Il pensa aux chirurgiens couverts de sang qui amputaient des membres pendant des heures après les batailles. Tendant la main derrière lui, il chercha l'interrupteur, puis l'actionna d'une chiquenaude. Et s'affaissa contre le chambranle.

Il regarda fixement le mur au-dessus du radiateur et de la cheminée. Son travail de la veille, les créatures qu'il avait peintes avant de se rendre à Barrington House. Elles le réduisirent à l'immobilité, et lui coupèrent le souffle. Elles avaient attendu son retour.

Il comprit en un instant qu'il s'agissait d'œuvres que seuls les fous criminels exécutaient en prison, où il pourrait très bien finir ses jours. Elles ressemblaient aux cauchemars qui vous réveillent et vous font suffoquer, puis qui vous laissent inquiet toute la journée.

Des dents d'animaux emplissaient des bouches distendues. Des pupilles rouges de douleur et de rage étaient braquées sur lui, le créateur. Et qu'étaient donc ces choses qui marchaient sur leurs pattes de derrière, mais ressemblaient à des singes avec une tête de chien ? Des museaux d'hyène et un rire de chacal, des yeux avides et des membres de bovin : l'œuvre d'un esprit détraqué.

Son génie. Ses tentatives pour imiter les tableaux qui se trouvaient dans l'appartement seize. Réduire l'individualité à l'état de fragments. Faire voler en éclats son moi et sa perception d'un univers ordonné. Mais il avait seulement réussi à se mortifier et à se briser lui-même. Dans un moment de lucidité froid et accablant, il se demanda si ces images ne donnaient pas un aperçu de la façon dont un esprit profondément perturbé se perçoit lui-même, et non la révélation d'une vérité cachée.

Il éprouva un soudain désir brûlant de se mutiler avec un couteau avant de se frotter le visage contre un mur de crépi pour l'effacer.

Tombant à genoux, les paupières, les mâchoires et les poings fermement serrés, il réprima le cri d'hystérie qui tentait de se frayer un chemin ardent dans sa gorge.

— Jésus, Dieu. Jésus, Dieu. Jésus, Dieu. Que suis-je ? marmonna-t-il.

Puis il se mit à sangloter. Il n'avait jamais vu autant de larmes. Son âme était malade, fondait et s'écoulait par ses yeux.

La brume et les scories de ses pensées rougeâtres furent brièvement rincées par le sel brûlant de son chagrin, lui permettant de penser comme il l'avait fait jadis, il y avait si longtemps, de se connaître de nouveau pendant un moment. Quelque chose comme du libre arbitre, le dernier lambeau de son ancien moi, semblait avoir été lavé et nettoyé. Un minuscule point lumineux grandit en lui en même temps que la lumière maussade qui soulignait les minces rideaux d'un liseré d'argent.

Puis il se retourna et vit la petite fille au visage strié de larmes assise près de ses oreillers, qui observait la porte. Observait toujours la porte.

Il alla jusqu'à la fenêtre, le souffle entrecoupé de sanglots. Une petite partie de lui entretenait toujours la conviction que de telles choses ne pouvaient pas exister, et que l'épuisement lui faisait voir le monde par les yeux de son subconscient malade. Il allait aérer, respirer à pleins poumons… puis, quand il se retournerait, la gamine au visage maculé aurait disparu.

Mais quand il tira le voilage, son regard fut immédiatement attiré vers la cour sordide située derrière *L'Homme vert*. Il semblait qu'une petite assemblée d'anciens locataires levaient la tête vers lui et l'observaient avec des orbites vides. Derrière les grilles et dans le petit fossé en béton situé à l'extérieur des appartements du sous-sol, il aperçut des fragments de choses blanchâtres et indistinctes qui levaient les bras pour saisir les froids barreaux d'acier. À cause de l'angle de leurs têtes et du mouvement de leurs bouches minces comme du papier, il pensa qu'elles avaient vu un rideau bouger au-dessus d'elles, et qu'elles souhaitaient désormais demander de l'aide à celui qui les voyait dans cet état pitoyable.

Il laissa retomber les rideaux et recula en chancelant vers le lit, les yeux clos. Il éteignit les lumières d'un geste brusque. Puis il se pelotonna au pied du matelas et poussa de petits cris plaintifs.

— Mon papa va venir bientôt. Il m'a dit d'attendre, déclara la petite fille.

Chapitre 23

Derrière le large bureau Piotr se leva pesamment et s'épongea le front.

— Bonjour, miss Apryl. Comment je peux vous aider aujourd'hui ? Peut-être le parapluie c'est ce qu'il vous faut ?

Il pleuvait de nouveau et elle avait été surprise par une pluie battante alors qu'elle se rendait à Knightsbridge depuis Bayswater. Sa mauvaise humeur avait empiré quand elle avait aperçu Piotr arborant un grand sourire. Elle avait espéré trouver Stephen.

— Désolée, je suis en train de tremper la moquette.

Elle se réchauffait lentement après avoir enduré le vent froid et les lourdes bourrasques de pluie et se sentait un brin étourdie dans la chaleur du hall.

Tout autour d'elle les poignées des portes en cuivre scintillaient. Le verre des portes et des gravures luisait. Et l'épaisse moquette, propre sous les talons de ses bottes, lui faisait prendre conscience qu'elle avait apporté de la boue à l'intérieur. Cette partie de l'immeuble était immaculée – pas un grain de poussière, brillamment éclairée – mais malgré tout, l'odeur suave de l'ancienneté suintait de partout. La réception n'était qu'une façade. Derrière ce petit sas de lumière vive et de chaleur, elle percevait déjà l'obscurité sépia de ces cages d'escalier et de ces appartements pourris qui attendait là-haut pour l'effrayer. Sa perception de l'endroit avait changé si vite !

Séjourner dans une chambre d'hôtel et s'accorder quelques jours de détente pour explorer la ville lui avait permis de prendre du recul, de se retrouver. Désormais, le plus infime effluve de Barrington House lui remettait en mémoire la peur et le désarroi des nuits passées ici.

Mais dans peu de temps elle serait délivrée de ce lieu. La société de nettoyage devait passer cette semaine-là, puis les agents immobiliers. Ensuite, elle ne serait plus obligée de revenir ici. Jamais plus.

— J'ai été surprise par un véritable orage tout à l'heure, dit-elle en riant et en tapotant ses cheveux que la pluie avait aplatis. Je ne sais jamais quel temps il va faire dans cette ville. Le ciel était bleu quand je suis partie de Bayswater.

Elle continua à sourire, mais l'affabilité du portier grassouillet la mettait mal à l'aise. Elle avait toujours l'impression qu'il lui faisait des avances. Il contourna le bureau et s'approcha, trop près, tendant la main pour lui saisir le coude.

— Je vous en prie. Asseyez-vous. Vous devez vous reposer, non ?

Sa chemise semblait de nouveau trop serrée, comme si le col qui l'étranglait était sur le point d'éjecter sa tête ronde hors de son corps.

Elle fit un pas de côté et posa une main sur le dessus du bureau pour recouvrer son espace personnel.

— Je vais très bien. Juste un peu mouillée.

Elle posa son sac sur le comptoir, tapota son manteau en cuir, puis retira ses gants noirs. Elle ne pouvait pas éviter Piotr ce jour-là ; elle avait besoin de lui.

Il se lança dans une suite de banalités exaspérantes.

— Vous savez, c'est agréable d'être au chaud et au sec, non ? Et je suis toujours heureux de faire entrer les belles dames pour les abriter du mauvais temps, oui ?

Il termina par un rire nerveux et sonore.

Apryl peinait de plus en plus à garder le sourire, mais elle avait l'intention de se montrer particulièrement indiscrète ce jour-là. Elle était venue dans l'idée d'interroger le personnel, et éventuellement un résident de longue date, afin d'obtenir des renseignements sur l'appartement seize. Elle savait grâce à Stephen que ces immeubles d'habitation à la mode dans l'ouest de Londres étaient souvent des havres de paix où des personnes riches et célèbres s'attendaient à bénéficier de la plus stricte intimité et de la sécurité. Il était interdit aux portiers de communiquer la moindre information sur les habitants ou sur l'immeuble lui-même. Stephen lui avait expliqué que le kidnapping était désormais monnaie courante pour les enfants de riches.

— Alors que puis-je faire pour vous aider, miss Apryl ? Aujourd'hui je suis l'homme heureux à cause du jour de la paie, vous voyez ? Alors absolument tout je suis heureux de faire pour vous.

— Eh bien, j'ai une étrange requête.

Piotr se frappa le cœur d'une main.

— Enfin le jour est ici. Quand la belle dame entre dans le Barrington House et dit qu'elle a une requête pour moi, non ?

Ne pousse pas le bouchon trop loin, mon gros.

— Je ne sais pas si vous le savez, mais cet immeuble a un certain passé. Vous comprenez, un peintre a habité ici. Un homme du nom de Félix Hessen, ajouta-t-elle, sans révéler qu'il avait vécu au numéro seize.

Apryl observa le visage de Piotr, guettant des signes d'approbation, mais il resta sans expression et légèrement absent comme s'il réfléchissait à ce qu'il allait lui dire. Avant qu'il puisse l'interrompre, elle lui parla de ses recherches sur la vie de sa grand-tante et de son désir de s'entretenir avec un résident de longue date, quelqu'un qui aurait vécu dans l'immeuble depuis la fin de la Seconde Guerre mondiale.

— Ah. (Il leva un doigt.) Je pense qu'il y a deux personnes qui habitent ici après la guerre, non ? Mme Roth et les Shafer. Très, très vieux maintenant, oui ? Mais leurs infirmières disent à Piotr qu'ils habitent ici, oh, depuis si longtemps.

— C'est incroyable. Ma grand-tante disait justement qu'elle était amie avec Mme Roth et M. et Mme Shafer. Comment épelez-vous ces noms ?

Il revint derrière le bureau et ouvrit un registre relié en cuir.

Il suivit d'un doigt boudiné une liste de noms et de numéros de téléphone inscrits sur les pages plastifiées du volume.

Elle se pencha immédiatement par-dessus le bureau, parcourant rapidement la liste des yeux, cherchant des numéros d'appartements et de téléphone. Elle regarda là où l'index de Piotr s'était arrêté et lut : « Mme Roth », suivi de trois numéros. L'un était inscrit à côté d'un mot mal orthographié, « Fylle », et un autre devant « Unfirmiaire ». Le troisième indiquait « Ligne rurale ». Il s'agissait d'un indicatif, 0207, et elle le mémorisa rapidement tout en s'emparant de son portable.

Tandis que Piotr parlait de prendre un café : « Le café, non ? Pour parler du passé et de la tante Lillian, oui ? », elle sourit et acquiesça, écoutant à peine et s'efforçant d'occulter le son de sa voix tandis qu'elle ajoutait en hâte le numéro de Mme Roth dans son répertoire. Quand elle s'aperçut que Piotr l'observait, elle porta le téléphone à son oreille, faisant semblant de vérifier ses messages.

— Excusez-moi, je dois écouter ceci.

Elle roula des yeux comme si elle était agacée. Puis, après une pause convenable, elle referma son portable d'un coup sec, tout en secouant la tête.

— Pas ce que je pensais.

Puis elle regarda Piotr dans les yeux et sourit.

Il se lança dans une diatribe contre les mobiles, tandis qu'Apryl parcourait de nouveau la page du registre ouvert pour trouver les Shafer. C'était là : numéro douze, suivi d'un téléphone, qu'elle apprit par cœur puis qu'elle entra discrètement dans son portable en le gardant hors de vue sous le bureau.

— Ce n'est pas si bon à ce moment de parler à Mme Roth et aux Shafer.

Rayonnant, Piotr tendit les bras. Puis ferma les yeux.

— Ah, mais je vais sûrement leur dire que vous avez posé questions sur la tante Lillian, oui ? Dans les matins ils n'aiment pas être dérangés. Peut-être si nous nous rencontrons et vous me dites l'histoire intéressante sur la tante Lillian, alors je peux leur dire : hé, je connais cette dame très gentille qui vient dans notre bel immeuble et est parente de Lillian. Alors je pense qu'ils pourraient dire le oui, non ?

— Non.

Elle n'avait pu se retenir de parler d'un ton sec. Mais elle se radoucit pour poursuivre :

— Je n'ai pas le temps. Je suis très occupée, à trier les affaires dans l'appartement, et je dois voir… des amis dans la soirée. Je peux rencontrer ces personnes une autre fois.

Les Shafer et Mme Roth seraient peut-être irrités quand elle leur téléphonerait. Ils avaient déjà refusé de la recevoir. C'était une tentative très risquée. Mais elle devait essayer si elle voulait vérifier le bien-fondé des affirmations de sa tante. Miles le lui avait conseillé la veille dans le bar à Notting Hill. Après avoir lu plusieurs des carnets de Lillian, il avait été brusquement très désireux qu'elle découvre si quelqu'un avait vu les peintures de Hessen dans Barrington House avant que le peintre disparaisse. Pour un historien de l'art, ce genre d'information représenterait un scoop sensationnel.

Piotr conduisit Apryl vers la porte qui menait à l'aile est. Il se tenait si près d'elle qu'elle sentait son haleine désagréablement chaude sur son visage et son cou. Et il continuait d'aligner les banalités en mauvais anglais, inlassablement, jusqu'à ce qu'elle se précipite dans l'ascenseur sombre pour lui échapper. Elle distinguait toujours sa silhouette corpulente à travers les vitres des portes qui se refermèrent en coulissant. Il mima le geste de tenir un téléphone, tout en dévoilant ses petites dents carrées.

Elle se tourna à moitié et fit semblant de ne pas voir ses signes. Mais elle aperçut autre chose du coin de l'œil dans le miroir de la cabine. Quelque chose qui se déplaça rapidement derrière son épaule. Grand, mince et blanchâtre, cela disparut rapidement de son champ de vision.

Retenant sa respiration, elle fit brusquement volte-face, mais ne vit que la cabine brillamment éclairée… vide. Personne ici à part elle.

— Bon sang, dit-elle dans un souffle en regardant le panneau.

L'ascenseur semblait monter au ralenti, comme un fait exprès. *Six, sept… grouille-toi… huit… neuf.* Et pourquoi les portes ne s'ouvraient-elles pas à présent ? Elles n'avaient jamais mis autant de temps à s'ouvrir, n'est-ce pas ?

Dans un sifflement, elles finirent par coulisser et Apryl sortit précipitamment, en regardant derrière elle.

Elle aperçut son visage blême et effrayé dans le miroir. Elle reconnut cette expression pour l'avoir déjà vue : dans les miroirs de Barrington House.

— Qui est-ce ? Que voulez-vous ?

La voix était aussi dérangeante que le fracas d'une poterie sur un sol carrelé.

Apryl se racla la gorge, mais elle ne tenait pas à reconnaître comme sienne celle, fluette, qui s'en échappa.

— Je suis… euh, je m'appelle…

— Vous voulez bien parler plus fort ? Je ne vous entends pas.

Mme Roth monta d'un ton. Très âgée, rendue cassante par la vieillesse, trop fragile pour être bienveillante, elle lui donna immédiatement envie de raccrocher.

— Mme Roth (elle espérait faire preuve de fermeté en parlant plus fort, mais ce ne fut pas le cas), j'espère que je ne vous dérange pas, mais…

— Bien sûr que vous me dérangez. Qui êtes-vous ?

Apryl entendait la musique d'une émission télévisée en fond sonore.

— Je m'appelle Apryl Beckford, et je suis…

— Qu'est-ce que vous dites ? cria la vieille femme.

En parlant à quelqu'un qui devait se trouver dans la pièce avec elle, elle ajouta :

— Je ne sais pas qui c'est.

» Non ! N'y touchez pas ! Laissez-le ! Laissez-le ! cria-t-elle à l'autre personne.

— La télévision. Vous devriez peut-être baisser le volume, suggéra Apryl.

— Ne soyez pas ridicule. Je la regarde en ce moment. Elle marche très bien. Stephen l'a installée pour moi. Je ne suis pas intéressée par ce que vous avez à vendre, quoi que ce soit.

Le téléphone heurta le socle avec le bruit d'une pierre qui cogne un pare-brise.

Apryl tressaillit et écouta la tonalité pendant quelques secondes, trop abasourdie pour bouger.

Trois heures plus tard, assise sur le lit dans la chambre de Lillian, elle rappela. Pas de télévision cette fois. Mais elle eut l'impression qu'elle avait tiré son interlocutrice du sommeil.

— Oui ?

— Oh, j'espère que je ne vous ai pas réveillée.

— Si, en effet.

Les mots s'étiraient comme quelque chose de foncé et de mesquin, et Apryl se représenta de petits yeux cruels qui s'étrécissaient.

— Je ne dors pas la nuit. Je ne vais pas très bien. Comment pourrais-je dormir ?

— Je suis vraiment désolée de l'apprendre, madame Roth. J'espère que vous vous rétablirez très vite.

— Que voulez-vous ?

La question était plus un aboiement qu'une phrase.

— Je suis… (Elle chercha ses mots.) Euh, je vous téléphone parce que…

— Qu'est-ce que vous dites ? Vous êtes incompréhensible.

Alors ferme-la, espèce de vieille peau, et je pourrai me faire comprendre.

— Je m'intéresse beaucoup à Barrington House, madame Roth. À son passé. Voyez-vous…

— En quoi cela me concerne-t-il ? Je ne veux rien vous acheter.

Apryl se représenta le téléphone que l'on raccrochait brutalement de nouveau, et elle s'arma de courage.

— Je ne tiens pas à vous vendre quoi que ce soit. Je suis la nièce de Lillian Archer, madame Roth. J'essaie de me renseigner à son sujet. Je ne l'ai pas connue. Et je crois que vous vivez ici depuis très longtemps. J'aimerais vraiment vous rencontrer. Je suis sûre que vous avez des histoires très intéressantes à raconter. Particulièrement sur l'artiste…

— L'artiste. Que voulez-vous dire par « artiste » ?

— Euh. Un homme du nom de Félix Hessen. Il habitait…

— Je sais où il habitait. Qu'essayez-vous de faire ? M'effrayer ? Je ne vais pas très bien, je suis vieille. Et c'est très cruel de me téléphoner et de m'obliger à me souvenir de lui. Comment osez-vous ?

— Je suis désolée. Je n'avais pas l'intention de vous bouleverser, m'dame. Mais je viens des États-Unis pour m'occuper des affaires de ma grand-tante et…

— Les États-Unis ne m'intéressent pas !

Apryl ferma les yeux et secoua la tête. Qu'avaient donc ces gens ? Toutes les pistes qu'elle avait explorées, aussi ténues soient-elles, l'avaient toutes menée à rencontrer des personnes instables, perturbées ou séniles, excepté Miles. Cela l'épuisait. Communiquer avec ces gens était impossible. Ils n'écoutaient pas. Elle ne pouvait que tenir lieu de public au spectacle de leur folie. Elle prit une profonde inspiration.

— Vous n'avez pas à vous intéresser aux États-Unis. Je vous en prie, écoutez-moi. C'est très simple, je vous assure. Je n'ai rien à vous vendre. Et je ne cherche pas à vous effrayer.

L'exaspération lui fit monter le ton.

— Vous n'avez pas besoin de crier, ma petite. Ce n'est pas très gentil.

Apryl se mordilla la lèvre inférieure.

— Je voudrais juste parler à quelqu'un qui connaissait ma grand-tante, et l'artiste Félix Hessen. Elle a énormément écrit à son sujet. Rien de plus. Juste une conversation.

Alors une chose extraordinaire se produisit, et Apryl regretta aussitôt d'avoir élevé la voix contre cette vieille dame désorientée qu'elle avait réveillée de sa sieste. Mme Roth sembla trembler d'émotion, puis laissa échapper un sanglot.

— C'était un homme horrible. Et je ne peux pas dormir à cause de lui. Il a recommencé.

— Madame Roth, je vous en prie, ne pleurez pas. Je suis désolée de vous avoir bouleversée. Je veux juste parler à quelqu'un qui habitait ici quand Lillian était en vie.

— Je l'entends toujours. Je le leur ai dit, à la réception.

Apryl s'efforça de comprendre ce qu'on lui expliquait.

— Madame Roth, je suis désolée de vous avoir fait du mal. Vous semblez si triste. Ma tante l'était également. À cause de lui.

— Eh bien, je le suis, ma petite. Et vous devriez l'être, vous aussi. Vous me croyez, n'est-ce pas ?

— Oui, bien sûr. Bien sûr que je vous crois. Et parler à quelqu'un pourrait vous faire du bien. Je pense que vous avez besoin d'une nouvelle amie, madame Roth.

Quelque part dans l'appartement, le métronome d'une pendule produisait un écho d'acier qui se propageait telles des nouvelles tristes à travers les salles vides. Mais elle ne voyait pas l'horloge, ou semblait incapable de se rapprocher de ce son lointain. Et il était toujours difficile de croire que des demeures telles que celle-ci existaient encore dans Barrington House : la peinture qui s'écaillait, passée, à cause du manque d'entretien, du sol au plafond, pièce après pièce.

Tandis que la petite infirmière philippine, Imee, trottinait devant elle, Apryl, médusée, avança lentement le long de l'immense couloir de l'appartement de Mme Roth ; les semelles de ses bottes tapaient durement contre la moquette usée. Elle avait sans doute été bleue autrefois, mais elle était grise et élimée désormais, jusqu'à la corde.

À côté du porte-chapeaux et du guéridon du téléphone s'ouvrait une cuisine exiguë et surannée, encombrée d'une vieille cuisinière en émail et d'un réfrigérateur. Elle donnait l'impression de ne pas avoir été utilisée depuis des années.

Apryl jeta un coup d'œil dans le séjour. Avec son regard vif, elle entrevit un élégant désordre. Un chariot à boissons semblait à l'abandon, chargé de carafes en cristal, d'un seau à glace, de pinces et de bouteilles d'alcool à moitié vides. Des meubles massifs, vieillissants, semblaient avoir tristement battu en retraite dans les coins. Les rideaux ternis, ornés de gros galons dorés, plongeaient la pièce dans l'ombre. Un lustre somptueux surplombait le tout, suspendu tel un gigantesque cristal de glace au-dessus d'une table en acajou.

La lumière ténue tombait sur ces objets autrefois superbes, mais à présent couverts d'une couche de poussière. Ils semblaient figés, comme déçus, regrettant la présence de ceux, qui qu'ils soient, qui avaient jadis peuplé cet espace. Cette vision la rendit mélancolique. Au sein du maelström bruyant du monde extérieur, de la circulation furieuse, des étrangers qui déambulaient, des HLM affreuses et tragiques, des détritus poussés par le vent, des mendiants, et de l'énergie intense qui vous vidait et vous revigorait à la fois, comment un tel calme pouvait-il exister ? Cet appartement minable à cause de la négligence, mais intact et inquiétant du fait de son silence, représentait un autre vestige paisible d'une époque à laquelle vivaient des dames élégantes en robes longues et des messieurs en smokings.

Et les murs étaient nus. Aucun tableau, aucun miroir, pas la moindre aquarelle. Rien du tout.

Une porte ouverte à côté de la salle de bains révélait une petite chambre à coucher avec un lit défait ; celle de l'infirmière, près de la chambre de la Reine devant laquelle elles s'arrêtèrent. La garde-malade marqua un temps d'arrêt devant la porte fermée et baissa les yeux, trop fatiguée pour même se fendre d'un petit sourire d'encouragement. Une télévision rugissait. Imee frappa si fort qu'Apryl sursauta.

Quand une voix, rendue brutale par l'âge, cria depuis l'autre côté de la porte, elle entra dans la chambre à coucher principale.

Apryl subodora que la forme ratatinée avait été délibérément positionnée et préparée pour son arrivée. Aussi petite qu'un enfant, des bras marbrés minces comme des bâtons, qui reposaient sur les couvertures, d'épaisses mains incongrues sous des poignets noueux, Mme Roth était assise dans le lit, adossée à ses oreillers. Elle portait une chemise de nuit en soie bleue bordée de dentelle blanche, un vêtement qui ne faisait qu'ajouter à l'horreur du corps âgé qu'il contenait. Retenus en une coiffure soigneusement arrangée, mais ridiculement démodée, ses cheveux avaient fait l'objet de soins récents. Le chignon était aussi haut et parfaitement conique qu'une mitre d'évêque, mais transparent. Et le bec sans lèvres de la bouche surplombant le menton aux rides profondes, qui s'avançait tel le museau d'un petit chien, avait été maquillé d'un rose vif. De petits iris emplis de défiance observèrent la jeune femme qui entrait.

— Asseyez-vous là, ordonna la vieille, tandis qu'elle désignait d'un regard dur les deux fauteuils placés au pied du lit, de chaque côté du poste de télévision.

Esquissant un sourire timide, Apryl fit glisser son sac de son épaule et se dirigea vers le siège le plus proche.

— Bonjour, madame Roth. C'est si aimable à vous de me recevoir. Je…

— Pas là ! aboya la forme. L'autre fauteuil.

— Excusez-moi. Je disais…

— Peu importe. Retirez votre manteau, ma petite. Quelle sorte de femme garde son manteau chez quelqu'un ?

De chaque côté du lit énorme au milieu duquel la forme minuscule était tassée, deux petites coiffeuses étaient encombrées de photographies. Tous les visages en noir et blanc regardaient vers le pied de la couche, où Apryl était inconfortablement assise, dans un fauteuil dur dont les oreillettes lui cachaient la chambre de chaque côté de sa tête et canalisaient sa vision vers l'avant, vers la petite créature adossée contre les oreillers.

De fait, une audience avait été accordée. Mais quel genre d'entrevue ? L'attitude de Mme Roth n'encourageait guère à une conversation détendue – mais c'était le but recherché. La vieille peau astucieuse gardait le contrôle complet à la fois de l'entretien et des visiteurs en les déstabilisant immédiatement et en les rabaissant avec son caractère désagréable. Et qui allait protester, que ce soit les invités, les employés impuissants ou les portiers de la réception ? Même Piotr, si loquace et veule, frissonnait quand on mentionnait le nom de Mme Roth. Et le visage de la pauvre petite Imee reflétait la même peur et la même répugnance. L'infirmière n'était pas entrée dans la chambre – quelque règlement lui interdisait probablement de le faire. Et elle devait attendre à la porte.

Mais, ainsi que Miles l'avait rappelé à Apryl, Mme Roth faisait partie des rares personnes toujours en vie qui pouvaient attester de l'existence des tableaux mythiques de Hessen. La jeune femme était donc aussi venue pour le compte de Miles. Plus important, Mme Roth avait connu Lillian. Et les dernières traces tangibles de la vie de sa grand-tante s'évaporaient.

Au moins, Mme Roth était plus lucide qu'Alice, la vieille femme membre des Amis de Félix Hessen, et, sous la carapace inhospitalière, on décelait une certaine vulnérabilité.

— Je n'ai pas envie de parler de lui, déclara Mme Roth, comme si elle lisait dans ses pensées.

— Mmh ? demanda Apryl.

— Vous savez très bien à qui je fais allusion. Ne jouez pas à ce petit jeu avec moi. Je ne suis pas stupide. Et vous êtes sacrément idiote si vous pensez le contraire.

Alors pourquoi avez-vous accepté de me recevoir ? Elle ne pouvait pas prendre le risque d'un différend. Elle ne pouvait pas se permettre de traiter Mme Roth à la légère, et elle devait faire le dos rond jusqu'à ce que l'humeur de la vieille bique ait changé. Elle savait par expérience que les personnes brutales et désagréables n'étaient pas insensibles à la flatterie ; le manque de confiance en soi, qui dressait une barrière menaçante, pouvait être exploité comme un talon d'Achille.

Apryl lui adressa son sourire le plus aimable et le plus innocent.

— Pas une seule minute je ne suggérerais une chose pareille, madame Roth. Une personne stupide habiterait-elle un appartement aussi splendide ? Je n'avais jamais eu le plaisir de voir un endroit comme celui-ci.

— Ne soyez pas ridicule. Il est affreux.

Mais à peine sa tentative pour s'attirer la sympathie de Mme Roth avait-elle été repoussée que la vieille femme changea brusquement d'attitude : ses joues s'empourprèrent et ses yeux brillèrent de suffisance.

— Vous auriez dû voir le logement du vivant de mon mari. Nous donnions des réceptions merveilleuses, ma petite. Vous n'avez jamais rien vu de tel. Avec un tas de gens adorables. Le genre de personnes que vous ne rencontrerez jamais. Vous n'avez aucune idée d'à quel point les hommes étaient charmants. Vous n'avez jamais croisé de tels gentlemen. Et la beauté des dames ! Vous autres, jeunes femmes, n'êtes rien en comparaison de ce que nous étions jadis. Enfin, regardez-vous, ma petite. Vous devriez faire quelque chose avec vos cheveux. Ils sont affreux.

Apryl s'efforça de garder le sourire.

— Oui, je devrais. Vous pourriez peut-être me recommander quelqu'un. Dès que je suis entrée, j'ai remarqué la couleur ravissante des vôtres. Ils sont si brillants.

Apryl considéra les tortillons soigneusement relevés en forme de dôme et sourit aussi sincèrement qu'elle le pouvait.

Mme Roth rougit violemment.

— Aimeriez-vous une tasse de thé ?

— Ce serait avec le plus grand plaisir.

La vieille dame saisit une petite sonnette en cuivre posée sur ses draps et se mit à l'agiter furieusement.

— Oh, où est-elle ? s'écria-t-elle au moment même où elle commençait à secouer la sonnette.

Quelques secondes plus tard, la porte s'ouvrit et Imee entra à pas traînants, les yeux baissés sur ses tennis blanches.

— Nous voulons du thé, Imee. Du thé ! Cette jeune femme a été mouillée par la pluie et vous avez encore oublié de faire du thé.

— Excusez-moi, madame Roth, répondit Imee.

— Combien de fois faut-il vous le dire ! Et apportez les cakes. Je veux le jaune et le rose.

Mme Roth regarda Imee d'un air furieux jusqu'à ce que celle-ci soit sortie de la chambre, puis elle déclara :

— Regardez ici. Ici, ma petite. Ce sont mes petits-enfants, les enfants de ma fille. Ils sont si beaux. Hier, j'ai emmené Clara déjeuner au *Claridge*. Et quand le serveur lui a demandé ce qu'elle désirait, elle a répondu : « Un *Fish & Chips.* » C'est un amour. Vous n'avez jamais vu une enfant aussi ravissante. Regardez. Ici. J'ai dit de regarder ici.

Irritée parce qu'Apryl n'avait pas bougé assez vite pour satisfaire sa demande impulsive la plus récente, elle pointa le doigt dans la direction de la coiffeuse, sur sa droite.

Quand Imee revint avec le thé et les cakes posés sur une petite table roulante en argent, Apryl regarda par terre. Se tortillant dans son fauteuil et incapable de réagir, elle écouta Mme Roth humilier l'infirmière et la taxer même de « satanée idiote » pour ne pas avoir disposé le service à thé de la façon dont on lui avait dit de le faire « une centaine de fois ». Imee se contenta de répondre : « Je suis infirmière, madame Roth, pas serveuse », avant de sortir précipitamment de la chambre, au bord des larmes.

— Du cake, ma petite. Prenez une tranche de cake, ma petite. J'adore le rose. Ma fille l'a acheté exprès pour moi.

Le gâteau n'était pas très bon, et sec. Apryl dut faire un effort pour en avaler une bouchée.

— Vous ressemblez à Lilly, déclara Mme Roth en retirant des miettes au coin de sa bouche avec l'articulation d'un doigt gonflé.

— Vraiment ?

La vieille dame hocha la tête.

— Quand elle était jeune. Une très jolie femme. Dommage qu'elle soit devenue folle.

Puis, tout à fait soudainement, Mme Roth demanda à Apryl de tourner le poste de télévision pour lui permettre de regarder quelque jeu télévisé, durant lequel il lui fut défendu de parler. Mais avant la première pause-publicité, Mme Roth s'était assoupie tandis que le poste rugissait dans la chambre.

Observant la silhouette endormie, qui produisait de temps en temps des sifflements par le nez, Apryl resta immobile pendant plusieurs minutes. Puis elle appela : « Humm, madame Roth. Madame Roth » à trois reprises, mais sans résultat. Impossible de la réveiller. Peut-être était-elle morte. Mais quand Apryl ressentit le besoin pressant d'aller aux toilettes et qu'elle se leva, Mme Roth ouvrit les yeux. Des orbes laiteux flottèrent dans ses orbites, puis se posèrent sur Apryl.

— Où allez-vous ? Asseyez-vous immédiatement.

— J'avais l'intention d'utiliser la salle de bains.

— Oh.

— Vous dormiez.

— Hein ?

— Vous vous êtes endormie. Le moment est peut-être mal choisi.

— Hein ? Ridicule ! Je n'ai pas fait une chose pareille. Ne racontez pas n'importe quoi.

— Entendu. Bon, je me suis trompée alors. Je reviens tout de suite.

La sonnette fut brandie et Mme Roth l'agita furieusement. Apryl et Imee se croisèrent sur le seuil et échangèrent des regards las, nerveux, mais entendus. Un coup d'œil de connivence entre victimes harcelées par des gens mesquins et puissants.

Quand elle revint de la salle de bains, Apryl essaya de trouver une formule pleine de tact pour ramener la conversation sur Félix Hessen, mais Mme Roth fut plus rapide qu'elle. Apparemment, elle était désormais prête à parler de lui, sans qu'on le lui demande. C'était comme si elle avait testé jusque-là l'aptitude de son invitée à la dissimulation, finassant, peu disposée à lui donner ce qu'elle voulait avant de l'avoir d'abord tourmentée. Et, miséricordieusement, la télévision avait été réduite au silence.

— Ainsi, vous voulez des informations au sujet de Félix. Vous êtes ici pour cette raison. On ne m'embobine pas comme ça, ma petite. Mais cela ne vous servira à rien. Vous ne comprendriez pas. Personne ne comprend.

— Essayez toujours. S'il vous plaît.

— Il a rendu Lilly complètement folle. Vous le savez, n'est-ce pas ?

— Oui. Oui, je le sais, répondit Apryl en hochant la tête. Mais je veux comprendre comment.

Mme Roth contempla ses mains en silence. Alors que la jeune femme commençait à se demander si la vieille dame allait poursuivre, celle-ci déclara :

— Je n'aime pas penser à lui. Je n'ai jamais voulu me souvenir de lui.

Sa voix était lasse. Tout vestige de son caractère irascible, difficile, impossible, avait disparu. Mais elle fut incapable de croiser le regard d'Apryl tandis qu'elle parlait.

— Quand il est mort finalement, nous avons tous espéré que ce serait terminé. Mais nous étions naïfs d'avoir pensé cela. Les hommes de cet acabit n'obéissent pas aux mêmes règles que nous autres. Lilly le savait. Elle a dû vous dire la même chose. Personne ne nous aurait crus. Mais nous savions.

Apryl se pencha en avant dans son siège.

— Quand il est arrivé ici… je ne me rappelle pas quand… mais c'était après la guerre, quand Arthur et moi sommes rentrés d'Écosse, il était là. (Elle s'interrompit pour tripoter les draps avec ses doigts noueux.) C'était le plus bel homme que j'aie jamais vu. Nous le pensions tous. Mais il ne souriait jamais. Et il ne parlait à personne. Nous trouvions cela bizarre. Cela n'avait jamais été un immeuble pour reclus. Tout à fait l'opposé. Le bâtiment ne ressemblait pas du tout à ce qu'il est maintenant. C'était un endroit merveilleux alors, où vos voisins étaient des amis. Nous nous recevions les uns les autres. Il n'y avait que des personnes convenables ici, ma petite. Pas comme aujourd'hui. Maintenant, il est rempli d'immondices. Des gens qui manquent de savoir-vivre. Vous devriez entendre le boucan qu'ils font. Nous ne savons plus qui habite dans les appartements voisins. Des gens emménagent et déménagent tout le temps. C'est insupportable.

Mme Roth commença à renifler. De sous la manche de sa chemise de nuit elle sortit un mouchoir en papier blanc et se tamponna les yeux. Une longue et lourde larme qui apparut de manière incongrue sur son visage roula sur sa joue et éclaboussa son poignet.

Apryl la rejoignit instinctivement et s'assit au bord du lit. Mme Roth lui tendit immédiatement sa main libre. Elle était déformée par l'arthrite et très froide. Apryl réchauffa les doigts entre ses paumes. Ce simple geste fit pleurer Mme Roth encore plus fort, de la même façon que le chagrin d'un enfant s'intensifie quand il se trouve dans la sécurité des bras d'un parent.

— On le croisait souvent dans l'escalier. Il ne prenait jamais l'ascenseur. Il était là, seul, et observait les gravures. Il les décrochait des murs et les examinait. Mais il s'en prenait à vous si vous le dérangiez. Je détestais cela. Personne n'aimait le regarder dans les yeux, ma petite. C'était un aliéné. Fou à lier. Une personne saine d'esprit n'a jamais eu des yeux de ce genre. Personne ne se sentait à l'aise en sa présence. Beaucoup d'entre nous étaient Juifs et nous savions qu'il avait été l'un de ces admirateurs d'Hitler. Comment les appelle-t-on ?

— Des fascistes.

— Ne m'interrompez pas, ma petite. Rien ne m'indispose plus qu'une femme qui n'a pas de savoir-vivre.

— Excusez-moi.

— Mais cela a continué ainsi pendant des années. Je n'ai jamais eu une seule conversation avec lui. Rien. Comme tous les autres. Les portiers ne l'aimaient pas, eux non plus. Il leur faisait peur. Nous avions tous peur de lui, ma petite. Il habitait l'appartement en dessous du nôtre. Là. (Elle montra le sol du doigt.) Et il faisait toujours un tel boucan la nuit. Il déplaçait des choses. Il nous réveillait. Ces coups sourds. Et ces cris. On l'entendait parler d'une voix forte. Comme s'il se trouvait chez nous, dans une autre pièce. Et contre son plafond nous entendions les autres voix. Sous nos pieds. Pourtant nous ne voyions jamais des visiteurs entrer ou sortir. Personne ne savait comment il les faisait monter chez lui. Nous interrogions les portiers et ils affirmaient que personne n'avait demandé le gentleman du numéro seize. Mais il avait de la compagnie. Ce n'était pas une radio. Les radios ne font pas ce genre de bruit, ma petite.

» Parfois on avait l'impression que son appartement était plein de monde. Comme s'il donnait une réception, mais une réception pas très agréable. Ses autres voisins disaient la même chose. Nous l'entendions tous dans l'aile ouest. Et cela a empiré. Avant son accident. Les bruits et les voix. Des gens ont déménagé à cause d'eux.

» Et puis une nuit – je ne l'oublierai jamais – nous avons entendu un tumulte terrifiant. Des hurlements. C'était horrible. Ces cris venaient d'en dessous. Comme si quelqu'un souffrait, ma petite. Comme si on le torturait. Nous étions tout à fait bouleversés. Incapables de bouger. Arthur et moi étions assis dans le lit et nous avons écouté. Jusqu'à ce que les hurlements cessent.

» Ensuite Arthur est descendu là-bas. Il a appelé votre oncle Reggie, et Tom Shafer, et ils l'ont accompagné. Ils étaient tous en robe de chambre. Reggie est venu parce qu'il avait essayé de faire expulser Hessen. Ils avaient également appelé le portier en chef, et la police. Et quand ils sont entrés dans l'appartement, ils l'ont trouvé dans le séjour...

Mme Roth couvrit son visage autant que possible avec le mouchoir et sanglota. Quand elle parla de nouveau, sa voix était brisée.

— Je suis descendue avec Lilly pour les aider. Il avait eu un horrible accident... Son visage avait entièrement disparu... jusqu'à l'os.

» On l'a emmené. Nous pensions qu'il allait mourir. Personne n'aurait pu survivre à ces blessures. Et personne ne savait ce qui lui était arrivé. Il devait... il devait s'être fait cela tout seul.

» Pourtant il est revenu. Quelques mois plus tard. La tête enveloppée dans des pansements. Et il y avait une infirmière, qu'il a renvoyée quelques jours plus tard. Certains d'entre nous ont même fait parvenir des fleurs et des cartes à ce pauvre homme. Nous savions qu'il était là, mais il n'ouvrait jamais la porte. Il voulait juste qu'on le laisse tranquille, comme avant. Alors c'est ce que nous avons fait. Du moins jusqu'à ce que cela recommence. Et la fois suivante ce fut pire encore.

» Il était maléfique. Je vous le certifie. Et maintenant je fais les mêmes cauchemars. Ils ont tué Reginald et Arthur. C'étaient les rêves, ma petite. Personne ne me croirait aujourd'hui, mais nous le savions tous à l'époque. Il les a tués tous les deux.

Apryl fut incapable de garder le silence plus longtemps.

— Comment, madame Roth ? Je pensais que c'était juste un peintre ?

— Non. Non. Non. (Elle secoua la tête, les bords de ses yeux étaient irrités désormais.) Je vous le répète. Il était complètement anormal. Maléfique. Je n'ai jamais connu quelqu'un d'aussi mauvais. Il n'aurait jamais dû venir ici. Je ne me rappelle pas pourquoi il est venu. Mais il a ruiné l'immeuble. Il l'a tué.

— Comment, madame Roth ? Ma grand-tante a écrit les mêmes choses. Que faisait-il ?

— Les ombres sont revenues dans l'escalier. Nous n'avons jamais réussi à nous en débarrasser à l'époque, et elles sont de retour maintenant. On avait changé les lampes mais en vain. Les gens ont cessé de venir ici. Des résidents sont partis. Mais certains d'entre nous ont refusé de le laisser ruiner cet immeuble. Un endroit si merveilleux jusqu'à son arrivée.

— Est-ce que vous avez vu… ses tableaux ?

Mme Roth hocha la tête.

— Des choses horribles. Vous ne pouvez pas savoir. Il ignorait ce qu'était la beauté. Il nous a tous fait rêver de ces choses. Nous avons pensé que le colonel devenait gâteux. Il habitait ici, le colonel. Et Mme Melbourne. Ils ont été les premiers à les voir. La nuit.

» Des gens prenaient des pilules et allaient consulter des médecins. De vrais médecins. Pas comme ceux que vous avez aujourd'hui, ma petite. Ils ne savent absolument rien aujourd'hui. Ce sont de satanés idiots. Mais même nos médecins ne pouvaient rien faire pour ceux qui faisaient ces rêves. Ensuite c'est Reginald qui les a vus. Et Lilly. Et puis moi. J'étais très jeune.

Elle se remit à pleurer et serra les mains d'Apryl.

— De quoi s'agissait-il ? Je ne comprends pas. Quel genre de rêves ?

— Je suis incapable de le dire. Je ne sais pas comment les décrire. Mais il nous faisait voir des choses. Vous pensez que je suis folle, n'est-ce pas ?

— Non, pas du tout.

— Si, vous le pensez. Vous pensez que je suis une vieille femme stupide. Mais c'est faux.

— Non. Non.

Apryl frictionna le dos de Mme Roth, qui réagit en éclatant en sanglots.

Elle se mit à renifler et à parler en même temps, tout en pleurant.

— Les voix venaient de son appartement, dans l'escalier, et entraient chez nous. Arthur et moi étions assis ensemble et les écoutions. Il n'y avait jamais personne là-bas, mais nous les entendions toujours autour de nous. Partout à proximité de son logement, on entendait les choses qu'il avait amenées avec lui. (Elle désigna encore le sol de sa main déformée.) Oh, c'était affreux.

Mme Roth se mit à parler de manière entrecoupée, entre deux sanglots. Apryl pencha la tête car il lui devenait difficile de comprendre exactement ce qu'elle disait.

— Et Mme Melbourne s'est jetée du toit de l'immeuble. Je l'ai vue dans le jardin en bas. Elle avait heurté le muret. Et elle n'a pas été la dernière à commettre cet acte.

Elle prononça cette dernière phrase doucement et avec un remords sincère qui la fit chevroter, mais elle ne voulait pas, ou ne pouvait pas, regarder Apryl tandis qu'elle parlait.

— Oh, madame Roth. Je suis vraiment désolée. C'étaient vos amis. Cela a dû être effroyable.

— Vous ne pouvez pas savoir. C'était sa faute. Il en est l'auteur.

— À cause de ses tableaux ?

Mme Roth inspira profondément et ravala un sanglot. Elle hocha la tête, une fois.

— Ils sont allés le trouver. Reginald, Tom, et Arthur. Ils sont allés lui parler. Ils étaient tellement furieux… vous ne pouvez pas vous imaginer. Nous devenions tous fous. Alors les hommes sont allés chez lui parce qu'il ne répondait pas à nos appels téléphoniques, ni aux lettres de la gérance. Les hommes ont pris les clés du portier en chef et se sont introduits dans l'appartement.

» Et… et il avait un aspect horrible. Ils ont dit que sa tête était entièrement enveloppée dans quelque chose. Il portait ce masque sur le visage. C'était rouge. Du tissu. Et à travers ils ont distingué la forme horrible de sa figure. L'étoffe était si serrée… Personne ne savait quoi dire. Mais Reginald s'est efforcé de garder son calme. Il lui a demandé ce qu'il cherchait à faire à notre immeuble.

» Il leur a ri au nez. Il s'est contenté de rire. Tous trois étaient des hommes très raisonnables. Des hommes bons. Mais il s'est contenté de rire. Son visage dans ce… cette chose rouge. Ils voyaient seulement ses yeux.

» Et puis les hommes les ont vues de nouveau. Sur les murs. Ce qu'il avait fait là pendant si longtemps. Elles étaient pires qu'auparavant. Toutes les horribles choses dans nos rêves. Les tableaux…

— À quoi ressemblaient-ils ? Je vous en prie, dites-le-moi. Je vous en prie.

— Alors Reginald s'est emporté. Ils…

— Ils ?

Mme Roth se redressa dans son lit et lâcha la main d'Apryl. Les sanglots et les reniflements cessèrent brusquement, et son visage se figea de nouveau dans une expression sévère.

— Je suis fatiguée.

— Mais… Enfin, vous me disiez… à propos des tableaux…

— Je ne veux pas en parler. Ce n'est pas important.

— Mais vous étiez si bouleversée. Je veux comprendre.

— Cela ne vous regarde pas. Je veux Imee. Imee. Où est ma sonnette ? Il est temps pour moi de manger. Vous ne devriez pas me rendre visite à l'heure du repas. Ce n'est pas poli.

La sonnette retentit près de l'oreille d'Apryl ; un acte délibéré, elle le percevait.

Elle récupéra ses affaires sur le fauteuil, puis se tourna pour parler quand Imee franchit la porte ; mais Apryl s'aperçut qu'elle était trop décontenancée par le récit de Mme Roth pour bouger les lèvres. Et il était évident que la femme était terrifiée et lui avait révélé infiniment plus de choses qu'elle en avait eu l'intention.

Apryl partit rapidement, jetant un regard en arrière seulement quand elle eut atteint la sécurité du seuil de la chambre, pour voir Imee à côté du lit, courbant l'échine sous la violence des réprimandes. *Appliquer un coussin sur ce vieux visage ne serait pas un acte déraisonnable.* Apryl se sentit choquée par cette pensée qui ne ressemblait pas à l'une des siennes.

Elle s'enfuit. *Quelle sorte de femme déguerpit ainsi, ma petite?* Le soulagement d'être délivrée de cette horrible vieille la propulsa dans le couloir décrépit, et l'excitation suscitée par les révélations qu'elle allait rapporter à Miles la faisait trébucher sur les talons hauts de ses bottes. Jusqu'à ce qu'elle ait ouvert la porte d'entrée et l'ait franchie pour se retrouver sur le palier.

Avec une soudaineté à couper le souffle, il y eut un rapide mouvement blanchâtre sur sa gauche. Se blottissant, elle aspira de l'air si vite qu'elle poussa un petit cri aigu. Puis elle regarda au-delà de la main gantée qu'elle avait levée pour se protéger. Elle avait aperçu du coin de l'œil une forme voletante qui fonçait vers elle, avec une tache indistincte de rouge au-dessus de ce qui avait dû être des épaules décharnées.

Et alors qu'elle risquait un coup d'œil entre ses doigts vers le grand miroir poli du mur qui faisait face à l'ascenseur, il y eut une brève ondulation de quelque chose à l'intérieur du cadre doré. Elle se retourna vivement pour voir l'origine du reflet sur sa droite.

Terrifiée à l'idée de s'être dérobée devant un reflet et non devant l'agresseur, elle fit deux pas en arrière en chancelant et se raidit en prévision du coup.

Mais il n'y avait personne sur le palier. Elle scruta l'escalier et la porte de l'ascenseur, cherchant ce qui s'était rué vers elle, mais rien ne bougeait, à l'exception de sa poitrine qui montait et descendait rapidement, luttant pour respirer.

Chapitre 24

— Qu'est-ce que vous faites ?

La voix aiguë lui transperça le dos. Seth n'avait même pas besoin de se retourner pour identifier la personne qui l'avait surpris en train de déverrouiller la porte de l'appartement seize. C'était une voix qu'il avait entendue dans le téléphone intérieur la plupart des nuits de ces six derniers mois. Mais quand il se retourna pour faire face à Mme Roth et vit qu'elle portait une robe de chambre bleu clair et des mules rouges, la vulnérabilité d'enfant avait disparu, ainsi que la fragilité et la confusion dont elle avait fait preuve la dernière fois qu'ils s'étaient rencontrés, devant cette même porte. Ses cheveux étaient parfaitement coiffés désormais ; le bulbe d'argent fin qui recouvrait le crâne marbré n'avait même pas touché l'oreiller. Elle était sûrement restée debout toute la nuit, attendant que les bruits commencent.

Paniqué d'avoir été pris sur le fait alors qu'il entrait sans autorisation – il pouvait être viré pour s'être introduit dans cet appartement, et serait rendu responsable du vacarme qu'on y entendait –, Seth essaya de parler. Mais en fut incapable, rendu muet par sa propre terreur. Mme Roth veillerait à en informer Stephen à la première heure dès le point du jour, voire avant. Elle n'était pas simplement en colère ; elle était furieuse de le voir devant cette porte, les clés à la main. Son visage était empourpré, sa lèvre inférieure tremblait d'émotion, et ses petits yeux étaient avivés par la rage. Elle leva le bras, le coude plié ; la manche matelassée de sa robe de chambre glissa sur un avant-bras émacié, taché de veines bleues et de continents de tavelures foncées.

— Je vous ai posé une question. Qu'est-ce que vous faites là ? répéta-t-elle en montant d'un ton… bientôt elle crierait.

Sa voix pouvait porter. Il voulut la faire taire, mais était incapable d'agir, de la calmer. Elle était trop maligne, trop au fait de la faiblesse des autres, du statut de subalterne de Seth, et de son avantage en tant que résidente, trop désireuse de dénoncer et de tourmenter.

Seth déglutit.

— J'ai entendu quelque chose. J'ai cru que quelqu'un avait forcé la porte.

— Menteur. Vous êtes un menteur. C'est vous. Vous ! C'est vous qui faites ce boucan. Je le savais ! Vous le faites pour m'effrayer parce que vous savez que je vis à l'étage au-dessus. Vous êtes un homme horrible… faire peur à une vieille femme… Je veux voir Stephen immédiatement. Appelez Stephen. Maintenant !

Il se sentait très mal, ne parvenait pas à déloger cette énorme boule de peur coincée derrière son sternum. Il avait l'impression d'être de nouveau un gosse. Elle le rendait toujours nerveux.

Garce.

Sa seule vue l'emplissait d'une rage d'une telle intensité qu'il s'imaginait fracassant son corps frêle et desséché contre un mur. Cette tête stupidement grosse, cette chevelure clairsemée, ce visage pointu, haineux, au-dessus de ce corps de marionnette d'enfant fait de vieux bâtonnets et de chair flasque : pourquoi ne pouvait-elle pas mourir ? Sa propre famille la méprisait. Elle était incapable de garder ses infirmières plus d'un mois, les faisait pleurer tous les jours. Personne ne pouvait travailler pour elle. Ou la supporter. Elle avait même donné des cheveux blancs au taciturne Stephen avec ses exigences infernales.

Seth se sentit blêmir de dégoût de la tête aux pieds. Une antipathie qui l'effrayait ; du genre qui le stupéfiait une fois que c'était passé. Il éprouvait régulièrement cela désormais, mais ne s'y habituait pas ; il n'avait jamais été capable de haïr avec une telle intensité auparavant. Elle ne comprenait donc pas qu'il n'avait pas le choix, que quelque chose d'infiniment plus grand que lui l'appelait ici pour étudier son génie ?

Finalement, il retrouva sa langue, mais parvint à refouler la colère. Il sut immédiatement comment résoudre cette situation embarrassante.

— Je suis responsable du bien-être et de la sécurité des résidents dans cet immeuble la nuit. Et j'en ai plein le dos, des bruits, là-dedans. (Il pointa un doigt vers la porte.) Et je ne peux rien faire à cause d'un stupide règlement concernant les clés. Et vous m'appelez chaque nuit pour vous plaindre du vacarme qu'il y a dans l'appartement inoccupé sous le vôtre. Ça dure depuis trop longtemps, madame Roth. Et cette nuit, j'ai décidé d'entrer. Téléphonez à Stephen si vous voulez. Je m'en moque complètement. Parce que j'en ai plein le dos.

Elle eut d'abord l'air surprise que quelqu'un ose lui parler sur ce ton. Mais la colère s'estompa peu à peu, pour être remplacée par une expression soupçonneuse tandis qu'elle le regardait en silence, et pensait à ce qu'il venait de dire. Après quelques secondes de réflexion, elle leva de nouveau sa main crochue, lui montra ses grosses articulations et ses doigts perclus d'arthrite.

— Ne me mentez pas. Vous êtes déjà entré ici. La nuit. Et vous avez déplacé des choses, avez fait ces bruits.

Seth fit de son mieux pour adopter une attitude de frustration impuissante. Rien de très difficile, il s'était longtemps entraîné. Il secoua la tête et leva les yeux au plafond, comme pour implorer une puissance supérieure. Cela devrait produire son effet, même si le venin avait pratiquement disparu de la voix de son interlocutrice.

— Madame Roth, vous pouvez penser ce que vous voulez. Je fais mon travail, c'est tout. Vous préférez que je reste assis à la réception sans tenir compte d'une probable effraction ? Très bien, comme vous voudrez.

Il verrouilla la porte et se dirigea vers l'escalier.

— Où allez-vous ? demanda-t-elle, agitant de nouveau son doigt recourbé.

— Je redescends, madame Roth. N'est-ce pas ce que vous voulez ?

— Ne soyez pas ridicule. Ouvrez cette porte. Je veux voir de mes propres yeux. Allez, ouvrez-la. Immédiatement.

Il s'efforça de réprimer un sourire. Il pourrait toujours dire à Stephen qu'elle l'avait contraint à ouvrir la porte de l'appartement à cause des bruits, et qu'il était entré uniquement pour la faire taire. Il aurait dû appeler d'abord, mais il n'avait pas voulu réveiller Stephen, sachant qu'il passait des moments difficiles avec Janet si malade et tout ça. Peut-être que lui et Stephen pourraient garder ça pour eux. N'avaient-ils pas conclu un genre d'arrangement, de toute façon ? Alors à quoi bon chercher des ennuis ?

Mais qu'allait penser Mme Roth des tableaux ? Il l'imagina blême de saisissement, quelques instants avant une attaque d'apoplexie ; se représenta un minuscule vaisseau sanguin noir à l'intérieur de ce lourd cerveau, dont la paroi dure se craquelait, laissant échapper une fuite mortelle.

Et elle ruinerait tout cela si elle survivait à la vision d'horreur, en adressant à Stephen ses récriminations stupides. Seth pouvait se faire virer ; pas de poste de portier en chef pour lui. À tout le moins, on changerait les serrures et la porte serait équipée d'une alarme. L'appartement lui serait définitivement fermé. Il ne pourrait plus y accéder.

Pourquoi cette nuit-là ? Pourquoi avait-il fallu qu'elle vienne justement cette nuit-là ? Il voulait absolument voir la dernière pièce. Il était terrifié, mais conscient du potentiel de son influence sur sa propre peinture, là-bas à *L'Homme vert*. Sur les murs. Toujours humide. Si éclatante. Quelque chose susceptible de faire tomber à genoux l'intelligentsia de Londres. Oh, certes, il avait des doutes, était malade de peur en pensant à ce qu'il faisait, en pensant à ce qu'il devenait, quand il pensait à ce qu'il voyait à l'intérieur de son propre foyer… Mais un artiste se devait d'être courageux, et ce que ses mains créaient était trop spectaculaire pour qu'il le renie.

— Fichu imbécile ! L'appartement est à moi, c'est ma propriété. Ouvrez-la. Je vous dis d'ouvrir. Faites ce qu'on vous dit.

Il était de nouveau inquiet. Il sentit le goût de la panique au fond de sa bouche. Il sortit les clés de sa poche, les maniant maladroitement. Mais comment était-ce possible ? Comment se faisait-il que Mme Roth soit la propriétaire de cet appartement et des prodiges effroyables qu'il contenait ?

Et puis une autre voix parla. Depuis l'escalier, derrière la vieille femme. Une voix qu'il connaissait également très bien ; ses paroles naissaient dans les ombres froides et venteuses d'appartements sociaux désertés, dans les rues de Hackney noyées de pluie, et des horreurs indistinctes qu'il percevait à l'intérieur des chambres de *L'Homme vert*. Son compagnon à capuche était de retour.

— Vas-y, Seth. Ouvre la porte pour la vieille dame. Il y a quelqu'un à l'intérieur qui veut la voir. Un vieil ami, là, tu sais. On prendra soin d'elle. Elle l'a voulu, elle l'aura.

Le bord abaissé de la capuche en Nylon, à moitié obscurci par le mur, apparut à Seth à l'entrée de la cage d'escalier. Le visage était indistinct dans l'obscurité et les mains fondues étaient enfoncées dans les poches trop grandes qui bruissaient.

Elle l'a voulu, elle l'aura.

Que voulait-il dire ? Seth se sentait très mal.

— Donnez-moi ces clés. Écartez-vous !

Mme Roth traversa le palier sur ses pieds griffus, rapide pour une vieille dame. Elle semblait furieuse face à l'indécision de Seth, et elle tendit l'une de ses mains noueuses vers le trousseau.

Il le tint en l'air, hors de portée, la regarda fixement puis dit d'une voix égale :

— Je vous en prie. Vous voulez bien me laisser faire mon travail ?

C'était inutile ; elle ne lui laissait pas le choix. Il inséra la clé dans la serrure. Il n'était pas responsable.

— Dépêchez-vous. Vite. Pourquoi restez-vous planté là ?

Seth déverrouilla et poussa le battant. Il se tint immobile, regardant dans les ténèbres devant lui. Un courant d'air froid lui fouetta le visage et le fit frissonner.

Il sentit la griffe de la main de Mme Roth sur son coude. Malgré sa colère et la façon dont elle lui avait parlé, elle voulait quand même qu'il l'accompagne à l'intérieur et qu'il la protège.

Il lui jeta un coup d'œil. Vit à quel point elle était devenue nerveuse. À quel point elle était effrayée par cet endroit. Que savait-elle sur cet appartement ? Elle savait quelque chose. Elle habitait dans cet immeuble depuis la Seconde Guerre mondiale, et avait certainement connu l'ancien résident de ce logement. Ils avaient été voisins. Et elle était désormais la propriétaire des lieux.

Seth la conduisit vers l'obscurité, s'arrêta, une fois la porte franchie, pour tendre la main vers l'interrupteur. La lueur rouge vif gagna le vestibule.

— L'éclairage ne marche pas ? Il fait si sombre. Vous avez une lampe ?

Ainsi, sa vue n'était pas si bonne que ça. Rien de surprenant ; elle était presque centenaire. Seth regarda rapidement par-dessus son épaule. Le garçon à la capuche se tenait sur le palier, et les observait.

— Laissez la porte ouverte. Je n'aime pas ça, murmura Mme Roth. Vous voyez quelque chose ?

Sa voix était redevenue faible. Elle était redevenue une vieille femme apeurée qui serrait son coude, demandait qu'on la rassure. Comment avait-il pu avoir peur d'elle ?

Oui, Seth voyait tout : les tableaux recouverts des housses ivoire sales, accrochés à des murs rouges, tous éclairés par la faible lumière rose qui filtrait à travers le verre à motifs. Exactement comme il les avait laissés. Mais Mme Roth ne semblait pas les remarquer, ce qu'il trouva étrange. Elle se serrait contre lui, sa tête arrivant seulement à la hauteur de sa côte flottante. Il éprouva un brin de compassion qu'il réprima bien vite ; il savait que ce geste n'était pas un signe d'amitié, ni de respect. Elle le méprisait. Elle avait besoin de lui en ce moment, voilà tout. Dès le lendemain matin, elle le dénoncerait à Stephen. Ruinerait tout entre lui et les trésors de ce lieu sacré.

— Vous voyez quelqu'un ?

Sa voix tremblait et implorait. Puis elle appela :

— Qui est là ?

Le ton obtus était réapparu, mais semblait moins assuré que dans le couloir.

— Madame Roth, qui habitait ici ?

— Un homme épouvantable, répondit-elle.

Sa voix faiblissait de nouveau. Elle semblait désorientée et effrayée. La détresse et la peur s'associaient, et sa bouche s'affaissait. Elle baissa la tête, comme si elle était contrainte de se souvenir de quelque chose de particulièrement pénible. Elle semblait plus voûtée que jamais.

— Nous ne voulons pas qu'il revienne.

Il la conduisit jusqu'au milieu du couloir, conscient de sa respiration, qui semblait oppressée, comme si elle faisait un effort soutenu, au lieu de faire simplement un pas devant l'autre sur ses pieds chaussés de mules entre ces murs rouges. Des murs qu'elle ne remarquait pas. Il l'entendit geindre.

— Un artiste habitait ici, n'est-ce pas, madame Roth ?

Celle-ci ne répondit pas… elle regardait les portes closes.

— Quelqu'un que vous n'aimiez pas. Que vous ne compreniez probablement pas. Allons, répondez-moi, madame Roth, qui était-ce, cet « homme épouvantable » ? Et que lui avez-vous fait ?

— Je ne veux pas penser à lui. Ne me posez plus de questions. Je ne veux pas parler de lui. Je ne veux pas me souvenir de lui. J'ai acheté cet appartement pour être débarrassée de lui.

Puis elle ajouta dans un chuchotement :

— Alors qu'il était déjà parti.

— Qu'avait-il fait, madame Roth ?

— Taisez-vous ! glapit-elle brusquement. (Puis elle montra du doigt la porte de la pièce aux miroirs.) Là-dedans. Vous entendez ? Je l'entends là-dedans. Il rit. C'est impossible. Nous nous étions débarrassés de lui.

L'intensité de sa peur fit sursauter Seth. Elle tremblait, blême de saisissement, et semblait désormais si frêle. Il la soutenait quasiment : une marionnette de papier mâché aux os de bambou.

— Il ne peut pas revenir. Ça ne peut pas être lui. Quelqu'un nous joue un tour. Nous nous sommes débarrassés de lui. Nous ne lui avons pas permis de rester. Ouvrez cette porte. Ouvrez cette porte et allumez les lumières. Je veux voir. Je ne peux pas y croire.

Ne sachant pas ce qu'il devait faire, et conscient du pouvoir présent à l'intérieur de cette pièce, il hésitait. Alors il se tenait près de la porte, il se sentait crispé dans une attente désagréable. Et Mme Roth, terrorisée, tremblait contre lui. Que pouvait-elle bien entendre ? Elle disait qu'elle l'entendait rire, *lui*. Mais Seth ne percevait aucun son… Juste le vent. Oui, comme un vent lointain. L'impression que quelque chose approchait, comme si une mer noire se dirigeait vers eux en une marée impossible. Une marée qui déferlait à la fois au-dessus d'eux et sous eux.

— Non. Ce n'est pas prudent. Nous devons partir, lui chuchota-t-il désespérément.

— Ouvrez-la ! Ouvrez la porte ! Je veux voir. C'est injuste. Injuste ! Il ne peut pas revenir !

Elle devenait hystérique. Le dôme parfait des cheveux argentés s'affaissait. Le peu de sang qui circulait encore dans ses veines semblait avoir déserté la surface de sa peau. Elle donnait l'impression d'être sur le point de s'effondrer ; sa chair avait pris une teinte grisâtre et il ne voyait que trop bien le blanc de ses yeux.

Néanmoins il ne pouvait pas rester planté là et la laisser crier. Elle allait réveiller quelqu'un. En ce moment même un autre résident frappait peut-être à la porte de Stephen, ou appelait la réception. Ou pire, la police. Il perdait encore le contrôle. Le contrôle de cette stupide vieille harpie. La colère remplaça le malaise et la peur. La colère pouvait faire cela ; elle avait son utilité.

— D'accord. D'accord, dit-il, les dents serrées en un rictus.

Il tendit la main et saisit la poignée en cuivre froide de la porte. Mais quand vint le moment de la tourner, elle lui fut arrachée des doigts. Le battant s'ouvrit de l'intérieur avec une force qui leur fit pousser un cri à tous les deux.

Seth était assis derrière son bureau. Immobile. Il observait fixement la vitre de la porte d'entrée et le bleu-noir de l'aube, au-delà. Des frissons parcouraient sa peau, naissant quelque part en lui, puis se propageant et se répandant sur tout son corps. Au plafond, les ampoules émettaient des tintements produits par leur propre chaleur. Dehors, une puissante voiture accéléra dans le lointain.

Il voulait garder les idées claires mais n'était même plus capable de suivre l'action sur le moniteur. Il ne percevait plus qu'une mosaïque incohérente de scintillements, de couleurs. Des images hurlaient et tourbillonnaient dans sa tête. Et elles refusaient de disparaître ou de s'immobiliser, mais déferlaient pour lui faire revivre sans fin les événements qui s'étaient produits si rapidement à l'étage supérieur.

Il se rappelait avoir fait un bond en arrière, instinctivement, s'écartant du rectangle sombre et vide de l'espace situé derrière la porte du milieu. Du moins, en avait-il eu l'impression. La pièce ne s'était pas matérialisée lorsque la porte lui avait été brusquement arrachée des mains depuis l'intérieur.

Ensuite il avait vu Mme Roth tomber. Lentement, de côté, vers les carreaux de marbre à ses pieds. Elle s'affala silencieusement. N'appela même pas à l'aide. Ne tendit pas les bras pour amortir sa chute. Heurta simplement le carrelage dur en produisant un claquement sec. Puîs cessa de remuer, le visage tourné vers la porte. Elle semblait hébétée. Ses lèvres bougeaient, mais elle ne produisait aucun son.

Seth avait regardé vers la pièce. La faible lumière rougeâtre émanant du couloir franchissait le seuil de manière ténue, pour révéler le reflet lointain d'un miroir et le contour vague de longs rectangles enténébrés sur le mur opposé. Comme si une matière compacte, tangible, s'était brusquement recomposée à l'intérieur de cet espace qui avait d'abord paru sombre et vide. Et durant le plus bref des instants, il fut certain de voir quelque chose traverser d'un bond l'épaisseur de la porte. De la droite vers la gauche. Une chose voûtée. Indistincte et se déplaçant dans un bruissement, juste sous le sifflement du vent qui approchait.

— Vite, Seth. Vite. On a passé un marché, mec. J'te l'ai dit. Alors grouille-toi. Mets-la là-dedans. Mets-la à l'intérieur. Le temps presse, avait dit le garçon à la capuche derrière lui.

Mme Roth avait vu quelque chose, elle aussi. Ses yeux écarquillés semblaient sortir de son visage si gris qu'il ressemblait à un masque mortuaire en plâtre. Ils semblaient tendus, menaçaient d'éclater autour des cornées, et elle les rivait, sans ciller, sur l'embrasure de la porte ouverte. Un long filament de salive pendait du côté de sa bouche le plus proche du sol. Elle se mit à pousser un gémissement bas, comme un animal. Un animal blessé, apeuré, qui essaie de respirer avec des poumons perforés et de grogner à l'adresse de son agresseur.

Seth s'était senti dégoûté par elle. Révulsé par ce spectacle. Avait eu envie de fuir cette forme disloquée sur le sol.

Elle ne l'avait pas écouté. Pas un traître mot. Elle l'avait bien mérité. Cette vieille peau stupide n'aurait pas dû être ici. Il avait essayé de le lui dire.

— Seth. Seth, dit le garçon d'une voix sifflante, pressante. Fais-le. Fais-le. Mets-la à l'intérieur. Débarrasse-toi d'elle. Tu dois te dépêcher. Ça ne reste pas ouvert très longtemps. Et elle est grièvement blessée. Tu vas avoir des ennuis. On t'accusera. Fais-le. Fais-le immédiatement.

Ces paroles le contraignirent à s'agenouiller près de la vieille dame. À saisir ses étroites épaules pointues. Il agit avec la certitude instinctive qu'une fois qu'il l'aurait poussée à l'intérieur de cette pièce, le problème serait résolu. Une bonne fois pour toutes. Alors il le fit.

Elle gémit quand il essaya de la déplacer, mais elle ne quitta pas des yeux l'embrasure de la porte. Elle semblait si mince et si dure sous la chemise de nuit. La robe de chambre s'était ouverte et flottait. Difficile de trouver une prise.

— Vite, Seth. Vite, là. Mets-la là-dedans et ferme la porte. Tu dois le faire. Fais-le maintenant. Bute la vieille peau.

Désirant éperdument mettre un terme à ce désarroi, à cette effroyable suspension de la raison et de la bienséance, il glissa les mains sous les aisselles chaudes de Mme Roth, la souleva devant lui et la tourna face à la porte. Flasque, immobile, et à présent étrangement silencieuse, elle pendait mollement dans ses mains, les yeux toujours ouverts, sur le point d'être offerte à la pièce.

Il ne faut jamais bouger une personne âgée qui a fait une chute. Il se souvint des exercices de premiers secours auxquels ils s'étaient exercés dans le vestiaire du personnel. *Elle est peut-être en état de choc.* Elle s'était probablement fracturé la hanche. Mais tout cela était dépassé désormais. Largement dépassé.

— Très bien. Balance-la là-dedans. Balance cette vieille peau à l'intérieur, dit le garçon. (Il haletait, surexcité, et commençait à partir d'un rire avide dénué de joie.) Mais ne lève pas les yeux, Seth. Surtout ne lève pas les yeux.

Seth obéit. D'un pas décidé, sans regarder à gauche, à droite, ni vers le haut, il se dirigea vers le milieu de la pièce. Puis il la posa par terre.

Il avait l'impression de se déplacer dans un rêve. Son propre corps ne pesait presque rien. L'air était étrangement dense autour de lui et si atrocement froid qu'il le chassait de ses poumons.

Cela n'avait aucun sens, mais tant pis : il se plia immédiatement aux lois de cet espace et fit ce qu'il devait faire. Ce qu'on lui demandait de faire. Ce qui était nécessaire dans une pièce dont le plafond – il en avait la certitude sans même lever les yeux – avait disparu et était devenu un tourbillon terrifiant d'air et de voix à moitié formées. Qui se ruait vers le bas à des kilomètres de distance, vers l'endroit où il se tenait : une turbulence froide et insondable au-dessus de sa tête tournoyait à l'envers à une vitesse effrayante et se rapprochait. Descendait en spirale. Il avait déjà entendu ce bruit et avait espéré qu'il s'agissait d'une radio dans le lointain. Mais il était certain désormais qu'il n'en était rien. C'était l'infinitude qu'il avait vue représentée par les peintures à l'huile accrochées aux murs rouges. Et elle se manifestait avec une force et une énergie face auxquelles il se sentait tout à fait insignifiant, ce qu'il n'avait jamais éprouvé devant aucune merveille de la nature.

Seth tourna les talons aussi vite qu'il le put et revint en hâte vers la porte. Il franchit le seuil d'un bond, les jambes tremblantes, sachant qu'il avait regagné le couloir uniquement parce qu'on lui avait permis de sortir de la pièce. Ensuite il referma rapidement derrière lui. Il gardait les yeux baissés, aussi, lorsque le battant décrivit son arc de cercle pour s'encastrer dans le chambranle, il ne vit pas, distinctement, ce qui se précipitait à travers la pièce et recouvrait Mme Roth.

Elle poussa un bref hurlement. Il avait commencé par un son rauque qui devint aigu, gazouilla, puis cessa brusquement. Il fut suivi d'un fort craquement, et d'une série de crépitements qui lui firent penser à des branches de céleri frais brisées entre des mains vigoureuses. Ou à du petit bois que l'on casse pour les mettre dans une petite cheminée.

Il y eut ensuite le ronflement du vent, ce tourbillon inexplicable accompagné des crachotements d'électricité statique. Il sembla balayer et emporter des silhouettes dont les voix cinglaient l'air ; le bruit s'amplifia brusquement en un crescendo que, il en fut certain, tous les résidents de Barrington House pouvaient entendre, réveillés en sursaut dans leurs lits. La puissance déployée était telle qu'il attendit, en se blottissant, que les fenêtres volent en éclats.

Cela n'arriva pas. Et avant que le vacarme cesse soudain, il entendit ce qui ressemblait à une multitude de sabots martelant le plancher, se bousculant dans leur hâte d'arriver à l'endroit où il avait laissé Mme Roth.

Le silence qui suivit fut presque plus éprouvant. Parce qu'il ne s'agissait pas d'un silence paisible. Bien au contraire, il était lourd d'attente. Et quand il se prolongea, Seth se demanda si l'horrible affaire, quelle qu'elle soit, qui devait être menée de l'autre côté de la porte, était finalement conclue.

Le garçon à la capuche se tenait à côté de Seth, lequel tressaillit en sentant une bouffée soudaine de poudre brûlée et de carton roussi.

— T'as bien travaillé, Seth. (Le garçon gloussa et la capuche de la parka trembla.) La vieille peau l'avait voulu, elle l'a eu. La chipie. La vieille peau. Il sera content de nous, mec. Il voulait cette vieille peau depuis une éternité. Maintenant tu entres là-dedans et tu nettoies, mec. Tu n'as pas encore terminé.

Il devait retourner dans la pièce. Et nettoyer. Il fut parcouru d'un terrible frisson et se mordit la lèvre inférieure, pour réprimer les violents sanglots qui menaçaient de le secouer de la tête aux pieds.

— Allez, Seth. Tu dois te grouiller, sinon tu vas te faire prendre sur le fait, mec.

Appuyé contre la porte de la pièce aux miroirs, ce dernier écouta attentivement. Il tendit l'oreille pour entendre à travers ce bois épais, cherchant à déceler le moindre signe d'activité. S'il avait entendu quelque chose, il était certain qu'il aurait pris la fuite et ne se serait pas arrêté de courir avant d'être sorti de l'immeuble. Mais il n'entendit rien. Alors seulement, quand la peur et le saisissement refluèrent progressivement, il pensa de nouveau à Mme Roth. Une femme âgée étendue sur le sol d'un appartement où il n'aurait jamais dû mettre les pieds. Une femme grièvement blessée à présent, ou pire. Il ouvrit la porte.

Et il la vit étendue sur le sol, recroquevillée, exactement dans la position où il l'avait laissée, tournée sur le côté, face au miroir, dans lequel il apercevait son visage, convulsé en un masque d'effroi tel qu'il entendit presque le hurlement de nouveau. Et au-dessus du reflet de l'amas immobile de la chemise de nuit et des membres-bâtons de Mme Roth, il entrevit un mouvement rapide.

Descendant à l'intérieur du miroir, à l'intérieur du tunnel rectangulaire argenté, quelque chose bougeait par saccades, comme les images d'un film qui aurait mal défilé dans un projecteur. Mais quoi que ce soit, il crut le voir disparaître avant d'avoir fait plus de deux pas dans la pièce. Malgré tout ce qu'il avait enduré, entendu et aperçu dans cet endroit, il fut néanmoins malade d'effroi devant ce qui ressemblait à un être long et pâle, avec une tache indistincte rougeâtre à la place de la tête, qui s'éloignait à l'intérieur du miroir. Et cela tirait une masse bleu clair par la cheville, l'emmenant loin de cette pièce, au plus profond de ce qui existait là-bas.

Puis Seth se retourna et regarda brièvement autour de lui, vers les huit tableaux non recouverts d'une housse ; un de chaque côté des miroirs placés au milieu de chaque mur. Et tout sembla se figer autour de lui, comme pétrifié par la seule force des images.

Chaque peinture représentait le même visage, mais dans différents états de désintégration, au milieu d'une terrifiante explosion d'air, se déplaçant si vite qu'il devait avoir brûlé la chair jusqu'à l'os avec l'efficacité d'un chalumeau. On aurait dit que la tête, au-dessus du corps assis, avait été soufflée instantanément. Les huit portraits montraient, successivement, la tête du personnage arrachée, déchirée, puis aspirée vers le haut, tandis que le corps était toujours attaché à un fauteuil. Il reconnut des lambeaux du visage. C'était Mme Roth.

Seth ferma les paupières et les frotta, puis se secoua.

Ne lève pas les yeux.

Il s'agenouilla près du corps froid de Mme Roth. Il la poussa du doigt et lui chuchota quelque chose, mais n'obtint aucune réaction de la forme rigide, recroquevillée dans la robe de chambre bleue. Ses yeux étaient toujours ouverts, mais il préférait ne pas les regarder, que ce soit dans le reflet du miroir ou en vrai, car la terreur avait dessiné le rictus d'un hurlement qui avait à peine eu le temps de s'échapper de la bouche sans lèvres.

Sans perdre davantage de temps, il ramassa le ballot d'os et sa tête qui dodelinait, et l'emporta rapidement à travers l'appartement, franchit la porte, monta l'escalier, franchit le seuil de l'appartement dix-huit, puis suivit le couloir jusqu'à la chambre principale. Il positionna le corps au pied du lit, comme s'il était tombé lourdement, la tête heurtant le sol. Même la petite Imee ne fut pas réveillée par les bruits qu'il faisait. Peut-être que cette pauvre fille, véritable souffre-douleur, ne réagissait qu'au tintement d'une sonnette.

Puis Seth recula et examina son travail. Satisfait de la position de la chose ratatinée et disloquée, dont un pied était pris dans les draps, il tourna les talons et sortit rapidement de l'appartement. Il ferma la porte derrière lui puis redescendit l'escalier jusqu'à l'appartement seize pour effacer les traces de son passage et recouvrir les tableaux dans la pièce aux miroirs, décidant de garder les yeux fermés alors qu'il se trouvait si près de ce visage horrible qui hurlait, représenté avec une peinture encore humide.

Chapitre 25

— Ils l'ont tué, Miles. Ils l'ont assassiné.

Son interlocuteur s'immobilisa alors qu'il ôtait son blouson.

— Qui ? De quoi parlez-vous ?

Apryl était hors d'haleine, ce qu'elle disait n'avait aucun sens – elle le savait – mais ç'avait été plus fort qu'elle dès l'instant où Miles était entré dans sa chambre d'hôtel.

— Mon grand-oncle, Reginald, le mari de Mme Roth et Tom Shafer. Les hommes qui habitaient là-bas. À Barrington House. Ils l'ont tué. Ils étaient allés lui demander des explications. Sur les rêves. Les ombres. Ils étaient persuadés qu'il les hantait. Comme ce qu'a écrit ma grand-tante, dans ses journaux intimes. Tout avait changé quand il a emménagé. Ensuite il a eu un genre d'accident. Et tout a empiré après cela. Vous ne voyez donc pas que tout se tient ?

— Non, je ne vois pas. Mais qu'est-ce que vous racontez ?

— Les résidents l'ont tué. Ils ont vu les tableaux. Dans son appartement. Ils les ont certainement détruits. Les ont brûlés. Et l'ont également tué. Il n'a pas disparu. Ils l'ont tué.

— Trésor. Je vous en prie. Trésor, asseyez-vous. Là. Je vous en prie. Calmez-vous. Je ne comprends absolument rien.

Ce que vous dites n'a pas de sens. Vous parlez comme une folle.

Mais Apryl continua à marcher de long en large.

— Elle n'avait pas l'intention de me le dire, mais elle le désirait. Une partie d'elle voulait tout avouer. Elle est très âgée, Miles. Mais elle n'est pas sénile. Oh, non. Elle est aussi acérée qu'un coupe-choux. Elle sait parfaitement ce qu'elle fait. Mon Dieu, elle a un contrôle d'elle-même incroyable. Mais elle ne peut pas maîtriser sa culpabilité. Non. C'est pour cette raison qu'elle est si épouvantable. Elle a un poids sur la conscience. Et elle souhaite tout avouer à quelqu'un. À n'importe qui. Je l'ai surprise à un moment où elle était vulnérable. Chaque fois qu'elle se réveille, elle est fragile. Son jugement est altéré – vous savez comment ça se passe – et elle a besoin d'ôter ce poids de sa poitrine.

» Elle a été si gâtée toute sa vie qu'elle se comporte encore comme une enfant, poursuivit-elle. Mais ses jours sont comptés maintenant. Elle le sait. Et tout cela s'est accumulé en elle. Elle a fait quelque chose de terrible. Il y a longtemps. Ainsi que Lillian. Tous ont commis un acte effroyable, et ils l'ont gardé secret. Et maintenant son esprit lui joue des tours et elle est convaincue que Félix Hessen est revenu dans l'immeuble. Pour se venger, ou pour autre chose… je ne sais pas. Elle affirme l'avoir de nouveau entendu se déplacer dans son appartement. Qui se trouve sous le sien. Comme il le faisait autrefois. Elle habite exactement au-dessus de son ancien logement. Et l'escalier est de nouveau rempli d'ombres. Comme c'était le cas avant. Des ombres qu'il avait amenées avec lui des années auparavant. Elle entend de nouveau les voix et voit des choses… et tout le reste. Comme Lillian. C'est contagieux. C'est si glauque là-bas. Enfin, merde, je… j'ai cru voir quelque chose moi aussi. Encore. Mais c'est sûrement… c'est sa conscience. C'est si foutrement gothique, mais cela explique tout. Ce qui est arrivé à Hessen. Aux tableaux.

— Avez-vous perdu la raison ?

— Écoutez. Écoutez-moi.

Apryl s'assit à côté de lui et lui serra l'avant-bras des deux mains.

— Mais…

— Écoutez-moi. Je vous en prie. Faites-moi une faveur, Miles. Écoutez-moi.

Quand Apryl termina le compte-rendu, moins frénétique, de sa conversation avec Mme Roth et de ce qu'elle avait glané auprès d'elle, Miles tomba en arrière sur le lit et s'appuya sur les coudes. Il la considéra avec une expression indéchiffrable.

— Vous comprenez ? demanda-t-elle, toujours fiévreuse.

— Seigneur, quelle histoire épouvantable.

— Oui. C'est l'histoire des années où Hessen avait disparu, c'est la preuve qu'il peignait.

— Peut-être. Et c'est juste un « peut-être ».

— Oh, Miles !

— Ne vous emballez pas, trésor. Calmez-vous. J'aimerais parler à cette Mme Roth moi-même avant de prendre une décision.

— Elle refusera de vous recevoir. J'en suis sûre. Ou moi de nouveau. Je le sais.

Miles haussa les sourcils.

— Mais qu'en pensez-vous ? Toute cette affaire d'ombres. Et les voix qu'on entend dans son appartement. Je trouve ça foutrement bizarre. C'est exactement ce que Lillian a écrit.

Apryl sourit ; elle était si excitée qu'elle avait envie de hurler.

— Précisément ! Vous avez lu tous les journaux ? Dites-moi que vous les avez lus.

Miles se rembrunit.

— Je l'ai fait, oui. J'ai terminé le dernier cet après-midi au bureau. En fait, j'ai relu deux fois certains d'entre eux. Mais ma chérie, Mme Roth est probablement folle. Comme cette Alice dont vous m'avez parlé, à cette réunion des Amis, qui prétend l'avoir connu. Et comme votre grand-tante…

— Lillian n'était pas du tout comme Alice. (Puis Apryl marqua un temps et plaqua les mains sur ses joues.) Oh, mon Dieu. Alice. Alice a dit la même chose. À propos d'un accident. Elle a dit que Hessen avait eu un accident. Elle l'a *forcément* connu. Toutes deux l'ont forcément connu après la guerre. Je pense qu'il s'est mutilé volontairement.

— Oh, pas si vite, jeune fille.

— Pourquoi pas ? C'est vous le spécialiste, non ? Van Gogh s'est tranché l'oreille, n'est-ce pas ? Hessen était seul là-bas, dans son appartement, tourmenté par sa vision. Il travaillait frénétiquement. Son esprit se désintégrait. Un esprit qui n'avait jamais vraiment ressemblé à celui de qui que ce soit, en fait. Vous l'avez dit. Tout concorde. Il parlait tout seul. Criait. Célébrait ces rituels qui l'ont fait mettre à la porte de plusieurs endroits. Seigneur, il a dû perdre complètement la boule là-bas et… il a mutilé son propre visage. Son si beau visage.

— Apryl. Ne vous laissez pas emporter par votre imagination. Je vous en prie. Réfléchissez un instant. Vous n'avez aucune preuve. Juste deux vieilles femmes à moitié folles qui vous racontent des histoires. Enfin, vous m'avez affirmé il y a quelques instants que les résidents de Barrington House avaient commis un meurtre à la Agatha Christie. Mme Roth dans la salle à manger, armée d'un chandelier.

— Si vous avez l'intention de vous moquer de moi, Miles, alors je préfère que vous partiez.

— Hé !

— Je parle sérieusement. J'ai suivi les pistes que ma grand-tante m'avait laissées. Et elles m'ont conduite à ceci : l'homme a été assassiné dans son propre appartement. Qui sait pourquoi ? Qui sait ce qu'il leur faisait réellement ? Elle a dit que des personnes de confession juive vivaient dans cet immeuble et que celles-ci avaient dû apprendre qu'il était fasciste. Mme Roth est juive, elle aussi. Enfin… son nom ? Il y a toutes sortes de mobiles.

— Ma foi, oui, c'en est un, et plutôt mince. Oswald et Diana Mosley avaient des amis juifs avant et après la guerre. Ils ne les ont pas liquidés. Des règles différentes sont appliquées dans certains cercles. Les faux pas y sont souvent pardonnés. Néanmoins… (Apryl se tourna vers lui l'air agacé)… si vous croyez vraiment qu'il a été assassiné, alors cela concerne la police.

Elle hocha la tête.

— Mais j'ai besoin d'en savoir davantage. D'en découvrir plus.

— Comment ?

— Il faut que je retourne là-bas pour parler aux Shafer. Pour en avoir le cœur net. Ils sont toujours en vie. Je suis même prête à les arrêter dans la rue si nécessaire. Je ne sais toujours pas comment Reginald est mort. Je n'ai pas eu l'occasion de poser la question. Mais je sais juste que sa mort est liée à tout cela. (Elle tourna la tête et regarda Miles.) Je veux connaître toute l'histoire. En mémoire de Lillian.

Chapitre 26

Rendu fou par l'inquiétude et le manque de sommeil, et le fait d'avoir vu des choses contre lesquelles il était sans défense, Seth ne reconnut pas ses propres yeux apeurés qui soutenaient son regard dans le miroir sale posé au-dessus de la cheminée de sa chambre. Il détourna la tête. Dans son esprit effrayé, une foule se bousculait.

Il avait du mal à respirer. Son cœur battait trop vite et une sueur froide suintait de ses pores. Il était incapable de rester assis, aussi marchait-il de long en large dans sa chambre, son regard allant des murs aux fenêtres. Il pensa qu'il allait être malade.

Qu'avait-il fait ?

Frissonnant près du radiateur rougeoyant, il se roula une cigarette et l'alluma, la sixième en autant de minutes. Il en fuma la moitié puis l'écrasa dans la soucoupe qui débordait déjà d'une centaine de mégots sur un épais lit de cendres. À cette vue, il se sentit encore plus mal.

Il ne se rappelait pas son dernier repas. Il survivait depuis des jours en fumant et en buvant du thé. Trop de tabac, de caféine, et d'air confiné. Et il ne se rappelait pas non plus quand il avait ouvert une fenêtre pour la dernière fois.

La lumière grise pisseuse du soleil de la fin de l'après-midi, sur le point de disparaître avec le crépuscule, changea l'orangé des rideaux en une teinte blanchâtre aux endroits où le tissu était le plus usé.

Le demi-jour crasseux révélait des taches rouge-noir étalées sur deux murs. À leur vue, il sentit ses intestins se tordre. Comment en était-il arrivé là, comment avait-il pu tomber si bas ? Avait-il perdu la raison ? Ou bien était-ce son nouvel esprit qui avait peint ces fragments de visages et ces parties de corps sur les murs avant de tuer une vieille femme ?

Dieu du ciel, l'avait-il vraiment tuée ?

Il n'était pas sûr de ce qu'il avait fait. Dans sa mémoire, les événements de la nuit précédente s'emboîtaient mal, étaient dénués de substance. Si seulement il parvenait à se calmer un moment, alors il pourrait peut-être se rappeler ce qu'il avait fait, et ce qu'il avait vu dans cet appartement... sur les murs. Il saurait si tout cela était possible. Mais il avait l'impression que ses mains supportaient toujours le poids du corps décharné de Mme Roth. Et il était incapable d'oublier la vision de la vieille femme étendue à terre, terrifiée, les yeux écarquillés. Ou celle de l'ombre rapide qui se déplaçait sur le sol de la pièce aux miroirs et la recouvrait. Ou la chambre où il l'avait traînée, tel un prêtre offrant un sacrifice au cœur d'un temple. Ensuite, il se souvenait de son corps dans sa chambre à coucher, qu'il avait posé au pied du lit, immobile et disloqué. Où on le trouverait ce jour-là. Son infirmière était certainement déjà là. D'un moment à l'autre, quelqu'un pouvait appeler... peut-être Stephen, peut-être la police.

Dans le miroir... qu'avait-il donc vu ? Une chose qui se déplaçait maladroitement, comme un mince oiseau blanc avec une aile brisée, dont la tête était couverte d'une forme rouge qui n'avait pas l'air normale. Et la tirait, vers les profondeurs.

Il ne pouvait pas se fier à ses souvenirs. N'était même pas capable de faire la différence entre la réalité et les cauchemars. Non. C'était impossible. Il avait souffert d'hallucinations pendant des semaines. D'abord les rêves, puis les apparitions de ce garçon. Son esprit malade avait tout inventé. Voilà ce qui arrivait quand on passait trop de temps seul. Privé de sommeil et d'une alimentation convenable, déprimé et inquiet, on s'en prend à soi-même. Il s'était égaré depuis si longtemps et maintenant il ne pouvait plus revenir en arrière. Il était trop tard.

Seth s'assit de nouveau. Ferma les yeux. Il serra les dents et lutta contre la soudaine réminiscence du masque mortuaire émacié de Mme Roth, et contre les images morbides de cette autre tête encadrée sur les murs de la pièce aux miroirs. Celle qui éclatait, était déchiquetée jusqu'à l'os. Et la peinture était encore humide.

Il devait quitter Londres. Partir de cette chambre vandalisée et maculée. Fuir l'appartement seize et ce qu'il l'obligeait à faire. Forcer ce blocus de souffrances, d'agression et d'indifférence dans lequel la ville était perpétuellement enfermée.

Il disposait de plusieurs jours de repos. Si on le lui demandait, il pourrait dire qu'il était retourné chez lui pour voir sa mère. Alors son départ ne serait peut-être pas considéré comme un aveu de culpabilité, si jamais il était suspecté d'être le responsable de la mort de Mme Roth.

Se cramponnant à cette logique, il se mit debout. Mal assuré sur des jambes fatiguées, sa vision presque réduite à des pixels à cause du manque de sommeil, il fouilla dans la pile de vêtements qui s'entassait dans un coin et récupéra un sac à dos. Fourrant dedans quelques habits sales, il saisit son pardessus, ses clés et son portefeuille, avant de sortir et de verrouiller la porte de sa chambre – une chambre qui était un témoignage d'hallucinations, de folie furieuse, d'impuissance. Un endroit où il ne remettrait jamais les pieds.

La circulation ne cessait jamais sur New North Road. Il attendit sur le trottoir, battant des paupières dans la faible lumière qui lui brûlait pourtant les yeux. Des vents froids le giflaient depuis trois directions. Un air poussiéreux, imprégné de gaz d'échappement, tourbillonnait autour de son visage.

Finalement, le feu passa au vert. Il s'avança et remonta Essex Road, vers Islington. Il comptait gagner la station de métro Angel. Ensuite King's Cross, et terminé. Tandis qu'il marchait, il frissonnait et transpirait en même temps. Il redoutait que la fièvre revienne et ne se sentait pas très bien. Trébuchant pour éviter les piétons qui flânaient, il avait à la fois l'impression d'être bloqué et de marcher à reculons.

Le ciel était si bas. Inconsolable et gris, il semblait flotter à quelques mètres seulement au-dessus des étages supérieurs des immeubles les plus hauts. Chargé d'impuretés, il déversait une brume brunâtre sur les horribles briques rouges et maculait le béton des bâtiments. Il avait du mal à voir à plus d'une centaine de mètres devant lui.

Et les gens ici… ils ressemblaient aux rejetons d'une race malade ! Se déplaçant d'un pas traînant sous le poids grotesque de leurs corps gras. Grommelant avec irritation, se bousculant, se donnant des coups de coude et d'épaule, tandis qu'ils progressaient sur les trottoirs encombrés. Il s'efforçait de ne pas regarder les visages autour de lui. Que leur avait donc fait la ville ? Ils lui donnaient la nausée.

Tout le monde était usé, accablé par les soucis, ici. Certains, comme lui, étaient juste tombés un peu plus bas que les autres. Et il était préférable de ne pas s'attarder trop longtemps sur ceux qui étaient le plus endommagés, au cas où cela hâterait sa propre chute vers leurs recoins oubliés qui sentaient le moisi : les meublés sordides, les chambres humides, et les lotissements en béton labyrinthiques où les arbres ne poussaient pas et où l'air résonnait constamment de la voix belliqueuse de la circulation rapide et irritée.

Quitter tout cela. Oh mon Dieu, fuir cet endroit détraqué. Une ville qui régénérait sans cesse sa pollution grâce aux souffrances de ses occupants. Voilà de quelle manière elle se nourrissait. En anéantissant tout espoir et en troublant les esprits, en provoquant crises de nerfs et dépressions. Avec le choc de la pauvreté et la tyrannie des nantis. Avec la frustration constante d'être en retard ; la suffocation de la démence et l'étreinte de la névrose ; le cycle perpétuel du désespoir et de l'euphorie ; la colère meurtrière envers l'intrus qui s'assied trop près ; les regards éteints derrière les vitres des bus ; l'humiliation du métro ; la résignation ; la délinquance et l'alcool ; un millier de langues différentes qui claquaient avec une insistance égoïste. La ville des damnés. Si laide, si frénétique. Et tout cela sous le soleil blanc, dans la grisaille éternelle du ciel. Où les damnés sont engloutis et oublient qui ils sont. Il haïssait tout cela.

Un sentiment d'horreur l'aiguillonnait, le faisait marcher plus vite, alors même qu'il était essoufflé et transpirait désagréablement sous son sac à dos. Dans les vitrines mornes des magasins et des cafés, il s'entrevoyait : minable et voûté, semblable à un mendiant avec son barda. Et quand il apercevait son visage, il lui semblait d'un blanc malsain. Décoloré par la peur, amaigri par l'anxiété, allongé par la souffrance, et les yeux étaient emplis du désarroi d'un homme tourmenté par le manque de sommeil.

— Nom de Dieu, chuchota-t-il.

Puis il reprit ses marmonnements, répétant les étapes de son trajet, encore et encore :

— Northern City Line jusqu'à King's Cross. Acheter un billet pour Birmingham. Monter dans le premier train…

Près de la façade en verre d'une société immobilière, il se reposa avant la dernière montée jusqu'à la station de métro. Il se trouvait à proximité du croisement et l'air était tout à fait anormal. Il avait l'impression qu'une main posée sur sa poitrine le poussait en arrière tandis que ses jambes s'engourdissaient. Il fut assailli par des visions qui apparaissaient puis disparaissaient le temps d'un battement de cœur. Ils étaient partout… les damnés.

Deux clochards assis sur un banc lui dirent de foutre le camp. Ils buvaient pour contenir leurs propres hallucinations.

Seuls les fous pouvaient voir ce lieu. Mais les déments en sont si saturés qu'ils peuvent seulement rester plantés là en écarquillant les yeux, ou bien déambuler et marmonner tels des prophètes oubliés et des rois détrônés.

— Connasse de sale pute, dit-il à la chaussée qui le faisait trébucher. Espèce de salopes merdeuses du Christ le diable, dit-il, avant de cracher vers les voitures qui passaient à vive allure. Bile puante et merde de merde de merde…, dit-il à la station de métro quand il s'aperçut qu'elle était fermée à cause d'une grève.

Il pria pour avoir la force de détruire la ville avec un marteau.

Il allait être obligé de continuer à pied. De suivre péniblement Pentonville Road jusqu'à la gare de King's Cross. Il était mû par la rage. Il grinçait des dents. Rien ne l'arrêterait. Les pavés inégaux, les feux qui ne changeaient jamais, les travaux de réfection de la voirie qui l'obligeaient à faire des détours interminables, ou les visages jaunâtres qui regardaient en l'air, implorants, avec leurs horribles bouches parcheminées, qui s'agitaient aux fenêtres enténébrées d'appartements en sous-sol. Une chose semblable à un crabe détala derrière une haie de troènes poussiéreux. Il ferma les yeux pour ne pas la voir.

Il eut l'impression que le trajet durait des heures, interrompu par de fréquents arrêts pour essuyer la sueur sur ses yeux et ajuster les sangles de son sac à dos qui menaçait de lui déformer la colonne vertébrale. Sa vision commençait à la périphérie, frappée d'éclairs blancs. Le son enflait, ralentissait et s'étirait.

À King's Cross, la plus grande partie de la chaussée était éventrée devant la façade de la gare, et entourée de treillis en plastique orange. Personne ne travaillait là, entre les strates du macadam, de terre et de glaise. Les panneaux avaient été renversés. Des gens marchaient dessus. Leurs talons résonnant contre le fer-blanc cabossé se répercutaient dans son crâne. Deux voitures de police stationnaient devant l'entrée principale, mais il ne vit pas les officiers. Six chiens féroces retenus par des cordes se battaient et bloquaient le passage. L'un des propriétaires avait une barbe grise et tressée en *dreadlocks* qui lui descendait jusqu'à la taille. L'autre était un punk décharné aux joues couvertes d'acné et portant des leggings à rayures, qui essayait de vendre le *Big Issue*. Ils tiraient sur les laisses et s'injuriaient. Des employés de bureau passaient à proximité tout en mangeant des sandwichs et en téléphonant. À l'intérieur de la gare, quelqu'un criait :

— Bas les pattes ! Ne me touchez pas, espèce de singe puant !

Trois flics surgirent du bâtiment en tirant une femme noire. Elle n'avait pas de chaussures. Tous les policiers avaient perdu leur casquette.

La femme avait l'air d'une épave humaine, sans domicile fixe, rendue folle par le crack. Dans une main elle serrait toujours un bout de baguette à moitié mastiquée. Deux Chinoises menues observaient la lutte. Elles portaient l'uniforme rouge et blanc du personnel de restauration. Leurs expressions étaient identiques : une indifférence silencieuse.

Seth estimait que, s'il avait eu une arme, le moment aurait été propice pour se mettre à tirer, afin de dégager le chemin des chiens et des dégénérés. Mais le flamboiement rouge de colère ne servit qu'à l'affaiblir davantage. Il se sentit proche de l'évanouissement.

Une fois à l'intérieur de King's Cross, et une fois qu'il parvint à se concentrer sur le tableau des départs, il se rendit compte qu'il se trouvait au mauvais endroit. Il n'y avait pas de train au départ pour Birmingham New Street dans cette gare. Il devait se rendre à Euston. Putain d'Euston !

Mains posées sur les genoux, tête baissée, il essaya de contenir à la fois la rage qu'il éprouvait contre lui-même et son délire. Cela faisait si longtemps qu'il n'avait pas quitté Londres, ne serait-ce qu'une journée. Un an qu'il n'avait pas pris le train pour aller à Birmingham. Il avait oublié comment on faisait pour partir. Mais il s'en irait. Il marcherait toute la journée si nécessaire, jusqu'à ce qu'il s'écroule, pour trouver un moyen de quitter cet enfer.

De retour dans Euston Road, il chemina péniblement vers l'ouest. La gare n'était plus très loin. Les panneaux l'indiquaient. Au-dessus de lui, le ciel devenait blanc. Ou plutôt, il apercevait un chatoiement à travers la couche gazeuse grise. Son visage était brûlant et sa vision se troublait. Rues, immeubles, réverbères, voitures, arbres rabougris, plaques des rues et piétons, tout tournait et était brouillé autour de lui. S'il s'allongeait, il s'évanouirait.

Lentement, lentement, il remonta le long tunnel, d'un blanc éblouissant, de la rue en direction d'Euston. Une bouffée d'espoir le poussa sur l'herbe, vers l'entrée principale d'Euston.

Mais dès qu'il fut à l'intérieur du bâtiment, il se sentit encore plus mal. L'effet fut immédiat. Il se mit à paniquer. Dans l'éclat intense des lumières blanches et le brouhaha des conversations, la poussée et le flot de la cohue, le remue-ménage des bagages et le crissement des valises à roulettes, il éprouva un désir irrésistible de ressortir en courant.

Une annonce qu'il ne saisit pas vraiment indiqua un retard ou une annulation. Il ne vit pas Birmingham sur les panneaux de départ. Dans le cirage, plissant les yeux, il constata bientôt qu'il lui était trop pénible de lever la tête.

Il chercha de l'aide, mais celle-ci était difficile à trouver. Inexistante en fait. Il décida de se renseigner au guichet, puis avisa les files d'attente monstrueuses qui serpentaient, et se dit qu'il ferait mieux d'aller aux toilettes. Mais, alors qu'il se frayait un chemin à travers la foule dans le hall principal, il s'arrêta brusquement : debout devant la tache rouge-jaune de la façade du *Burger King*, il vit la silhouette d'un enfant encapuchonné. Ses mains étaient enfoncées profondément dans les poches de son manteau Snorkel et son visage se perdait dans l'ombre. Mais le gamin était tourné vers lui.

Un homme derrière Seth le bouscula et lui fit perdre l'équilibre, puis il fit volte-face dans un tourbillon de pardessus et de cravate, non pas pour s'excuser, mais pour lui adresser un rictus. Seth regarda vers l'endroit où il avait vu la silhouette à la capuche, mais celle-ci avait disparu.

Respirant avec peine après le choc de cette apparition, il se dit qu'il s'agissait sûrement d'une hallucination. Puis il aperçut soudain un pantalon d'écolier et des chaussures éraflées à gros talons passer rapidement devant un stand où l'on vendait des lunettes de soleil et des montres.

Impossible ; le gamin ne pouvait pas se déplacer si vite. Il y avait d'autres gosses ici ; c'était certainement l'un d'entre eux. Il devenait paranoïaque ; paranoïaque et malade. Il joua des coudes au milieu d'un groupe de touristes français et se dirigea vers le guichet.

Peut-être que le garçon était là pour l'empêcher de partir. Les obstacles s'étaient multipliés depuis qu'il avait quitté *L'Homme vert*. Comme si toute la ville conspirait pour l'empêcher de franchir certaines frontières invisibles.

Une fois dans la queue, il garda les yeux baissés et clos pour ne pas voir la chose en capuche en train de l'observer. Puis, il respira profondément l'air moite pour contenir la panique qui bouillonnait au fond de sa gorge et menaçait de surgir en un cri strident. Elle lui donnait envie de déchirer ses vêtements et de courir éperdument à travers la foule.

Il savait d'instinct que s'il repartait vers l'est pour revenir à *L'Homme vert*, il se sentirait mieux. Quelqu'un lui faisait comprendre qu'il n'était pas autorisé à quitter la ville. Une personne avec laquelle il s'était associé de son plein gré la nuit où il avait ouvert la porte de l'appartement seize.

Il atteignit finalement la vitre derrière laquelle était assis un homme grassouillet qui portait un gilet rouge. Seth retrouva sa voix et demanda un billet pour Birmingham.

L'employé eut l'air exaspéré.

— Vous n'avez pas entendu les annonces ni vu les tableaux ? Pas de trains pour Birmingham aujourd'hui.

— Quoi ?

— Pas de dessertes à partir d'Euston.

— Alors comment fait-on pour aller à Birmingham ?

— Marylebone. Chiltern Railways. Ou la gare routière de Victoria.

Mais la simple évocation de ces lieux reculés, si lointains dans la ville bruyante et surpeuplée, éteignit la dernière petite étincelle de son courage. Il eut envie de taper contre le mur jusqu'à ce que sa main soit réduite en bouillie et que des esquilles apparaissent sous sa chair écarlate.

— Vous pouvez vous écarter pour laisser passer le client suivant ? demanda l'homme au gilet rouge.

Seth s'éloigna du comptoir. Il savait que le métro et les bus ne l'emmèneraient pas là où il voulait aller, et il n'avait plus la force de continuer à marcher. Toute son énergie avait disparu, sauf celle qui alimentait sa panique. Même s'il arrivait dans une autre gare, les nausées le submergeraient de nouveau.

Il devait dormir. Regagner sa chambre et s'allonger. Il pourrait peut-être essayer plus tard, après s'être reposé un peu. Il ne parvenait à penser à rien d'autre désormais, et refusait même de reconnaître la présence du garçon à la capuche qui l'attendait à proximité du guichet, et qui marcha ensuite à son côté quand il sortit de la gare.

Le lendemain, il essaya de marcher vers le sud, mais fut incapable d'aller plus loin que le Strand, où il vomit dans les toilettes d'un pub.

Le nord semblait un labyrinthe impénétrable. Il était désorienté par des murs en brique, des toits noirs pointus, des grilles, un air piquant, et des choses blanchâtres qui l'appelaient depuis des chantiers de construction et se déplaçaient plus vite que les rats dans les fondations mises à nu. Ses efforts pour s'échapper le conduisirent de nouveau vers le centre, où il échoua dans la soirée, quelque part entre Camden et Euston, anéanti par la faim et l'épuisement.

Le troisième jour, à l'est, il faillit suffoquer entre des rangées de maisons grises de style uniforme, dont les jardins de devant étaient remplis d'immondices. Il frissonna et pleura, sous le regard d'enfants pakistanais aux vêtements étranges. Ensuite il prit la direction de sa chambre : la seule qui offrait quelque soulagement aux nausées, aux suées brûlantes et glacées, à la respiration oppressée, et aux appels constants des créatures osseuses aux faces jaunâtres qui s'agitaient aux fenêtres, la gueule grande ouverte.

Le soir suivant, il retourna travailler.

Chapitre 27

À l'extérieur de l'appartement des Shafer les odeurs de Barrington House s'amoncelaient : encaustique, shampooing à moquette, produit nettoyant pour le cuivre, et poussière. Et quelque chose d'autre... Une odeur semblable à celle du soufre... D'une chose qui aurait brûlé récemment, comme de la poudre.

S'enroulant autour de l'ascenseur, l'escalier était éclairé par les lumières électriques, pourtant, l'air lui-même semblait obscurci. Tout était plongé dans une semi-pénombre, comme une photographie prise dans une lumière médiocre. Cela rendait Apryl nerveuse, et aussi étrangement apathique. Si elle n'était pas perpétuellement en mouvement et ne se concentrait pas sur des tâches précises, elle imaginait très bien qu'elle pourrait s'allonger ou s'asseoir en silence et attendre, seule, ici. Mais attendre quoi ?

Elle sentit son estomac se nouer à la pensée de frapper à la porte des Shafer. Ils étaient très âgés, peu commodes, et ne voulaient pas être dérangés. Stephen et Piotr le lui avaient dit. Ils avaient refusé de la rencontrer à cause de leurs liens avec Hessen et de ce qu'ils lui avaient fait. Son grand-oncle Reginald en tête. C'était uniquement à cause d'un stress émotionnel que Mme Roth s'était confiée à elle. Peut-être avait-elle pensé que sa propre fin était proche. Cette pensée mettait Apryl profondément mal à l'aise, car elle avait été probablement l'une des dernières personnes à avoir vu Betty Roth vivante. Stephen le lui avait confirmé ce matin-là, quand elle était arrivée.

Néanmoins la vieille femme s'était suffisamment épanchée, et Lillian avait évoqué la même succession épouvantable d'événements un demi-siècle auparavant. Mais dans sa peur d'interrompre les révélations parcimonieuses et décousues de Mme Roth, elle ne l'avait pas interrogée sur la mort de Reginald. Même Lillian n'avait pas été capable de raconter cet événement, parce que la vérité était trop horrible pour que Mme Roth et sa grand-tante la divulguent. Elle n'avait donc obtenu que des allusions à propos de Hessen invoquant des pouvoirs surnaturels, à propos de bruits terrifiants, de tableaux hideux, et d'un cortège de cauchemars que même un affrontement direct avec le peintre n'avait pas réussi à dissiper. Elle aussi avait entrevu des choses et se sentait terrifiée à l'idée de les croiser de nouveau dans ces couloirs sombres et ces pièces dégradées, où les ombres étaient étranges et où chaque miroir évoquait une présence. Elle jeta un coup d'œil à la ronde, inquiète quand son regard se posa sur la glace du palier.

Mais il y avait eu un conflit qui s'était mal terminé pour Hessen. De cela elle était certaine. Un meurtre qu'ils avaient caché pendant toutes ces années. Un secret qui les avait séparés et conduits à la solitude et à la folie. Pourtant on allait lui raconter de nouveau cette histoire. Elle allait savoir comment Reginald était mort, et comment Hessen avait été assassiné ; elle le saurait cet après-midi-là.

Elle leva la main et toucha le cuivre froid de la sonnette.

Elle appuya sur le bouton doucement, trop doucement, sans produire le moindre son. Elle pressa plus fermement et continua d'appuyer.

Qu'avez-vous fait ici ?

Il y eut une pause, puis la sonnette vibra contre le bout de son doigt. En même temps, derrière le bois massif de la porte d'entrée, elle entendit un faible carillon.

Et sur le verre grisâtre de la fenêtre de la cage d'escalier, elle sentit l'air se refroidir et s'assombrir autour d'elle : le soleil blafard avait dû se cacher derrière les nuages toujours présents.

Elle recula et attendit. Attendit. Car personne ne venait. Elle se pencha et appuya de nouveau. Puis une fois encore.

Elle entendit des pas qui descendaient rapidement de l'étage au-dessus, dans la cage d'escalier, et ressentit le besoin coupable de s'enfuir comme une gosse. L'attente épuisait son assurance, lui faisait perdre de vue son objectif. Une ombre apparut sur le mur et elle se retourna pour voir qui descendait avec une telle hâte. Il s'agissait sûrement d'un enfant pour qu'il se déplace avec un tel empressement et une telle rapidité. Mais un gamin pouvait-il projeter une ombre comme celle-ci ?

Sur sa droite, des voix s'élevèrent finalement depuis le fond de l'appartement. Elles se groupèrent autour du son du carillon. Elle entendit celle d'une femme, cassante et anxieuse. Mais Apryl ne put distinguer le moindre mot. Puis elle s'approcha. De l'autre côté de la porte, un homme âgé parla. « Eh bien, j'essaie de le savoir. » Elle exprimait de la contrariété et était dirigée vers le fond du couloir, vers les cris lointains de la femme.

Apryl regarda de nouveau dans la direction de la cage d'escalier. L'ombre avait grandi, mais était plus mince et se dissipait près du plafond. Les pas dans l'escalier avaient cessé. Personne n'apparut.

— Ohé ? demanda-t-elle d'une voix ténue. Qui est là ?

— Qui est-ce ?

Pour un homme âgé, il parlait étonnamment fort ; son accent américain était toujours discernable, bien que tempéré par des décennies passées à Londres. Sa voix était dirigée vers elle, aussi devina-t-elle qu'il jetait un coup d'œil à travers le minuscule judas. Elle percevait sa respiration rauque.

Elle détourna les yeux de la cage d'escalier, soudain impatiente d'entrer dans l'appartement du couple âgé.

— Bonjour, je m'appelle Apryl. Je voulais juste…

— Qui ? Je ne vous entends pas.

Elle poussa un soupir d'exaspération.

— Apryl Beckford, monsieur ! Est-ce que je peux entrer, s'il vous plaît ?

— Je ne vous entends pas. (Puis il cria derrière lui de nouveau, vers la femme.) J'ai dit que je ne l'entends pas. Comment je le saurais ? Tu veux bien arrêter ! J'ai dit que je m'en occupais. Ce n'est pas la peine. Inutile de te lever. J'ai dit que je n'avais pas besoin de toi.

— Je voulais juste…, commença Apryl.

C'était inutile. Il n'écoutait pas et, même s'il l'avait fait, il n'aurait pas entendu.

Des doigts grattèrent et manièrent maladroitement la clenche comme si c'était la première fois qu'ils accomplissaient cette tâche. La respiration de Tom Shafer se fit plus forte et plus tendue, comme s'il soulevait quelque chose de lourd.

Quand un interstice apparut entre le bord de la porte et son montant, elle fut obligée de baisser les yeux pour voir le visage de l'homme. Une peau flasque extrêmement ridée, parsemée de poils d'un blanc brillant, pendait autour d'une bouche humide, d'où les lèvres s'étaient retirées. Un ruisselet de bave luisait dans un profond ravin au coin de sa bouche. Les verres épais de ses lunettes grossissaient ses yeux larmoyants. Ils étaient si foncés qu'ils semblaient noirs dans les blancs humides et décolorés. Une casquette de base-ball était juchée de travers sur la tête du petit personnage.

— Oui ?

Comme celle d'un fumeur de cigares, sa voix dure semblait émerger de quelque part derrière son sternum et était liquéfiée mais, étonnamment, grave et complètement sèche en même temps.

— Bonjour, monsieur. Vous ne me connaissez pas. (Elle parlait fort, mais pas suffisamment pour être entendue par la femme au fond du logement qui était, supposait-elle, Mme Shafer.) Je suis la petite-nièce de Lillian, de l'appartement trente-neuf, et il faut absolument que je vous parle, monsieur. Je vous en prie ; juste quelques minutes.

La porte était entrouverte, mais elle sentait instinctivement qu'elle pouvait se refermer très vite. Elle jeta un dernier coup d'œil nerveux par-dessus son épaule, avec l'impression que ce qui avait projeté une ombre et s'était déplacé si rapidement attendait désormais, et écoutait, caché.

Clignant des yeux, Tom Shafer l'observait en silence. Il afficha une suspicion inquiète qui, elle le percevait, était quasi permanente chez lui. Lentement, il se déplaça pour regarder derrière lui, dans le couloir, comme pour s'assurer que sa femme n'était pas visible. Puis il se retourna vers Apryl.

— Vous ressemblez vraiment à votre tante. Mais je ne peux pas vous recevoir. Je suis désolé. Nous l'avons dit à Stephen. Il aurait dû être plus clair avec vous.

Il s'apprêta à refermer la porte.

Apryl fit un pas en avant, se surprenant elle-même.

— Je vous en prie, monsieur. Je dois absolument savoir ce qui est arrivé à ma grand-tante et à mon grand-oncle. Ils étaient vos amis. Vos voisins.

Il soupira bruyamment.

— C'était il y a très longtemps. Nous ne nous souvenons de rien.

— Je suis au courant pour Félix Hessen.

À la mention de ce nom, il releva la tête, et une expression apeurée passa dans ses yeux humides.

— J'ai juste besoin de savoir si ce que ma grand-tante a écrit est vrai. C'est tout. Pour mettre un point final à sa vie, disons. Je vous en prie, monsieur, c'est uniquement pour ma mère et moi. Nous ne le répéterons à personne.

Tom Shafer la scruta. Ses grosses lunettes remontèrent sur son petit nez.

— Jeune fille, votre grand-tante était complètement folle. Et vous me faites penser à elle. Elle avait exactement le même comportement que vous quand elle venait ici. Nous ne voulons pas être importunés par tout ça.

Ça ? Que voulait-il dire ? Elle fut piquée au vif par sa remarque désobligeante à propos de Lillian.

— Elle avait des problèmes. Je le sais. Mais vous savez parfaitement pourquoi. Mme Roth me l'a dit. Elle m'a raconté ce qui s'était passé. Avant de mourir.

La porte se rouvrit, plus largement que précédemment.

— Betty n'aurait absolument rien dit. Elle avait bien des défauts, mais elle n'avait rien d'une commère.

Malgré son corps ratatiné et sa petite tête enfoncée dans la casquette ridiculement grande, elle fut de nouveau surprise par la force de sa voix grave, à cause de laquelle elle se sentait stupide et coupable, comme un gamin surpris à mal se conduire et à importuner des adultes.

Elle se racla la gorge.

— Mme Roth ne m'a pas tout dit. Mais elle avait très peur avant de mourir. Et elle avait besoin de se confier à quelqu'un. À moi. Elle sentait qu'elle courait un danger. Qu'un événement du passé avait des répercussions en ce moment même. Elle m'a parlé des tableaux, monsieur. Et de l'accident de Hessen. De ce qu'il faisait ici. De la manière dont il avait changé les choses pour vous tous. Ma grand-tante l'a également écrit, dans ses journaux intimes. J'y ai trouvé beaucoup de renseignements. Notamment au sujet de ce qui s'est passé après le retour de Hessen, quand il a recommencé à tous vous tourmenter.

Tom Shafer garda le silence pendant un moment, mais l'espace qui les séparait était rempli de son souffle rauque. Brusquement, il eut l'air souffrant et terriblement fragile, comme s'il pouvait tomber facilement et ne plus se relever.

— Je souhaite juste que vous m'accordiez quelques minutes de votre temps. C'est tout. Il faut que je sache.

— Je ne peux pas. Je regrette. Ma femme…

Cet homme âgé et frêle la fit soudain penser à Lillian, seule, apeurée et abandonnée, mais ne renonçant jamais à ses efforts pour échapper aux fantômes de ses souvenirs, devenus les terreurs de sa vie quotidienne. Elle n'avait jamais baissé les bras. Contrairement à Mme Roth et aux Shafer, qui resteraient emprisonnés là jusqu'à la mort avec leurs infirmières, leur mesquinerie et leur impuissance. Apryl essuya la larme qui lui chatouillait la joue.

Sans la regarder, comme si lui aussi avait trop honte pour affronter ses yeux, Tom Shafer ouvrit la porte, puis s'éloigna en boitillant vers le couloir enténébré. Il s'arrêta après quelques pas mal assurés et tourna la tête de côté.

— Vous entrez ou quoi ?

Tout en se tamponnant le nez, Apryl le suivit. Mais à présent qu'elle était dans l'appartement, elle n'était même pas sûre d'avoir envie d'entendre ce qu'il avait à dire.

— Parlez à voix basse, chuchota-t-il. Si vous dérangez ma femme, vous devrez partir.

Elle hocha la tête, mais se demanda s'il avait dit cela pour protéger son épouse ou bien parce qu'il avait peur d'elle.

Elle le suivit entre les murs nus et tachés du couloir et pénétra dans un vaste séjour. Apparemment, le couple n'utilisait qu'un petit coin de cette pièce, là où se trouvaient le téléviseur et les deux fauteuils élimés serrés autour d'une table basse à roulettes, où étaient entassés de petites bouteilles d'Évian, des mouchoirs en papier, des bonbons, une grappe de raisins violets à moitié mangés, et des boîtes de médicaments éparpillées. Le reste de la salle était vide, à l'exception d'une desserte ancienne et d'une table surchargées de cartons, de serviettes fanées et de draps froissés. C'était une autre petite enclave chichement éclairée et sordide de Barrington House. Malgré tout leur argent, ils vivaient comme des clochards dans un coin de leur logement spacieux. Le sol moquetté était couvert de miettes et de petits morceaux de papier. Il n'y avait pas de tableaux sur les murs. Pas de miroirs. Uniquement les contours de cadres qui avaient été accrochés là autrefois, et avaient blanchi le papier peint autour des rectangles et des carrés foncés.

Le *Financial Times* était posé sur l'un des deux fauteuils.

— Prenez un siège. Je ne peux pas vous proposer quelque chose à boire. Il me faudrait une heure pour aller jusqu'à la cuisine et en revenir. Et nous ne disposons pas d'autant de temps.

— Je vous en prie, ne vous excusez pas. Je suis désolée de vous importuner. Je sais que je suis venue ici sans y avoir été invitée. Je veux seulement échanger quelques mots. Une explication. C'est juste que… (elle déglutit avec difficulté)… j'ai découvert tant de choses depuis que je suis arrivée ici. Des choses que je souhaiterais maintenant ne pas savoir. Mais je ne peux pas rentrer chez moi sans connaître le reste de l'histoire de ma grand-tante Lillian.

Après s'être affalé dans le fauteuil et avoir haleté pour recouvrer son souffle, Tom Shafer la regarda attentivement. Son vieux visage était calme à présent, son regard ferme, résigné ; il ne semblait aucunement gêné par l'aspect sordide de son environnement.

— Vous ressemblez vraiment à Lilly, déclara-t-il, et finalement il sourit. C'était une très belle femme.

À ces mots, Apryl rougit. Non parce qu'il la trouvait séduisante, mais parce qu'il avait confirmé le lien de parenté.

— Je vous remercie. Elle était vraiment belle, n'est-ce pas ? J'ai vu les photographies d'elle et de Reginald.

Tom Shafer continua à sourire.

— Parfois on avait mal rien qu'en les regardant. Ils étaient différents.

Il détourna les yeux, n'observant rien en particulier. Juste la pièce minable qu'il occupait tous les jours.

— Mais les choses changent. On doit profiter de ce que l'on a quand c'est là. Il ne faut pas chercher les ennuis.

Cela ressemblait à un avertissement. Il se tourna vers elle.

— J'ai appris que vous aviez l'intention de mettre en vente l'appartement de Lillian. Eh bien, je vais vous demander de le faire immédiatement, et de partir. Ne perdez pas plus de temps.

— Qu'est-ce qui vous fait dire cela ?

— Je pensais que vous le saviez.

Elle évita de croiser son regard et contempla ses mains jointes sur ses genoux.

— Je sais certaines choses. Mais pas tout. Je ne parviens pas à assembler les pièces du puzzle.

— Et vous pensez que j'en suis capable ?

— Mais vous étiez là. À l'époque.

Il secoua la tête.

— Qui peut dire ce qui s'est passé ? Je ne suis pas certain de le pouvoir. Et Betty ne l'est certainement pas. Pas plus que ne l'était Lilly. Et les autres ne sont plus avec nous. Cela n'arrive jamais dans une vie normale. Nous n'y étions pas préparés, n'étions pas à même d'y faire face. Cela n'aurait jamais dû se produire. Nous avons juste été pris dedans parce que nous étions orgueilleux et trop stupides pour nous barrer quand nous en avions la possibilité.

— Mais pris dans quoi ?

Il poussa un long soupir.

— Je suppose que cela ne change rien de le savoir maintenant. Je n'arrive pas à croire que Betty vous ait dit quoi que ce soit. Je n'arrive vraiment pas à le croire. Mais qui croirait un seul de nous autres, vieux imbéciles ? Et je n'ai aucune idée de ce que Lilly a bien pu écrire. Elle n'était plus dans son état normal. Depuis longtemps. Tout cela me dépasse complètement, mais quelque chose s'est produit, à l'évidence. Bon Dieu, nous l'avons chèrement payé. Tous.

Apryl baissa de nouveau les yeux sur ses genoux, se sentant envahie par une frustration familière et par le désespoir.

— Mais vous pouvez me dire comment Reginald est mort. Lillian n'a pas supporté de le consigner par écrit.

Tom Shafer leva la tête.

— Avez-vous déjà entendu dire que deux personnes peuvent trop s'aimer ? Eh bien, c'était le cas de Lilly et Reggie. Nous n'avons jamais pensé qu'elle se remettrait de la mort de son époux, et je suppose que nous avions raison sur ce point à bien des égards.

— Mais comment est-il mort ?

Son regard se durcit.

— Il s'est suicidé. Il a sauté de la fenêtre du séjour de leur appartement.

Il dit cela d'une traite, sans ciller ni bredouiller.

— La pièce où il y avait les roses, dit Apryl. Où elle mettait les roses. C'était en souvenir de lui. (Elle le regarda au fond des yeux.) À cause de Hessen. À cause de la façon dont il les tourmentait et les poussait à la folie. Mais comment s'y prenait-il ?

— Je ne sais pas, répondit-il en secouant la tête.

— Vous le savez certainement. Mon grand-oncle était un héros de guerre, il a effectué des missions aériennes en Europe. J'ai vu ses médailles. Il a survécu et est revenu ici auprès de l'amour de sa vie. Et puis il se serait suicidé à cause d'un différend avec un voisin ? Et de ce fait a brisé le cœur de sa femme à tel point qu'elle est devenue folle ? Je ne peux pas accepter que personne ne sache pourquoi. Vous étiez très proches de lui à cette époque.

Tom Shafer secoua la tête.

— Vous êtes sur le point de comprendre pourquoi nous n'en parlons pas et ne l'avons jamais fait. De même que votre tante, qui n'a jamais rien dit. Peut-être avait-elle plus de raisons de n'en rien faire que nous autres. Mais comment puis-je expliquer cela ? On ne peut pas comprendre, à moins d'avoir été présent. Reggie n'a pas été la seule personne à mettre fin à ses jours. Mme Melbourne l'a fait, elle aussi. Elle a été la première. Elle s'est jetée du toit de l'immeuble et a heurté cette satanée barrière. Il a fallu découper la grille pour la dégager. Ensuite il y a eu Arthur. Le mari de Betty.

— Non !

Il hocha la tête.

— Oh, ils l'ont dissimulé en racontant des conneries sur une prétendue crise cardiaque, mais il a bel et bien avalé une surdose de médicaments.

— Mais pourquoi aucun de vous ne s'est-il enfui ? Pourquoi ne pouvez-vous pas partir ? Lillian est morte en essayant de le faire. Je ne comprends pas.

La voix de Tom Shafer monta avec colère.

— Vous pensez peut-être que nous n'avons pas essayé ? Mais nous ne pouvons pas ! Et c'est tout ce qu'il y a à en dire. Nous ne pouvons pas aller plus loin qu'un foutu pâté de maisons dans n'importe quelle direction et nous ne savons pas pourquoi.

— Les tableaux. Les tableaux de Hessen. C'est à cause d'eux. Ma grand-tante affirmait que tout était lié.

Le petit corps de Tom Shafer sembla rapetisser encore dans le fauteuil massif. À présent il donnait l'impression d'avoir été réduit à des os et de la peau à l'intérieur d'une chemise écossaise et d'un pantalon de survêtement. Ses mains noueuses tremblaient sur les accoudoirs. Il ferma les yeux et, bientôt, tout son corps fut secoué de frissons. Apryl ressentit l'envie d'aller vers lui, comme elle l'avait fait avec Betty Roth, et de le prendre dans ses bras. De consoler ce vieil homme fatigué et brisé comme personne n'avait réconforté Lillian.

— Je ne veux pas me souvenir d'eux si je peux l'éviter, murmura-t-il.

— Lillian rêvait des choses qu'il y avait à l'intérieur de ces tableaux. Puis elle a commencé à les voir. Autour d'elle.

— Comme nous tous. D'une façon ou d'une autre cela ne restait jamais dans ces satanées peintures.

— C'est pour cette raison que Reginald s'est suicidé. Et les autres aussi.

Tom Shafer hocha la tête.

— Peut-être qu'ils ont eu de la veine d'avoir eu assez de couilles pour en finir avec tout ça. Mais nous avons aussi souffert, vous savez. Nous n'avons jamais eu d'enfants à cause de ça. Ma femme a fait une fausse couche chaque fois.

— Je suis désolée.

Le silence s'épaissit autour d'eux dans ce petit coin poussiéreux au milieu de nulle part. Tom Shafer le brisa et parla comme pour lui-même.

— Ma femme continue à penser qu'elle peut nous protéger ici. Elle ne peut pas faire davantage. Je ne peux pas permettre qu'elle soit bouleversée. Pas ici. Alors vous allez être obligée de partir bientôt.

— Vous les avez brûlés.

Tom Shafer ne répondit pas ; il n'acquiesça même pas.

— Et vous avez tué Hessen. Ensemble. Je sais que vous l'avez fait. Vous, Arthur Roth et Reggie. Je ne veux pas vous créer d'ennuis avec cette affaire. J'ai juste besoin de savoir pourquoi Lillian ne pouvait pas nous rejoindre aux États-Unis. C'est ce qu'elle voulait faire. Elle le dit dans ses journaux. Mais on a fait quelque chose ici qui a poussé son mari à se suicider. Et cela l'a retenue jusqu'à sa propre mort. Je veux comprendre comment Félix Hessen s'y est pris pour faire tant de mal après sa mort. Vous pouvez me le dire ?

Tom Shafer secoua la tête avec désespoir.

— Vous n'avez aucune idée de ce qu'il était. J'ignore ce que Betty vous a dit, mais il attirait des choses ici. Nous ne savions pas quoi. Ni comment il faisait. Je ne le sais toujours pas. Aucun de nous ne l'a jamais su. Lilly avait quelques idées insensées. Mais nous ne la croyions pas. Néanmoins, quoi que ce soit, c'était plus fort que nous. Nous tous ensemble ou individuellement. Nous l'avons très vite compris. Et ce fut la fin de Reggie et d'autres gens bien. Dont votre tante et maintenant Betty, j'en suis sûr. Cette femme avait un cœur solide. Je ne crois pas qu'il ait lâché. Mon épouse et moi sommes les derniers.

Il s'arrêta de parler et déglutit. La sueur faisait briller son front et il commençait à paraître gris dans la lumière ténue, comme s'il était très souffrant.

— Vous allez bien, monsieur ?

Elle tendit la main pour prendre son bras.

— Ne croyez pas un traître mot de ce qu'ils disent à la réception, chuchota-t-il. Il y a quelque chose d'anormal là-bas. Alors barrez-vous d'ici, jeune fille. Comme nous aurions dû le faire.

Puis Tom Shafer secoua la tête et soupira comme s'il acceptait à contrecœur une mauvaise nouvelle. C'était le son le plus las qu'elle ait jamais entendu sortir de la bouche d'une personne.

— Tout ce foutu immeuble tremblait. Cela venait de son appartement. Environ un an après son emménagement ici. Ne vous méprenez pas, c'était déjà un salopard de dingue avant. Il ne sortait jamais du bâtiment. Jamais, j'en suis sûr. On tombait sur lui dans une cage d'escalier, ou en bas, là où habitait le personnel ; il faisait ses signes étranges dans l'air comme s'il dessinait. Il touchait les gravures sur les murs, il parlait tout seul, et pas en anglais, ni dans aucune putain de langue que j'aie jamais entendue.

Les portiers le surprenaient tout le temps à agir comme ça. Ils le surveillaient. Ils ne l'ont jamais aimé.

» Et la nuit il faisait des trucs dans son appartement, qui pouvaient faire baisser les lumières à l'autre bout de l'immeuble. Chez Betty, cela remplissait l'air de quelque chose qu'on ne voyait pas, mais on savait néanmoins que c'était là. Et si on écoutait attentivement, on entendait des voix. Pas comme les nôtres, mais une centaine de voix. Elles tournaient et tournaient là-bas avec lui.

» Nous avons tous entendu cela pour la première fois chez Betty. Nous étions en train de dîner et nous avons écouté le bruit monter depuis l'appartement du dessous. Le sien. Une fois qu'on a entendu cela, on l'entend pour toujours.

» Quoi qu'il y ait eu dans ce satané numéro seize, ça sortait. Ça en sortait et se répandait partout. Passait à travers l'immeuble, derrière les murs et à l'intérieur des miroirs et des tableaux. On y voyait des choses qui ne s'y trouvaient pas auparavant. Même si vous étiez l'unique être humain dans une pièce, vous saviez brusquement que vous n'étiez pas seul en regardant dans un miroir. Parfois c'était l'une de ces *choses*, parfois il y en avait plusieurs. Mais on les voyait. Elles bougeaient. Et ensuite elles venaient dans nos rêves. Elles pénétraient dans notre sommeil.

» J'ignore comment il faisait ça. J'ai gagné cent millions à Wall Street. Je suis très fort pour ce que je peux voir et expliquer. Mais pas pour ça. Nous n'avions aucune protection contre ça. Et lui non plus.

— Qu'est-ce qui vous fait dire cela ?

— Il a perdu son putain de visage là-bas. Il a perdu tout son visage et toute sa putain de raison. Quelque chose qu'il ne pouvait pas contrôler une fois qu'il l'avait fait commencer.

Apryl déglutit.

—Qu'est-il arrivé à sa figure ?

Tom Shafer garda les yeux baissés. Il réfléchit un moment puis déglutit.

—Arthur a téléphoné à Reggie et Reggie m'a appelé. Betty et Arthur avaient entendu des hurlements. Hessen criait. Alors nous sommes descendus avec le portier en chef et on est entrés. Et nous l'avons trouvé dans le séjour. Tout seul avec tous les tapis repoussés contre le mur. Mais on voyait à quel point son visage était bousillé. Comme des gelures, a dit Reggie. Noir et d'aspect brûlé, la chair partie jusqu'à l'os et autour des yeux. Pourtant il n'y avait pas de feu dans la cheminée. Pas de produits chimiques. Pas de sang. Et je suis sûr et certain qu'il n'était pas allé au pôle Nord, même si nous aurions souhaité qu'il le fasse. Nous n'avions aucune idée de ce qui avait causé de telles blessures.

» Une ambulance l'a emmené. Et nous avons pensé que c'était terminé pour lui. Mais il a survécu… et quand il est revenu, il a tout recommencé comme avant. Tous ces bruits, qui tournaient en cercle. Comme un tourbillon. En bas, dans son appartement. (Tom Shafer interrompit le fil de ses pensées et la regarda.) Comment Betty est-elle morte ?

—Dans son sommeil, a dit Stephen.

—C'est un putain de mensonge, dit-il en secouant la tête.

—Betty a dit qu'il était revenu. Vous pensez qu'il pourrait vraiment revenir ? lui demanda Apryl en hâte, terrifiée à l'idée qu'il cesse de parler, comme Betty Roth l'avait fait.

—Revenir ? Merde, il n'est jamais parti. Il nous a retenus ici et a attendu quelque chose pour tout recommencer comme avant. Il est resté ici pour nous. J'ai l'air aussi cinglé que Lilly quand je dis ça. Il a attendu son heure. Jusqu'à maintenant, il ne pouvait pas faire grand-chose à part nous flanquer une trouille bleue si on s'approchait d'un tableau ou d'un miroir. Ou nous rendre malades comme des chiens si nous tentions de nous éloigner du quartier. Mais les choses ont changé de nouveau. Maintenant c'est différent. Comme s'il avait reçu de l'aide.

Apryl lutta pour contrôler sa voix.

— Et Reginald… Tous les trois, vous avez tué Hessen.

Tom Shafer secoua la tête. Sa voix était tout juste audible.

— Ce n'était pas comme de tuer un homme. Reggie l'a juste mis là-dedans, avec ça. Nous n'avons rien fait pour l'en empêcher. Et ce salopard de dingue n'en est jamais ressorti.

— Il l'a mis là-dedans avec quoi ?

— Je ne sais pas. Aucun de nous ne l'a su. Mais cela ressemblait à ce qu'il y avait dans ses tableaux, cela remplissait cette pièce qui devait avoir la dimension d'un terrain de football.

— Je ne comprends pas…

Tom Shafer déglutit, bruyamment.

— La deuxième fois que nous sommes descendus là-bas, nous avions pris nous-mêmes les clés dans le coffre du portier en chef. Reggie avait également emporté un pistolet. Nous sommes entrés et Hessen nous attendait dans le couloir. Il paraissait si maigre qu'il donnait l'impression de pouvoir à peine se tenir debout. Vêtu seulement de sa robe de chambre… avec ce masque. Fabriqué dans quelque chose de rouge qui recouvrait sa tête comme une capuche et était fourré dans son col. Mais on pouvait néanmoins voir à travers. Voir le visage dévasté de ce salopard.

» Reggie a exigé de savoir ce qu'il fabriquait. Ce qu'il y avait dans cette pièce, ce qui faisait tout ce boucan. Le séjour. Et Hessen s'est contenté de se moquer de nous. Comme si nous n'étions rien. Comme si nous étions insignifiants. Il se débrouillait pour que vous vous sentiez minable.

» Et Reggie s'est emporté. Il l'a saisi par le col et s'est battu avec lui. Il l'a frappé et l'a projeté sur une chaise qui s'est brisée sous son poids. Nous avons tenté de retenir votre oncle tout en essayant de ne pas regarder ces tableaux sur les murs. Mais votre oncle était un homme costaud, il nous a repoussés et a traîné Hessen sur le sol du couloir en le tirant par un bras. Il l'a entraîné devant cette pièce, et a ouvert la porte.

Tom Shafer s'arrêta de parler et se mit à trembler. Il tendit la main vers une bouteille d'eau, qu'Apryl décapsula rapidement pour lui.

— Bon, Hessen a vraiment commencé à se débattre à ce moment-là. Et à se comporter comme il l'avait fait quand il avait perdu son visage. À hurler comme un fou furieux. Mais Reggie l'a propulsé vers cet espace sombre. Du froid en sortait. Et ces bruits. Toutes ces voix qui parlaient en même temps et appelaient à l'aide. Une pièce où on ne voyait pas grand-chose, à part ce foutu plancher et tous ces signes dessus. Une merde vaudou ou quelque chose comme ça. Mais on savait que c'était un endroit qui s'étendait à l'infini. Et Reggie a balancé Hessen là-dedans. Comme une vulgaire poupée. Il l'a relevé et l'a jeté par la satanée porte.

» Nous l'avons maintenue fermée tous les trois.

» Nous l'avons entendu continuer pendant un moment. Hurlant, frappant, et nous suppliant d'ouvrir. Et ensuite il s'est cogné contre le battant, comme s'il ne lui restait plus de force. Jusqu'à ce qu'il arrête ça aussi. Jusqu'à ce que tout s'arrête.

» C'était comme s'il s'était volatilisé, avec toutes les autres voix… dans le vent et le froid. Ne me demandez pas ce que c'était. Aucun de nous n'en avait la moindre idée. Mais le lendemain nous nous sommes sentis plus vieux de vingt ans.

La gorge d'Apryl se noua. Lorsqu'elle parla, elle parvint seulement à chuchoter.

— Hessen était mort ?

Tom Shafer haussa les épaules.

— Quand nous avons ouvert la porte, la pièce était déserte. Il n'y avait personne. Juste quatre miroirs et les bougies qui brûlaient toujours au milieu de tous ces dessins sur le sol. Je jure devant Dieu tout-puissant que c'est ce que nous avons vu tous les trois. Mais il n'était pas dans la pièce. Il avait disparu. Et il n'était pas non plus sorti par une fenêtre. Elles étaient verrouillées, et de toute façon, personne ne survivrait à une chute depuis le huitième étage.

— Les tableaux… Vous…

— Ces foutus tableaux. Nous les avons décrochés des murs du couloir et de toutes les chambres. Nous les avons brûlés et réduits en cendres. Nous avons défoncé les cadres à coups de pied et sorti les toiles, et nous avons brûlé ces saloperies qu'il avait faites et tous ces signes étranges qu'il y avait sous les toiles. Nous les avons jetées dans le calorifère qu'on utilisait autrefois ici pour chauffer au charbon.

Depuis le couloir à l'extérieur du salon, une voix perçante mit soudain fin à leur conversation chuchotée.

— Il y a quelqu'un ici ? Je t'entends parler à travers ce satané mur et ça me rend folle, dit-elle d'une voix brisée par l'hystérie.

Tom Shafer sortit brusquement de la transe pitoyable dans laquelle il était tombé pendant qu'il racontait. Son visage était désormais empreint de panique. La poignée tourna.

Il se leva avec peine. Apryl se mit debout rapidement à son tour et fit volte-face vers l'entrée tandis que son propre malaise se muait en frayeur. Dans cet appartement, la peur était contagieuse. La porte s'ouvrit.

La masse énorme d'un corps emplit l'embrasure. La figure lunaire de Mme Shafer était horriblement vieille, mais sa peau présentait un singulier chatoiement, comme si ses traits étaient recouverts par une fine membrane en plastique. Il devait s'agir d'un genre de crème de beauté pour le visage. Des rouleaux de cheveux noirs étaient accumulés sous un fichu bleu maintenu approximativement par des épingles. Le foulard était aplati d'un côté, celui sur lequel elle avait dû s'allonger, appuyée contre un oreiller. Les petits yeux noirs étaient féroces.

Mme Shafer agrippa chaque côté du montant de la porte, comme pour se soutenir après avoir ressenti le choc de découvrir cette inconnue chez elle. Ses lèvres se mirent immédiatement à trembler, de rage ou de douleur, c'était difficile à dire.

— Que se passe-t-il ici ?

Tom Shafer leva deux bras maigrichons et les agita devant son petit corps de poupée.

— Allons, ne te mets pas dans cet état.

— Je… Je… Je…

Elle considérait son mari avec stupeur, comme si la plus grande trahison de toute leur vie commune avait soudain été découverte.

— Il faut qu'elle parte ! Est-ce que c'est clair ? Je veux qu'elle sorte d'ici ! Je n'en crois pas mes yeux ! Enfin, qu'est-ce qui t'a pris ? Sois maudit pour avoir fait entrer cette traînée chez moi !

Elle était folle. Apryl le comprit le temps d'un battement de cœur.

— M'dame, je suis désolée. Je n'avais pas l'intention de troubler votre repos.

Sans même la regarder, sans détourner ses yeux courroucés de son mari, comme si la vue d'Apryl était intolérable, la vieille se mit à parler d'une voix plus grave et plus maîtrisée, ce qui, d'une certaine façon, était pire que les cris stridents.

— Nous ne voulons pas de vous ici. Vous n'êtes pas la bienvenue. Je l'avais dit à Stephen et vous vous êtes introduite chez nous de force. Vous avez profité de la faiblesse de ce cher vieil homme.

— Voyons, ma chérie. Tout ce qu'elle…

— Je ne te parle pas à toi ! glapit-elle brusquement à l'adresse de l'homme minuscule à la casquette de travers, tandis que son visage s'empourprait. Et je refuserai de t'adresser la parole pendant un long moment !

— Ce n'est pas sa faute. Je ne voulais faire de tort à personne.

— Partez d'ici immédiatement ! Je ne veux pas de telles… de telles… de telles *choses* chez moi. Comment osez-vous ? Comment osez-vous ? J'appelle Stephen.

— Tu n'appelles personne, nom de Dieu ! vociféra brusquement Tom Shafer à l'adresse de sa femme.

Apryl s'enfuit vers la porte.

— Alors veuillez m'excuser. Je m'en vais, dit-elle à Mme Shafer.

Celle-ci ne la regardait toujours pas.

— Je suis désolé, déclara Tom Shafer à Apryl une fois qu'ils furent dans le couloir où il l'avait suivie en clopinant. Elle n'est pas dans son état normal. Pas aujourd'hui. Tout cela est très pénible pour elle.

— Je peux vous appeler ?

— Non, vous ne pouvez pas ! Ni revenir ici ! glapit Mme Shafer.

Elle les avait suivis. Elle s'arrêta, puis fit de nouveau quelques pas et plaqua ses mains sur sa bouche. Tandis que son mari ratatiné s'avançait en traînant les pieds, Apryl s'attendit presque à voir Mme Shafer avancer la main et saisir son époux minuscule, avant de l'attirer vers l'énorme ventre qui tendait le devant taché de sa robe de chambre à motif floral.

Tom Shafer tendit la main et toucha le coude d'Apryl. Elle se retourna et croisa son regard effrayé.

— Je n'arrive pas à croire que ça continue ! (Mme Shafer avait recouvré sa voix.) Je me demande depuis combien de temps !

Elle s'était mise à pleurer, tout en se rapprochant d'eux. Son grand corps se dressait de manière protectrice et menaçante derrière son minuscule mari.

— Pour l'amour de Dieu ! chuchota Tom Shafer pour lui-même.

Puis il se retourna et cria :

— Tu veux bien fermer ta foutue grande gueule ?

Cela fit frissonner Apryl et elle eut envie de sortir de cet endroit horrible sans plus tarder, mais les doigts déformés du vieil homme s'enfoncèrent dans son bras. Il respirait si péniblement désormais qu'elle pensa qu'il était sur le point de mourir. Il remua les lèvres. Elle se pencha vers sa bouche humide.

— Ne leur faites pas confiance, dit-il. À aucun d'eux, à la réception. Ils l'aident.

Sur ces mots, il la lâcha et se retourna vers sa femme en larmes.

Chapitre 28

— Crise cardiaque. Une grosse crise.

Stephen annonça rapidement la mort de Mme Roth. Le portier en chef avait attendu l'arrivée de Seth pour la garde de nuit. Piotr se tenait au côté de Stephen, le visage radieux. L'infirmière, Imee, avait découvert la vieille femme à l'heure habituelle, 6 heures du matin, quand elle lui avait apporté son petit déjeuner.

Mais à son grand étonnement – qu'il dissimula à peine –, Seth ne fut pas interrogé sur les événements de cette nuit-là. On ne lui demanda pas si elle avait appelé la réception. Rien. Et aucun de ses collègues ne semblait bouleversé. Au moins, elle ne les importunerait plus, c'était apparemment le ton général : le soulagement. Stephen sifflotait même, et Seth ne se souvenait de l'avoir entendu siffloter que lorsqu'il avait reçu un gros pourboire. Il donna à Seth une petite tape sur l'épaule, ce qu'il n'avait encore jamais fait, puis franchit la porte coupe-feu pour descendre l'escalier jusqu'à son appartement.

La mort soudaine d'une femme âgée de quatre-vingt-douze ans pendant la nuit, victime d'un arrêt cardiaque, alors qu'elle était seule dans sa chambre, n'était guère susceptible d'éveiller des soupçons ni d'inciter à pratiquer une autopsie. N'était-ce pas exactement ce qu'il s'était répété, comme un mantra, tandis qu'il se dirigeait en titubant vers les quatre points cardinaux, à la recherche d'un moyen de quitter Londres, au cours de ces derniers jours ? Et ce soir-là il n'avait plus qu'à se dire, avec un soulagement qui le faisait trembler, qu'il s'en était tiré à bon compte.

Un répit de courte durée. Sa peur de la police se mua rapidement en terreur : qu'est-ce qui occupait l'appartement seize ? De quoi cette chose était-elle capable ? Et qu'est-ce qu'elle pourrait exiger de lui la fois suivante ? Parce qu'il était incapable de refuser. Cela l'avait changé. Comme lorsqu'il peignait, il pouvait oublier qui il était. Il devenait son instrument, son assassin. Il le comprenait désormais. Le garçon à la capuche, ce salopard puant en parka, le lui avait clairement fait comprendre. Ils feraient de lui un grand artiste, le libéreraient de la mort vivante, s'il accomplissait des choses pour eux. Comme un meurtre. Un putain de meurtre.

Quand Piotr rentra chez lui, Seth patienta pendant des heures sous le bourdonnement des lampes de la réception. Et ce ne fut pas une attente facile. Ce qu'il restait de sa conscience lui tenait compagnie tandis que l'atmosphère se faisait de plus en plus pesante dans l'immeuble, palpable. Qu'il dorme ou soit éveillé, des choses se produisaient ici. Des choses qui lui déplaisaient.

À certains moments on lui demanderait d'agir. Toujours. Ici. Il avait l'impression d'avoir été ramené à la vie afin d'être complice d'une vengeance. Dans une affaire longtemps restée inachevée à Barrington House. Et il pouvait seulement essayer de deviner ses origines, sans avoir aucun contrôle sur son horrible aboutissement. Mais des gens devaient mourir ici. Des personnes âgées. Sans doute un grand nombre. De vieux emmerdeurs qui avaient fait du mal à la chose qui avait jadis été un homme dans l'appartement seize.

Impossible. Complètement irrationnel. Pourtant cela se produisait, en ce moment même.

Il s'agita dans le fauteuil en cuir, ou bien fit les cent pas dans le hall.

À 23 heures, il avait fumé 12,5 grammes de tabac à rouler : du Drum Yellow. Trop stressé pour bâiller, il observait les moniteurs de sécurité ; la scène verdâtre ne changeait jamais. Il ne dessina rien. Son désir de recréer le monde en rouge, ocre et noir sur ses murs avait disparu. Il savait désormais qu'une vision de ce genre exigeait un prix terrifiant. Il ne bénéficiait de son nouveau don que s'il collaborait avec la chose dans l'immeuble. Une présence qui ne le laisserait jamais quitter la ville.

Nom de Dieu.

Pourquoi avait-il attendu jusqu'à ne plus pouvoir contrôler quoi que ce soit ? Ses rêves, ses actes, et à présent ses mouvements, n'étaient plus les siens. Il avait été amené ici ce soir-là. Il avait été convoqué, sans qu'on lui laisse le choix, ce qui expliquait qu'il se sente mieux. Les crampes d'estomac, les nausées et les vertiges avaient disparu. Complètement.

Avaient-ils jamais existé ? Oui, et il craignait leur retour. Il ferait n'importe quoi pour éviter de se sentir de nouveau si mal. Seth enfouit son visage dans ses mains et ferma les yeux à l'idée de ce qui avait été fait. Tout cela lui semblait impossible.

Les heures défilaient devant lui tels des piétons indifférents. 18 h 30 devinrent minuit. Mais où était le chien de garde ? Celui à la capuche, capable d'entrer dans ses rêves à sa guise ou de le guider dans les rues de Londres et dans les étages de Barrington House pour servir ses propres desseins. Le garçon était peut-être ici en ce moment même, en train de l'espionner. Capable de lire dans ses pensées et de connaître la moindre de ses intentions.

Ou peut-être que Seth était schizophrène et souffrait d'hallucinations. Personne d'autre n'avait vu le gamin. Et Mme Roth avait été incapable d'apercevoir quoi que ce soit dans l'appartement enténébré, qui, à ses propres yeux, était un endroit illuminé et rouge. Il percevait la ville d'une manière qui échappait aux autres. Peut-être que ceux qui tuaient à cause des voix dans leur tête ressentaient la même chose ; ou bien ceux qui obéissaient aux ordres marmonnés par des fantômes, ou aux prétendus messages de la télévision ou de la radio. Aussi le moment était-il peut-être venu. Celui de se rendre. De se livrer aux autorités. Comment s'y prendre ? Il faudrait qu'on vienne le chercher. Il serait sûrement malade s'il essayait d'aller dans un commissariat, s'effondrerait avant même d'avoir trouvé le médecin ou le policier qui l'arracherait à cette vie. Et pouvait-on expliquer quoi que ce soit de tout cela ?

Un frisson terrifiant parcourut son corps. Une boule se forma dans sa gorge. Il griffa ses joues et essaya de ne pas pleurer.

— Mon Dieu, mon Dieu, mon Dieu, dit-il.

Il n'y avait aucune frontière entre le sommeil et l'état de veille. Aucune séparation entre ce qui était réel et ce qui ne l'était pas. Tout était semblable. Venait ensemble. Sortait de lui et entrait en lui.

— Viens, Seth. Ils ont un truc à te montrer.

La voix de l'enfant à la capuche le réveilla à 2 heures et ses sinus s'emplirent de l'odeur de soufre de feu d'artifice, de rues froides, de vêtements bon marché, et de chair brûlée qui y adhérait.

Le manteau du garçon produisit un bruissement quand ce dernier se retourna et s'éloigna du comptoir de la réception. Depuis combien de temps se tenait-il là, à l'observer ? La créature se dirigea vers les portes de l'ascenseur et s'arrêta pour attendre Seth, les mains dans les poches de son manteau Snorkel.

— Grouille-toi, Seth. Prends les clés.

— Allez, Seth. Regarde. Elle est là-dedans maintenant. L'endroit qui lui convient. Là-bas, avec les autres.

Il était incapable de réprimer le tremblement de ses bras, ou de ses mains qui essayaient de couvrir ses yeux, ou de ses jambes qui semblaient sur le point de céder et de le faire tomber à genoux.

Là, accrochée au mur tout au fond du couloir, il y avait Mme Roth. Représentée dans une peinture à l'huile brillante. Au moment où il la reconnut, le « tic-tac » de sa montre s'arrêta, de même que son pouls et la circulation du sang dans ses veines, et ses pensées stoppèrent, avant de reprendre leur cours. Mais ce n'était en aucun cas le portrait fidèle de l'ancienne résidente de l'appartement dix-huit, plutôt une impression d'elle. Incorporant des sensations de son angoisse au tout dernier moment. Celle qu'elle avait éprouvée pendant sa mise à mort et quand elle avait soudain compris ce qui l'attendait, parce qu'il n'y avait pas de fin à la conscience.

La peau du visage était tordue autour du crâne. Déjetée, comme tiraillée par des mains invisibles. Les yeux larmoyants avaient été redisposés. Ils se trouvaient sur différentes parties de la tête à présent, mais c'étaient les siens, incontestablement. Brillants de surprise et écarquillés à cause de quelque chose. Des os fins, mis à nu, agrippés violemment, alors qu'il n'y avait personne dans le torrent noir ascendant où elle semblait à la fois se déplacer et être suspendue. Un ensemble fragile de bâtonnets qui avait été emporté. Avec tout le reste. Sans aucun délai.

— Non, marmonna Seth.

Il était encore ici, entre les murs rouges, à regarder un tableau qui n'était pas là la dernière fois qu'il s'était agenouillé devant quelque contorsion à l'intérieur d'un cadre doré. Celui-ci était nouveau. Et pire que toutes les images combinées de Mme Roth qu'il avait vues la nuit de sa mort. Parce que cette toile lui disait où la vieille femme se trouvait désormais. Où il l'avait mise. Et son sentiment d'impuissance était plus fort que jamais, en admettant que ce soit possible, tandis qu'il se perdait dans la contemplation horrifiée de ces os rassemblés dans les lambeaux d'une robe de chambre, propulsés à travers l'obscurité.

— Ce n'est pas terminé, Seth. Suis-moi, dit le garçon, qui se tenait devant la pièce aux miroirs. Tu dois tout voir, Seth.

Celui-ci se détourna du tableau. Se força à se rappeler l'existence de chacun de ses membres, pour pouvoir se diriger, guidé par l'enfant, vers la pièce aux miroirs. Il sentait qu'il était sur le point de hurler, mais à aucun moment il n'envisagea de résister à la volonté du gamin. Un désir malsain d'en voir davantage, jusqu'à être de nouveau entraîné au-delà de ses propres frontières, pour subir l'épreuve psychologique de ces créations, le poussait vers la salle.

Une nouvelle exposition y avait été organisée à son intention. La série de visages fragmentés avait disparu. Il fut accueilli par cinq toiles vierges, qui communiquaient une impression de profondeur qu'aucun moyen d'expression à deux dimensions n'aurait été capable de créer, précédées par un triptyque dont le premier panneau se trouvait à côté de la porte.

Les trois nouveaux tableaux étaient encadrés, mais luisaient toujours d'un éclat humide comme s'ils avaient été achevés récemment. Il sentait l'odeur de peinture à l'huile depuis l'endroit où il était tombé à genoux. C'était une série de toiles dans lesquelles, tandis qu'il se tenait immobile sans cligner des yeux, il entrevoyait quelque chose qui ressemblait à une histoire. Les deux premières étaient séparées de la troisième par un miroir placé directement en vis-à-vis, sur le mur opposé, créant un couloir argenté infini.

Dans le premier tableau, sortant de la tache indistincte de l'arrière-plan, Seth eut l'impression de reconnaître un des escaliers de Barrington House. Il le reconnut pour l'avoir emprunté des centaines de fois au cours de ses rondes. Mais ici les murs étaient couleur de sang séché. Des orbes orange brillaient pour éclairer les endroits plus sombres grâce à une technique et à une maîtrise des couleurs qu'il ne put s'empêcher de trouver magistrales, malgré la présence des trois personnages au premier plan. Des choses monstrueuses qui le firent reculer.

Trois hommes en tenue de soirée, aux têtes pelées et aux lèvres charnues et maussades qui s'écartaient avec une vacuité imbécile, gravissaient les marches sur des jambes qui n'étaient jamais complètement formées ni séparées des circonvolutions grises au bas du tableau. On aurait dit que les trois individus provenaient de la même source et ne partageaient qu'un seul bras. La main, d'une grosseur anormale, à vif, serrait un objet métallique qui avait été conçu pour marteler ou pour tirer.

Et c'était précisément ce qu'ils semblaient faire à la masse confuse de robe de chambre ensanglantée et de membres nus, à l'intérieur du tableau suivant. Il aurait pu s'agir d'un quatrième personnage, et les trois hommes grotesques aux expressions stupides, leurs figures à présent empreintes d'une hideuse allégresse, étaient en train de le détruire. Pas de visage : on apercevait seulement deux jambes minces dépassant des replis du linge humide qui enveloppait la victime.

Dans le troisième et dernier tableau, seul le quatrième personnage – la victime – était représenté. Il se trouvait à l'intérieur d'une sorte de membrane transparente dont les parois diaphanes avaient une teinte bleuâtre. Mais la victime n'était plus désormais que de la chair humide sur des os, étendue sur une sorte de plate-forme trempée de sang. Ce qui ressemblait à une tête, sans traits, pendait sur le côté, aplati et déformé, et son œil unique était clos. Une longue ombre en partait comme du sang ruisselant et remplissait toute la partie inférieure du tableau. Et à côté du socle grossier sur lequel l'être gisait, il y avait un chiffon rouge qui aurait pu être un masque ou un genre de cagoule dégonflée, sur le devant duquel on devinait toujours le relief partiel d'un visage.

Puis quelque chose bougea. Rapidement et à rebours, dans le miroir devant Seth.

Une silhouette. Le même visage indistinct et rougeâtre qu'auparavant qui disparut au moment même où il l'aperçut, ne laissant que son propre reflet, assis et stupéfait, dans le couloir argenté des glaces.

— D'autres connaîtront un sort identique plus tard pour ce qu'ils ont fait à notre ami, Seth. Et tu dois les buter, déclara le garçon sans visage sous le rebord de fourrure de sa capuche.

— Non, dit Seth, incapable de réprimer le tremblement qui le reprenait tandis qu'il se traînait vers la porte. C'est terminé. C'est terminé. Je ne veux plus faire ça.

Le garçon traversa rapidement la pièce et bloqua la sortie. Seth tressaillit quand sa bouche s'emplit de l'odeur de chair brûlée et de vêtements calcinés.

— Amène les Shafer ici. Appelle-les et fais-les descendre ici, vite, ordonna le garçon. Tu nous le dois. On a passé un marché.

Derrière lui et au-dessus de lui en même temps, Seth entendit alors un son qui vida son visage de toute couleur. Un vent lointain. Qui se déplaçait en sens inverse des aiguilles d'une montre, au-delà du plafond de la pièce aux miroirs, et il avait la vague impression que, à l'intérieur du tourbillon, des voix hurlaient dans l'aveuglement et la folie de la terreur.

— Et magne-toi, mec. Ça ne peut pas rester ouvert très longtemps, sinon trop de choses sortent, tu sais bien. Et nous voulons que ces vieux cons de Shafer soient balancés dedans avant que ça se referme.

— Un incendie ? Que voulez-vous dire ?

Le visage cireux de Mme Shafer lui apparut dans l'embrasure de la porte. Puis elle détourna les yeux et regarda vers le couloir taché de son appartement, dans la direction de la chambre lointaine, où son mari était toujours couché, et cria :

— Je ne comprends pas ce qu'il raconte, chéri… Quelque chose à propos d'un incendie ?

— Qui est-ce ? lança M. Shafer avec son accent du Sud.

— C'est… (Mme Shafer ne parvint pas à se rappeler son nom.) Le portier !

— Attends une minute ! Laisse-moi prendre… mes lunettes.

M. Shafer semblait soucieux et essoufflé. Il devait essayer de s'extirper du lit.

Du fait de toute cette agitation, la lèvre inférieure de sa femme tremblait, et ses yeux étaient larmoyants… elle venait de se réveiller.

— Vous en êtes sûr ? demanda-t-elle à Seth, d'un ton où pointait l'hystérie.

— Je le crains, m'dame, répondit-il en hochant la tête. Nous devons évacuer tout le monde. Immédiatement.

Il devait les faire sortir de chez eux et les amener au numéro seize rapidement, avant que quelqu'un ait entendu ou vu ce qu'il faisait. L'étage du dessus était occupé, et si Mme Shafer élevait encore la voix, il ne serait guère surpris qu'une porte s'ouvre là-haut.

— Mais… Il faut que je m'habille. Enfin, regardez-moi.

Elle était en chemise de nuit ; un vêtement rouge informe sous une robe de chambre écossaise minable qui donnait l'impression d'avoir été confectionnée pour un homme. Ce qu'elle avait sur la tête – un postiche sous un foulard, ou peut-être de vrais cheveux teints en noir – avait commencé à lui recouvrir les oreilles. Ils étaient multimillionnaires – Stephen avait parlé un jour d'une fortune s'élevant à plus de cent millions – et ils s'habillaient comme des clochards. Ils le dégoûtaient.

— Le temps presse, m'dame, dit-il, haussant la voix avec autorité. Allez chercher votre mari. Tout de suite.

Immédiatement, elle s'éloigna dans le couloir à pas traînants et Seth regretta de n'avoir pas toujours été si ferme avec elle, toutes les fois où elle l'avait tourmenté avec sa mesquinerie. Mais elle ne lui infligerait plus très longtemps sa présence, pas si elle s'avançait entre ces miroirs. La simple pensée des glaces, et de ce qui voletait dans leurs profondeurs blanc argenté, et de ce qui tournoyait au-dessus de tout cela, le rendit si faible qu'il prit appui contre le montant de la porte pour essuyer la sueur sur son front. Sa peau était glacée. Il avait la nausée.

Mme Shafer réapparut au fond du couloir, tenant son mari par un coude et le faisant sortir de leur chambre. Une canne noire dans son autre main, M. Shafer leva la tête en clignant des yeux.

— Où est-il ? Qui est-ce, ma chérie ?

— Il est là-bas ! répondit-elle au vieil homme sur un ton de reproche. Juste devant toi. Nous devons sortir à cause d'un incendie et tu me poses ces questions maintenant ? Enfin, pour l'amour de Dieu !

Comme d'habitude, M. Shafer se tut, trop avisé pour discuter. Il se contenta de soupirer chaque fois qu'il mettait un pied devant l'autre, le visage tendu par l'effort.

— Nous allons prendre l'ascenseur.

Seth s'efforçait de recouvrer sa voix. L'énormité de ce qu'il faisait lui coupait le souffle : réveiller des résidents âgés aux premières heures après minuit en leur racontant qu'il y avait le feu, afin de les conduire à une horrible exécution *là-bas*.

Il tint la porte tout en les regardant entrer dans la cabine à pas traînants. Seth s'entassa à son tour à l'intérieur, sans tenir compte des murmures agacés de Mme Shafer.

Il arrêta l'appareil au huitième étage, mais ils ne semblèrent pas remarquer qu'ils étaient montés au lieu de descendre.

— Nous sommes arrivés, annonça Seth. Et voilà, ajouta-t-il.

Il aida Mme Shafer à sortir sur le palier en la tenant par le bras.

Puis il les mena vers la porte de l'appartement seize qu'il avait fermée sans la verrouiller.

— Nous allons évacuer en passant par ici. Le rez-de-chaussée est bloqué, dit-il.

Il pria pour qu'ils ne discutent pas ses instructions, clairement absurdes : il n'y avait pas d'échelles de secours à l'extérieur et ils étaient au huitième étage, entre les appartements seize et dix-sept. Aucun aménagement ne permettait de procéder à une évacuation.

— Bon, je suppose que nous ferions mieux de faire ce que dit ce jeune homme, déclara Mme Shafer à son mari, en se penchant pour lui crier au visage.

— Ouais, mais où est le chef du service d'incendie ? lui demanda-t-il. Cet homme n'est pas qualifié. J'aimerais dire deux mots au chef du service d'incendie. Enfin, tu sens une odeur de fumée ? Il m'a semblé sentir de la fumée tout à l'heure, dit-il à sa femme, en se laissant conduire.

Ce fut seulement quand il franchit le seuil et s'avança dans le vestibule rouge que M. Shafer s'arrêta.

— Lâche-moi, ma chérie. Je t'ai dit de me lâcher. Que se passe-t-il ? Où sommes-nous ? C'est le seize ici, c'est indiqué sur la porte. C'est cet appartement, ma chérie. Il nous emmène dans *cet* appartement.

On ne pouvait se méprendre sur ce ton. La nuque de Seth se raidit.

Désorientée, Mme Shafer cessa de tirer sur le bras décharné mais ferme de son mari et jeta à son tour un coup d'œil à la ronde, jusqu'à ce qu'elle lise elle aussi le numéro sur la porte.

— Hein ? (Elle haussa de nouveau le ton.) Je ne comprends pas. Ici ! Nous ne pouvons pas entrer ici.

— Qu'est-ce que ça signifie ? demanda vivement M. Shafer.

Sa voix gagnait en force et en volume. Une voix d'homme d'affaires, une voix qui avait dû lui être utile quand il amassait tous ces millions.

— Écoutez. C'est… J'essaie de vous aider, dit vainement Seth… parce qu'ils parlaient plus fort que lui.

M. Shafer essayait désormais de sortir, contournant le corps énorme de sa femme. Déterminé à s'enfuir, il baissait la tête.

— Appelez Stephen immédiatement. Je veux parler à un responsable. Tout cela est ridicule.

Seth s'efforça de recouvrer le contrôle de sa voix.

— Il le faut. Entrez.

— Je n'irai nulle part tant que je n'aurai pas vu le chef du service d'incendie. Écartez-vous.

Le vieil homme enfonça le bout de sa canne dans l'estomac de Seth.

Il n'aurait pas dû faire cela. Le rabaisser avec la canne. Il n'aurait pas dû le toucher. Seth ne pouvait plus respirer. Intérieurement, il se sentait devenir tout noir. Et il avait trop chaud pour que la raison agisse comme un agent de refroidissement.

Mme Shafer regardait toujours le numéro en cuivre sur la porte, puis elle tourna la tête vers le couloir non éclairé. Elle fit volte-face vers son mari, bouche bée et les yeux hagards, quand Seth fit voler la canne de la main de ce dernier.

L'objet heurta le mur.

Mme Shafer cria.

Saisissant le vieux banquier par le col de sa robe de chambre, puis empoignant le tissu épais près du bas de son dos, Seth souleva le corps. Les pieds de M. Shafer ne touchèrent le sol à aucun moment.

— Dégagez, dit Seth à Mme Shafer, les dents serrées.

Et elle obéit, ce qui le surprit. Elle le laissa passer, comme s'il portait un enfant turbulent vers la voiture familiale au cours d'une promenade que le petit aurait gâchée par un accès de mauvaise humeur.

M. Shafer n'émit aucun son. Pas un mot. Rien. Il pendait juste dans les mains de Seth et se laissa porter dans le couloir. Quand ils arrivèrent devant la porte entrouverte de la pièce aux miroirs, ils furent environnés par le souffle du vent à l'intérieur, et l'air, anormalement froid, jaillissait pour leur brûler le visage. Alors seulement M. Shafer parla. Il dit :

— Oh, mon Dieu. Non. Pas là-dedans.

Seth poussa le battant du pied.

Les lumières avaient beau être éteintes, il était évident que l'air de cette pièce était « habité ». Vivant, électrifié par le vent et animé par une chose par terre, qu'il ne voyait pas mais entendait… on aurait dit un bruissement avide. À peine audible à cause du tourbillon.

Comme s'il jetait simplement une bûche dans un four, il projeta M. Shafer dans la pièce, la tête la première, vers les ténèbres. Et le vieil homme n'émit aucun son lorsqu'il heurta le sol ; on aurait dit que quelque chose était là pour le saisir quand il atterrit dans le noir. Mais Seth n'eut pas le temps de penser à ce qu'il faisait et à ce qu'il était arrivé à sa victime – il était préférable de ne pas s'en préoccuper – et il reporta son attention sur Mme Shafer qui se tenait, muette, dans le vestibule et le considérait avec stupeur.

Il l'empoigna pour qu'elle avance dans le couloir.

— C'est ça. C'est ça. Allez. On continue, dit-il comme pour lui-même, afin de faire taire la partie de son esprit qui lui hurlait d'arrêter.

Elle non plus ne se débattit pas. Elle se contentait de geindre. Hébétée, elle entra même directement dans la pièce après son mari ; elle eut à peine besoin qu'on l'y pousse. Et à présent c'était bruyant, là-dedans. Dans le noir, le plafond semblait s'être ouvert pour permettre à un millier de voix de crier en même temps, mais sans se répondre. On aurait dit qu'elles ne pouvaient pas se voir les unes les autres, mais étaient coincées ensemble dans un chaos de ténèbres.

Seth claqua la porte sur tout cela. Puis il tomba à genoux et serra la poignée de ses mains blanches comme des os, appuya dessus avec force pour que rien ne puisse sortir. Et il essaya de faire la sourde oreille aux nouveaux sons qui se différenciaient du vent, et aux cris si denses résonnant à l'intérieur de la pièce.

Quand il entendit un choc sourd contre la porte, comme si quelqu'un avait perdu l'équilibre et était tombé lourdement sur le battant, il eut désespérément envie de retirer ses mains de la poignée en cuivre et de se boucher les oreilles, mais savait qu'il ne pouvait pas se permettre de céder. Cet instinct de conservation fut décuplé quand un grognement couvrit les voix qui tournoyaient avant d'être emportées, comme si un chien s'acharnait sur une chose prise entre ses crocs, là, tout près de la porte contre laquelle il avait entendu le choc sourd. Et quand quelqu'un essaya de tourner la poignée de l'autre côté pour sortir, Seth fut certain de percevoir le grattement de pieds griffus sur un plancher.

Le vent et les voix avaient disparu, les lumières rouges allumées, tous les tableaux recouverts de draps, et M. Shafer était mort. Seth le vit tout de suite ; les yeux révulsés, la bouche grande ouverte, les mains crispées comme des serres et les jambes écartées. On ne prenait pas une pose de ce genre quand on respirait toujours.

Mais sa femme bougeait. Elle était prostrée devant le miroir accroché sur le mur en face de la porte. À genoux. Elle vacillait légèrement d'un côté, puis de l'autre, et regardait vers la glace, à la recherche de quelque chose qui s'y était perdu. Ses lèvres bougeaient également, mais aucun son ne sortait de sa bouche.

Seth l'enferma à l'intérieur de l'appartement seize au cas où *ils* reviendraient la chercher, puis porta la marionnette qu'était le corps de son mari jusqu'à leur appartement. Ensuite il remit la chose qui avait été M. Shafer dans le lit et le recouvrit des draps, jusqu'au menton, tout en prenant soin de ne pas regarder son visage. Puis il redescendit pour récupérer Mme Shafer, ou ce qu'il en restait.

Elle était toujours agenouillée, mais se balançait à présent d'arrière en avant, silencieusement. Son esprit avait dû s'éteindre comme un fusible qui a sauté. Et elle n'opposa aucune résistance quand il la releva en la cajolant et la conduisit lentement hors du logement, vers l'ascenseur.

— Elle est foutue, Seth, dit le garçon à la capuche, qui réapparut tandis qu'il guidait Mme Shafer hors de l'appartement. Elle racontera que dalle. Sa tête est toute bousillée à l'intérieur. C'était le mari qu'il voulait par-dessus tout. N'oublie pas sa canne. Prends-la avec sa bonne femme. Il n'en aura pas besoin là où il est parti. Tu as fait du bon boulot, mec. Notre ami sera ravi.

— Je ne veux plus faire ça. C'est terminé. Tu peux le lui dire.

— Nan, nan. Tu nous dis que dalle. C'est à nous de te dire ce que tu dois faire, mec. Et j'pense que tu vas recevoir un petit cadeau pour avoir été si serviable et tout. Qu'que chose de sympa pourrait bien arriver bientôt. À la place de tous ces vieux enfoirés.

Seth menaça du regard la chose puante à la capuche miteuse, qui le suivit tandis qu'il conduisait Mme Shafer à l'intérieur de son appartement. Il décida de la remettre à genoux à côté du lit. Le vieux couple n'employait qu'une infirmière qui venait de temps en temps, mais il descendait toujours en début de soirée pour se rendre à la boutique du quartier, sur Motcomb Street. Piotr se rendrait compte très vite qu'il ne les avait pas vus depuis un moment. Il irait voir ce qui se passait d'ici peu.

Chapitre 29

— Apryl, je vous en prie. Calmez-vous. C'est dans votre intérêt. Vous commencez à m'inquiéter. En fait, vous m'inquiétez sérieusement.

Miles se pencha par-dessus son bureau, les doigts fermement entrelacés, et essaya de regarder dans les yeux égarés et sans cesse en mouvement d'Apryl, et de les calmer parce qu'ils voletaient et clignaient aussi vite que les pensées et les idées qui jaillissaient dans l'esprit de celle-ci.

— Je commence à m'inquiéter moi-même. Et merde.

Elle se leva de nouveau du fauteuil en face du bureau de Miles. Incapable de rester en place, elle traversa la pièce jusqu'à la porte. Puis s'arrêta et plaqua les mains sur ses joues.

— Je le dois, Miles. Je dois faire quelque chose. Je ne peux pas faire semblant de ne pas voir ce qui se passe. Des gens sont en train de mourir. Lillian avait essayé de les aider, mais ils ne l'ont pas écoutée.

— Est-ce que vous vous rendez compte, ne serait-ce qu'un instant, à quel point tout ceci est irrationnel ? Enfin, vous suggérez qu'il est toujours dans cet immeuble dans quelque… quelque… Je ne sais pas, un état altéré, et qu'il assassine ceux qui lui ont fait du tort autrefois dans les années 40, les uns après les autres. Mais écoutez-vous, jeune fille. C'est complètement dingue.

Apryl était abîmée dans ses pensées et se contenta de hausser les épaules à l'adresse de Miles. Elle ôta les mains de ses joues et les posa sur ses hanches recouvertes d'une jupe moulante.

—Il faut que j'aille là-bas la nuit. C'est quand il fait nuit que tout arrive. Que ces gens courent un danger. Et quelqu'un l'aide. C'est ce que M. Shafer m'a dit. Avant d'être tué. Assassiné. J'en suis sûre maintenant. Mme Roth, et lui ensuite. Et je suis responsable de leur mort. (Elle se tourna vers Miles, les yeux remplis de larmes.) Vous ne comprenez donc pas ? Je les ai obligés à me parler et maintenant ils sont morts.

Miles enfouit sa tête dans ses mains et passa lentement ses doigts effilés sur son visage.

—Je n'arrive pas à croire que ce que j'entends sort de votre bouche adorable. Vous savez, l'un de mes amis gay prétend que toutes les femmes sont folles d'une manière latente, et que la démence fait surface peu à peu. En ce moment même, vous êtes la preuve de son assertion.

Apryl s'assit et renifla, puis se tamponna les yeux avec un mouchoir en papier.

—Je ne vais pas pleurer…

Le temps qu'elle s'efforce de prononcer le dernier mot, une grosse bulle éclata dans sa gorge et elle pleurait.

—Ce putain d'*eye-liner* va couler partout, dit-elle en reniflant encore.

Miles contourna le bureau et s'approcha d'elle.

—Hé. Hé. Ne soyez pas si dure avec vous-même. Vous vous imposez un stress énorme. Vendez ce satané appartement et oubliez toute cette histoire. Allons.

Elle se dégagea de son étreinte et secoua la tête.

—Je ne peux pas. Je pense sans cesse à Lillian. Toutes ces années, Miles. Toute seule. Cette effroyable… chose, qui la terrifiait. Nuit après nuit. Cette pauvre vieille dame. Qui avait perdu l'amour de sa vie. Et qui a souffert ensuite pendant si longtemps sans lui. Et… je sais à quoi il ressemble. Hessen, je veux dire… je l'ai vu, moi aussi.

—Hein ?

—Vous n'êtes pas quelqu'un à qui je peux dire des choses de ce genre.

—Hé. Vous êtes injuste là !

—Vous ne l'avez pas vu. Mais moi, si. Il… il était dans le miroir que j'avais rapporté de la cave. Et dans le tableau de Lillian et Reggie. Et dans d'autres endroits. Où que je sois dans cet immeuble, Hessen me surveille. Je pense qu'il essaie de m'effrayer pour que je parte. Parce que je me rapproche de lui. Il me suit partout, comme il l'a fait avec les autres, qui se sont juste cloîtrés chez eux et ont attendu la fin. Lillian ne s'est jamais comportée ainsi. Cette femme courageuse, si courageuse, a essayé de s'échapper tous les jours pendant cinquante ans. Tous les jours, Miles. Alors qu'il avait tué son mari. L'avait poussé de cette putain de fenêtre. (Du coin de l'œil, elle surprit une expression d'incrédulité et de compassion sur le visage de Miles.) Vous ne l'avez jamais vu. Et réjouissez-vous que ce soit le cas !

Elle dit cela avec une telle force qu'elle-même fut surprise, et Miles recula, s'éloignant d'elle.

—Avant même d'avoir rencontré Betty Roth et Tom Shafer, j'avais déjà aperçu la même créature. Dans des miroirs, des tableaux. Hessen. Les résidents ne me l'ont pas suggéré. Je l'avais vu avant d'entendre leur témoignage. Parce que, quand je suis arrivée, il était redevenu plus actif. Parce que quelqu'un l'aide. C'est ce que Tom Shafer a dit. Shafer était aussi sain d'esprit que vous et moi. Il a dit que quelqu'un dans cet immeuble aidait Hessen maintenant. À tuer. À tuer ces vieux terrifiés. Hessen s'est débrouillé pour garder Lillian et les autres prisonniers là-bas, et les a tourmentés avec ses créatures du Vortex, ou ces saloperies qu'il a amenées dans cet immeuble, mais il ne pouvait pas les tuer. Jusqu'à maintenant. Parce que maintenant quelqu'un à Barrington House, peut-être quelqu'un qui y travaille, exécute ses ordres. Peut-être tous : Piotr, Jorge, Stephen. Ce matin, quand Stephen m'a appris pour les Shafer, j'ai évoqué la coïncidence de trois résidents très âgés mourant de la même façon. Trois personnes qui avaient connu Hessen. J'ai essayé de lui parler de ce que Betty Roth et Tom Shafer avaient laissé entendre, comme quoi Hessen était toujours dans l'immeuble. Et il a eu l'air vraiment mal à l'aise. L'air de cacher quelque chose, vous voyez ? Depuis, il m'évite. Et il y a cet autre type que je n'ai jamais rencontré. Qui assure uniquement les gardes de nuit. Ou bien… qui sait ? Peut-être qu'un des résidents est derrière tout ça ? Ils pourraient tous être de mèche.

—Alors allez trouver la police.

—Ne soyez pas ridicule, putain !

—Parce que votre histoire donnera cette impression. Parce qu'elle *est* ridicule. Elle est extravagante et sans fondement. Vous ne pouvez pas vous mettre à accuser les gens de meurtre.

Apryl se tourna vers lui, le visage tendu et furieux. Miles leva la main, paume tournée vers l'extérieur, pour l'implorer de se taire.

—Attendez. Laissez-moi terminer. Mme Roth et cet homme, Shafer, avaient plus de quatre-vingt-dix ans. Quatre-vingt-dix ans, Apryl. C'est un fait. Des gens ayant atteint cet âge peuvent passer l'arme à gauche à tout moment. C'est également un fait. Votre grand-tante a été malade pendant très longtemps, et elle avait plus de quatre-vingts ans. Il n'y a aucune preuve d'un acte délictueux dans aucune de ces morts. C'est un autre fait. Arrêt cardiaque, congestion cérébrale ; des causes naturelles. Je ne doute pas que ces personnes aient connu Hessen. Ni que son comportement antisocial et ses tableaux, qu'ils ont détruits devrais-je ajouter, les aient profondément affectés. Ils ne l'ont jamais oublié, lui ou son œuvre. Et je commence également à croire qu'ils l'ont probablement tué et ont ensuite brûlé les preuves. Mais, alors qu'ils prenaient de l'âge, leur esprit… enfin… leurs souvenirs sont devenus plus flous. Et maintenant le traumatisme du crime originel et son influence persistante ont amené à ce… à cette histoire de revenant.

Apryl resta assise calmement, les yeux rivés au sol.

— Mais pourquoi n'ont-ils pas quitté Barrington House ? Vous pouvez l'expliquer ?

Miles haussa les épaules.

— Aucune idée. Les personnes riches se réfugient souvent dans une sorte de tour d'ivoire. Pensez à toutes ces communautés hyperprotégées qui se créent un peu partout. La sécurité dans le nombre.

— Foutaises. Aucun d'eux ne s'est aventuré à plus d'un pâté de maisons de l'immeuble en cinquante ans. Cinquante ans, Miles !

Pendant un moment, celui-ci contempla ses genoux en silence, les yeux mi-clos, les lèvres pincées. Puis il dit :

— OK, OK. Considérons cela sous un autre angle alors. De votre point de vue. Et je me contente de faire des hypothèses. Ce n'est en aucune façon une adhésion à votre théorie…

Apryl agita la main, agacée.

— Oui. Oui. Poursuivez.

— Imaginons que Hessen ait fait venir quelque chose dans Barrington House. Quelque chose de démoniaque.

À l'aide de l'un de ces rituels que Crowley lui avait enseignés. Et que le Vortex existe quelque part dans cet immeuble. Si c'est vraiment le cas, alors, bon sang, comment allez-vous y remédier ?

Elle n'en avait aucune idée. Pas la moindre. Mais elle allait retourner là-bas. Pour planquer. Pour harceler Stephen, le reste du personnel, tous ceux qu'elle pouvait suspecter d'être impliqués. Et elle trouverait des preuves… d'une manière ou d'une autre. Elle s'introduirait même par effraction au numéro seize s'il le fallait, pour découvrir ce qui s'y trouvait. Quelque chose là-bas permettait sûrement à Hessen de rester. Quelque chose que sa grand-tante et ses amis avaient négligé voilà longtemps. Betty avait entendu Hessen la nuit dans cet appartement, jusqu'à sa mort. Elle avait dit que cela avait recommencé et empiré : les bruits, les voix… Tout venait de là-bas, de ce logement. Tout avait commencé là, il y avait si longtemps.

Quelque chose se passait dans cet appartement. Quelque chose de tout à fait anormal qu'elle avait été incapable d'accepter, même si elle y réfléchissait de toutes ses forces. Jusqu'à maintenant. Jusqu'à ce que Betty et Tom meurent. Il ne s'agissait pas d'une coïncidence. Si tôt après Lillian. Des gens mouraient, qui avaient su des choses sur Félix Hessen. Qui les avaient fait disparaître, lui et son art. Et peut-être y en avait-il d'autres, toujours à l'intérieur de cet immeuble terrifiant. Pris au piège. Des gens qui couraient un grand danger. Emprisonnés, épiés et tourmentés, comme Lillian et ses amis à l'époque, jusqu'à ce que vienne le moment de la vengeance, s'il s'agissait bien de cela ; quelque chose revenu d'entre les morts pour régler de vieux comptes. Et elle ne pouvait pas les abandonner dans une telle situation. Ce salopard de dingue avait tué sa grand-tante et son grand-oncle, sa famille. Et peut-être qu'en ce moment même, après leur mort, ils étaient toujours pris au piège à l'intérieur de l'immeuble, comme Hessen. Lillian ne l'avait-elle pas suggéré ? Apryl ne pouvait pas la laisser là-bas, emprisonnée pour l'éternité. Dans ces endroits terrifiants, en compagnie de ces choses hideuses qu'il avait peintes.

Mais alors qu'elle sortait du bureau de Miles à la Tate, avec les bourrasques de vent et l'obscurité qui descendait sur tous les immeubles et changeait la pierre en un gris plus foncé, elle se sentit brusquement bloquée au tréfonds de son être, paralysée par la peur, à la seule pensée de remettre les pieds à Barrington House, la nuit. *Et si,* se demanda-t-elle, tandis qu'elle prenait appui contre un abribus, *et si je me retrouvais prisonnière là-bas, moi aussi ?*

Chapitre 30

Et la nuit suivante Seth attendit l'appel, incapable de s'arrêter de frissonner dans le hall chauffé de la réception. Dans l'attente du moment où le personnage à la capuche apparaîtrait, solennel, devant son bureau, pour lui apprendre qui était le suivant. Qui il allait devoir accompagner ; pas simplement vers sa mort, mais vers quelque chose d'infiniment pire.

Mais le garçon serait-il le premier à venir le chercher ? Ou bien serait-ce la police, désireuse de parler au portier alors de service quand deux des plus anciens résidents étaient morts à une semaine d'intervalle ?

Cela faisait un peu plus de deux heures que Stephen l'avait laissé seul. Ce dernier avait attendu l'arrivée de Seth, et lui avait dit qu'il y avait « une nouvelle affreuse, affreuse ». M. Shafer était mort dans la nuit, et sa femme souffrait d'un genre de dépression nerveuse.

— Pour moi, cela ressemble davantage à une congestion cérébrale. La pauvre a dû péter un câble quand elle a compris que son mari était mort. Ils étaient très proches, vous savez. Ils se querellaient souvent. Nous le savons tous. Mais ils étaient inséparables.

Stephen avait failli lui téléphoner à *L'Homme vert* cette fois-ci, pour lui demander comment il avait fait pour ne pas tomber sur Mme Shafer au cours de ses rondes. Mme Benedetti de l'appartement cinq avait découvert

Mme Shafer sur le palier du premier étage le lendemain matin, juste avant 6 heures, comme si elle avait lentement descendu l'escalier vers le rez-de-chaussée pendant toute la nuit. Elle l'avait trouvée, toujours vêtue de sa chemise de nuit, à quatre pattes, catatonique et blottie, apeurée, devant le miroir du palier, donnant l'impression qu'elle regardait quelque chose au-dessus d'elle. Néanmoins, Stephen avait supposé, en constatant l'état de Mme Shafer, que son mari avait dû mourir après la dernière ronde de Seth, à 2 heures, et qu'elle n'avait pas eu la présence d'esprit de demander de l'aide.

« Terrifiée. Absolument hébétée », avait dit Mme Benedetti à la réception avant que Piotr aille voir ce qui s'était passé. Ensuite on avait appelé une ambulance et Stephen s'était aventuré jusqu'à l'appartement du couple pour trouver la porte d'entrée ouverte. Dans la chambre principale il avait découvert M. Shafer, toujours couché là où Seth l'avait laissé.

— Son visage, Seth. Ça a dû être très moche pour lui à la fin. C'est peut-être ce qui a causé un tel choc à Mme Shafer.

— Oui, probablement, avait marmonné Seth.

Tout son corps était si tendu qu'il s'attendait à ce que son esprit cède comme un élastique usé que l'on étire trop fort.

— Et vous savez ce qu'on dit, Seth. La mort frappe trois fois. On se demande qui sera le suivant, hein ? avait déclaré Stephen, essayant d'apporter un peu de légèreté dans une conversation qui mettait Seth si mal à l'aise qu'il en oubliait de respirer. Ou bien Lillian était-elle la première ? Ce qui ferait de Shafer le numéro trois. Qui sait ? Néanmoins, nous devons tenir le coup, hein ? avait-il ajouté, avec un sourire qui luttait avec son sérieux habituel.

Est-ce que Seth s'en était tiré à bon compte ? Trop tôt pour le savoir. Mais il serait pris dans très peu de temps. Sans aucun doute. Parce qu'il pressentait que son travail ici n'était pas terminé, et il savait qu'une autre mort durant son service le ferait certainement suspecter. La présence aux étages supérieurs ne lui avait donné aucune raison de penser qu'elle le relevait de ses fonctions. De son implication dans tout ça, afin d'assouvir une vengeance, parce qu'il s'agissait bien de cela : une vengeance meurtrière, et il était impossible de se soustraire à l'appel quand il se faisait entendre. Il se demanda qui restait, qui d'autre avait causé du tort au génie patient de l'appartement seize. Il était contraint de rester assis là et d'attendre des directives.

Mais qu'adviendrait-il de lui quand son horrible travail serait finalement terminé ? Au moment où il se posa cette question, il fut pris d'un accès d'anxiété si violent que son cœur se mit à battre à grands coups et qu'il ressentit des vertiges.

Alors même qu'il était terrifié, par cette présence malveillante qui exigeait tant de lui, ses mains semblèrent reprendre automatiquement leur travail avec un fusain et du papier. Comme si elles avaient une histoire à raconter, et avaient besoin d'enregistrer la progression de ce cauchemar dont il était impossible de sortir, ses griffonnages et ses frottements sur le bloc à dessin furent bientôt audibles dans la réception.

Sans se rendre compte que le début de la soirée était loin, et seulement conscient de la douleur dans sa vessie, Seth se retira en lui-même, là où le monde avait été remodelé. Pour une fois il n'était pas dérangé par les employés du Claridge apportant le dîner de Mme Roth, ni par les appels de Glock réclamant un taxi, ni par les remarques exaspérantes de Mme Shafer. Il lui fut permis de remplir les heures et les feuilles de papier avec ce que lui et la présence de l'appartement seize étaient seuls à voir.

Ce ne fut pas le garçon à la capuche qui interrompit finalement son travail frénétique juste au moment où l'horloge de la sécurité indiqua 21 heures ; ce fut l'apparition d'une séduisante jeune femme.

Elle était très jolie. Presque belle. Intacte. Contrairement aux créatures qu'il voyait au cours de ses allers et retours entre son domicile et l'immeuble, ou qu'il apercevait lors de ses rares expéditions pour acheter à manger dans Hackney, ces créatures au teint gris grumeleux dissimulé par du maquillage. Celle-ci était plus mince et soignée de sa personne, et se déplaçait avec grâce, comme quelque chose surgi de l'écran argenté ; une vision du passé.

Il ne l'avait encore jamais croisée, mais l'avait souvent aperçue sur les moniteurs de la sécurité alors qu'elle entrait par la porte de derrière, celle de l'aile est. Une jeune Américaine. La nièce de la vieille Lillian cinglée qui avait clamsé dans un taxi, ou quelque chose comme ça. La fille que Piotr désirait. Il roulait chaque fois des yeux quand il la mentionnait. Et Seth voyait pourquoi.

Elle était si chic dans son blouson de cuir noir, sa jupe droite moulante et ses talons hauts. Ses cheveux étaient coiffés comme ceux d'une vedette de cinéma des années 40, et ses grands yeux bruns scintillaient vers la caméra tandis qu'elle franchissait la porte de derrière, seule ou accompagnée de ce type au demi-sourire, qui semblait savoir quelque chose sur vous, qu'il gardait pour lui de peur de vous embarrasser.

Mais ce soir-là elle avait franchi seule l'entrée principale de l'aile ouest et s'était dirigée vers la réception pour lui parler, à *lui*. Immédiatement, il baissa les yeux vers ses bottes dont le cuir luisait d'un éclat neuf, et vers le Nylon foncé qui gainait ses genoux gracieux. Puis il promena son regard sur ses courbes fermes et remonta vers sa gorge claire et son mignon petit nez retroussé. Elle sentait si bon.

Son corps s'échauffa de désir. Une émotion si lointaine et si incongrue que sa soudaine réapparition l'étourdit. Les *escort girls* de Glock lui procuraient la même sensation quand leur joliesse fardée et parfumée était appelée au service du corps rondouillard de ce connard. Il avait oublié que le corps d'une femme pouvait procurer du plaisir.

Seth se leva, pour l'accueillir comme on lui avait appris à recevoir tous les résidents et les visiteurs, mais aussi pour admirer plus longtemps sa silhouette avant que celle-ci soit dissimulée par le comptoir.

— Bonsoir, dit-elle, avec un magnifique sourire qui dévoilait des dents blanches parfaites.

Il sentit son estime de soi se recroqueviller immédiatement et se ratatiner en quelque chose de négligé et de malpropre. Son uniforme était une infamie pleine de faux plis. Sa chemise était immonde avec son col marron caoutchouteux contre sa peau. Il ne se rappelait pas la dernière fois qu'il avait pris un bain et s'était rasé, ou même quand il s'était préoccupé de telles choses.

— Bonsoir, miss. En quoi puis-je vous être utile ?

Chapitre 31

Cela faisait un moment qu'on ne l'avait pas appelée « Miss » ici. Le sourire d'Apryl se fit moins crispé.

Malgré son regard intense et son expression de surprise totale, cet individu-là était plus jeune et moins sûr de lui que les autres. Elle ne l'avait encore jamais rencontré, mais elle le rendait nerveux ; il se raclait sans cesse la gorge et était incapable de soutenir son regard bien longtemps. Elle avait souvent vu cette expression auparavant, chez des hommes qui s'étaient entichés d'elle.

— Je suis désolée de vous importuner si tard. Je n'habite plus ici, mais je suis revenue dans la journée pour faire visiter l'appartement à des agents immobiliers. Et au moment où je suis sortie de l'immeuble ce matin, j'ai aperçu une ambulance garée devant. Je voulais juste me renseigner et m'assurer qu'il n'y avait rien eu de grave. Ce qui est arrivé à Mme Roth me rend un brin nerveuse.

Elle s'apprêtait à débiter d'autres pieux mensonges, mais s'arrêta quand elle remarqua que le portier s'était soudain crispé.

— C'était grave ?

Son interlocuteur se racla la gorge.

— Oui. Quelqu'un est mort.

Quelqu'un d'autre, eut-elle envie d'ajouter pour lui.

— Je suis désolée. Qui… Ce fut soudain ?

Il s'éclaircit encore la voix.

— Il était très âgé. M. Shafer n'allait pas très bien depuis longtemps.

— Oh, mon Dieu. L'ambulance ? C'était lui ? Enfin, comment… Quand est-ce arrivé ? J'étais avec lui il y a seulement…

— Vous voulez vous asseoir, miss ? (Il lui fit signe de s'installer dans l'un des fauteuils en rotin disposés devant les vitres qui donnaient sur le jardin.) Puis-je vous apporter quelque chose ?

— Non. Je vous remercie. Je suis juste… un peu secouée. Après ce qui est arrivé… à Mme Roth. Mais et sa femme ? Mme Shafer ? Est-ce qu'elle va bien ?

— Pas vraiment. Non. Elle l'a très mal pris et elle est à l'hôpital.

Apryl secoua la tête.

— Je suis vraiment désolée. Et, pardonnez-moi, tellement égoïste. C'est sûrement dur pour vous. Je sais que vous autres êtes tous très proches des résidents. Stephen a dit que vous étiez devenus comme des membres de leur famille. Et perdre deux d'entre eux si rapidement… je suis désolée.

Quand elle dit cela, l'expression de ses yeux mobiles changea de nouveau et elle crut y déceler de la gêne, voire de la culpabilité, comme s'il était toujours incapable de la regarder en face. Douloureusement timide également, et peut-être déçu par la vie. Être jeune et travailler la nuit dans un immeuble comme celui-ci, ce devait être difficile.

Elle croisa lentement les jambes, et ne se hâta pas de tirer l'ourlet de sa jupe, qui glissa le long de sa cuisse lisse.

— Je vous en prie, asseyez-vous. Dites-moi ce qui s'est passé. Cela vous fera peut-être du bien d'en parler. Et je ne me suis même pas présentée dans les règles. Je suis Apryl.

La petite-nièce de Lillian. Lillian Archer… qui est décédée récemment, elle aussi.

Il se racla encore la gorge. Il laissa rapidement errer son regard de son visage à ses jambes, le posa de nouveau sur son visage, puis scruta le sol.

— Seth.

Il s'assit dans le fauteuil, en face d'elle. Se cala au fond et mit un moment à trouver quoi faire de ses pieds et de ses mains.

— Je crois que cela a été très rapide. Pour M. Shafer. Une crise cardiaque, ont-ils dit. Je n'étais pas là quand on l'a trouvé. J'assure le service de nuit. Mais on me l'a appris ce soir quand je suis arrivé. Vous comprenez, miss…

— Apryl, je vous en prie. Vous pouvez m'appeler Apryl.

— Apryl. De nombreux résidents sont très âgés. C'est une perte terrible, bien sûr, mais cela arrive souvent. Enfin, cela n'a rien d'inhabituel.

Elle hocha la tête.

— C'est ce qu'on m'a dit. Mais n'est-ce pas très étrange que trois personnes meurent en un laps de temps si court ? Enfin, ils se connaissaient tous, depuis très longtemps. Vous le saviez ?

Il leva rapidement les yeux de ses chaussures, mais ne répondit pas.

Apryl hocha la tête.

— Ma grand-tante a consigné tout cela par écrit. Et Mme Roth m'a révélé plusieurs choses, elle aussi. Ainsi que M. Shafer. Juste avant qu'ils meurent tous les deux. Vous savez, ils pensaient qu'ils étaient en danger ici.

Le visage de Seth était très pâle désormais et il se mit à serrer l'une de ses mains avec nervosité. Il la glissa sous sa cuisse.

— Étiez-vous… (Il s'interrompit et se racla la gorge.) Étiez-vous très proches, vous et Mme Roth ?

— Elle m'aidait à faire des recherches sur ma grand-tante. Et sur cet immeuble. Toutes deux habitaient ici depuis très longtemps.

Apryl cessa de parler, remarquant que Seth était devenu très attentif.

— Des recherches ? répéta-t-il rapidement.

Puis il déglutit et se pencha en avant, comme s'il craignait de ne pas entendre tout ce qu'elle disait.

— Oui. Parce que très peu de personnes semblent savoir qu'un artiste a habité à Barrington House.

— Mmh, fit-il.

Son visage était si blême et crispé qu'il devenait gênant de le regarder.

— Après la Seconde Guerre mondiale. Tous l'ont connu. Mme Roth, ma grand-tante, les Shafer. Il a disparu, voyez-vous. Vous le saviez ?

Apryl observa attentivement le visage de Seth en quête du moindre signe.

— Non, bredouilla-t-il. (Puis il se ressaisit pour contrôler sa voix.) Comment s'appelait-il ? Le peintre ? J'ai fait les beaux-arts.

Bizarre. Il avait supposé immédiatement qu'il s'agissait d'un peintre. Son corps et ses yeux mobiles, anxieux, le trahissaient. Il savait quelque chose. Il passait des nuits entières ici, pouvait entendre, voir et tomber sur toutes sortes de choses. Elle frissonna à la pensée de ce qui rôdait peut-être dans ces couloirs la nuit. De ce qui pouvait sortir de cet appartement inoccupé, mais toujours vibrant. Un logement que Mme Roth avait acheté pour qu'il demeure silencieux, comme si elle avait fait l'acquisition d'une scène de crime. Stephen avait dit à Apryl que la vieille dame l'avait acheté cinquante ans auparavant et qu'il était inoccupé depuis. Piotr et Jorge avaient cligné des yeux en signe d'incompréhension ou de perplexité quand elle les avait harcelés de questions sur Betty Roth et les Shafer. Mais le portier en chef s'était raidi. Et c'était au tour de Seth d'être crispé désormais.

— Félix Hessen.

Elle observa attentivement le visage de son interlocuteur.

Il plissa les yeux, regardant dans le vague, comme s'il essayait de se souvenir.

— Cela me dit quelque chose. Mais ce n'est pas un peintre que je connais.

— Seules ses esquisses ont survécu. Et il est tombé en disgrâce à cause de ses opinions politiques. C'était un fasciste. Qui donnait dans toutes sortes de choses étranges. Comme l'occultisme. Il dessinait des cadavres et des trucs comme ça. Vraiment bizarre. Puis il est venu habiter ici et il a disparu. Il s'est tout simplement volatilisé de cet immeuble. Vous ne le saviez pas ?

Seth se leva brusquement. Il semblait sur le point de vomir. Il se frotta la bouche et ferma les yeux, puis se précipita vers son bureau. S'empara d'un crayon et d'une feuille de papier.

— Félix Hessen, dites-vous. (Sa voix n'était plus qu'un chuchotement.) Un Allemand, apparemment.

— Suisse-autrichien.

— C'est incroyable, dit-il pour lui-même, et il griffonna le nom.

Ses dents étaient horriblement tachées. Brunâtres. Elle n'avait aucune idée de ce que ce jeune homme avait traversé, mais il semblait négligé, paraissait vaguement triste et tendu, comme s'il portait un très lourd fardeau, ou souffrait d'une dépression nerveuse. Ouais, peut-être y avait-il chez lui un soupçon de bipolarité. Elle reconnaissait les signes maniaco-dépressifs qu'elle avait repérés chez sa mère et chez son colocataire, Tony, aux États-Unis.

— Alors pourquoi ici ?

Elle n'avait pu s'empêcher de poser la question.

Seth était de nouveau préoccupé, et regardait fixement le hall, comme si elle n'était plus là.

— Excusez-moi, quoi ?

— Pourquoi travaillez-vous ici ?

Il rougit brusquement.

— Je… Eh bien… Eh bien je suis peintre, moi aussi.

Apryl resta abasourdie pendant plusieurs secondes.

— Alors pourquoi un peintre passe-t-il son temps ici toute la nuit ? Je pensais que vous autres, artistes, aviez besoin de lumière naturelle et de trucs de ce genre pour travailler.

Il eut l'air embarrassé. Encore une question qui semblait le mettre mal à l'aise.

— Eh bien, je ne fais que dessiner ici. Pas grand-chose en fait. Juste des croquis. De temps en temps. Des idées. Et j'avais pensé que ce serait le boulot rêvé. Vous savez, un peu de paix et de tranquillité. La solitude de la nuit. C'est pour cette raison qu'ils voulaient un peintre : ils pensaient que ce travail lui conviendrait.

— Ils ?

— L'immeuble. La gérance. L'annonce que j'ai lue disait que le boulot serait idéal pour un élève des beaux-arts. Mais ensuite… mais ensuite ça n'a jamais vraiment marché comme je l'aurais voulu. Et pourtant…

Il semblait absent de nouveau, anxieux et mal à l'aise.

Derrière le bureau, dans son fauteuil en cuir, elle aperçut un grand bloc blanc et une boîte de crayons. Elle se leva et se dirigea vers le siège.

— Ce sont vos dessins ?

Elle avait dû le déranger en arrivant. Il était en train de dessiner, mais elle ne pouvait toujours pas voir de quoi il s'agissait, pas distinctement, sous cet angle. Se penchant en avant, elle plissa les yeux et inclina la tête pour mieux voir.

Il s'empara du bloc et cacha les esquisses contre sa poitrine, laissant seulement à Apryl le souvenir de ce qu'elle avait entrevu. De ce qui l'avait frappée de stupeur un instant auparavant.

Seth respirait très vite à présent et commençait à transpirer. Elle vit que son front luisait.

— Je vous en prie. Laissez-moi regarder. J'ai envie de voir ce croquis. C'est vous qui les avez faits ?

C'était plus fort qu'elle. Elle était incapable de dissimuler son intérêt, son désir éperdu même, de revoir ce dessin.

Elle tendit la main.

— Allons, je vous en prie. Laissez-moi regarder.

Il baissa le carnet qu'il serrait contre son torse.

— Je suis désolé. Mais... Eh bien, mon travail n'est pas très agréable... Enfin, il n'est pas terminé... Pas très réussi. Je vous le montrerai avec plaisir quand je l'aurai fini.

Puis il se tourna vers la gauche et déglutit avec difficulté, comme s'il avait vu brusquement quelque chose de déplaisant, voire menaçant. Elle suivit son regard, mais ne vit qu'un mur et une plante d'intérieur dont les longues feuilles cireuses penchaient vers la moquette immaculée.

— Allez, Seth. Montre à la jolie dame. Tes dessins sont très réussis, mec. J'te l'ai dit, non ?

L'horrible puanteur de cendres humides, de produits chimiques incendiaires consumés et d'étoffe fondue avait précédé d'une fraction de seconde l'arrivée de l'enfant inquisiteur. Mais cela ne fit rien pour atténuer le choc que Seth éprouva au moment de son apparition. Il regardait fixement la chose encapuchonnée avec une vive répugnance, comme jamais auparavant. Sa présence était le présage d'une mort imminente ces derniers temps. Il secoua la tête.

— Tu ne devrais pas être timide, mec. Allez, montre à cette gonzesse. Elle va les adorer. Je t'avais dit qu'il t'apporterait une petite douceur, pas vrai ? Et elle fourre son nez partout, mec. Elle les cherche. Alors vas-y, fais une frayeur à cette pétasse. (Le gosse eut un petit rire et la capuche s'agita d'une façon que Seth trouva répugnante.) Sa salope de tantine était pareille. Et elle en a vu plus que ce qu'elle croyait.

Seth déglutit encore, se racla la gorge, et secoua la tête, conscient qu'Apryl l'observait attentivement.

— Allez, Seth. (La voix du garçon baissa d'un ton pour devenir vile, mesquine et intransigeante.) Putain, fais ce qu'on te dit, mec.

Apryl sourit et le regarda dans les yeux.

— Seth. Ce que j'ai vu était… très bon. Je vous en prie, laissez-moi voir.

Il détourna la tête de la plante avec laquelle il semblait avoir eu une sorte de conversation silencieuse et tordue, et jeta un coup d'œil à ce qu'il avait dessiné. Il fit la grimace, hésita, puis tendit le bloc à la jeune femme. Dès que ses ongles vernis touchèrent le papier, il enfonça profondément les mains dans ses poches et considéra ses chaussures, comme un enfant timide qui manque d'assurance.

Apryl s'écarta du bureau et regarda fixement la tache indistincte d'ombres, de traits, de noircissures et de frottis, des éléments qui ensemble formaient la parodie voûtée, sans visage et pourtant tourmentée, d'un vieil homme, ou d'une chose composée de bâtonnets qui semblait vaguement plus humaine qu'animale, emprisonnée dans un genre de cube ou de rectangle transparent. Elle tourna rapidement la page.

Seth dit quelque chose pour l'en empêcher, mais elle ne l'entendit pas distinctement tant elle était absorbée. Elle contemplait une effigie semblable à un oiseau entre les mains d'une chose invraisemblablement mince. Et elle tourna les pages encore, et encore, et encore, inconsciente, sans se préoccuper des battements éperdus de son cœur, de la rapidité avec laquelle sa poitrine se soulevait et s'abaissait, considérant ces représentations horribles de tourments, d'infirmités et de désespoir, constatant à quel point les yeux de ces créatures étaient hagards et les bouches flasques, et se rendant compte de la façon dont ils emplissaient sa tête et la rendaient incapable de penser ou d'éprouver quoi que ce soit à part ce qu'ils exigeaient d'elle. Quand elle arriva à la dernière esquisse, elle se força à lever les yeux, pour recouvrer sa présence d'esprit. La similitude entre les styles était incontestable. En fait, les croquis auraient pu être des faux de ceux de Hessen.

—Je ne comprends pas pourquoi vous avez dit que vous ne connaissiez pas Hessen.

Il parut blessé par le ton accusateur de sa voix.

—Vos dessins ressemblent beaucoup à ceux de ce peintre. Vous avez forcément vu son œuvre.

Il roula des yeux de gauche à droite, comme s'il cherchait un endroit où se cacher. Il avait menti. Peut-être avait-il appris des choses sur Hessen auprès de Mme Roth ou d'un autre des résidents, puis avait-il fait des recherches et commencé à reproduire son style de cette manière si convaincante, c'était comme si… comme si Hessen lui-même avait dessiné, ou du moins, comme s'il avait guidé la main du jeune homme.

— Seth, je suis désolée. Mais je suis un peu perdue, là. Ces croquis auraient pu avoir été exécutés par Félix Hessen. Je n'y connais rien, en art. Mais ils ressemblent tellement à ses esquisses. Des esquisses que j'ai beaucoup étudiées… du moins celles qui ont survécu.

— Je… Je ne connais pas ce nom. J'ai peut-être vu quelque chose un jour…

Il était effrayé. Vraiment terrifié par ce qu'elle disait. Si elle ne faisait pas attention, elle allait le perdre.

— Je vous en prie, Seth, essayez de comprendre pourquoi je vous dis ça. Je découvre qu'un artiste travaille dans cet immeuble en tant qu'agent de la sécurité, qu'il produit ce qui ressemble à des dessins originaux de Hessen. Et vous affirmez ne rien savoir de lui. Je ne sais pas quoi dire. Enfin, comment pourriez-vous ne pas le connaître ?

Seth s'apprêtait à parler, mais s'interrompit. Il essaya de nouveau, puis se retint encore.

— Qu'alliez-vous dire ? Répondez-moi. Vous alliez dire quelque chose.

Il secoua la tête.

— J'ai vu quelque chose. (Il lui jeta un coup d'œil puis détourna le regard.) Mais je ne savais pas que c'était ce Hessen qui l'avait peint. Enfin, je ne vérifie pas toujours. Vous savez… Quand je vois quelque chose qui me plaît.

Il mentait encore. Bredouillait pour se couvrir et était incapable de la regarder dans les yeux.

— Où, Seth ? Où avez-vous vu cela ? Vous l'avez vu ici ?

Quand elle prononça ces mots, Seth haussa les sourcils. Il déglutit mais fut incapable de parler et ses yeux révélèrent bien trop de choses. C'était la seule réponse dont elle avait besoin.

Les pensées d'Apryl s'emballèrent. Une partie de l'œuvre de Hessen avait survécu à l'intérieur de Barrington House. Tom Shafer avait dit qu'ils avaient détruit tous les tableaux : lui, Arthur Roth, et son grand-oncle Reginald avaient décroché « cette merde » des murs et l'avaient brûlée dans une chaudière au sous-sol. Et peut-être l'artiste par la même occasion. Mais tout n'était pas parti en fumée.

Le récit que Shafer lui avait fait de la disparition de Hessen l'avait terrifiée, mais son bon sens avait toujours clamé qu'il ne pouvait pas s'agir de la vérité, comme si Hessen était une sorte d'illusionniste au visage mutilé, capable de se volatiliser à l'intérieur d'une pièce verrouillée remplie de miroirs et de signes rituels. Elle s'était répété encore et encore que c'était des foutaises. Toute la journée. Que sa femme complètement folle avait enfoui la vérité profondément en lui, il y avait longtemps de cela. Même chose pour Mme Roth. Qui avait également tenté d'avouer quelque chose de trop improbable et de terrible pour, de fait, le dire à voix haute. Quelque chose comme un *meurtre*… un meurtre dont ils avaient tous été complices.

Mais dès qu'elle se trouvait à l'intérieur de Barrington House, elle le croyait. Elle savait, instinctivement, que personne – Lillian, Betty Roth, ou Tom Shafer – n'avait menti. Stephen, si. Et Seth maintenant. Elle s'en rendait compte. Tous deux lui mentaient, cachaient quelque chose. Elle avait du mal à respirer.

Seuls des excentriques comme les Amis de Félix Hessen seraient prêts à croire une chose pareille. Mais Seth était devant elle, juste ici dans Barrington House, un Seth nerveux, qui bafouillait, anxieux, exactement en dessous de l'endroit où tant de choses avaient été perpétrées, et qui refusaient à présent de tomber dans l'oubli.

— Ils sont toujours ici, n'est-ce pas ? Ses tableaux.

Ses mains tremblaient et il tapotait rapidement le sol.

Apryl essaya de le calmer avec un sourire. Il perdait tout contrôle de lui-même. Il semblait effrayé, vulnérable et pas du tout menaçant, pourtant elle se demanda s'il était dangereux. Et peut-être suffisamment instable pour avouer ce qu'il savait.

— J'aimerais en voir plus. Davantage de votre travail. Comme ces dessins. Je parle sérieusement. Ainsi que l'œuvre qui les a inspirés. Que vous avez vue. Ici. Je ne le dirai à personne. Ce sera un secret entre nous. Ensuite je vous révélerai quelque chose. Je sais beaucoup de choses sur Félix Hessen, voyez-vous. Sur… ce qu'il a laissé derrière lui. Un héritage. Ici. À Barrington House. Dont personne ne connaît l'existence.

Seth garda le silence. Comme s'il avait perdu la voix. Il se contenta de déglutir.

Elle posa le bloc à dessin sur le bureau.

— Il faut que nous parlions, Seth. Pas ici… (Elle regarda autour d'elle avec nervosité.) Demain. C'est possible ?

— Je ne sais pas.

Elle tendit le bras et toucha son coude.

— Je n'essaie pas de vous forcer la main en ce moment, Seth. Nous dînerons, ce sera très agréable. Et nous parlerons, c'est tout. J'ai l'impression que c'est le destin. De nous rencontrer comme ça. Quand je suis arrivée ici ce soir, je ne m'y attendais pas. Mais c'est une connexion.

Il se passa la langue sur les lèvres. Il voulait parler, mais en était incapable.

— Je vais vous donner mon numéro, dit-elle.

Elle prit le carnet derrière le bureau et inscrivit son numéro de portable sur la première page.

Chapitre 32

Assis seul dans un siège près de la fenêtre du bar du théâtre, désert en ce début d'après-midi après l'affluence du déjeuner, et avant l'irruption des travailleurs qui viendraient y oublier leur journée, Seth s'agitait dans son fauteuil et scrutait anxieusement Upper Street, guettant l'arrivée d'Apryl.

Après avoir pris un long bain, le premier depuis des semaines, et mis les vêtements les plus propres qu'il avait pu trouver, il avait brièvement examiné les murs de sa chambre et s'était senti satisfait. Apryl serait stupéfaite. Particulièrement lorsqu'elle apprendrait qu'il s'agissait d'un travail préliminaire en prévision d'un projet bien plus important.

Il avait rangé aussi, pour permettre à Apryl de se déplacer et d'observer sa fresque sous des angles différents. Trois murs étaient couverts à présent. Et ni la lumière du jour granuleuse, ni l'éclairage électrique de l'ampoule nue ne parvenaient à en repousser les ombres, ou la façon dont elles se déplaçaient furtivement sur le sol et sur le plafond maculé. Même les coins et les angles droits des murs étaient flous, à moins qu'on regarde attentivement pour apercevoir les jointures.

Mais, sous la surface plane et mate, il y avait les personnages. Surgis d'une profondeur confondante. La jeune femme lui demanderait comment il avait réussi à rendre cela, comment il était possible de suggérer une telle distance et de communiquer ce sentiment affreusement glacial et saisissant. Il n'en avait aucune idée.

Utilisant le petit escabeau apporté de la cuisine, il avait peint un trompe-l'œil qui surélevait le plafond, donnant l'impression que les personnages étaient suspendus dans le vide. Il ne savait pas très bien, non plus, comment il avait ensuite créé l'illusion de mouvement chez ses sujets. Parce qu'*il y avait* un mouvement dans ces peintures. La froide obscurité sans fin sur laquelle leurs tourments se répétaient à l'infini semblait désormais vibrer, comme parcourue par d'étranges courants.

Parfois, quand il regardait du coin de l'œil, il était tenté de croire que les murs avaient bel et bien disparu, remplacés par un espace infini. Et les personnages, tous dessinés sous divers angles, qui montaient vers la surface comme attirés par la lumière de sa chambre, le faisaient tressaillir chaque fois qu'il entrait. Même s'il revenait simplement des toilettes et s'était absenté pendant quelques minutes, il se surprenait à regarder fixement, en proie à un saisissement muet.

Il était impossible de s'habituer à toutes ces créatures retenues contre leur gré. Les traits capturaient la tension et la résistance de leurs membres suggérés, ou la nuance parfaite d'un œil écarquillé par la terreur, ou la courbe d'une lèvre tordue par un cri de désespoir.

Il les avait toutes recouvertes, refaites, puis perfectionnées, jusqu'à trouver le meilleur angle et la meilleure posture pour chacune d'elles. Jusqu'à ce que les dents claquent stupidement, que les bouches se distendent pour pousser des hurlements que l'on avait l'impression d'entendre, et que les yeux soient rouges d'une douleur qui électrisait vos terminaisons nerveuses.

À cause d'Apryl, il avait redoublé d'efforts ce matin-là. Il avait été plus attentif aux mouvements de ses mains, à la façon dont elles avaient balayé, découpé et retravaillé les drapés rouge foncé et noirs d'où les personnages tordus naissaient, humides et hurlants. C'était comme s'il avait quelque chose à prouver désormais, comme s'il préparait une exposition pour un public acquis. Si ses croquis avaient impressionné Apryl, elle éprouverait certainement une crainte respectueuse devant ses peintures.

Elle ne courait aucun danger. C'était impossible. Ce gosse à la capuche et leur ami de l'appartement seize ne pouvaient pas avoir quoi que ce soit contre la jeune femme. Elle était seulement restée cinq minutes dans l'immeuble. Inutile également de s'en faire au sujet de la vieille Roth et des Shafer. Elle n'avait pas pu les connaître. Et de toute façon, si cela avait été le cas, elle aurait applaudi à leur mort. De vieux comptes avaient dû être réglés. Et, en échange, peut-être était-il récompensé à présent ? *Ils* pouvaient provoquer n'importe quoi. Comme l'entrée d'une superbe jeune fille dans sa vie, alors que son esprit se délitait ; de quelqu'un qui admirait son travail et voulait le connaître. D'une personne capable d'assembler les fragments de son être et de le reconstituer. Ce dingue à la capuche l'avait laissé entendre : il lui avait dit qu'ils lui offriraient un « petit cadeau », une « petite douceur ».

Osait-il suggérer une chose pareille lui-même ? Qu'Apryl représentait une offrande pour tout ce qu'il avait sacrifié aux miroirs ? Elle avait éveillé quelque chose de vital en lui, qui avait été moribond pendant longtemps. Elle avait su voir au-delà de son apparence échevelée et hagarde. Elle avait même parlé de destin après avoir vu ses croquis, d'une *connexion*. Et elle voulait désormais voir d'autres de ses œuvres. Dîner et boire un verre avec lui. Passer du temps en sa compagnie. Cette femme exceptionnelle pourrait même le suivre jusque chez lui, contempler ses fresques. Ces murs seraient le test. Son art lui montrerait ce qu'il était réellement. Et elle lui en apprendrait davantage sur son maître, lui révélerait pourquoi il était revenu pour visiter ceux qui lui avaient fait du tort. N'était-ce pas ce qu'elle avait suggéré ?

La tuerie avait peut-être pris fin, et son œuvre prendrait de l'ampleur. Peut-être même accéderait-il à la situation de portier en chef tout en ayant pour compagne la sexy Apryl. *Ils* pouvaient absolument tout faire. Vous mettre à genoux, en proie à une horreur frissonnante, ou vous projeter vers le néant glacial comme du bois flotté, ou vous faire entrevoir des merveilles qui vous laissaient bouche bée. Oui, ça marcherait ; on le récompenserait. Il se le répéta si souvent qu'il finit par le croire, au moins quelque temps. Oui ça marcherait, il le fallait absolument, parce qu'il n'avait plus aucun contrôle sur tout ça.

Il ne pouvait pas se permettre de perdre son sang-froid quand elle arriverait. Il devait se maîtriser. Être cool.

Puis elle arriva. Marchant lentement et vérifiant les numéros des immeubles tandis qu'elle cherchait l'endroit où il lui avait donné rendez-vous. Un frisson agréable parcourut son échine. Elle était belle. Venue ici pour lui, un artiste. Seigneur, il était un artiste. Enfin… un artiste.

Comme elle entrait dans le bar en hésitant, il se leva pour l'accueillir. Son odeur sucrée et capiteuse l'étourdit ; le potentiel de mystère d'un parfum se révélait seulement lorsqu'il émanait de la gorge pâle d'une très belle femme. Le claquement séduisant de ses escarpins noirs à talons hauts contre le plancher attira l'attention du barman qui tourna la tête.

Elle s'était habillée pour Seth. S'était vêtue pour lui plaire. D'une robe noire très simple mais élégante sous un long manteau en laine fine d'aspect coûteux. Le col de la robe était échancré pour révéler en partie la douceur lourde et blanche de ses seins. Elle avait soigneusement maquillé ses traits adorables. Miroitant de reflets noirs et bleus, ses cheveux étaient élégamment relevés sur le dessus de sa tête. Et ce qu'il pouvait voir de ses jambes luisait dans des bas à peine visibles.

— Bonjour, Seth. Je suis contente de vous revoir, dit-elle.

Et elle se pencha en avant pour l'embrasser sur les deux joues. Il s'autorisa durant ce bref instant à humer la fragrance agréable de son rouge à lèvres et l'arôme de sa peau. Il oublia ce qu'il avait prévu de lui dire pour l'accueillir, mais laissa ses yeux parler pour lui. Il secoua la tête, parvint à sourire, et dit finalement :

— Waouh !

Chapitre 33

Apryl éclata de rire. Et sentit que ses efforts étaient récompensés. Elle s'était habillée avec un peu trop de recherche, mais elle avait prévu que cet après-midi en compagnie de Seth deviendrait sûrement une soirée avec lui. Gagner sa confiance pourrait prendre du temps. Elle allait boire avec modération. Cette journée serait consacrée à Seth. À ce qu'il avait à dire. Et elle n'était pas habituée à échouer dans ses tentatives de séduction.

Elle se sentait fébrile et espérait bien que le premier verre de vin la calmerait. Verre que Seth alla promptement commander au bar. Apryl avait eu du mal à garder son calme depuis qu'elle l'avait rencontré. Elle avait essayé de se changer les idées en recevant les agents immobiliers et en faisant du shopping, mais en vain. Puis elle avait vu Miles, qui avait patiemment écouté ses théories sur la disparition de Félix Hessen et sur l'incinération de ses tableaux. Et quand elle avait abordé l'influence persistante de celui-ci à Barrington House, et son intention d'interroger Seth, Miles avait eu l'air à la fois fou d'inquiétude et terriblement déçu par sa crédulité.

Mais elle était certaine que Seth s'était trouvé en présence de l'œuvre de Félix Hessen. Tom Shafer s'était certainement trompé : certains des tableaux avaient survécu et existaient toujours, quelque part dans cet immeuble. Peut-être même au numéro seize. Seth les avait sans doute découverts. Et elle était déterminée à apprendre de quelle manière. C'était absurde : Miles avait tort et les Amis de Félix Hessen avaient raison.

On ne pouvait se méprendre : la thématique et le style des dessins de Seth étaient caractéristiques de l'œuvre de Hessen. Mais on y décelait également comme un avant-goût de ce que Hessen avait peut-être lui-même accompli en tant que peintre. Seth était doué. Il était capable de restituer les visions de son maître : des peintures à l'huile qui avaient dû aller encore plus loin dans l'horreur que les croquis eux-mêmes. Miles la croirait quand il verrait les esquisses de Seth et il confirmerait la parenté évidente.

Et si elle faisait preuve de prudence, elle pourrait même être en mesure de lui montrer l'impensable : un original. Quelque chose que l'étrange et solitaire portier de nuit avait découvert dans cet immeuble sordide. Ou que le fantôme de Hessen lui avait montré. Quelque chose qui avait guidé sa main en tant qu'artiste et, peut-être, l'avait rendu complice du meurtre des résidents les plus âgés. Elle avait du mal à imaginer que ce personnage efflanqué et introverti soit capable de violence. Mais quelqu'un aidait Hessen dans cet immeuble. Quelqu'un était de connivence avec le mal indistinct, mais palpable, qui avait hanté la bâtisse pendant cinquante ans. Pour le moment, puisque Stephen l'évitait, Seth était le suspect numéro un. Il était impliqué d'une façon ou d'une autre ; il s'était trahi la veille. Mais comment et pour quelle raison, elle n'en avait aucune idée, et elle devait se fier à bien plus qu'à de simples ragots et à des conjectures pour poursuivre son enquête. À cet égard, Miles avait raison.

Seth revint avec un grand verre de vin blanc. Elle prit sur elle pour ne pas l'assaillir de questions, se souvenant qu'elle devait faire preuve de subtilité pour obtenir les renseignements qu'elle désirait. Comme elle l'avait fait avec Betty Roth et les Shafer. Il fallait l'enjôler. Ils n'avaient rien eu à gagner en lui parlant, et beaucoup à perdre, au contraire. Du moins, c'était ce qu'il semblait. Elle laissa Seth commencer la conversation.

— Alors parlez-moi de ce Félix Hessen, s'il vous plaît, dit-il entre deux gorgées.

— Bon, je ne suis pas une spécialiste, et d'après ce que j'ai vu de votre travail, je subodore que vous pourriez m'en apprendre infiniment plus que ce que je peux moi-même vous dire. Sur son style, en tout cas.

Seth baissa les yeux sur ses mains tandis qu'il tripotait du papier à cigarettes. Elle l'avait rendu nerveux de nouveau et elle changea rapidement de tactique.

— Je peux vous prêter ce livre. Je connais l'auteur, Miles. C'est le seul ouvrage disponible sur l'œuvre de Hessen. (Elle sortit l'essai de son sac et le fit glisser sur la table.) Je sais qu'il serait impressionné par vos dessins, lui aussi. Il travaille à la Tate.

Seth rougit et hocha la tête. Il s'empara du volume et le posa sur ses genoux.

— Vous m'avez dit des choses très gentilles. Je ne reçois pas beaucoup d'encouragements ces derniers temps. (Il rit avec nervosité.) Mais c'est en train de changer. Je travaille à quelque chose de très ambitieux. Chez moi. Dans ma chambre. Plutôt un atelier en fait. (Ses yeux brillèrent soudain avec une intensité qu'elle trouva alarmante.) Je pourrais peut-être montrer ce projet à ce type, Miles, avant de le coucher sur une toile.

Elle croisa lentement les jambes et les sortit de sous la table pour lui permettre de les admirer. Et elle lui posa d'autres questions sur lui, ses origines, l'endroit où il avait fait ses études, sa famille, mais il redevint immédiatement maladroit et évasif. Ou peut-être qu'aucun de ces sujets ne présentait un quelconque intérêt pour lui. Il semblait s'intéresser uniquement à son travail le plus récent, dont il parla avec enthousiasme, mais sans fournir beaucoup de détails. Ou peut-être qu'il était incapable de donner un aperçu clair de ce qu'il peignait.

Quand elle revint à la table avec la troisième tournée – elle avait opté pour un Coca-Cola à la deuxième –, il eut l'air plus loquace.

— J'ai cessé d'essayer de tout analyser, Apryl. Ça ne me mène à rien. Mais je sens que je suis en contact avec quelque chose tout au fond de moi. Et ça a un rapport avec ce qui est là-dehors. Et peut-être avec ce qui vient après tout cela. Vous savez, la vie. Mais seules les images permettent de le traduire. Il n'y a pas de langage pour ça. Je suis incapable de l'expliquer.

Elle observa attentivement ses yeux mobiles tandis qu'il fumait cigarette sur cigarette sans jamais cesser de s'agiter, mais elle ne le soupçonnait pas d'essayer d'entretenir une aura mystique autour de son travail en se montrant évasif. Il s'agissait d'autre chose. Elle avait le pressentiment que Seth était extrêmement anxieux, voire effrayé par ce qu'il faisait, même s'il était contraint de le faire.

Il parla longuement de Londres, des gens, et n'avait rien de positif à dire dans les deux cas.

— C'est un endroit terrifiant, Apryl. Tout ici est difficile. La ville tombe en morceaux. Elle change les gens. Tous ceux qui habitent ici. L'énergie est complètement anormale. Ça ne marche pas. J'ai essayé de comprendre pourquoi depuis que je suis arrivé. (Il tapota la couverture du livre de Miles.) Je pense qu'il s'occupait de la même chose.

Elle avait parfois du mal à suivre le fil de ses pensées. Sa tête était une tempête d'idées qui essayaient toutes de sortir en même temps. Comme s'il s'efforçait de démêler son propre tempérament maniaco-dépressif en lui parlant. Elle le trouvait épuisant, et quand il eut terminé sa troisième pinte, elle proposa qu'ils aillent manger quelque part, craignant que, sans cela, il soit trop soûl pour lui apprendre quoi que ce soit.

Au cours du dîner, elle trouverait un moyen de l'interroger sur Barrington House et l'appartement seize. Il se montrait volubile et souhaitait désespérément l'impressionner. Ce serait bientôt le bon moment de chercher à obtenir des révélations sur ce qu'il avait vu, ce qu'il savait, et ce qu'il avait fait.

Il ne s'était sans doute pas trouvé en compagnie d'une femme depuis très longtemps. Elle le surprenait parfois en train de la regarder avec une intensité qui la mettait mal à l'aise. Il ne s'agissait plus uniquement de le séduire pour qu'il se confie à elle, mais également de déterminer les conséquences de ce jeu. Pourtant, dans le petit restaurant indien où il l'emmena, l'humeur de Seth changea. Quand ils eurent passé commande, Apryl eut soudain l'impression que quelque chose avait attiré son regard à l'extérieur. Elle tourna la tête pour vérifier, mais ne vit rien qui sortait de l'ordinaire : l'habituel patchwork d'humanité et de modes urbaines en effervescence.

— Qu'y a-t-il ? Quelqu'un que vous connaissez ? demanda-t-elle.

Chapitre 34

Il était là, dans la rue latérale, exactement en face de l'endroit où ils étaient assis.

La silhouette émergea des ombres poussiéreuses dans la lumière orange projetée par un bar ; mains dans les poches, l'ouverture ovale de la capuche tournée dans leur direction. Il observait. Il disparut brièvement au passage poussif du bus numéro dix-neuf, puis réapparut. « Barrington House », avait-il entendu juste avant. Comme si Apryl avait prononcé une invocation, faisant apparaître le personnage à la capuche qui violait désormais leur intimité.

Et elle aussi regardait dehors, vers l'obscurité qui tombait rapidement et absorbait les détails, amalgamant la brique avec le béton, les voitures avec la chaussée, engloutissant des jambes en mouvement et estompant les couleurs dans le vague du crépuscule londonien. Pourtant, même si ses jolis yeux étaient perçants, il savait déjà qu'elle serait incapable de voir cette sentinelle. Observant et attendant, le gamin était là pour lui, et pour lui seul.

— Qu'y a-t-il ? Quelqu'un que vous connaissez ?

Seth secoua la tête et devint très pâle, bien plus que sa pâleur normale.

— Non, j'ai cru seulement.

Il essaya de reporter son attention sur elle, sans y parvenir, tournant sans cesse les yeux vers la rue, vers ce qui avait si brusquement supplanté son intérêt pour elle.

— Parlez-moi de Félix Hessen, dit-il, soudain sérieux, sans remarquer l'arrivée de deux plats sur la table, l'un grésillant, l'autre fumant. S'il vous plaît.

Il écouta attentivement, sans toucher à sa nourriture, tandis qu'elle se lançait dans une brève biographie de Hessen, ajoutant que sa vision était restée inachevée parce qu'aucune des huiles apocryphes n'avait survécu. Mais elle ne lui raconta pas l'histoire complète. Elle se retint souvent, omit certains détails, notamment la biographie non officielle qu'elle avait reconstituée. Elle ne fit pas allusion à ce que Mme Roth, ou Tom Shafer, ou Lillian avaient dit à propos des changements survenus dans l'immeuble, ou des rêves qu'ils avaient tous faits après l'arrivée de Hessen : les créatures qu'ils voyaient dans les miroirs et les tableaux, dans les cages d'escalier, et entendaient au numéro seize. Tout cela, elle ne le mentionna pas, préférant présenter Hessen comme un excentrique incompris qui vivait en reclus, jugeant que cela flatterait Seth en le confortant dans l'image qu'il avait de lui-même.

Il se mit à poser des questions directes, précises, la sondant sur l'étude des sciences occultes effectuée par Hessen, sur les théories au sujet de sa disparition, ce que l'on savait de ses idées, de son obsession de la mort, les titres des journaux et des ouvrages qui évoquaient sa vie singulière, les raisons pour lesquelles il avait étudié l'anatomie, et ce qu'il avait pensé atteindre. Et elle finit par parler du Vortex.

Sous le choc, Seth se raidit. Ou bien était-ce de la peur ? Elle n'aurait su dire exactement. Son regard se fit vague et sa voix trembla tandis qu'il la pressait de questions, encore et encore, demandait des détails sur ce Vortex, sur le désir qu'avait Hessen de le contempler. Possédait-elle d'autres ouvrages ? Pouvait-il lire les journaux intimes de sa grand-tante ? C'était important, déclara-t-il, et il tendit même la main par-dessus la table pour serrer son poignet avec force.

— Il faut que je sache, Apryl, dit-il en regardant vers la rue. (Sa lèvre inférieure tremblait et il marmonna quelque chose pour lui-même.) Je vous en prie, c'est capital pour moi. Pour mon travail. Pouvez-vous m'aider ?

— Pourquoi, Seth ? Pourquoi est-ce si important ? demanda-t-elle en souriant, essayant de le mettre à l'aise.

— Je ne suis vraiment pas capable de dire pourquoi. Pas pour le moment. Mais bientôt peut-être.

— Je voudrais vraiment vous aider, Seth. Et faire tout mon possible. Je suis si intriguée par votre travail. Miles le serait, lui aussi. Je pense qu'il voudra vous aider dès qu'il aura vu à quel point vous êtes doué. Et il vous expliquera l'œuvre de Hessen infiniment mieux que moi. Je n'ai rien d'une érudite.

— Vous vous débrouillez très bien.

Seth se perdit dans la contemplation de son assiette. Poussa le riz basmati avec sa fourchette. Ferma les yeux pendant quelques secondes, puis s'excusa et se rendit aux toilettes, où il resta pendant dix minutes.

Quand il revint, l'une de ses mains tremblait. Elle fit semblant de ne pas le remarquer et lui demanda pourquoi il ne mangeait pas. Il renifla avec nervosité et répondit qu'il préférait fumer. Puis il regarda encore dehors, vers cet endroit de l'autre côté de la rue, qui le fascinait tant.

Apryl était en train de le perdre. Il avait l'air tellement pitoyable. Il était de plus en plus agité et avait du mal à respirer comme s'il était sous l'emprise d'une crise d'angoisse aiguë. Elle s'attendait à tout moment à ce qu'il invente un prétexte et parte.

Elle tendit le bras et lui prit la main.

— Quelque chose ne va pas, Seth. Ne soyez pas embarrassé. Je vois bien que vous avez été soumis à une tension énorme. Est-ce que vous iriez mieux si nous allions chez vous ? Vous pourriez peut-être me montrer votre travail… si vous vous sentez mal à l'aise ici.

— Je suis désolé, dit-il. Je… C'est juste… Je…

Mais il fut incapable de terminer sa phrase.

— Laissez-moi régler l'addition. Nous allons trouver un endroit plus tranquille.

Une fois dans la rue, Seth se mit à marcher trop vite pour qu'Apryl puisse le suivre avec ses talons hauts, et elle lui demanda de ralentir.

— Je suis désolé. Vraiment désolé, Apryl, dit-il trois fois.

— Tout va bien. Tout va très bien, répondit-elle.

Il faisait un froid glacial. Un vent sec et poussiéreux leur cinglait le dos.

— Parfois… C'est juste… Je deviens… C'est difficile à décrire.

— Alors n'essayez pas. Allons chez vous.

— C'est très aimable à vous. Vraiment. Je suis tellement gêné.

— Ne soyez pas ridicule. Je prends à boire ? Peut-être du vin ?

— J'en ai, il me semble. Au frigo. Il n'y a pas grand-chose dans ma chambre. Juste un frigo et un lit. C'est plutôt un endroit pour travailler. Mais c'est assez consternant. Je veux dire, c'est un peu le bazar.

— Vous n'avez pas à vous excuser, Seth. Vous auriez dû voir l'état de certains de mes anciens appartements à New York.

— Vraiment ?

Mais il était distrait de nouveau, et nerveux. Il observait les gens qu'ils croisaient, et scrutait le trottoir opposé, les entrées sombres des boutiques ou les étroites rues latérales.

Entre Upper Street et l'endroit où il habitait dans Hackney, l'atmosphère changea. Elle le percevait autant qu'elle le remarquait. Il y avait moins de monde dans les rues et les devantures étaient délabrées. Ils passèrent devant des *bookmakers* et des pubs peu engageants, une pléthore de *fast-foods* avec des réclames artisanales. De grandes cages rectangulaires, des grilles de fer, abritaient des logements sociaux, des bâtiments victoriens étriqués.

— J'espère que je ne suis pas trop indiscrète. Je ne voudrais pas m'imposer.

— Non. Pas du tout, répondit-il distraitement, avant de regarder par-dessus son épaule. Je tiens absolument à savoir ce que vous pensez de mon travail. Il n'y a personne à qui je veux le montrer davantage que vous, Apryl. Je le pense vraiment.

— Pourquoi ?

— Tout ce que vous avez dit sur la vision de Hessen. Je pense que j'ai couru après la même chose.

Chapitre 35

Elle gravit l'escalier sombre et encombré, en regrettant d'avoir insisté pour voir sa peinture. Non qu'elle ait peur de lui : elle pensait qu'il était inoffensif. Intense, émotif et hypersensible, mais pas agressif. Toutefois, elle commençait juste à saisir une autre facette de son tempérament. Son égocentrisme et ses sautes d'humeur fréquentes, ses monologues fiévreux qui passaient du coq à l'âne, elle pouvait faire avec, mais cette expression hantée, qui prenait sa source dans une terreur tangible, la troublait infiniment plus ici qu'au restaurant. Parce qu'elle pouvait mieux la discerner désormais. Comme s'il l'entraînait plus près d'une chose dont elle aussi aurait dû avoir peur.

Pourtant en constatant qu'il habitait au-dessus de ce pub minable, dans ce clapier aux murs décrépits, aux moquettes puantes et aux couloirs obscurs, dont les fenêtres crasseuses donnaient sur des cours encombrées et des garages vandalisés, elle éprouva de la compassion pour Seth et pour sa vie lugubre. Travaillant la nuit à Barrington House, sous la lumière blanche éblouissante de cette réception, dormant dans l'une de ces chambres pendant la journée, pour se réveiller tard dans ce quartier déprimant, peuplé d'êtres détraqués, dangereux et marginalisés, tout en essayant d'accomplir quelque vision abstraite et tortueuse ; voilà qui aurait rendu fou n'importe qui. Puis elle mit un frein à son empathie naturelle qui l'empêchait d'atteindre son objectif : elle était ici pour découvrir de quelle manière Seth était lié à cette chose terrifiante, cette puissance meurtrière, qui hantait toujours Barrington House.

Elle montait derrière lui dans un bâtiment qui empestait la sueur masculine, les aliments frits, et les vêtements humides mis à sécher sur des radiateurs ; tout cela la fit grimacer tandis qu'elle gravissait un trop grand nombre de marches et que, tout autour d'elle, les couloirs disparaissaient dans les ténèbres ou s'arrêtaient devant des portes rougeâtres.

Quand il quitta finalement l'escalier et la conduisit à travers un palier encombré de vieilles penderies, de tables et de chaises cassées, puis le long d'un passage étroit jusqu'à sa porte, elle était épuisée. Et, alors que Seth ouvrait la porte, elle regarda sa jambe avec irritation pour examiner l'endroit où elle l'avait égratignée contre un objet ébréché dans le noir. Son bas était filé.

— La chambre est terriblement en désordre. Je vous en prie, essayez de comprendre, c'est juste un atelier. Je ne vis pas comme ça d'habitude.

— Bien sûr. Laissez-moi entrer. Je n'aime pas ce palier, dit-elle.

Une pointe d'exaspération durcit sa voix tandis qu'elle risquait un coup d'œil par-dessus son épaule vers le couloir sombre qu'ils venaient d'emprunter en se faufilant. Cet endroit aurait dû être condamné. Comment pouvait-on vivre ici ?

Je ne vis pas comme ça d'habitude.

Qui le pourrait sans perdre la raison ?

Il avait peint les putains de murs.

Il avait recouvert les trois quarts de la chambre d'une fresque que la plupart des psychiatres auraient cataloguée comme l'œuvre d'un aliéné.

Les personnages suspendus dans cette obscurité infinie bloquèrent tous ses sens, excepté celui de la vue. C'était enfantin dans sa simplicité. Un primitivisme puissant et brut, évitant toute représentation littérale pour mettre le spectateur en état de choc et lui insuffler la panique.

Elle fut obligée de s'asseoir sur le lit d'où elle contempla la fresque, bouche bée, les choses tordues, qui grimaçaient ou hurlaient devant l'infini et l'absence de lumière.

— C'est juste un endroit pour jeter des idées. Des études de formes. Les esquisses préliminaires sont derrière vous. J'ai dessiné la plupart d'entre elles la nuit. Et j'en ai une quantité d'autres dans ce carton et ces chemises. Je fais juste des essais de couleurs, des combinaisons de textures aussi à l'arrière-plan pour tenter de… d'accrocher le regard.

Il avait manifestement réussi. Si Hessen avait effectivement peint, son travail aurait ressemblé à cela. Elle détourna les yeux de la fresque et regarda le sol recouvert de toiles de protection saturées de peinture et de taches de graisse. Dans un coin de la pièce elle vit un tas de vêtements. À part le vieux frigo jaunissant et le lit auréolé de sueur, il n'y avait rien. Absolument rien pour lui permettre de distraire son regard des murs et de ce qui criait vers eux, défiguré, crucifié, écorché et cloué sur place.

Les êtres tourmentés et torturés ne réclamaient pas de dialogue, et n'évoquaient pas une histoire ; ils existaient juste pour provoquer une crise d'apoplexie chez celui qui les regardait. Elle était frappée d'horreur, mais également d'une reconnaissance glacée. Comme si les expériences les plus mornes et les plus pénibles du spectateur – les moments accablants de doute et de désespoir, la suffocation du dégoût de soi et de la haine, les chaînes du chagrin et de la peur – avaient été personnifiées dans ces êtres. Ils avaient la même fulgurance morbide que les créatures à demi formées, à l'agonie, subissant une violente désintégration, que Hessen avait commencé à esquisser dans son œuvre datée de 1938. Mais Seth avait encore forcé le trait, utilisant les études de son maître comme une plate-forme, pour les transcender à l'huile.

— Vous avez vu ses tableaux, Seth. Quelque part. Vous les avez sûrement vus. Répondez-moi. Je vous en prie. C'est pour cette raison que vous travaillez dans cet immeuble. Vous le connaissiez.

Il secoua la tête et s'écarta de la fenêtre, devant laquelle il s'était tenu pour assister à la réaction d'Apryl devant ses fresques : elle avait semblé paralysée.

— Non. Je n'ai jamais entendu parler de lui de toute ma vie. J'ai étudié Breughel, Bosch, Dix et Grosz. Tous me plaisaient. Peut-être est-ce ce qui m'a orienté vers ceci. Pour achever l'œuvre. Et Londres est le médium parfait pour exprimer cela. La frontière est plus ténue ici. Rien ne se perd.

— Que voulez-vous dire ? demanda-t-elle, comprenant en partie, mais refusant de formuler à sa place.

— Il m'est arrivé quelque chose. Dans mes rêves. Au travail. Ici. Et des fragments de ces rêves entraient dans ma tête quand je me réveillais. Ensuite le monde est devenu différent de ce qu'il était. J'ai pensé que j'étais fou. Je me suis mis à voir des choses, Apryl. Après avoir entendu les bruits dans l'appartement seize. Comme s'il essayait d'attirer mon attention. Alors je suis entré ; et j'ai vu les tableaux. Et j'ai compris ce que je voyais. Ce qui m'avait été dévoilé dans mes rêves, par un maître.

Il s'interrompit. L'expression qu'il vit sur le visage d'Apryl l'avait réduit au silence. Quand il avait mentionné les peintures dans l'appartement seize, Apryl avait senti son scalp se contracter.

— Des tableaux ? Il y a toujours des tableaux de Hessen dans l'appartement ? (Elle se leva.) Répondez-moi, Seth. Dites-moi la vérité. Il y a toujours des toiles dans cet appartement ?

Il fit volte-face et grimaça comme si quelqu'un venait d'entrer dans la chambre, puis il dit :

— Dégage.

— Hein ?

— Désolé. Pas vous.

— Seth ?

Il secoua la tête et remua les lèvres comme s'il s'apprêtait à parler à la porte, puis il se détourna, passa les mains sur son visage livide, frémissant, et soupira.

— C'est… c'est dangereux.

— Dangereux ? Je ne comprends pas. Que voulez-vous dire ?

Il s'écroula sur le lit et se tint la tête dans les mains.

— Je ne peux pas le dire. Vous ne me croiriez pas. Je n'aurais jamais dû entrer là-bas. C'est interdit. On ne peut pas en parler. Je voulais juste m'assurer que personne ne s'était introduit par effraction. À cause des bruits. Et de l'appel téléphonique. Et puis je les ai vus. Les tableaux. Mon Dieu, ces tableaux.

Quand il eut fini de parler, il regarda de nouveau vers la porte rouge de sa chambre, comme si quelqu'un avait brusquement frappé, ou l'avait interpellé de l'autre côté.

— Fais gaffe à ce que tu dis, enfoiré, quand tu m'parles. Et tu vas lui montrer les tableaux, Seth. Notre copain l'a dit. Il veut faire la connaissance de la petite pute. Celle qui fourre son putain de nez partout, là. Exactement comme sa vieille peau de tantine. Ben, y a plein de choses à voir si tu vas aux bons endroits. Pas vrai ? Tu l'sais mieux que personne, mec. Alors tu l'amènes en haut de cet escalier. Tu sais où.

» Elle est la dernière, Seth. Tu as presque terminé, mec. Et tu auras ce que tu as mérité. Il a prévu des trucs pour toi. Tu t'en sortiras très bien, mec. Tu vas venir vivre là-bas avec nous. Faire des tableaux et des trucs, et habiter en bas. Intimes, comme qui dirait. On sera toujours ensemble. Alors tu vas faire ce qu'on te dit, putain, et amener cette pute en haut de cet escalier.

— Quels tableaux ? Des tableaux de Hessen ?

Seth poussa un profond soupir. Puis déglutit. Détournant les yeux de la porte, il la regarda, avec pitié, pensa-t-elle.

— Vous devez comprendre. Rien ne m'avait jamais donné autant d'idées auparavant. Aucun autre artiste ne m'avait jamais parlé de cette manière. Il m'a enseigné à tout reprendre, à poursuivre. Il m'a appris comment trouver une voix, Apryl. Mais…

La jeune femme fut prise de vertiges. Elle se sentait désorientée par ses paroles embrouillées et insensées, parce qu'elle comprenait brusquement que des toiles de Hessen existaient bel et bien. Elle avait l'impression de relire les journaux de Lillian. Et se l'entendre confirmer de cette façon… par ce jeune homme nerveux et obsessionnel aux yeux si cernés par le manque de sommeil qu'il semblait atteint d'une maladie en phase terminale…

— J'ai besoin d'un verre.

Apryl but à grandes gorgées le vin blanc médiocre et acide que Seth gardait dans son frigo. Au moins, il était froid. Puis elle s'assit de nouveau sur le lit afin de recouvrer ses esprits.

— Seth, je veux savoir ce qu'il y a dans l'appartement seize.

Il tressaillit et versa maladroitement du vin dans un mug sale, puis alluma une autre cigarette.

— Je veux savoir ce qui est arrivé, Seth. À ma grand-tante. Aux autres. Vous savez qu'il les a tués. Qu'il est toujours dans l'immeuble. Vous le savez, n'est-ce pas ?

Son corps sembla se dégonfler tandis qu'il était assis au bord du lit. Il mit la tête entre ses genoux, son échine anguleuse se cambrant vers le haut, chaque vertèbre visible à travers sa mince chemise. Elle croisa les jambes si vite qu'elles produisirent un chuintement.

— Est-ce que vous l'avez aidé ?

Seth releva la tête.

— On m'a piégé.

— Comment ? Comment avez-vous fait ça ?

Il la considéra d'un air sauvage, féroce, très pâle.

— Je l'ai juste laissé revenir. Je ne savais pas… (Il déglutit, regarda vers la porte, écarquillant les yeux, larmoyant.) Ensuite il était trop tard.

Elle posa la main sur son avant-bras. Il baissa les yeux sur ses doigts et se mit à sangloter.

Elle parla pour elle-même autant que pour Seth.

— Personne ne nous croirait, de toute façon. À propos de ce que nous savons. Ce que nous sommes les seuls à savoir. (Puis son regard se durcit soudain, son intensité effraya manifestement Seth.) Mais on doit le renvoyer, Seth. Vous le savez. L'endroit par où il passe doit être refermé. Il a tué un membre de ma famille. Et vous l'avez aidé. Alors vous allez m'aider maintenant. Sinon vous aurez des ennuis. Bien plus que vous ne pouvez le supporter. Et Miles le sait. Mon ami. Il sait tout, lui aussi, donc il vaudrait mieux qu'il ne m'arrive rien quand je me rendrai au seize et boucherai ce trou pourri. C'est compris ?

Dehors, quelqu'un trébucha dans l'obscurité, et jura avec un fort accent irlandais. Tous deux sursautèrent. Apryl plaqua une main contre sa poitrine.

Seth déglutit.

— C'est pas la question. Je pourrais vous faire entrer facilement… très facilement. C'est pas la question.

— Qu'est-ce que c'est, alors ?

Il regarda vers la porte et chuchota, comme s'il était terrifié à l'idée que quelqu'un puisse l'entendre.

Apryl sentit sa peau se glacer puis se contracter autour de ses muscles.

— Quoi ?

— L'appartement. Change des choses. C'est dangereux. Et… je ne pense pas que tout le monde peut… est capable… de voir ça… les tableaux…

Il dit cela avec une telle conviction qu'elle frissonna, comme si un courant d'air passait soudain sous l'un des vieux chambranles des fenêtres en bois, dont la peinture blanche s'écaillait.

Il montra le mur.

— Ceci n'est rien en comparaison de ce qu'il a fait. C'est juste une reproduction. Mais ses tableaux sont… ce n'est pas normal. C'est tout à fait impossible. Ils changent. Ils sont vivants. (Puis il fut contraint de détourner les yeux, comme s'il était incapable de supporter la peur d'Apryl.) Il est toujours là-bas. Hessen. Dans cet appartement. Et il n'est pas seul.

Chapitre 36

Et l'heure avait fini par arriver. Il put enfin descendre la dernière volée de marches jusqu'à son appartement en sous-sol. L'esprit, le dos et les jambes si las, comme si tout son corps était meurtri de fatigue, Stephen descendait. Pour revenir auprès de sa femme. Habituellement, il la rejoignait pendant trente minutes durant sa pause déjeuner à 13 heures, puis rentrait à 18 h 30, une fois que le portier de nuit était arrivé.

Stephen était la seule compagnie que Janet avait désormais. La seule véritable voix qu'elle entendait, même s'il n'était plus si bavard. Les résidents prenaient plaisir à converser et ils l'aimaient bien parce qu'il écoutait sans s'imposer. Une tactique de ce genre avait des avantages. Moins on en disait et plus la vie était facile.

Dans la seule partie du sous-sol qui était moquettée, il atteignit la porte d'entrée de leur appartement. Autour de lui il entendait les cliquetis, les grincements et les secousses du compartiment du moteur des ascenseurs, dont les sons durs s'élevaient au-dessus du ronronnement lointain de la chaudière. Des bruits que l'on entendait tout le temps ici, si on y faisait attention. Quand il avait pris ce poste et qu'ils avaient emménagé, Janet et lui s'étaient demandé s'ils seraient capables de supporter cette rumeur continuelle. Mais en tant que portier en chef de Barrington House, il avait appris que l'on s'habitue à toutes sortes de choses, et que l'on accepte ce qui ne peut être changé.

Tandis qu'il glissait sa clé dans la serrure, il se demanda si Janet était toujours consciente de l'activité de l'immeuble, ou des véhicules qui passaient dans la rue, un étage au-dessus de leur appartement souterrain. Ces derniers temps, elle ne sortait plus de chez eux, à moins qu'il l'emmène quelque part. Jamais à plus de deux kilomètres, dans n'importe quelle direction.

À l'intérieur de l'appartement, dans le petit vestibule si étroit qu'il fallait s'y baisser, il ôta ses chaussures. La chaleur et l'odeur des expirations patientes de Janet le frappèrent immédiatement. Le logement n'était pas assez grand pour une personne, encore moins pour deux. Mais sa femme ne pouvait pas bouger, aussi se débrouillaient-ils du mieux qu'ils le pouvaient.

Tendant la main, il chercha l'interrupteur à l'endroit où l'entrée donnait sur le séjour. Les vieux rideaux et la moquette bon marché conféraient une teinte orangée à l'appartement, et cette couleur, d'une façon ou d'une autre, réduisait encore l'espace. Il n'aimait pas passer trop de temps ici et essayait de se coucher très tôt le soir pour mettre rapidement un terme aux tristes journées.

Il n'était pas descendu allumer la télévision pour Janet à l'heure du dîner. Pas ce jour-là ; il y avait eu trop de choses à faire en haut. Aussi sa femme était-elle restée dans le noir jusqu'en début de soirée.

Silencieuse et immobile, elle était assise dans son fauteuil exactement dans la même position que lorsqu'il l'avait quittée ce matin-là, vêtue de sa robe de chambre rose, avec la couverture écossaise posée sur les genoux et les jambes.

Il sentit l'odeur de pisse.

Elle devait être assoiffée, également ; le verre dans lequel la paille était plantée, sur la petite desserte à côté de son bras, était vide.

Mais pas de merde. Oui, elle avait déféqué avant qu'il monte pour son service.

Il aurait aimé pouvoir aérer la pièce exiguë. Si près de la chaudière, la chaleur devenait insupportable. Mais la fenêtre se trouvait juste derrière le fauteuil de Janet et il voulait éviter qu'elle soit en plein courant d'air.

Dans la cuisine qui lui rappelait toujours les caravanes qu'ils louaient autrefois dans le Devon, il ouvrit le réfrigérateur. Toutes les surfaces de la pièce étaient en Formica et tout était construit en miniature, comme si elle avait été conçue pour la maison de poupée d'une petite fille. Ce n'était pas une façon de vivre.

Le réfrigérateur se mit à bourdonner et à vibrer. Il restait trois dîners à réchauffer au micro-ondes. Il choisit le ragoût aux pommes de terre. Le curry ne lui disait rien après avoir senti l'odeur des aisselles de Piotr toute la journée. Quand il aurait fini de manger, Janet pourrait avoir les macaronis au fromage, une fois qu'il aurait laissé refroidir son repas comme il faut. Elle ne pouvait pas lui dire si c'était trop chaud ; il devait observer ses yeux pour le savoir.

Tandis que le micro-ondes ronronnait, tintait, et démarrait, il se rendit dans le séjour et alluma la télévision. Il baissa immédiatement le son. Lentement, il défit sa cravate argentée. Puis déboutonna ses poignets de chemise et retroussa ses manches sur ses avant-bras. Janet l'observait.

De la petite vitrine posée sur le manteau de la cheminée, il sortit le pur malt que M. Alfrezi lui avait offert à Noël. La dernière bouteille, mais les résidents étaient très généreux pour les étrennes. « Veillez sur eux et ils veilleront sur vous », disait-il à son personnel. Et il dirait la même chose à Seth quand il lui remettrait les clés de l'appartement de fonction et lui transmettrait des instructions et des conseils simples – ceux qu'il avait suivis pendant dix ans. Le moment était presque venu.

Stephen but deux gorgées à même le goulot. Et fit la grimace quand le whisky lui brûla le gosier. Oui, ce serait un Noël très agréable.

Le précédent, il s'était fait 3 000 livres et avait reçu quatre bouteilles de champagne, deux très bons vins rouges et huit pur malt. Cette année-là, ce serait encore mieux. Sa femme était très malade, ils le savaient tous, et il avait également fait face aux morts subites de Mme Roth et du vieux Tom Shafer, avec une « grande sensibilité », avait déclaré M. Glock. La fille de Betty Roth lui avait même pris les mains et avait déclaré à peu près la même chose, les larmes aux yeux. Apparemment, sa mère avait eu beaucoup d'affection pour lui. Non qu'il s'en soit aperçu.

Il s'assit pesamment, en poussant un profond soupir, sur le canapé à côté du fauteuil de Janet. Puis posa les pieds sur le petit tabouret muni d'un coussin. Il ôta ses lunettes et se frotta les yeux.

Janet regardait le sol devant son siège. Elle n'affichait pas vraiment d'expression. Elle n'avait pas l'air de beaucoup réagir ces derniers temps. Sauf à une chose : désormais *cela* la mettait toujours en colère.

Stephen but une autre gorgée au goulot et eut un soupir de satisfaction.

— Tu sais, ma chérie, je suis très content de n'avoir jamais vraiment vu ce que tu as vu là-haut. Dans cet appartement. Au fait, Seth va là-bas ce soir pour exécuter les ordres du gamin. Et c'est cette superbe fille qu'il emmènera là-bas avec lui. Celle qui a hérité du vieil appartement de

Lilly. Tu sais, la nièce ? Et ensuite je pars d'ici, ma chérie. Je fous le camp. Et comment !

Janet observait toujours le sol. Il commençait à en avoir vraiment marre d'elle. S'il était honnête avec lui-même, elle n'avait jamais été de très bonne compagnie. Mais qu'en savait-il à l'époque, quand ils s'étaient mariés ? On n'avait pas autant de choix et d'occasions que les jeunes d'aujourd'hui. Rétrospectivement, il aurait certainement agi autrement. Mais il était encore temps. Il pouvait toujours partir d'ici et profiter de la vie. Au lieu d'habiter dans cette boîte à chaussures démoralisante, et d'obéir aux moindres volontés d'emmerdeurs pleins aux as comme Glock et Betty Roth.

Il hocha la tête à l'adresse de Janet, en haussant les sourcils pour faire valoir son argument.

— Et tous les deux nous ne savons que trop bien ce qui arrive quand on se mêle de ces choses, n'est-ce pas, ma chérie ? Je l'ai déjà dit et je le répète encore, ce qui est mort doit le rester. Faites-le revenir et vous n'aurez que des ennuis. Mais tu ne m'as pas écouté, hein ?

Depuis la cuisine, le micro-ondes fit entendre sa petite sonnerie. Stephen se leva. Tandis qu'il ôtait délicatement le couvercle humide et fumant du ragoût, il parla d'un ton irrité par-dessus son épaule.

— Il a fallu que tu ailles là-haut avec la vieille Lilly, que tu fouilles cet endroit, à la recherche de notre fils. Si tu n'y étais pas allée pour le trouver, rien de tout ça ne serait arrivé. Alors je suppose que c'est entièrement ta faute. Je parle sérieusement. Si tu n'avais pas ramené notre cher fils, la vieille Roth et les Shafer casseraient toujours les couilles de tout le monde à Barrington House. Et on ne se serait pas retrouvés coincés ici jusqu'à ce qu'ils meurent. Tu le savais ? Hein ? Eh bien, maintenant, tu le sais, chérie.

Il se détourna du plan de travail, son repas sur un plateau.

— Difficile de croire qu'un petit salopard vicieux de cet acabit ait été la chair de notre chair. (Il secoua la tête.) Merde, je n'arrive toujours pas à croire qu'il a obligé Seth à liquider les Shafer ainsi que Betty. Même si j'ignore pourquoi, cela me surprend. Pendant toutes ces années, quand je servais mon pays en Irlande, tu as laissé ce petit merdeux traîner dans la rue, jusqu'à ce qu'on l'envoie dans une école de redressement. Hein ? Il adorait les ennuis, et puis il s'est fait complètement cramer. Dieu tout-puissant. Mais il est infiniment plus dangereux mort.

Il versa la bouillasse de légumes et les cubes de bœuf dans une assiette en Pyrex, et récupéra une fourchette sur le côté du plateau.

Soufflant sur la surface puis piochant et l'enfournant rapidement dans sa bouche, il parla entre deux bouchées.

— Je dois reconnaître que Seth a fait du très bon boulot. Comme moi. Même si je suis fier d'avoir fait ma part un peu plus consciencieusement que lui. Il laissait toujours des portes ouvertes. Ne pensait jamais à aller jusqu'au bout. Trop nerveux pour ce travail. Mais j'ai tout nettoyé à fond derrière lui. J'ai tout remis en ordre. Comme je l'ai toujours fait dans ce putain d'endroit. Veillant à ce que les symboles restent derrière les tableaux, aux endroits appropriés, comme notre gamin me l'avait montré, malgré le nombre de fois où les gérances successives se sont mêlées de la décoration intérieure. J'ai eu un sacré boulot avec l'escalier de l'aile ouest quand ils ont acheté toutes ces nouvelles gravures. Je devais aussi travailler vite à l'extérieur des appartements auxquels le gamin s'intéressait, pour conserver les choses en l'état et pour garder certaines personnes ici jusqu'à ce qu'elles meurent. Ce dont Seth s'est chargé avec une grande efficacité, sincèrement, je ne croyais pas qu'il en serait capable quand je l'ai engagé. Alors j'aimerais penser que notre gars, et ces *autres* avec qui il est copain maintenant, sont satisfaits de mon travail. Même si ce petit merdeux est timide, ma chérie. Très timide. Il tient à sa maman. Et comment !

Il se renversa en arrière et fit claquer ses lèvres. Se passa la langue sur les dents.

— Mais je suppose qu'on a montré à Seth des choses là-haut, tout comme à toi. La nuit où tu y es allée. (Il pointa sa fourchette pour accentuer ses propos.) Quant à Seth, vu qu'il est peintre, c'était exactement ce qu'il voulait voir. Tu sais, pour l'inspiration. Les artistes en ont besoin. C'est ce que le gosse a dit la dernière fois que je l'ai vu. Et Seth a plus de cran. Là-bas, avec ces choses. Il adore ça. Pas comme nous autres. Ou comme toi, à vrai dire. Et regarde-toi maintenant, hein ? C'est ce qui arrive quand on se mêle des affaires des autres. Mais tu voudrais savoir ce qui attend cette fille, Apryl, hein, ma chérie ? Je n'ai jamais demandé au gamin comment il a persuadé Seth de l'emmener là-haut, mais je ne peux m'empêcher de penser qu'elle ne s'attend pas à ce qu'il fera.

Il finit de manger son ragoût avec application et en silence. Il avait faim et pourchassa chaque petit pois sur le bord de son assiette.

— Mmm. Je vais t'apporter les macaronis, ma chérie. Tu aimais ça avant, mais je trouve que ça a le goût, l'aspect et l'odeur de la merde.

De retour dans la cuisine, il jeta le carton du ragoût dans la poubelle puis posa son assiette dans la bassine à vaisselle bleue, dans l'évier.

Quand le repas de Janet fut prêt, il s'agenouilla sur le sol devant son fauteuil et piocha une fourchetée sur le côté de l'assiette, là où c'était moins chaud, puis souffla dessus pour plus de précautions.

— Là, ça devrait aller.

Sans croiser son regard, Janet accepta la fourchette dans sa bouche, mâcha un peu, puis avala.

— Mais la fille, dit-il. C'est toujours perturbant. C'est pour ça que j'ai besoin d'un verre. Et je vais finir la bouteille cette nuit, fais-moi confiance. Alors je te remercie d'avance de te tenir tranquille ce soir.

Les yeux de Janet s'agrandirent comme elle regardait son mari.

— Elle est très jolie, Janet. Je te l'ai déjà dit. Une fille ravissante, très bien élevée en plus. Malgré tous ces tatouages, elle est en tout point aussi polie que Lillian. Elle me rappelle Lilly. Son portrait craché.

Il secoua la tête en soupirant et nourrit Janet de trois autres bouchées. Il avait mal aux genoux et voulait en finir.

— C'était déjà moche de voir le visage de Betty et le vieux Tom Shafer, mais je n'ai vraiment pas envie d'assister à ce qu'ils vont faire à une jeune et jolie personne comme Apryl. La fille est un accident malencontreux, je suppose. Elle s'est trouvée au mauvais endroit au mauvais moment. À fourrer son nez partout. Comme tu l'as fait. Fatal. Foutrement fatal. Et comme toi, après cette première fois là-bas, ma chérie, ça m'étonnerait qu'elle redevienne la même. Personne ne redevient le même après avoir été là-haut avec *eux*. Tu sais, tout près. Elle aura de la veine si elle n'a pas aussi une attaque. J'espère que c'est son cœur qui lâchera. Je le souhaite sincèrement. Au moins, elle ne finira pas comme toi.

Il laissa tomber la fourchette dans l'assiette.

— C'est suffisant. Nous tenons à ce que tu gardes la ligne. Tu ne peux pas faire d'exercice et cette merde est pleine de gras. (Avec un gémissement, il se mit debout lentement, en s'appuyant sur l'accoudoir du fauteuil de Janet.) Je vais chercher un torchon, tu en as partout et ton menton est rougeâtre.

Quand il revint avec le linge humide qu'il utilisait pour essuyer les surfaces de la cuisine, Janet pleurait. Il tamponna son menton.

— Bon, si tu commences à faire des histoires, je vais te remettre dans la chambre, et fermer cette satanée porte. J'ai eu une journée très pénible. Laissons passer les quelques semaines à venir et ne compliquons pas les choses. Ensuite tout sera terminé une bonne fois pour toutes. Je pense que la fille de Mme Roth va vendre les deux appartements. Et tu sais aussi bien que moi que les logements de cet immeuble ne restent pas en vente très longtemps : on se les arrache. Alors, une fois que ce sera fait, je pourrai rendre mon tablier. Je ne crois pas que je peux prendre le risque d'attendre plus d'un mois, au maximum. Parce que quand quelqu'un emménagera au seize, que se passera-t-il, hein ? Je pourrais me retrouver coincé. Mêlé à tout ça de nouveau. Merci bien. C'est déjà un peu risqué. Deux morts, Mme Shafer complètement cinglée, et la fille qui va se faire amocher. Alors je vais confier la suite à ce bon vieux Seth le plus vite possible, et ensuite je me tire, ma chérie. Comme ils l'ont promis. Ils me laisseront partir à ce moment-là. Je n'ai pas pu aller plus loin que Bond Street en une putain de décennie.

Il suçota ses dents un moment et leva les yeux vers le plafond.

— Et cela pourrait également jouer en ma faveur. Cela semblera normal, si on y réfléchit. Et je le fais. Moi, je réfléchis, ma chérie. Tu comprends, le stress des récents événements et toutes ces années à supporter l'infirmité de ma femme, puis devenir veuf. Qui pourrait me reprocher de donner mon préavis ? De faire mes valises et de partir au soleil ? Je pense que tout sera au poil.

Janet poussa un gémissement. Une plainte dure qui venait du fond de sa poitrine. Elle roula des yeux de gauche à droite ; ayant l'air de chercher un moyen de s'échapper.

Stephen n'y fit pas attention. Il se parlait à lui-même comme si elle ne pouvait pas l'entendre. S'exprimer à voix haute l'aidait. Ils le faisaient tous ici.

— Il n'y aura aucun problème. J'ai fait ma part et je peux m'en aller maintenant. Notre gamin me montrera comment me débarrasser de ce qui me retient à l'intérieur de deux kilomètres carrés dont je connais maintenant le moindre centimètre. C'est au tour de Seth. Ils voulaient un peintre et je leur en ai donné un. Même s'il a un différend avec eux, je dirais. J'ai tenu bon et je n'ai pas tué ces vieux salopards. Pourtant, Dieu sait que j'ai pensé le faire bien des fois, juste pour foutre le camp d'ici. Mais Seth s'est pointé et a accepté le boulot. Aussi sec. Nom de Dieu, il est complètement givré.

» Alors je vais laisser passer encore une quinzaine de jours et je t'emmènerai là-haut moi aussi. Pour la dernière fois. Un autre voyage sera suffisant. Néanmoins je te donnerai un tas d'instructions. Ce n'est que justice. Mais je ne connais pas encore la date exacte. Je devrai improviser pendant un moment, alors sois patiente. Ensuite toi et le gamin pourrez passer ensemble tout le temps que vous voudrez.

Janet essaya de se déplacer dans son fauteuil. Ses yeux saillaient sous l'effort. Sans même la regarder, Stephen posa doucement la main entre ses seins et la repoussa en arrière. Elle suffoqua et se tint tranquille de nouveau.

— Après tout ça, j'en sais autant que toi. C'est juste une théorie, note bien, parce que différentes lois s'appliquent là-haut, mais Seth ne s'éloignera jamais beaucoup de ce lieu. Une condamnation à vie pour ce bon vieux Seth. Il habitera cet appartement jusqu'à ce qu'il claque. Mais pas toi, ma chérie. Ton corps le pourra peut-être, quand ce sera terminé, quand ils auront obtenu ce qu'ils veulent là-haut. Mais pas toi. Tu iras là où notre gamin et ces satanés Roth et Shafer sont allés. Alors vous pourrez tous être copains de nouveau. Dans cet autre endroit avec les autres. Et je tiens pas à être dans le coin à ce moment-là. Passer si longtemps avec vous ici m'a suffi, merci bien, et je n'ai pas envie de continuer à te voir apparaître dans des miroirs ou surgir dans les gravures des cages d'escalier. Très mauvais pour les nerfs, ma chérie. Je pense qu'entre tous, tu es la mieux placée pour le comprendre.

Stephen s'assit à côté d'elle et but une autre lampée au goulot de la bouteille. Janet se mit à sangloter à un rythme constant.

— Inutile de faire des histoires. Nous n'avions rien à voir avec tout ça avant que tu nous y aies mêlés.

Il se leva encore et approcha son fauteuil. Janet tressaillit. Il desserra les freins des roues en caoutchouc grises et éloigna son épouse du mur, puis orienta ses pieds dans la direction de la porte de la chambre.

— Je ne sais pas ce que vous avez, vous, les femmes. Je ne le sais vraiment pas. À fourrer votre nez là où il ne faut pas. Et ensuite vous vous mettez à faire des histoires et à pleurnicher quand ça tourne mal.

Il poussa son fauteuil dans la chambre exiguë et la parqua dans le coin à côté du lit.

— Je veux passer un peu de temps tout seul maintenant. Je suis resté debout toute la journée. Je te changerai demain matin. Je n'ai pas la patience maintenant.

Le portier en chef ferma la porte et laissa sa femme dans le noir. Quand il revint s'asseoir sur le canapé, il se dit, et c'était juste une supposition, que les résidents se montreraient très généreux à Noël quand il leur annoncerait qu'il prenait sa retraite en tant que portier en chef de Barrington House.

Chapitre 37

Quand Apryl arriva à une heure du matin, Barrington House était nimbé d'une obscurité humide. Les lumières de la plupart des appartements étaient éteintes. Dans les parties communes uniquement, les ampoules électriques décolorées éclairaient les cages d'escalier brumeuses et les paliers lugubres. Mais cette lueur ténue n'avait rien de réconfortant, rien de chaleureux, et n'engageait pas à se réfugier là, même s'il pleuvait.

Assis au fond du hall de la réception, Seth observa Apryl qui risquait un coup d'œil par la porte d'entrée, vers l'endroit qu'il occupait, une fois le soleil couché. Autour de sa silhouette la nuit se brouillait, mélange de profondeurs et de reflets, comme si se combinaient un monde intérieur et un monde extérieur. Deux endroits distincts réunis sur la mince couche de verre.

Elle était emmitouflée dans un long manteau foncé et ses cheveux étaient dissimulés par un foulard. Il pouvait presque sentir son odeur. Ce doux parfum si agréable. Même de l'autre côté de la porte, avant qu'elle ait tapé le code, il goûtait d'avance sa saveur.

Derrière la forme svelte d'Apryl, il entrevit le frisson puis le chuintement humide d'un taxi qui passait rapidement. Était-elle venue en taxi ? Il lui avait dit de ne pas le faire. D'éviter que quelqu'un la voie entrer dans l'immeuble cette nuit-là. Et de ne révéler à personne où elle se rendait.

Ils avaient passé un marché. Qui savait comment les choses pouvaient se dérouler là-haut ? Cette seule pensée lui donna la nausée.

Il leva les yeux vers le plafond. Des fragments de ce qu'il y avait dans la pièce aux miroirs avaient dû s'en échapper à l'époque, quand les résidents de Barrington House étaient plus jeunes, avant que l'immeuble ait été vieilli par ce qui y était entré, par ce qu'il contenait désormais à l'intérieur de ses briques fragiles.

Il en était venu à penser que *cela* avait commencé en même temps que la vie et que ce bâtiment n'était rien d'autre qu'un trou de serrure à travers lequel quelques courants d'air s'étaient glissés. Mais il pouvait seulement essayer de se représenter les voies invisibles par lesquelles son influence s'était ensuite propagée. Hessen s'en était servi pour trouver des alliés et détruire ses ennemis. Il les avait choisis parmi les personnes qui étaient proches, et de celle de la terrifiante collectivité qui utilisait la folie et le cauchemar pour se faire connaître dans des endroits que seuls des hommes comme Hessen pouvaient invoquer. Et qu'il était impossible de renvoyer.

Hessen avait patienté cinquante ans pour que quelqu'un achève son travail. Il était plus puissant que Seth, et celui-ci ne pouvait s'opposer à sa volonté. Son maître avait attendu cette occasion trop longtemps. Avait même handicapé Mme Roth et les Shafer pour les garder près de lui, pendant tout ce temps, tandis qu'il attendait. Sans jamais oublier. Sans pardonner. Intègre, comme un artiste doit l'être.

Seth s'extirpa péniblement de derrière son bureau et s'avança pour accueillir Apryl.

— Vous êtes venue en taxi. Je vous avais dit de ne pas le faire. Je vous avais demandé d'être discrète.

— C'est ce que j'ai fait. J'ai pris un taxi seulement jusqu'à Sloane Street, ensuite j'ai poursuivi à pied. Comme vous l'aviez dit. (Elle tendit la main et toucha son bras.) Tout va bien. Vous pouvez me faire confiance, Seth. Vous devez me faire confiance.

Contemplant ses jolis yeux, puis laissant son regard s'attarder sur ses lèvres rouges, qui contrastaient d'une manière si frappante avec la peau blanche de son visage, il la crut. Des taxis passaient toujours par ici, à la recherche de clients dans ce quartier cossu de la ville. Tout se passait bien. Mais, bon Dieu, qu'il était nerveux !

— Vous avez les clés ? demanda-t-elle.

Il les sortit de sa poche. Les fit tinter sur l'anneau en argent devant Apryl.

— N'oubliez pas, si quelqu'un vous voit, si le portier en chef vous aperçoit, vous ne mentionnez pas l'appartement seize. Il n'est pas dans les parages… mais juste au cas où. OK ?

— Bien sûr. Compris.

Elle était nerveuse elle aussi, mais ses yeux brillaient d'excitation. Cela lui plaisait bien. Stupidement, il eut envie de l'embrasser avant qu'ils se rendent là-haut. Mais à la pensée de l'endroit où elle allait, il déglutit pour refouler la panique qui menaçait.

— Je vais prendre mon téléphone de service. Ensuite nous monterons par l'escalier. L'ascenseur fait trop de bruit. Parfois il reste coincé. Je n'ai pas l'intention de laisser quoi que ce soit au hasard.

— Seth. Ce que vous faites… cela doit cesser. Vous le savez. Et nous allons y mettre un terme. Ensemble. Vous le comprenez, n'est-ce pas ? Ce que vous avez fait venir peut être renvoyé. D'une manière ou d'une autre.

Il ressentit comme un coup à l'estomac. La façon dont elle le regardait… Au fond de son être. Il frissonna mais agréablement. Se sentit également un brin étourdi. Cette femme était du genre qu'il pourrait se contenter de contempler. Pour toujours.

Mais elle ne se doutait vraiment de rien.

Chapitre 38

Elle le suivit dans l'escalier, derrière ses épaules étroites dans le blazer bleu et ses longues jambes maigres dans le pantalon de flanelle fripé. Il montait rapidement et chaque fois qu'il tournait pour aborder la volée de marches suivante, elle remarquait que son visage était très pâle. Et que ses lèvres bougeaient très rapidement tandis qu'il marmonnait pour lui-même.

Respirant avec plus de peine qu'elle l'aurait voulu, ou qu'elle l'aurait dû, pensa-t-elle, elle gravissait un escalier apparemment sans fin, moquetté de vert. Elle trébucha à deux reprises, sur le point de perdre l'équilibre à cause des bottes à talons hauts qu'elle portait, puis continua à le suivre, en essayant de contrôler sa peur. La perspective d'entrer dans cet appartement la rendait nauséeuse. Elle n'avait pas été complice de la fin de Hessen, ni de la destruction de son œuvre, mais elle ne pouvait s'empêcher de se demander ce que son fantôme ferait pour se défendre contre une menace ou une intrusion.

Au moins, Miles se trouvait à l'extérieur de l'immeuble, attendant son signal. Elle lui avait donné le code de la porte et des indications pour trouver l'appartement, une fois qu'il serait à l'intérieur de l'immeuble. Si elle se sentait menacée, elle l'appellerait immédiatement. Il avait essayé de la dissuader de venir ici cette nuit-là, et cet arrangement était un compromis.

Puis Seth s'arrêta. Il se tourna rapidement vers elle. Son visage était nerveux, ses mains crispées.

— Nous sommes arrivés, chuchota-t-il d'une voix rendue faible, soit par l'ascension, soit à l'idée d'entrer sans autorisation.

Elle regarda par-dessus l'épaule de Seth, vers la porte marquée du numéro 16, fixé dans une plaque de cuivre sur le teck. C'était là que Hessen avait vécu et travaillé. Là qu'il avait essayé de s'isoler des regards et des ingérences au sein même de la ville où il puisait son inspiration. Le lieu où il avait souffert et où il avait failli bouleverser l'art moderne. Un endroit où il avait également établi le plus extraordinaire contact avec un monde invisible. Et où son propre visage avait été mutilé avant que sa famille à elle le tue, ce qui avait conduit Lillian à rédiger une étrange confession décousue dans une série de journaux intimes. Mais c'était désormais un endroit qui devait être scellé par quelque chose de bien plus solide qu'une porte d'entrée verrouillée. Ce qui permettait toujours à Hessen d'y accéder devait être arraché et détruit, et plus radicalement qu'en 1949. Comment accomplir une telle chose ? elle ne savait pas exactement. Mais inspecter l'appartement, se promit-elle, serait au moins un commencement.

— Vous êtes prête ? chuchota Seth.

Elle acquiesça.

— Je vais entrer le premier. Attendez-moi ici. Jusqu'à ce que je vous appelle.

— Bien sûr (même si elle n'était pas sûre d'avoir répondu). Sa voix était si faible désormais qu'elle s'enfonça probablement dans l'air chaud et disparut autour de ses genoux.

Avec précaution, Seth déverrouilla la porte.

Dès qu'elle fut refermée derrière lui, Apryl ouvrit son portable d'une chiquenaude et parla d'une voix sifflante.

— C'est moi. Oui, oui, je vais bien. Je suis devant l'appartement. Il est entré. Je vais laisser mon téléphone allumé et le garder à la main pour vous permettre de tout entendre. OK, je le ferai… Tout va bien se passer.

Chapitre 39

Poussant le loquet, Seth ferma derrière lui.

Les lumières étaient allumées dans le couloir. S'étendant tel un entonnoir rouge, le passage semblait recouvert de chair, avec des caillots d'ombre qui formaient une mare sur le sol, entre les lampes. Et l'endroit était silencieux. Tous les tableaux étaient recouverts d'une housse de mousseline comme la dernière fois qu'il était venu ici accompagné. Chassant ce souvenir, il s'avança dans le corridor rouge sang, vers la pièce aux miroirs, sa peau vivement consciente de la façon dont l'air enflait autour de lui, comme si quelque énergie agitée roulait et s'épaississait autour de ces salles, même quand il n'était pas là.

Et tout semblait tranquille cette nuit-là, dans la pièce aux miroirs. Il n'entendait aucun cri venir du plafond dans un afflux d'air lointain. Pas de coup sourd, ni de reptation, ni de chose qu'on traîne hors de vue. Rien. Juste l'air froid, immobile, et l'œuvre du plus grand artiste qu'il ait jamais connu, accrochée derrière ces housses.

Il s'arrêta un moment. Ralentit le tournoiement dans sa tête. S'arma de courage contre ce qu'il allait peut-être voir, contre ce qu'il apprendrait cette nuit-là, et contre les visions de ce qu'il allait advenir d'Apryl, la douce Apryl. Là-dedans, dans cette pièce. Elle était *la dernière*. Le garçon l'avait dit. Il apprendrait à vivre avec lui-même plus tard. Et si ce type, Miles, donnait l'alerte ? Et après ? Que pouvait-il prouver, lui ou quiconque ? Il dirait qu'elle l'avait obligé à lui montrer cet appartement parce qu'elle était obsédée par quelque complot au sujet d'un peintre décédé. Il devait juste maîtriser ses nerfs et tenir cette porte fermée jusqu'à ce qu'*ils* aient pris ce qu'ils voulaient. Mais respirerait-elle toujours ensuite, comme cette satanée Mme Shafer ? Il le fallait absolument. Et merde, que pouvait-il faire avec une jeune fille morte ? Où était le garçon ? Il devait lui parler avant de faire entrer Apryl.

Il déglutit et ouvrit la porte, regarda à l'intérieur de la pièce froide, non éclairée. Rien, à part le plancher nu, les cadres des tableaux recouverts et les miroirs vides. Il eut un frisson de soulagement. Peut-être, oui, peut-être ne se passerait-il rien cette nuit-là. On ne savait jamais, se dit-il, quand on avait affaire à des créatures de ce genre.

Tendant la main, il sentit la bosse de l'interrupteur et l'actionna pour inonder l'espace d'une faible lueur rougeâtre. Quelque conservateur invisible avait de nouveau dissimulé les tableaux, mais avait laissé les quatre grands miroirs qui se faisaient face découverts ; leurs couloirs argentés se réfléchissaient les uns les autres et s'étiraient vers de plus lointaines étendues de lumière. Avec précaution, il s'avança vers le milieu de la pièce, observant les reflets, guettant un mouvement. De celui qui voulait faire la connaissance d'Apryl.

Mais il ne vit que lui-même.

Alors Seth se cuirassa contre l'idée même de ce qui allait crier, se contorsionner et se détordre entre les limites des cadres dorés sous ses yeux cette nuit-là. Cela avait été préparé. Était-ce à lui de les dévoiler ? Les créatures en sortiraient-elles alors, et tout se mettrait-il à tourner ?

Il était temps d'aller chercher son invitée.

Mais comme il se retournait vers la porte, un mouvement soudain attira son attention vers le miroir placé sur sa droite, au-dessus de la cheminée vide. Quand il fit volte-face pour regarder, tout ce qu'il vit dans le verre fut de nouveau un reflet de son propre visage pitoyable : épaules voûtées, visage tendu et pâle.

Ce n'était rien. Juste son imagination.

Mais une fois encore, à la périphérie de sa vision, sur sa gauche, il détecta un mouvement rapide et lointain à l'intérieur d'une autre glace. Il se tourna vivement et ne vit rien de nouveau, excepté ses yeux bruns réfléchis dirigés vers lui.

Il constata avec stupeur que les miroirs étaient reliés sur le côté de chaque reflet. Comme si tous les quatre se faisaient face pour offrir un passage à ce qui allait et venait en eux. Avant de servir de sortie à ce qui avait été emporté à l'intérieur.

Prévoyant un mouvement circulaire, il regarda rapidement vers la glace suivante, au fond de la pièce rectangulaire. Et vit une forme pâle traverser en voletant le bas du carré argenté, à mi-chemin dans le tunnel de réflexion, mais plus près de la surface du verre qu'auparavant. Avec une tache indistincte de rouge cette fois, une fleur écarlate fugitive près du bas du miroir, comme si un visage coloré surmontant un corps voûté était tourné vers l'intérieur, vers la pièce dans laquelle il se tenait seul en ce moment.

Il avait trop peur pour se retourner et regarder si cela s'approchait de la pellicule de verre du miroir suivant, celui qui se trouvait derrière lui. Sa nuque se hérissa sous l'effet d'une électricité statique désagréable.

Il bougea les yeux vers le bas et vers la droite, mais fut incapable de tourner la tête complètement. Bien au contraire, il observa fixement le plancher devant ses pieds. Et écouta.

Les lumières bourdonnaient. Il n'y avait pas d'autre bruit. Ou peut-être y en avait-il un. Dans le lointain. Il était possible qu'il s'agisse de la rumeur de la circulation au-delà des rideaux, des fenêtres et des murs. Ou bien le bruissement d'un orage qui approchait, s'étendant sur les toits et dans les ravins de pierre que formaient les rues et les passages tandis qu'il se dirigeait vers Barrington House.

Non, cela ne s'avançait pas, cela descendait depuis une grande distance qui diminuait de seconde en seconde.

Une panique vertigineuse frappa chaque molécule de son corps, puis il se libéra brusquement de cette paralysie et se dirigea vers la porte. Mais le garçon se tenait devant lui, dans l'embrasure. Mains dans les poches, visage enfoui sous sa capuche foncée, il dit :

— Ils viennent chercher la pute, Seth. Ils veulent lui montrer un truc. Il n'a pas eu la garce de tantine, mais il aura la pute, mec. Tu peux en être sûr.

L'énormité de ce que le délinquant suggérait bloqua la respiration de Seth qui secoua la tête. Il se sentit complètement stupide à cause de son sourire nerveux.

— Non. Je ne veux pas.

Il fit un autre pas.

La capuche s'agita.

— Nan, nan. Tu l'amènes ici *fissa*. Ça ne reste pas ouvert très longtemps. J'te l'ai déjà dit. Tu dois faire vite. Amène la pute ici et ferme cette putain de porte derrière toi. Tu sais comment on fait, mec. Tu es très bon pour ça. Alors te ramollis pas. Elle se sert de toi, mec. Elle pense que t'es qu'un connard. Elle essaie de tout faire merder. Alors elle va disparaître. Un truc spécial cette nuit, Seth. Elle va passer par-dessus bord. Aller en bas avec lui, notre copain.

— Mais qu'est-ce que je fais du corps ? Je ne peux pas la mettre dans un lit et m'en aller. Il y a un type. Il sait qu'elle est ici.

Le garçon referma la porte de la pièce aux miroirs sur eux puis releva la tête.

— Y aura pas de corps, mec. J'te l'ai dit. Y restera rien de cette pute une fois qu'il en aura terminé avec elle. Elle va passer de l'autre côté, comme lui. Il y a des années. Restera foutrement rien, que dalle.

— Mais…

— Il arrive ! C'est parti, mec, s'écria-t-il, vibrant d'une allégresse enfantine.

Les petits bras sortirent des poches et une rangée de moignons de doigts fondus et collés apparut.

Au-dessus d'eux, la lumière clignota, puis baissa brusquement, comme un nuage passe devant le soleil. Une ombre teinta la pièce, puis obscurcit l'air lui-même devant ses yeux. Et une voix s'éleva. Elle venait de l'extérieur. Quelqu'un l'appela par son prénom :

— Seth ? Seth ? Vous me foutez la trouille. Où êtes-vous ?

C'était Apryl.

— Apryl, non ! hurla-t-il. N'entrez pas. Arrêtez-vous !

— Tu fermes ta gueule ! lui cria le garçon.

Puis il leva ses bras tronqués comme pour se battre.

Au même moment, la température chuta brusquement et le froid lui fit l'effet d'épingles gelées dans ses os. Ce qui restait de la pièce – les murs, le sol et les plinthes, le gamin, la substance même du solide et du visible – se fondit dans l'obscurité si rapidement qu'il ne voyait plus le plancher sous ses pieds.

Son instinct le suppliait de s'enfuir. De se ruer dans la direction de la porte et de sortir de l'immeuble, en entraînant Apryl avec lui. Mais il savait qu'il n'avait pas le choix.

Il avait été si limité dans cette ville depuis qu'il était arrivé, et il ne pouvait plus choisir. L'avait-il jamais pu ?

Et cette rencontre était inévitable, de toute façon. La présence qui avait habité ses rêves et l'avait observé de loin, qui lui avait ouvert les yeux sur le monde, allait finir par se montrer. Il l'avait toujours suspecté.

Il fit deux pas chancelants vers l'endroit où sa mémoire lui disait que se trouvait la porte, tous les muscles de son corps tremblaient sous l'effet de la température glaciale et des pleurs qui soudain déferlaient d'en haut, décrivaient des cercles, impuissants, et déchirés par le tourbillon froid.

Derrière lui quelque chose poussa un soupir. Cela remplit la pièce froide d'un son rauque qui semblait s'être échappé de poumons plus grands que tout ce qui pouvait être logé dans la poitrine d'un homme. Le bruit se poursuivit en une longue exhalaison, se dispersa comme un gaz gelé vers les quatre coins de la salle, roula sur le sol pour absorber les derniers contours visibles devant lui.

Son compagnon encapuchonné avait disparu. Aucune trace de lui à présent. Ni de chaleur, ni de la moindre preuve que le monde existait ou avait jamais existé.

Et les autres descendaient. D'en haut, en une multitude de sanglots et de cris lointains. Se déplaçant si vite vers lui qu'il avait envie de vomir de terreur sur le sol invisible.

Il fit plusieurs pas chancelants sur des jambes qu'il sentait à peine, et eut la certitude que son cœur allait s'arrêter et son sang geler, puis exploser, si quelqu'un le touchait ici, dans les ténèbres.

Derrière lui, si proche à présent, et rivalisant avec le maelström qu'il avait peur de voir descendre, il entendit un bruit de pas sur le sol dur.

Le soupir ininterrompu qui jaillissait et remplissait cet endroit aveugle monta dans les aigus pour exprimer l'attente.

Ou l'excitation. Sous le voile de sa peur, il n'aurait su le dire. Il était incapable de penser clairement. Ne savait plus rien ; vers quel côté il était tourné, si ses pieds étaient toujours sur le plancher, si son corps penchait en arrière, descendait et descendait et descendait vers l'endroit où un sol aurait dû se trouver. Ou pourquoi dans un lieu où il n'y avait ni nord ni sud, pas de sol ni de ciel, il pouvait toujours voir si loin devant lui. Ou peut-être ne voyait-il qu'à deux centimètres du bout de son nez. Mais il distinguait quelque chose de rouge qui bougeait tandis qu'il clignait des yeux pour essayer d'accommoder sa vue. Et cela devint clair seulement pendant quelques secondes au cours desquelles il entrevit ce qui semblait être une étoffe rouge nouée autour d'une petite tête aux traits anguleux qui se pressaient durement contre le tissu écarlate tendu. Et, sortant de ce qui aurait pu être une bouche ouverte, provenait le soupir.

Seth se couvrit les yeux quand le froid brûla la chair de son visage.

Chapitre 40

Seth était parti depuis plus de cinq minutes. Et elle était restée, nerveuse, devant la porte d'entrée de l'appartement seize, tripotant un briquet dans les entrailles d'une profonde poche de manteau, tout en tendant l'oreille, guettant le moindre signe à l'intérieur.

À un moment, elle crut l'entendre s'approcher de l'entrée à pas précipités, presque comme s'il revenait en courant. Mais la porte ne s'était pas ouverte. Et les pieds lui avaient semblé minuscules, comme ceux d'un enfant.

Quand elle appela : « Seth ? Seth ? », les pas cessèrent et elle n'en eut plus qu'un souvenir vague, ce qui l'amena à croire qu'ils provenaient d'ailleurs, d'un autre logement, qu'ils avaient martelé un autre sol dur. Peut-être avait-ce été le cas.

Puis elle eut l'impression d'entendre une porte se fermer tout au fond de l'appartement. Très loin, loin derrière la maçonnerie et le bois. Mais une fois encore le son aurait pu avoir été produit ailleurs, quelque part à l'intérieur de l'immeuble. C'était difficile de le savoir.

Mais elle était incapable d'attendre encore très longtemps. Et que fabriquait-il à l'intérieur, de toute façon ? Elle se demanda si Miles n'avait pas raison. S'il s'agissait d'une machination, d'un guet-apens. Cela ne pouvait pas continuer plus longtemps. Elle sortit les mains de ses poches.

— Allô. C'est moi.

— Apryl. Tout va bien ?

— Oui.

— Que se passe-t-il ?

— Je n'y comprends rien.

— Vous êtes entrée ?

— Non, j'attends toujours devant la porte. Il est dans l'appartement depuis une éternité. Je ne sais pas ce qu'il fabrique. Il m'a dit de patienter ici. Je vais attendre toute la nuit ?

— Je n'aime pas ça. Je vous rejoins tout de suite.

— Non. Ne venez pas. Vous gâcheriez tout. Je lui ai promis.

— Ce pourrait être un piège.

— Non. Je vous l'ai dit… Je pense qu'il est inoffensif, répondit-elle pour calmer Miles, sans être certaine d'y croire elle-même désormais.

— Vous pensez qu'il est « inoffensif » ! Bon Dieu, Apryl !

— J'ignore ce qui lui prend autant de temps. Alors je vais entrer. La porte est déverrouillée. Je voulais simplement vous dire que je laisse mon portable allumé. Vous savez, juste au cas où.

— Apryl, n'entrez pas. Je ne veux pas que vous entriez. Tout cela est anormal. Vous entrez sans autorisation. Cela ne me plaît pas du tout.

— Tout se passera bien. Faites-moi confiance. Restez à l'écoute. Pour plus de sécurité. Je ne resterai pas très longtemps. Je veux juste voir ce qu'il y a à l'intérieur. Je vous rejoins dans quelques minutes.

— J'en ai marre. C'est stupide. Vous ne voyez donc pas que c'est absurde ?

Apryl poussa le battant.

Les gonds grincèrent puis émirent une plainte quand la porte massive s'ouvrit vers l'intérieur. Pour révéler un couloir non éclairé. À la faveur de la lumière qui émanait du palier elle distinguait tout juste le fond du corridor sombre d'un appartement laissé à l'abandon.

— Seth, chuchota-t-elle vers l'obscurité. Seth. Seth.

Faisant un pas à l'intérieur, elle chercha un interrupteur. Elle trouva un vieux bouton en céramique qui ressemblait au beurrier de sa grand-mère posé à l'envers. Elle actionna le commutateur, mais celui-ci produisit un son mat, creux, et les appliques en verre raffinées accrochées aux murs ne s'illuminèrent pas.

Guidée uniquement par la lumière provenant du palier, elle s'avança dans le couloir décrépit ; les lattes du plancher grinçaient sous ses pieds. L'endroit sentait la poussière et l'air vicié.

— Seth, dit-elle de nouveau, plus fort cette fois. Seth. Où êtes-vous ?

Passant devant deux autres interrupteurs, elle les actionna plusieurs fois. En vain. Ils ne fonctionnaient pas.

Elle s'éloignait de la lumière du palier. L'obscurité de l'appartement absorbait la lueur jaunâtre avant qu'elle puisse se répandre depuis l'embrasure de la porte. Puis la pénombre s'intensifia soudain autour d'elle.

Jetant un coup d'œil par-dessus son épaule, elle vit que, silencieusement, la porte d'entrée s'était à moitié refermée, son poids l'ayant ramenée vers le montant. Elle fit demi-tour, redoutant à chaque pas que ses talons fassent trop de bruit sur les lattes, et cala son poudrier sous le battant pour maintenir la porte ouverte. Puis elle revint vers le milieu du couloir.

Cette fois, elle accorda une plus grande attention aux portes devant lesquelles elle passait. Derrière les plus petites, peintes en blanc, se trouvaient des placards, supposa-t-elle ; les autres devaient s'ouvrir sur des pièces comme c'était le cas dans l'appartement de Lillian.

— Seth, appela-t-elle.

Le nom, prononcé sur un ton à la fois irrité à autoritaire, rompit soudain le silence.

Prenant son briquet, elle l'actionna et le leva pour mieux voir.

Les murs étaient recouverts d'un papier peint très laid. Il était bruni par le temps et avait une texture rugueuse contre le bout de ses doigts. Tout avait été retiré des murs, de même que dans les autres appartements qu'elle avait vus. Comme si on ne leur faisait pas confiance. Elle n'apercevait nulle part les tableaux que Seth avait promis de lui montrer, et ne le voyait pas non plus.

— Seth ? Seth ? Vous me foutez la trouille. Où êtes-vous ?

Quelques pas encore et elle ne disposa plus que d'une lumière électrique infime et de la pâle lueur tremblotante de son briquet jetable. Sa flamme vive, mais de portée limitée, éclairait chichement au-delà d'un petit rayon. Néanmoins elle parvint à révéler une porte fermée sur le côté gauche du couloir. Dans l'appartement de sa grand-tante, cela correspondait au séjour. Et à l'intérieur de la pièce, elle entendit une voix lointaine.

— Seth ? C'est vous ?

Comme s'il se trouvait très loin, il s'écria :

— Apryl, non ! N'entrez pas ! Arrêtez-vous !

Un courant d'air s'échappa sous la porte et refroidit ses mains. La flamme bleue de son briquet vacilla, puis s'aplatit contre l'étui métallique avant de s'éteindre. Cela semblait impossible, pourtant il lui semblait qu'il avait hurlé depuis une grande distance. Elle se tint immobile, le corps raidi ; l'échine parcourue de frissons. Elle tendit l'oreille.

Quelqu'un d'autre parlait de nouveau à l'intérieur. Oui, elle entendait une voix. Non, des voix. Était-ce la télévision ? La radio ? Se rapprochant de la porte, elle pressa l'oreille contre le panneau. Le son semblait lointain, comme lorsqu'elle passait devant le Yankee Stadium durant un match. Cela devait provenir de l'extérieur de l'immeuble.

Son esprit fut brusquement assailli par ce que Mme Roth et M. Shafer lui avaient dit au sujet des bruits qu'ils entendaient à l'intérieur de cet appartement. Elle pressa le téléphone contre son oreille et s'écarta de la porte.

— Miles ?

— Oui, je suis là. Qu'y a-t-il ?

— Je ne sais pas. Il n'y a pas de lumières dans l'appartement. Je ne vois pas grand-chose. Mais j'entends quelque chose. Ou bien est-ce dehors ? Vous entendez quelque chose en bas ?

— Comme quoi ?

— Cela ressemble à une foule.

— Que voulez-vous dire ?

— Il y a du vent dehors ?

— Quoi ?

— Du vent ? Y en a-t-il dehors ?

— Non. Il fait sacrément froid et humide, mais il n'y a pas de vent pour une fois. De quoi parlez-vous ?

— J'entends quelque chose.

Et elle entendait bel et bien. Soit cela s'intensifiait d'une seconde à l'autre, soit son audition s'améliorait. Cela ressemblait à un orage. Ou à quelque chose de vraiment fort et de lointain, mais pas tout à fait accordé. L'air froid qui passait sous la porte se fit plus puissant et elle s'écarta d'un autre pas.

— Apryl ? Apryl ?

Elle entendit la petite voix de Miles gazouiller dans le téléphone.

— Seth ? Qu'est-ce que vous fabriquez ? demanda-t-elle en se tournant vers la porte.

Elle positionna de nouveau le briquet devant son visage. Il émit des étincelles mais ne s'alluma pas dans le courant d'air.

— En bas, lança une voix depuis l'intérieur de la pièce, juste derrière la porte.

Du moins, cela y ressemblait. Était-ce Seth ?

— Quoi ? (Rapidement, éperdument, elle fit tourner la molette métallique du briquet. Elle leva son téléphone.) Je crois que j'entends quelqu'un. Dans cette pièce.

— Apryl, vous m'inquiétez. Merde, qu'est-ce qui se passe ?

Apryl brandit le briquet. Il émit des étincelles, puis s'éteignit. Puis se ralluma à la tentative suivante. Elle fit un pas hésitant vers le seuil de la pièce, la flamme levée près de son visage. Étouffée par les coups sourds de son cœur, elle plissa les yeux au-dessus du briquet et décida de jeter un coup d'œil dans la salle pour voir ce que Seth faisait. Il devait être à l'intérieur. Avec quelqu'un d'autre. Ou bien parlait-il tout seul ? Elle toucha la poignée de la porte.

Et celle-ci s'ouvrit.

On l'avait ouverte depuis l'autre côté. Elle inspira. La petite flamme fut éteinte, instantanément, par l'obscurité soudaine et le froid qui se déversaient de cette pièce. Cela sortit en grondant comme une formidable pression qui s'échappe d'un endroit confiné mais volatile. Oui, c'était vivant là-dedans. L'air était vivant et rempli d'un si grand nombre de cris qu'elle perdit l'équilibre face à leur violence.

La faible lumière venant du palier disparut ainsi que tout ce qui se trouvait dans son champ de vision – le papier peint sale, la vague impression d'un plafond, la corniche – envolés. Tout était parti. Éclipsé par quelque chose de si compact et noir que seule sa perception de la température persistait.

Alors que Seth quittait la pièce, sortant de nulle part, les cheveux d'Apryl se plaquèrent contre son crâne et ses cils tremblèrent sous l'effet soudain d'un vent arctique. Et avec Seth survint un remous de hurlements si désespérés et éperdus qu'elle fut contrainte d'y ajouter son propre cri prolongé. Mais au moins, le sien sortait d'une bouche vivante.

Chapitre 41

Seth s'écroula dans le couloir, de l'autre côté de la porte, en haletant et sanglotant. Puis il leva les yeux et aperçut le garçon à moins d'un mètre sur sa gauche, agité. Seth tourna vivement la tête vers la silhouette traumatisée d'Apryl. Elle s'appuyait contre le mur sur sa droite ; une de ses bottes formait un angle étrange et ne supportait plus son poids. Plus loin dans le couloir, la porte d'entrée était grande ouverte.

— Seth ! Seth ! glapit la voix du délinquant depuis la capuche tremblotante. Mets cette pute là-dedans. Fous-la à l'intérieur. Fais-le tout de suite sinon tu le regretteras. Il t'emmènera là-bas avec eux au lieu d'elle. Toi ou elle, tu comprends ? Putain, fais ce que je te dis !

Apryl, sous le choc, incapable de parler, regardait fixement Seth.

— Il veut vous rencontrer, dit-il, d'une voix qui lui sembla pathétique et enjôleuse. Là-dedans.

Apryl secoua la tête, puis se tourna pour se mettre à courir.

— Seth ! couina le garçon, et il se lança à sa poursuite. Mets-la à l'intérieur. Là-dedans, je peux t'aider avec cette salope. Fous-la à l'intérieur et nous, on s'occupera du reste. Remue-toi !

Comme Seth se mettait debout et s'élançait, il se rendit compte qu'il pleurait.

— Apryl. Apryl.

Il saisit le col de son manteau et la tira violemment en arrière. Ses pieds quittant le sol, elle recula vers lui. Avant de heurter durement le plancher. Elle se crispa comme pour crier. Elle avait très mal, s'était cogné le coccyx par terre. Immédiatement, il eut envie de s'excuser.

— C'est ça. C'est ça. Tu la tiens, cria le garçon, debout entre les bouts pointus des bottes d'Apryl qui lançait des ruades pour prendre appui sur les carreaux de marbre.

— Seth. Non, dit-elle d'une voix entrecoupée de gémissements et de sanglots.

La douleur l'empêchait de se débattre, la clouait au sol.

Rebroussant chemin en de longues enjambées, serrant son col, il la traîna sur le sol derrière lui. Plaquant ses mains contre la surface lisse et dure, elle essaya de ralentir son trajet inéluctable vers cette porte martelée par un violent orage depuis l'intérieur, qui semblait vibrer d'excitation. Le col de son manteau remonta derrière sa tête tandis qu'elle se contorsionnait pour tenter de se défaire du vêtement. Il tordit le col et les épaules d'Apryl l'une vers l'autre pour l'empêcher de bouger les bras. Il entendait sa propre respiration, qui lui paraissait bruyante.

— Je suis désolé. Je suis désolé, lui dit-il en sanglotant.

Le garçon les suivait dans le couloir, en agitant ses bras tronqués.

— Dedans. Dedans. Dedans. Dedans.

Elle avait commencé à couiner.

— Oh, mon Dieu, non. Je vous en prie, Seth, pleura-t-elle.

Son joli visage était tout rouge et maculé de mascara comme elle tournait la tête pour regarder la porte vers laquelle il la traînait. De l'air glacé était vomi autour du chambranle, donnant à Apryl un avant-goût du vide noir infini qui attendait de l'engloutir.

Seth tendit rapidement une main derrière son dos et saisit la poignée de la porte. Les contorsions d'Apryl devinrent frénétiques quand il desserra les doigts sur son col, et elle réussit presque à se mettre debout. Mais il frappa l'une de ses jambes et elle retomba sur le côté en poussant de petits cris plaintifs, son manteau de cuir tire-bouchonné autour de son visage et de son cou. Ce vêtement était devenu une véritable laisse sur laquelle il lui suffisait de tirer pour l'entraîner à l'intérieur.

Le gamin bondissait sur place et haletait d'impatience telle une belette à la vue d'un lapin dans un terrier, tandis qu'ils se démenaient. Il se mit à trépigner et un étrange hennissement sortit de la capuche foncée comme il s'apprêtait à suivre Apryl dans les ténèbres, pour terminer le travail.

Le battant s'ouvrit en grand et une explosion colossale de turbulences glacées déferla sur eux, comme une vague qui recouvre le pont d'un navire pris dans une tempête. Juste au-delà de la porte, une multitude de voix se rassemblait, sortant de bouches que Seth n'avait pas envie de voir. Elles criaient d'en haut, et hurlaient d'en bas ; elles glapissaient sur les côtés et se précipitaient en un mouvement ascendant vers la porte, comme si une nouvelle chance de vie se présentait dans ce minuscule point de lumière inattendu.

Rassemblant toutes ses forces, Seth fit un pas en arrière, vers l'obscurité et le vent. Puis il en fit un autre, et y attira avec lui la jeune fille hurlante.

Chapitre 42

— Apryl ! Apryl ! Putain de merde !

Miles arracha le téléphone de son oreille et se mit à courir vers l'entrée de Barrington House. Il gravit les trois marches du perron en une longue enjambée, atterrit sur le marbre poli devant la grande porte vitrée. Dérapant sur le cuir de ses semelles, il était incapable de respirer à cause du choc et de la panique que le cri avait suscités en lui : il avait perçu de la terreur dans la voix d'Apryl, perdue dans un vent déchaîné qui avait fait grésiller la ligne puis l'avait interrompue. Il tendit la main vers le clavier et appuya violemment sur les boutons en acier inoxydable. Un. Neuf. Quatre. Neuf.

La lourde gâche en cuivre qui maintenait les deux battants en verre produisit un fort cliquetis quand le mécanisme de la serrure se débloqua. Il franchit la porte en trombe puis s'élança dans le long hall moquetté. Ce fut seulement quand il arriva près du large cercle formé par le comptoir de la réception et la serre silencieuse avec ses fauteuils, sa table basse, ses magazines et ses joncs desséchés dans des vases qu'il parvint à respirer de nouveau. À inspirer une grande goulée d'air dans ses poumons peu habitués à des efforts intensifs.

Par la porte coupe-feu, avait-elle dit. Cette porte coupe-feu. Vers l'escalier et les ascenseurs. Il entendait la voix avisée d'Apryl : « appartements », « ascenseurs », comme dans un dialogue de film, ces mots tourbillonnaient dans ses pensées qu'il était incapable de ralentir.

Il s'élança dans l'escalier. Puis s'arrêta. Il se sentait désemparé ; tous ses membres tremblaient ; sa raison s'efforçait d'éteindre le feu de sa panique pour lui dire que l'appartement se trouvait huit étages plus haut et qu'il était quasiment épuisé après avoir seulement traversé en courant le hall de la réception. Il y avait l'ascenseur. Le prendre. L'ascenseur était au rez-de-chaussée. Oui, il voyait l'intérieur de la cabine : le miroir au fond, les panneaux en bois et une lumière jaunâtre.

Le temps qu'il s'engouffre dedans, ses mains tremblaient. Il posa l'index sur le mauvais bouton, celui du cinquième étage. Puis pressa le numéro neuf. Le cinq resta allumé. Ainsi que le neuf.

— Putain de merde ! cria-t-il pour lui-même.

Puis il affermit son doigt et appuya sur le huit, le numéro à côté duquel le 16 et le 17 étaient marqués au pochoir.

Que faisait-il, ce salopard de cinglé de Seth ? Il agressait Apryl ? Ou pire ?

Combien de temps cet engin mettrait-il à monter ? Il lui sembla que pendant une longue minute, la cabine de l'ascenseur tressautait et crachotait, puis elle commença son ascension vers Apryl.

Qu'allait-il faire ? Maintenant qu'il avait cessé de courir et de marteler les boutons, qu'il était contraint de rester immobile et d'attendre, il prit le temps de penser à ce que la situation exigeait de lui. Il se demanda s'il serait seulement capable de se battre s'il le fallait. Il n'en était pas certain, tout simplement. La dernière fois qu'il l'avait fait, c'était à l'école, des décennies auparavant.

— Oh, nom de Dieu, dit-il, constatant l'absurdité de cette nuit.

À quoi avait pensé Apryl ? Comme l'ascenseur s'arrêtait, inutilement, au cinquième étage, son agitation se mua en colère. Les histoires insensées qu'elle lui avait racontées, ses spéculations délirantes à propos de meurtres... et à présent, elle pénétrait sans autorisation dans un appartement avec un garde de la sécurité à l'esprit détraqué, comme si elle était un détective amateur. Il s'injuria pour s'être laissé impliquer dans cette affaire. Il n'avait jamais vraiment cessé de penser qu'elle était peut-être aussi timbrée que sa tante.

L'ascenseur atteignit finalement le huitième étage. Mais à présent qu'il était tout près, il n'avait pas envie de sortir. Risquant un coup d'œil par la petite vitre grillagée de la cabine, il examina le palier. Il n'y avait personne, mais la porte d'entrée d'un appartement était ouverte. Ce devait être le seize.

— Et merde !

S'efforçant d'être aussi prudent que possible, il ouvrit et jeta un regard sur le côté pour être sûr que personne n'était embusqué et l'attendait.

— Apryl ! chuchota-t-il d'une voix sifflante. Apryl !

Puis, à moitié sorti de la cabine, il attendit une réponse.

Rien.

Il sortit de l'ascenseur et s'avança pour risquer un coup d'œil à l'intérieur du seize, dans un vestibule non éclairé, miteux et vide.

Se tenant sur le seuil, il appela la jeune femme deux fois encore. Plissant les yeux, il scruta le fond du couloir, mais il faisait trop sombre pour qu'il distingue quelque chose. Il allait être obligé d'entrer.

Ce qu'il fit, lentement, à peine capable de croire qu'il le faisait vraiment : pénétrer sans autorisation dans l'appartement privé d'un immeuble privé. Il avait seulement fait deux pas à l'intérieur quand il se crispa, se ramassa sur lui-même, et dit : « Nom de Dieu ! » à voix haute.

Il l'entendait désormais. La foule. L'orage. Les voix. Ce sur quoi elle l'avait interrogé. Et cela déferlait et tournoyait au-delà de la porte du milieu, sur le côté gauche du couloir. La porte par laquelle le grand-oncle d'Apryl avait jeté Hessen.

Il pensa qu'il n'aurait jamais le cran de toucher la poignée. Puis il entendit Apryl. Dans le lointain, à l'intérieur, là-bas. Elle criait. Au milieu de tous ces grondements et de ces appels excités, comme si une tribu de singes s'était rassemblée dans des arbres et s'agitait violemment au-dessus d'un léopard, il l'entendait. Qui gémissait et implorait la pitié, comme si on était en train de l'assassiner.

— Bon Dieu !

Miles se précipita vers la porte.

Et tomba vers le néant. Vers l'absence.

Un endroit où seuls la température glaciale et le vacarme de milliers de voix hurlant étaient perceptibles. Néanmoins il chuta sur un sol compact qu'il ne voyait pas, les mains plaquées sur les oreilles. Et quand il se contorsionna pour regarder vers la jeune fille qui criait, il sentit ses pieds et le bas de ses jambes disparaître par-dessus un rebord ; un vent encore plus froid et plus rapide soufflait vers le haut, comme s'il heurtait le flanc d'une immense paroi rocheuse et abrupte sans pouvoir se diriger vers aucune autre direction, vers l'éternité.

Se démenant pour reculer, il parvint à s'éloigner de la lèvre informe dans laquelle il était tombé, lorsqu'un ensemble de choses semblables à des doigts, aussi minces que des crayons et aussi dures que des os, saisirent sa cheville comme une prise inattendue qui se serait présentée au cours d'une effroyable escalade à travers l'oubli.

Il se redressa sur les genoux, les bras levés pour éviter d'être projeté dans le précipice qui, il le percevait, béait tout autour de lui dans la violence noire comme poix. Sa chemise se gonflait vers le haut et sa cravate lui cinglait le visage comme la queue d'un chien.

Il la vit qui se débattait ; elle agitait les doigts vers le haut, vers les deux personnages voûtés affairés autour d'elle. Elle donnait des ruades et tordait les hanches en une lutte éperdue. Il voyait la pointe argentée de ses talons étinceler dans le peu de lumière qui tentait de franchir la porte ouverte à travers laquelle il était tombé.

Il rampa pour se rapprocher de la lutte. Et vit un enfant. Revêtu d'un manteau. Aussi impossible que cela puisse paraître, un gamin avec une parka à capuche abattait son petit bras contre le visage d'Apryl, qui se contorsionnait pour se soustraire aux coups. Puis il se mit à frapper son corps du pied afin de la faire bouger. De la pousser vers… Miles pensa à ce au-dessus de quoi sa propre jambe avait été suspendue. L'autre homme, à peine capable de se tenir debout dans le typhon, agrippait ses bras, essayait de trouver un point d'appui.

Debout, Miles fit deux pas qui ressemblaient aux embardées d'un homme ivre, dans leur direction. Il était obligé de serrer les bras sur ses côtes en une tentative éperdue de réprimer les tremblements effroyables qui menaçaient de faire basculer son corps gelé dans l'abîme. Puis il s'arrêta brusquement à la vue de ce qui apparaissait et disparaissait rapidement dans le vide sans lumière entourant les trois personnages qui luttaient.

Il voyait des visages sans chair, de la viande saignante sur des os qui se tordaient horriblement dans une lueur infime, et des pattes de derrière frappant les autres créatures aveugles qui s'agrippaient. Et devant cette tapisserie mouvante de choses défigurées et osseuses, dont les mâchoires étaient trop séparées des crânes, une silhouette au visage rougeâtre, avec de longs bras brunâtres qui partaient d'épaules incroyablement minces, semblait se précipiter vers le trio qui luttait. Puis il fut tiré en arrière, comme retenu par un harnais invisible, éloigné de la lumière ; le mouvement se répéta, le rapprochant chaque fois un peu plus d'Apryl et des silhouettes fouettées par le vent qui ne reviendraient pas si jamais elles passaient par-dessus bord.

L'enfant encapuchonné leva la tête vers Miles au tout dernier moment, quand le pied de ce dernier le heurta au milieu du torse. Aidé par le vent, il fut projeté en arrière comme un cerf-volant pris dans un courant ascendant, et fut immédiatement happé par des membres tendineux trop minces pour pouvoir faire autre chose que donner des coups de griffes en direction de l'obscurité. Contre la semelle de sa chaussure, la créature encapuchonnée avait été tangible, aussi lourde et compacte qu'un enfant réel et avait presque été aspirée hors de la saillie où ils s'agrippaient tous.

Malgré ses sens qui s'atténuaient et sa lutte convulsive pour respirer, Miles comprit que l'homme à la chemise blanche, au visage et aux sourcils recouverts de givre, était Seth. Et dans ce froid terrifiant, le veilleur de nuit à l'esprit détraqué utilisait ses dernières forces pour tenter de faire basculer Apryl par-dessus le rebord et la précipiter dans l'abîme : il la tirait par le coude.

Elle tomba lourdement sur le ventre, et sa tête et ses épaules disparurent par-dessus le rebord, vers une grappe de choses blanchâtres qui se contorsionnaient et tendaient les mains pour l'attraper. La chose à la tête rougeâtre arrivait presque à leur hauteur de nouveau.

Miles bondit et, de l'épaule, il heurta Seth au milieu de la poitrine.

Avant de retomber, le corps à moitié sur la plate-forme invisible, la seule chose qui les supportait dans le maelström, Miles entendit Seth pousser un cri suraigu. Et à la limite de son champ de vision, Miles fut certain de voir la mince chose rougeâtre étreindre Seth en un horrible mouvement, comme un crabe utilisant ses pinces pour fourrer de la nourriture dans ses mâchoires.

Ensuite la tête de Miles fut plongée durant un instant dans ce qui ressemblait à des fougères et des bâtons pointus, puis poussée contre de la viande morte et froide l'instant d'après. Jusqu'à ce qu'il se redresse en arrière, s'écartant du rebord et revenant sur la saillie.

Mais ce fut pour apercevoir seulement la partie inférieure du corps d'Apryl, à partir de la taille. Coupé en deux, le reste de son corps était suspendu par-dessus le rebord de la plate-forme. Elle était tirée vers le vide par ce qui grouillait dans un endroit fort heureusement seulement en partie éclairé. Il lui fallut quelques secondes pour se rendre compte qu'il criait quand, à genoux, il essaya d'agripper les chevilles d'Apryl. Il en saisit une, puis la seconde, avec des doigts engourdis, et la tira en arrière sur la surface solide qu'il ne voyait toujours pas. Apryl s'y balança d'un côté et de l'autre, étreignant son visage, aveugle et commotionnée par le froid terrifiant.

Avec ses dernières forces, criant jusqu'à ce que ses cordes vocales menacent de se rompre, il maintint sa prise sur chaque cheville bottée. Et sur les fesses, il s'arc-bouta comme s'il maniait des rames à bord d'un skif, et la tira à sa suite. Puis il recula vers la porte ouverte et la lumière.

Elle bougea. Sur le sol, à côté de lui, recroquevillée contre le mur qui faisait face à la porte ; il l'avait claquée derrière eux tandis qu'ils sortaient de là-bas sur le dos, gelés, poussant des gémissements inarticulés. De l'autre côté, dans ce qui se faisait passer pour une pièce, les derniers murmures du vent et les cris les plus stridents des damnés diminuèrent finalement et se turent.

Puis il y eut un autre mouvement et Apryl émit un son. Un geignement. Miles se déplaça vers l'endroit où elle gisait, prostrée à l'intérieur de son manteau, dans les ombres.

— Apryl. Apryl. Apryl, murmura-t-il, autant pour lui-même que pour elle, afin d'ajouter quelque chose de réel et de familier à cet endroit sinistre. C'est moi. Je suis là, ma chérie.

Il avança une main pour effleurer ce qu'il pensait être un bras, mais elle se blottit vivement contre le mur, ramena ses membres à l'intérieur du manteau, garda son visage caché, tandis qu'elle émettait ces petits cris plaintifs.

— Ça fait mal, dit-elle entre deux sanglots.

— Apryl, c'est moi. Miles. Tout va bien, ma chérie. Je suis là.

Mais elle ne répondit pas et se contenta de frissonner sous son vêtement, adossée contre le mur.

Jetant un coup d'œil à la ronde dans l'obscurité, il vérifia que toutes les portes étaient fermées. De quelque part au tréfonds de son être une étincelle de colère rouge jaillit et se propagea. Il se redressa sur les genoux.

— La police va arriver ! lança-t-il vers l'appartement sonore. Vous entendez ?

Apryl se mit à pleurer doucement et à se balancer d'arrière en avant comme si elle souffrait beaucoup. Alors que sa vue s'adaptait juste assez pour lui permettre de la voir un peu mieux, là sur le sol, Miles s'aperçut qu'elle serrait toujours les bras autour d'elle, la tête penchée. Elle avait atrocement mal. Il devait la sortir d'ici. Tout de suite.

Elle se laissa soulever sans opposer la moindre résistance. Se leva et se tint debout comme si elle avait l'habitude qu'on la guide. Mais elle laissa ses bras serrés sur sa poitrine, garda son corps courbé et son visage tourné de côté vers le sol jusqu'à ce qu'ils soient sortis de l'appartement et se tiennent sur le palier, dans la lumière jaune, devant les portes de l'ascenseur. Il la cajola et dit :

— Montrez-moi, Apryl. Montrez-moi où vous avez mal.

Ce fut seulement à ce moment-là qu'elle lui montra ses plaies.

Il vit la chair noire autour de ses poignets et partout sur ses mains, comme si elles avaient été blessées au moment où elle les avait levées pour éviter quelque chose. Ses magnifiques mains blanches étaient noires, elles luisaient d'un éclat mat, comme du cuir durci ou des gelures. Et il lui manquait plusieurs doigts.

Elle agita ses bras frêles devant elle comme elle levait enfin son beau visage pâle et maculé de larmes, révélant l'endroit où les cheveux avaient disparu sur un côté de sa tête.

Il la serra contre sa poitrine et déglutit. Ferma les paupières avec force à la vue de la chose qui les avait suivis sur le seuil de l'appartement. Un être à quatre pattes, qui essayait de saisir Apryl pour l'attirer vers l'embrasure de la porte. Jusqu'à ce qu'elle lui donne des coups de pied, la frappe du talon de ses bottes avec ce qui lui restait de raison et d'énergie. La repousse comme une marionnette désarticulée. Et il comprit que ce qui avait disparu, en s'agrippant toujours tandis qu'il était propulsé en arrière vers l'absence tumultueuse, était tout ce qui restait de Félix Hessen. Et Miles s'était trouvé suffisamment près du peintre pour le voir. Il le verrait peut-être chaque nuit jusqu'à la fin de sa vie, tandis que Hessen cherchait à attraper Apryl avec des bras si longs et si minces qu'il avait dû s'agir d'os.

Chapitre 43

Stephen marchait de long en large dans le séjour exigu, le bord de son pantalon d'uniforme frôlait les orteils inertes de Janet qui dépassaient de la couverture écossaise recouvrant ses jambes.

— Et maintenant il n'y a plus le moindre signe de Seth. Je suppose qu'ils l'ont pris entièrement. Surprenant, non ? Que des choses de ce genre puissent vraiment arriver. Enfin, j'ai visionné les bandes ce matin avant de les effacer et de les remplacer. Il n'a jamais quitté l'immeuble. Sur la caméra trois, on le voit sortir de la réception pour se diriger vers l'ascenseur, avec cette fille, Apryl, et ensuite plus rien. Il n'est jamais redescendu. Tu te rends compte, ma chérie. Il n'est jamais redescendu.

» Mais il n'est pas dans l'appartement seize non plus. J'ai examiné chaque centimètre de l'endroit. Ce qui a dû venir est reparti. A pris ce qu'il voulait et s'est ensuite volatilisé sans laisser la moindre trace. La police veut voir Seth. Mais elle aura un sacré boulot pour le trouver.

Stephen rit, mais sans joie.

Il s'assit sur le canapé, au tissu luisant et usé par ses fesses, au cours des dix dernières années d'attente.

— La fille est partie d'ici dans une ambulance. Et elle n'était pas jolie à voir.

Il but un grand coup à la bouteille de whisky qu'il tenait dans sa main épaisse et fit une grimace quand l'alcool lui brûla la gorge, avant de pointer la bouteille qui clapota vers sa femme immobile et silencieuse. Janet se contentait de l'observer de son regard vif.

—Ma foi, je suppose que les choses ne se sont pas passées comme prévu, ma chérie. Je l'ai compris dès que son petit ami, ou qui que soit ce type, est venu me trouver en pleine nuit. Non, ma chérie, j'avance la conjecture que les choses ne se sont pas passées comme prévu la nuit dernière.

Puis il s'apprêta à demander à sa femme muette si elle sentait cette… cette puanteur abominable, à la fois de brûlé et de pourri. Mais il s'interrompit quand il vit le petit personnage apparaître juste au-delà du rayon de la lueur du lampadaire, dans le minuscule vestibule, devant la porte d'entrée.

Il se tenait immobile et rien ne montrait qu'il allait entrer dans le séjour, ce dont tous les deux lui furent reconnaissants. Étant donné les miasmes qui avaient précédé son apparition, le portier en chef s'attendait à ce que la tête non couverte fume toujours.

Stephen se leva et déglutit. Janet émit une plainte éperdue qui provenait de derrière son sternum. Elle commença à se balancer d'avant en arrière dans son fauteuil roulant placé près de la fenêtre, se servant des quelques muscles de son abdomen qui fonctionnaient encore après la dernière des trois attaques qu'elle avait subies, et qui avaient détruit quatre-vingt-dix pour cent de son système nerveux la nuit où elle s'était aventurée dans l'appartement seize et avait rencontré son fils mort pour la première fois.

—Jésus. (Stephen recula d'un pas devant l'apparition grimaçante.) Jésus-Christ.

—Dans tes rêves, dit la tête noircie.

Il n'y avait plus de capuche pour recouvrir son visage. Elle semblait avoir été complètement arrachée du manteau. Ainsi qu'une manche, avec le bras qui s'était trouvé à l'intérieur. Le reste de la parka était noirci et maculé de longues et vilaines taches, comme si des mains mouillées avaient essuyé leurs paumes sur l'extérieur du vêtement tandis qu'elles cherchaient une prise. Mais le plus horrible, le détail qui amena Stephen à gémir bruyamment et à lâcher la bouteille de whisky, c'était la tête d'où sortait la voix.

Le blanc de ses yeux et les petites dents qui brillaient dans son grand sourire triste rendaient la ruine de poix qu'était la chair qui les entourait encore plus affreuse par contraste.

— J'suis venu avec une nouvelle.

— Nous n'en voulons pas. Plus jamais. Rien de toi. (Stephen déglutit et souhaitait désespérément détourner les yeux de l'horreur qui chancelait dans l'embrasure de la porte.) C'est fini. Terminé, tu entends ? J'ai fait ce qu'on m'avait demandé.

— Nan-nan. Les choses ont changé.

— Pas pour moi. Nous avions passé un marché.

— Tout a merdé, complètement. Si tu ne ramènes pas cette pute ici pour la mettre dans cette pièce avec ces choses, tu vas nulle part. Mais j'pense pas qu'elle aura envie de revoir cet endroit. Et toi ?

Stephen secoua la tête lentement, tandis que les paroles de son fils l'atteignaient.

— Tout ira très bien pour toi. Personne ne sait que t'as qu'que chose à voir avec ça. Mais quelqu'un doit préserver toutes ces marques sur les murs. Et sous les lattes du plancher. Sinon, qui le fera pour nous ?

— Non. C'est terminé. Vous avez Seth. Nous avions passé un marché.

Le crâne grimaça un sourire.

— Seth est plus dans le coup maintenant. Tout ce qui nous reste, c'est toi.

Stephen tomba à genoux, les mains jointes, suppliant.

— Dis-lui. Dis à cette chose… C'est terminé.

— Va lui dire toi-même. Dans les ténèbres. D'où je sors à peine. (L'enfant regarda l'endroit où il y avait eu son bras, puis son manteau souillé, et gloussa.) Tu vas nulle part, papa. Tu restes ici et tu veilles sur maman. Une famille heureuse.

Épilogue

— Nom de Dieu. Putain de bordel de merde, jura Archie en contemplant les murs. Je m'habituerai jamais à ça.

À côté de lui, Quin garda le silence. Il se contenta de cligner des yeux deux fois comme s'il regardait la lumière éblouissante du soleil.

— C'est quoi, à ton avis ? demanda Archie, les mains sur les hanches, se tenant au pied du lit défait dans la chambre abandonnée.

Quin ne répondit pas ou en fut incapable. Cela faisait quatre semaines que le loyer n'avait pas été payé, et à peu près aussi longtemps que personne ne se rappelait avoir vu Seth entrer ou sortir du bâtiment, ou utiliser la cuisine. Et ils l'avaient dit aux policiers quand ils étaient venus le chercher.

Il aurait dû s'intéresser davantage à Seth, mais n'avait pas eu envie de fouiner. Tout un chacun avait ses raisons d'habiter à *L'Homme vert*. Des raisons personnelles. Quand on vivait ici, c'est qu'on n'avait pas tellement le choix. Et Seth avait toujours été un bon locataire. Payait le loyer recta et n'importunait personne. Alors cela ne l'avait pas dérangé qu'il soit en retard pour le loyer pendant quelque temps. Mais quatre semaines, ça commençait à bien faire, et il ne tenait pas non plus à ce que la flicaille se pointe de nouveau dans son pub.

La chambre était vide quand Archie l'avait montrée aux policiers un mois auparavant, et chaque fois qu'il avait appelé ou y avait jeté un coup d'œil en passant la tête par l'entrebâillement de la porte. Il était déjà arrivé que des gens qui habitaient ici, parfois même pendant des années, disparaissent sans un mot. La cave était remplie d'affaires laissées par des locataires précédents. On ne tenait pas de registres à *L'Homme vert* et on ne posait pas de questions. C'était ce qui faisait le charme de l'endroit. On pouvait vivre tranquille ici. Du moment qu'on payait 70 livres chaque semaine et qu'on n'emmerdait personne, tout le monde vous foutait la paix.

Mais maintenant qu'il y réfléchissait, Seth n'avait-il pas dit qu'il était peintre ? Un jour, il y avait longtemps de cela. Peut-être. Il ne s'en souvenait pas. Mais sûr et certain qu'il avait peint quelque chose ici. Sur les murs, et même sur le plafond.

— Je fais quoi de ses affaires ? demanda Archie.

Et il montra l'amas de vêtements dans un coin, les pots de peinture desséchés, les pinceaux raides, le fouillis de croquis éparpillés sur les toiles de protection éclaboussées de taches, la soucoupe blanche où s'entassaient des mégots tordus, et le sac à dos à côté du frigo.

— Quin ?

— Hein ?

— J'ai dit, j'en fais quoi ?

Quin détacha le regard des couleurs rougeâtres qui s'étalaient sur le devant de la cheminée. C'était comme de regarder une autopsie.

— Mets tout ça à la cave. Au cas où il reviendrait les chercher.

Archie acquiesça, puis regarda le mur en face de la porte.

— Ce type était complètement fêlé. J'pense pas qu'on le reverra un jour.

Quin regarda le profil d'Archie, désirant soit qu'il en dise plus, soit qu'ils échangent un regard de connivence. Mais il ne savait pas très bien ce qu'il voulait. Et n'était pas du tout sûr de ce qu'il y avait sur ces murs, ou dans son propre esprit tandis qu'il observait. Les peintures le mettaient mal à l'aise et elles l'indisposaient, comme s'il était soudain sérieusement inquiet à propos de quelque chose. Et pourtant, il n'était pas vraiment sûr de ce qu'il voyait.

Archie secoua la tête.

— Qu'est-ce que c'est, un visage ou autre chose ? Peut-être un chien. On dirait qu'il a des crocs.

Il parlait pour atténuer le choc qu'ils avaient éprouvé en allumant la lumière et en ouvrant les minces rideaux. Ils auraient dû être furieux en voyant la façon dont ces murs avaient été dégradés, ou hilares face à l'absurdité de ce que Seth avait fait. Voire admiratifs devant l'habileté évidente dont il avait fait preuve en créant ces formes, qui vous frappaient si violemment quand vous les regardiez. Qui vous coupaient le souffle, de fait. Mais Quin ne pouvait pas ressentir grand-chose en ce moment, à part un profond malaise sur lequel il ne pouvait pas mettre de mots, et le besoin de fermer les yeux de toutes ses forces.

— Laisse les toiles de protection où elles sont et recouvre tout ça aujourd'hui. Tu seras obligé d'appliquer deux couches de l'émulsion blanche que tu n'as pas utilisée quand tu as repeint la cuisine.

— Il me faudra un rouleau.

— Je me fous complètement de ce qu'il te faut, fais-moi disparaître tout ça. Je veux que cette chambre soit propre d'ici à vendredi. Le cousin de Kenny a plaqué sa bonne femme et cherche un endroit où se loger. Il peut prendre cette chambre.

Archie acquiesça, et continua à regarder fixement les murs. Quin sortit de la pièce.

— Et merde, dit Archie pour lui-même.

Et il secoua la tête une dernière fois avant d'ôter ses lunettes. Il allait repeindre la chambre sans ses lunettes. Comme ça, il ne serait pas obligé de voir de trop près les créatures qui montaient au sommet des murs, puis rampaient au plafond. Néanmoins, même quand elles seraient recouvertes, il se demanda s'il pourrait les oublier un jour.

Remerciements

Les ouvrages suivants ont été une grande source d'inspiration pour la décoration intérieure d'*Appartement 16* et la vie de Félix Hessen : *Wyndham Lewis*, de Richard Humphries ; *The Bone Beneath the Pulp: Drawings by Wyndham Lewis*, édité par Jacky Klein ; *Francis Bacon and the Loss of Self*, d'Ernst van Alphen ; *Francis Bacon: Taking Reality by Surprise*, de Christophe Domino ; *Interviews with Francis Bacon*, de David Sylvester ; *Grosz*, d'Ivo Kranzfelder ; *Diana Mosley*, d'Anne de Courcy ; *The Occult Roots of Nazism*, de Nicholas Goodrick-Clarke.

Des remerciements particuliers à Julie Crisp pour ses lectures et ses notes attentives et judicieuses, et à mon agent John Jarrold qui m'a mis le pied à l'étrier. Une grande gratitude et une grande affection vont également à Ramsey Campbell, et à Peter Crowther de PS Publishing, qui le premier m'a permis d'être publié.

Pour les lecteurs, Anne Parry, James Marriott et Clive Nevill, j'ai de nouveau une dette envers vous pour avoir abusé de votre temps précieux et de vos compétences critiques. Merci à vous.

Pour terminer, des remerciements tout à fait particuliers aux vénérables immeubles de Knightsbridge, Mayfair et Marylebone qui ont constitué la résidence de mes premiers écrits, « old school » de 2000 à 2004. J'ai cru que je ne m'en échapperais jamais.

Achevé d'imprimer en février 2020
Par CPI Brodard & Taupin à La Flèche
N° d'impression : 3037035
Dépôt légal : juillet 2018
Imprimé en France
2810858-2